数学建模教程

潘 斌 于晶贤 衣 娜 主 编
陈明明 主 审

化学工业出版社
·北京·

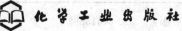

本书分7章，介绍数学建模基本方法、理论。具体内容包括：数学建模概述、基本方法建模、数值计算基础、微分方程方法建模、优化问题及其求解、统计分析方法、现代优化方法。另外，本书还介绍数学建模竞赛中常用的软件，包括LINGO软件、Matlab软件、SPSS软件在数学建模中的应用。每章配有习题。

本书可作为本科生、研究生的数学建模教材，也可以作为数学建模指导教师及参赛者的参考书。

图书在版编目（CIP）数据

数学建模教程/潘斌，于晶贤，衣娜主编．—北京：化学工业出版社，2016.10（2019.2重印）

ISBN 978-7-122-28099-2

Ⅰ.①数…　Ⅱ.①潘…②于…③衣…　Ⅲ.①数学模型-高等学校-教材　Ⅳ.①O141.4

中国版本图书馆CIP数据核字（2016）第221764号

责任编辑：郝英华　唐旭华　　装帧设计：张　辉

责任校对：王　静

出版发行：化学工业出版社（北京市东城区青年湖南街13号　邮政编码100011）

印　　刷：三河市航远印刷有限公司

装　　订：三河市瞰发装订厂

787mm×1092mm　1/16　印张20　字数528千字　2019年2月北京第1版第2次印刷

购书咨询：010-64518888　　售后服务：010-64518899

网　　址：http：//www.cip.com.cn

凡购买本书，如有缺损质量问题，本社销售中心负责调换。

定　　价：43.00元

前　言

数学教育对提高普通高校毕业生的创新创业素质有着举足轻重的意义。数学建模是一门将数学与科技社会融合的桥梁性课程，集知识、能力和素质的培养与考察三位于一体。依托数学建模可以在很大程度上提高学生的创新能力，是实现培养学生思维能力和创造能力的一种有效途径。

辽宁石油化工大学自1995年开始参加全国大学生数学建模竞赛，经过20余年的努力，数学建模指导教师组已发展成为一支业务精干、充满创新探索精神的教师团队，积累了丰富的指导经验。近3年来，辽宁石油化工大学在各项数学建模竞赛中取得了优异成绩，共取得国家级一等奖1项，国家级二等奖23项。

辽宁石油化工大学数学建模教师团队结合多年数学建模竞赛辅导的经验，面向本科生、研究生学习和备战数学建模竞赛编写了本书。本书既涵盖了基本的数学原理，也通过对常用数学建模方法的讲解和实际问题的分析，培训学生思考、归纳、分析、创新的能力和技艺，旨在帮助学生在大学生数学建模比赛中获得好成绩。本书列举并分析比赛相关的案例，并给出算法实现的程序代码，让参赛者真正做到学以致用，而不是纸上谈兵。本书结构清晰，内容全面，适合作为普通高等学校的本科生和研究生的赛前培训教材，也可作为竞赛指导教师的参考书。

本书由潘斌、于晶贤、衣娜担任主编。辽宁省教学名师陈明明教授担任主审，全书共分7章：第1章由赵晓颖编写；第2章由潘斌编写；第3章由陈德艳编写；第4章由衣娜编写；第5章由于晶贤编写；第6章由么彩莲编写；第7章由王立敏编写。

鉴于编者水平有限，书中疏漏之处在所难免，欢迎大家批评指正，衷心希望广大读者提出宝贵的意见和建议，以便今后加以修正，使本书能不断丰富完善。

编者

2016年8月

目　录

第 4 章 微分方程方法建模

第 5 章 优化问题及其求解

第 6 章 统计分析方法

第 7 章 现代优化方法

参考文献

第1章 数学建模概述

本章作为全书的导言和数学建模的概述，主要介绍数学模型的概念，建立数学模型的意义，并对数学建模的基本方法和一般步骤等作简要的介绍。

1.1 数学模型与数学建模

近几十年来，随着科学技术的发展和社会的进步，数学在自然科学、社会科学、工程技术与现代化管理等方面获得了越来越广泛而深入的应用，使人们逐渐认识到建立数学模型的重要性。

1.1.1 数学模型

数学模型（Mathematical Model）是对一类实际问题或实际系统发生的现象运用数学符号体系表示的一种（近似的）描述。然而现实世界的问题往往比较复杂，在从实际中抽象出数学问题的过程中，我们必须抓住主要因素，忽略次要因素，进行必要的简化，使抽象所得到的数学问题能够运用适当的方法进行求解。

一般地说，数学模型是对于现实世界的一个特定的对象，为了某个特定的目的，根据其特有的内在规律，作出一些必要的简化和假设，运用适当的数学工具，得到的一个数学结构。设立的特定对象，是指我们所要研究解决的某个具体问题；这里的特定的目的是指当研究一个特定对象时所要达到的目的，如分析、预测、控制、决策等；这里的数学工具是指数学各分支的理论和方法及数学的某些软件系统；这里的数学结构包括数学关系式、数学命题、图形图表等。

1.1.2 数学模型的分类

数学模型的分类方法有很多种，下面介绍常用的几种分类。

① 按照数学模型的应用领域不同，可分为人口模型、交通模型、经济预测模型、金融模型、环境模型、生态模型、企业管理模型、城镇规划模型等。

② 按照建立数学模型所用的数学方法不同，可分为初等模型、几何模型、运筹学模型、微分方程模型、概率统计模型，层次分析法模型、控制论模型、灰色系统模型等。

③ 按照建立数学模型的目的不同，可分为分析模型、预测模型、优化模型、决策模型、控制模型等。

④ 按照模型的表现特性，可分为确定性模型与随机性模型（前者不考虑随机因素的影响，后者考虑了随机因素的影响）；离散模型与连续模型（两者的区别在于：描述系统状态的变量是离散的还是连续的）；静态模型与动态模型（两者的区别在于：是否考虑时间因素

引起的变化)。

1.1.3 数学建模

数学模型是认识外部世界与预测和控制的一个有力工具，数学模型的分析能够深入了解被研究对象的本质。而数学建模则是获得该模型、求解该模型并得到结论以及验证结论是否正确的全过程。数学建模不仅是借助于数学模型对实际问题进行研究的有力工具，而且从应用的观点来看，它也是预测和控制所建立模型系统行为的强有力工具。

尤其是随着现代计算技术以及其他技术的飞速发展，极大地扩大了数学建模的应用领域，使得人们越来越认识到数学和数学建模的重要性。学习和初步掌握数学建模的思想和方法已经成为当代大学生，甚至是生活在现代社会的每一个人，都应该学习的重要内容。

1.2 数学建模的一般步骤

建立实际问题的数学模型，尤其是建立抽象程度较高的模型是一种创造性的劳动。现实世界中的实际问题是多种多样的，所以数学建模的方法也是多种多样的，我们不能按照一种固定的模式来建立各种实际问题的数学模型。但是，建立数学模型的方法和过程还是存在一些共性的东西，掌握这些规律将有助于数学建模任务的完成。下面就按照一般采用的建模基本过程给出数学建模的一般步骤。

(1) 模型准备

要建立实际问题的数学模型，首先要对需要解决问题的实际背景和内在机理进行深刻的了解，通过适当的调查和研究明确所解决的问题是什么？所要达到的主要目的是什么？在此过程中，需要深入实际进行调查和研究，收集和掌握与研究问题相关的信息、资料，查阅有关的文献资料，与熟悉情况的有关人员进行讨论，弄清实际问题的特征，按解决问题的目的更合理地收集数据，初步确定建立模型的类型等。

(2) 模型假设

一般来说，现实世界里的实际问题往往错综复杂，涉及面极广。这样的问题，如果不经过抽象和简化，人们就无法准确地把握它的本质属性、就很难将其转化为数学问题；即便可以转化为数学问题，也会很难求解。因此要建立一个数学模型，就要对所研究的问题和收集到的相关信息进行分析，将那些反映问题本质属性的形态量及其关系抽象出来，而简化掉那些非本质的因素，使之摆脱实际问题的集体复杂形态，形成对建立模型有用的信息资源和前提条件。作假设时既要运用与问题相关的物理、化学、生物、经济等方面的知识，又要充分发挥想象力、洞察力和判断力。但是，对实际问题的抽象和简化也不是无条件的（不合理的假设或过于简单的假设会导致模型的失败），必须按照一定的合理性原则进行。假设的合理性原则有以下几点。

① 目的性原则：根据研究问题的特征抽象出与建模目的有关的因素，简化掉那些与建立模型无关或关系不大的因素。

② 简明性原则：所给出的假设条件要简单、准确，有利于构造模型。

③ 真实性原则：假设条件要符合情理，简化带来的误差应满足实际问题所能允许的误差范围。

④ 全面性原则：在对问题作出假设的同时，还要给出实际问题所处的环境条件等。

总之，模型假设就是根据实际对象的特征和建模的目的，在掌握必要资料的基础上，对问题进行合理的抽象和必要的简化，并用精确的语言提出一些恰当的假设。应该说这是一个比较困难的过程，也是建模过程中十分关键的一步，往往不能一次完成，而需要经过多次反复才能完成。

(3) 模型建立

在模型假设的基础上，首先区分哪些是常量、哪些是变量、哪些是已知量、哪些是未知量；然后查明各种量所处的地位、作用和它们之间的关系，利用适当的数学工具刻画各变量之间的关系（等式或不等式），建立相应的数学结构（命题、表格、图形等），从而构造出所研究问题的数学模型。

在构造模型时究竟采用什么数学工具要根据问题的特征、建模的目的要求以及建模人的数学特长而定。可以这样讲，数学的任一分支在构造模型是都可能用到，而同一实际问题也可采用不同的数学方法构造出不同的数学模型。但在能够达到预期目的的前提下，尽量采用简单的数学工具，以便得到的模型能够具有更广泛的应用。另外，在建立模型时究竟采用什么方法也要根据问题的性质和模型假设所提供的信息而定。随着现代技术的不断发展，建模的方法层出不穷，它们各有所长、各有所短。在建立模型时，可以同时采用，以取长补短，最终达到建模的目的。

在初步建立数学模型之后，一般还要进行必要的分析和简化，使其达到便于求解的形式，并根据研究问题的目的和要求，对其进行检查，主要看它是否能代表所研究的实际问题。

(4) 模型求解

构造数学模型之后，再根据已知条件和数据、分析模型的特征和结构特点，设计或采用求解模型的数学方法和算法，主要包括解方程、画图形、逻辑运算、数值计算等各种传统的和现代的数学方法，特别是现代计算机技术和数学软件的使用，可以快速、准确地进行模型的求解。

(5) 模型的分析与检验

根据建模的目的和要求，对模型求解的数值结果进行数学上的分析，主要采用的方法有：进行变量之间依赖关系的分析，进行稳定性分析，进行系统参数的灵敏度分析，进行误差分析等。通过分析，如果不符合要求，就修改或增减模型假设条件，重新建立模型，直至符合要求；如果符合要求，还可以对模型进行评价、预测、优化等。

在模型分析符合要求之后，还必须回到实际问题中对模型进行检验，利用实际现象、数据等检验模型的合理性和适用性，即检验模型的正确性。如果由模型计算出来的理论数值与实际数值比较吻合，则模型是成功的；如果理论数值与实际数值差别太大或部分不符，则模型是失败的。

若能肯定建模和求解过程准确无误的话，一般来讲，问题往往出在模型假设上。此时，应该对实际问题中的主次因素再次进行分析，如果某些因素因被忽略而使模型失败，则再建立模型时将其重新考虑进去。修改时可能去掉或增加一些变量，也可能改变一些变量的性质；或者调整参数，或者改换数学方法，通常一个模型需要经过反复修改才能成功。因此，模型的检验对于模型的成败至关重要，必不可少。

(6) 模型应用

目前，数学模型的应用已经非常广泛，越来越渗透到社会学科、生命学科、环境学科等各个领域。而模型的应用才是数学建模的宗旨，也是对模型的最客观、最公正的检验。因此，一个成功的数学模型，必须根据建模的目的，将其用于分析、研究和解决实际问题，充分发挥数学模型在生产和科研中的重要作用和意义。

归纳起来，数学建模的过程和主要步骤可用图 1.1 所示的流程图来表示。

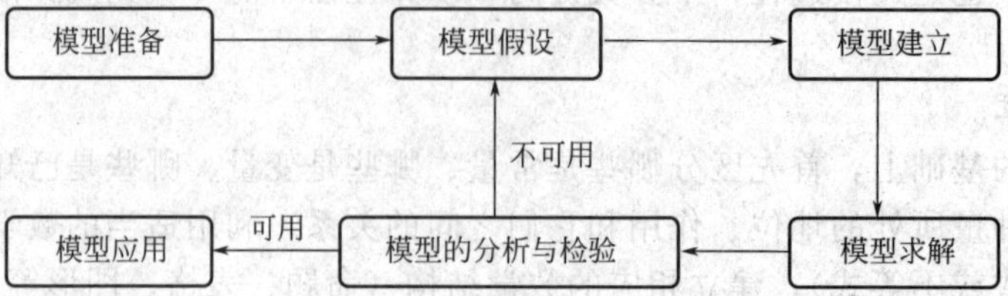

图 1.1　建立数学模型的主要步骤

应当强调的是：并不是所有的数学建模过程都必须按照上述步骤进行。上述步骤只是对数学建模过程的一个大致描述，实际建模时可以灵活应用。

1.3　数学建模示例

【例 1.1】　宾馆定价问题　某宾馆有 150 间客房，经过一段时间的经营实践，该宾馆经理得到一些数据：如果每间客房定价为 200 元，入住率为 55%；定价为 180 元，入住率为 65%；定价为 160 元，入住率为 75%；定价为 140 元，入住率为 85%。欲使每天的收入最高，问每间客房的定价应为多少？

(1) 模型假设

假设 1：每间客房的最高定价为 200 元。

假设 2：根据题目提供的数据，可设随着房价的下降，入住率呈线性增长。

假设 3：宾馆的每间客房的定价相等。

(2) 模型建立

设 y 表示宾馆一天的总收入，与 200 元相比每间客房降低的房价为 x 元。由假设 2 可得，每降低 1 元房价，入住率就增加 $\frac{10\%}{20}=0.005$。因此

$$y=150\times(200-x)\times(0.55+0.005x)$$

由 $0.55+0.005x\leqslant 1$，可知 $0\leqslant x\leqslant 90$。于是问题转化为求当 $0\leqslant x\leqslant 90$ 时，总收入 y 的最大值是多少？

(3) 模型求解

利用一元函数微分学的知识，令 $y'=150\times(0.45-0.01x)=0$，得当 $x=45$，即房价定为 155 元时，可获得最高收入 18018.75 元。此时，相应的入住率为 77.5%。

【例 1.2】　城市人口问题　人口统计学家已经发现：每个城市的市中心人口密度最大，离市中心越远人口越稀少、密度越小。最为常见的人口密度模型为 $f=c\mathrm{e}^{-ar^2}$（每平方千米人口数），其中 a，c 为大于 0 的常数，r 是距市中心的距离。如何求某城市的总人口数？

(1) 问题分析

为了确定区间，设市中心位于坐标原点，于是 $r=\sqrt{x^2+y^2}$，从而人口密度函数为 $f=c\mathrm{e}^{-a(x^2+y^2)}$。

根据相关数据可知：某城市市中心的人口密度为：$f=10^5$。

在距离市中心 10km 时的人口密度为：$f=\frac{10^5}{\mathrm{e}^2}$。

并且该城市为半径 30km 的圆形区域。

(2) 模型求解

先确定人口密度中的常数 a，c。

由 $r=0$，$f=10^5$；$r=10$，$f=\frac{10^5}{e^2}$，可得 $a=\frac{1}{50}$，$c=10^5$，

因此人口密度函数为：$f=10^5 \cdot e^{-\frac{x^2+y^2}{50}}$。

从而该城市的总人口数就是人口密度函数的积分，其中积分区域 D 为 $0\leqslant r\leqslant 30$，$0\leqslant\theta\leqslant 2\pi$，即

$$\text{该城市的总人口数}=\iint_D 10^5 \cdot e^{-\frac{x^2+y^2}{50}}\mathrm{d}x\mathrm{d}y=\int_0^{2\pi}\mathrm{d}\theta\int_0^{30} 10^5 \cdot e^{-\frac{r^2}{50}}r\mathrm{d}r$$

$$\approx 15767963(\text{人})$$

【例 1.3】 名画伪造案的侦破问题 《Emmaus 的信徒们》是 17 世纪荷兰大画家 Jan Vermeer 的名画。第二次世界大战后，荷兰安全机关开始追捕纳粹党徒。1945 年 5 月 29 日，法国三流画家 H. A. van Meegeren 因通敌罪被捕。Meegeren 供认卖给德国人的《Emmaus 的信徒们》是他制作的赝品，当时荷兰当局认为他的供词是假的，目的是想逃脱通敌的罪名。著名艺术史专家 A. Bredius 也证明说，那件《Emmaus 的信徒们》是 Vermeer 的原作，该画当时已被 Renbradt 协会以 17 万美元买去。可是，仍有一部分人坚持认为《Emmaus 的信徒们》是 Meegeren 制作的赝品。他们认为 Meegeren 因为自己在艺术界名气太小而极为不满，于是带着狂热的情绪临摹了这幅名画，以显示他比三流画家强。此事在当时轰动了全世界。

这样，对 Meegeren 卖给德国人的《Emmaus 的信徒们》究竟是赝品还是 Vermeer 的原作，就不得而知，该案一直悬而未决。直到 1967 年，Carneigie-Mellon（卡内基-梅隆）大学的科学家们通过建立数学模型，并利用测得的一些数据，证实了上述所谓的名画确实是赝品，从而使这一悬案得以告破。那么，科学家们是怎样利用数学建模的方法来证实的呢？

众所周知，所有的绘画颜料中都含有放射性元素铅-210（^{210}Pb）和镭-226（^{226}Ra），而这两种重金属元素都会发生衰变，科学家们就是从这一点上找到了突破口。

(1) 模型假设

为了使问题明确具体，设 $y(t)$ 是颜料中铅-210（^{210}Pb）的含量，$r(t)$ 是 t 时刻每分钟每克颜料中镭-226（^{226}Ra）的衰变数量。

(2) 模型建立

利用著名物理学家卢瑟福的原子物理理论，可以建立下列微分方程模型：

$$\begin{cases}\dfrac{\mathrm{d}y(t)}{\mathrm{d}t}=-\lambda y+r(t)\\ y(t_0)=y_0\end{cases}$$

由于镭-226 的半衰期约为 1600 年，而现在仅对 300 年左右的时间感兴趣，因此可设镭-226 保持常数 r。

(3) 模型求解

求解上述微分方程的初值问题，得方程的特解为：

$$y(t)=\frac{r}{\lambda}[1-e^{-\lambda(t-t_0)}]+y_0 e^{-\lambda(t-t_0)}$$

其中 $y(t)$ 和 r 可以用仪器直接测量出来，要求出 $t-t_0$，只需要求出 y_0 和 λ 即可。

下面先计算 λ，令 $N(t)$ 表示放射性元素铅的原子数，则有

$$\begin{cases}\dfrac{\mathrm{d}N(t)}{\mathrm{d}t}=-\lambda N\\ N(t_0)=N_0\end{cases}$$

解得

$$N(t)=N_0 e^{-\lambda(t-t_0)}$$

即

$$\frac{N(t)}{N_0}=e^{-\lambda(t-t_0)}$$

又已知铅的半衰期为22年，故得：$\lambda=\frac{\ln 2}{22}$。

再来计算 y_0，由式 $y(t)=\frac{r}{\lambda}[1-e^{-\lambda(t-t_0)}]+y_0 e^{-\lambda(t-t_0)}$，得

$$\lambda y_0=\lambda y(t)e^{\lambda(t-t_0)}-r[e^{\lambda(t-t_0)}-1]$$

如果这幅画是真品，应该有300年的历史，可以取 $t-t_0=300$，于是得

$$\lambda y_0=\lambda y(t)e^{300\lambda}-r(e^{300\lambda}-1)$$

由于镭-226的衰变率 $r=0.8$，铅-210的衰变率 $y\lambda=8.5$，故（借助数学软件可求）

$$\lambda y_0=8.5e^{300\lambda}-0.8(e^{300\lambda}-1)=98050$$

（4）模型应用

$\lambda y_0=98050$ 这个数太大了，与真实情况不符，因此可以证明 Meegeren 卖给德国人的《Emmaus 的信徒们》是赝品。不仅这样，Carneigie-Mellon 大学的科学家们利用上述方法，对其他有质疑的油画都作了鉴定，判断了真伪。

成功利用数学模型进行案件侦破的例子有很多，充分显示了数学模型强大的应用价值。

【例1.4】 循环比赛名次问题 若5个队进行单循环比赛，其结果是：1队胜3队、4队；2队胜1队、3队、5队；3队胜4队，4队胜2队；5队胜1队、3队、4队。按直接胜与间接胜次数之和排名次。

（1）模型的分析与建立

用邻接矩阵 $\boldsymbol{A}$ 来表示各个队直接胜的情况：$\boldsymbol{A}=(a_{ij})_{5\times5}$，若第 i 队胜第 j 队，则 $a_{ij}=1$，否则 $a_{ij}=0(i,j=1,2,3,4,5)$。由此可得：

$$\boldsymbol{A}=\begin{pmatrix}0&0&1&1&0\\1&0&1&0&1\\0&0&0&1&0\\0&1&0&0&0\\1&0&1&1&0\end{pmatrix}$$

（2）模型求解

$\boldsymbol{A}$ 中各行元素之和分别为各队直接胜的次数，分别为2，3，1，1，3。可见按直接胜次数排名有2队与5队并列，3队与4队并列。

间接胜的邻接矩阵为：

$$\boldsymbol{A}^2=\begin{pmatrix}0&1&0&1&0\\1&0&2&3&0\\0&1&0&0&0\\1&0&1&0&1\\0&1&1&2&0\end{pmatrix}$$

$\boldsymbol{A}^2$ 中各行元素之和分别为各队间接胜的次数，分别为2，6，1，3，4。于是 $\boldsymbol{A}+\boldsymbol{A}^2$ 中各行元素之和分别为各队直接胜与间接胜的次数，分别为4，9，2，4，7。可见按直接胜与间接胜的次数之和排名仍有1队与4队并列。那么继续求出

$$A^3=\begin{pmatrix}1&1&1&0&1\\0&3&1&3&0\\1&0&1&0&1\\1&0&2&3&0\\1&2&1&1&1\end{pmatrix}$$

于是 $A+A^2+A^3$ 中各行元素之和分别 8，16，5，10，13。可见按直接胜与间接胜的次数之和排名结果为 2 队、5 队、4 队、1 队、3 队。

【例 1.5】 工资问题 现有一个木工、一个电工、一个瓦工和一个粉饰工，四人相互统一彼此装修他们自己的房子。在装修之前，他们约定每人工作 13 天（包括在自己家干活），每人的日工资根据一般的市价在 100～130 元，每人的日工资数应使得每人的总收入和总支出相等。表 1.1 是他们协商后制订出的工作天数的分配方案。如何计算出他们每人应得的日工资以及每人房子的装修费用（只计算工钱，不包括材料费）？

表 1.1 工时分配方案

天数＼工种	木工	电工	瓦工	粉饰工
在木工家工作的天数	4	3	2	3
在电工家工作的天数	5	4	2	3
在瓦工家工作的天数	2	5	3	3
在粉饰工家工作的天数	2	1	6	4

(1) 模型的分析与建立

这是一个“收入-支出”平衡的闭合模型。设木工、电工、瓦工和粉饰工的日工资分别为 x_1，x_2，x_3，x_4(元)，为满足“平衡”条件，每人的收支相等，即要求每人在这 14 天内的“总收入＝总支出”，则可建立线性方程组：

$$\begin{cases}4x_1+3x_2+2x_3+3x_4=13x_1\\5x_1+4x_2+2x_3+3x_4=13x_2\\2x_1+5x_2+3x_3+3x_4=13x_3\\2x_1+x_2+6x_3+4x_4=13x_4\end{cases}$$

整理得齐次线性方程组

$$\begin{cases}-9x_1+3x_2+2x_3+3x_4=0\\5x_1-9x_2+2x_3+3x_4=0\\2x_1+5x_2-10x_3+3x_4=0\\2x_1+x_2+6x_3-9x_4=0\end{cases}$$

(2) 模型求解

可以利用初等行变换求解上述方程组：

$$\begin{pmatrix}-9&3&2&3\\5&-9&2&3\\2&5&-10&3\\2&1&6&-9\end{pmatrix}\rightarrow\begin{pmatrix}1&0&0&-\frac{54}{59}\\0&1&0&-\frac{63}{59}\\0&0&1&-\frac{60}{59}\\0&0&0&0\end{pmatrix}$$

即$(x_1,x_2,x_3,x_4)^T=k(54,63,60,59)^T$，为了使$x_1$，$x_2$，$x_3$，$x_4$取值为100～130，可令$k=2$，得$x_1=108$，$x_2=126$，$x_3=120$，$x_4=118$。

所以，木工、电工、瓦工和粉饰工的日工资分别为108元、126元、120元和118元。于是，每人房子的装修费用相当于本人13天的工资，因此分别为1404元、1638元、1560元和1534元。

【例1.6】 有趣的蒙特莫特问题 新年即将来临，班里准备举办一次联欢活动。小明提议每人带上一件小礼物，放在一起；然后再用抽签的方式各取回一件作为纪念品。这一提议立即引起了大家的兴趣，多数同学都认为这个办法有新意。可也有人提出疑问：这样抽取纪念品是否会有多数人将自己带去的礼物又抽回去了呢？

(1) 模型分析

上述问题实际上是一个有名的数学问题，早在1708年就由法国数学家蒙特莫特提出了，因此又称为“蒙特莫特问题”或称为“配对问题”。用概率论的知识可以计算：如果有n个人参加这项活动，至少有一人取回自己所带礼物的概率以及平均有多少人会取回自己所带的礼物？

(2) 模型假设与符号说明

假设1：整个班级共有n个同学。

假设2：每位同学都随机的挑选一个礼物作为纪念品。

记$\mathbf{A}_i=$“第i个人取回自己所带礼物”$(i=1,2,\cdots,n)$，则

$\bigcup\limits_{i=1}^{n}\mathbf{A}_i=\mathbf{A}_1\cup\mathbf{A}_2\cup\cdots\cup\mathbf{A}_n=$“$n$个人中至少有一人取回自己所带的礼物”。

(3) 模型的建立与求解

由概率的加法公式与乘法公式可得：

$$\begin{aligned}P(\bigcup_{i=1}^{n}\mathbf{A}_i)&=\sum_{i=1}^{n}P(\mathbf{A}_i)-\sum_{1\leqslant i<j\leqslant n}P(\mathbf{A}_i\mathbf{A}_j)+\sum_{1\leqslant i<j<k\leqslant n}P(\mathbf{A}_i\mathbf{A}_j\mathbf{A}_k)-\cdots+(-1)^{n-1}P(\mathbf{A}_1\mathbf{A}_2\cdots\mathbf{A}_n)\\&=C_n^1\frac{1}{n}-C_n^2\frac{1}{n}\times\frac{1}{n-1}+\cdots+(-1)^{n-1}C_n^n\frac{1}{n}\times\frac{1}{n-1}\times\cdots\times\frac{1}{1}\\&=1-\frac{1}{2!}+\frac{1}{3!}-\cdots+(-1)^{n-1}\frac{1}{n!}\end{aligned}$$

当n较大时，至少有一人取回自己所带礼物的概率约为

$$P(\bigcup_{i=1}^{n}\mathbf{A}_i)\approx1-e^{-1}\approx0.63212$$

再引入随机变量$X_i=\begin{cases}1, & \text{第}i\text{个人取回自己所带礼物}\\0, & \text{第}i\text{个人未取回自己所带礼物}\end{cases}$ $(i=1,2,\cdots,n)$，而

$$E(X)=\sum_{i=1}^{n}E(X_i)=1$$

(4) 模型分析与检验

利用概率的加法公式和乘法公式进行配对问题的概率计算。其结果表明：采用这种抽取纪念品的方式虽然可能有人会取回自己所带的礼物，但这n个人中（无论n多么大!），平均来说只有一人能取回自己所带的礼物。因此，作为一项娱乐活动，小明的提议是可以得到采纳的。

(5) 模型应用

配对问题是非常普遍的概率问题，不同的提法还有装信封问题、匹配问题、相遇问题等。配对问题的解决方法在经济管理中有着重要的应用。值得指出的是：无论n等于多少，配对个数的期望值和方差均等于1。

1.4 数学建模能力培养

素质是指人的自身所存在的内在的、相对稳定的身心特征及其结构，是决定其主体活动功能、状况及质量的基本因素。数学素质是指一个人在数学方面的特点和基础，是指那些在数学教育的影响下所发展起来的创造、归纳、演绎和数学建模能力的总成。

数学素质大致包含以下 4 种。①数学意识。即用数学的眼光去观察、分析和表示各种事物的数量关系、空间关系和数学信息，以形成量化意识和良好的数感，进而达到用数理逻辑的观点来科学地看待世界。②数学语言。数学语言是数学的载体，具有通用、简捷、准确的特点。数学是一种科学的语言。③数学技能。数学技能包括数学的作图、心算、口算、笔算、器算等最基本的技能，还包括把现实的生产、生活、流通以至科学研究中的实际问题转化为数学模型，解决问题，形成数学建模的技能。④数学思维。数学思维是指抽象、概括、归纳与推理等形式化的思维以及直觉、猜想、想象等非形式化的思维。

数学建模是一门综合了数学和其他学科知识的交叉性很强的课程，它将数学的基本知识和实际应用有机地结合起来。对大学生的数学素质的培养有很重要的作用。

(1) 培养数学意识

大学生学习大学数学多以纯理论知识为主，虽然也有理论知识的应用，但并不多。而且对知识的掌握程度多以理论考试进行衡量，很少考查大学生的数学意识，即用数学的语言和思想方法去分析和解决实际问题。于是，大学生有没有数学意识或者数学意识强不强显然是一个疑问。而数学建模则需要将用自然语言描述的实际问题用数学的语言及方法来解决，这恰好是数学意识的一种体现。

(2) 培养抽象思维能力、概括能力和归纳能力

数学建模课程和竞赛中的大量问题一开始是用自然语言来加以描述的，为了解决它们首先必须对这些问题进行分析，再合理地抽象和简化为数学问题，即建立“数学模型”，然后再进行求解。其中，最重要的步骤就是建立“数学模型”。如何建立模型，建立模型时应该怎样合理地抽象和简化，归纳及概括，大学生在数学建模时必须反复思考这个问题，这是极为锻炼人的思维能力的，也是数学建模课程和竞赛的重要内容。

(3) 培养创新能力

数学建模有别于一般的科学研究，它主要是搞应用，解决实际问题，采用的方法大多数都是已有的，那么这是创新吗？我们通过参加数学建模课程或竞赛就知道，实际问题千差万别，就算用的方法是现成的，但用哪一种方法以及怎么用，却不是现成的。而且，几乎没有哪一个方法原样照搬照套就能解决问题，都得针对具体问题具体分析，选择恰当的方法并加以改造（至少是要灵活运用）才能解决问题，而这正需要学生不断调动自己的思维和能力去进行创新。而且，实际问题常常没有标准答案或唯一答案，往往是多个答案各有千秋，这是我们经过多年理论学习的习惯于唯一答案的学生所不习惯的，也很少去尝试的。也就是说，不现成、不唯一，这是解决实际问题的重要特点，也是数学建模的重要特点，正因为这样数学建模能培养大学生的创新思维和能力。

(4) 培养应用数学的能力

随着现代数学的飞速发展，其应用范围从以往传统的、数学处理方法相对成熟的领域（如力学、物理、天文以及传统工业领域）扩展到非传统的、数学处理相对说来不算成熟的化学、生物及其他各门自然科学及高新技术领域，甚至进入到经济、金融、保险及很多社会

学领域，深入到各行各业。可以说，现代数学无所不在，并发挥着越来越重要的作用。因此大学生能否应用数学的知识方法来解决各种问题显得十分重要。

然而，对于大学生而言从学习书本知识到应用知识解决实际问题往往有一定距离，“读书好”与“应用好”不能画等号，能够应用数学的知识和方法解决实际问题是大学生应当具备的一种重要能力，而这仅从书本上与课堂上是学不到的，必须通过实践。学生从实践中获得的经验与知识，更容易产生沉淀而内化为人的素质，这也是符合素质教育的目标的。而数学建模课程和竞赛集理论学习与实践于一体，通过建立数学模型的实践过程，有助于培养大学生的应用数学能力。

(5) 培养数值计算能力等数学技能

数学建模的很多问题都是先从实际生活中搜集资料，有时搜集到的数据可谓成千上万，然后再对它们进行分析和处理。处理时要对这样大量的数据进行各种运算，难免繁琐。如何才能快速、有效地进行计算，尤其是对规模大的问题进行计算，是一个很重要的问题。要想对大量数据进行快速、有效的计算，必得借助先进的计算工具即计算机来进行。这就对使用者提出了较高的要求，如对相关软件及算法的了解和掌握，以及编程上机计算等操作能力等。因此，实践性很强的数学建模能够培养大学生的计算能力尤其是数值计算能力。

当然，数学建模除了能够培养大学生的上述数学素质，还能够培养其他的一些素质和能力，如写作能力、与他人的合作能力等。

习 题 1

1. 将四角连线为正方形的椅子放在相对光滑但不平坦的地面上，通常只有三只脚着地，然而只需稍挪动几次，就可以使四脚同时着地（即椅子放稳了）。试将此问题用数学语言进行描述，并用数学工具给予证明。

2. 一个人带着猫、鸡和米过河，船除了需要人来划之外，至多能载猫、鸡和米三者之一。而当人不在场时，猫要吃鸡、鸡要吃米。请设计一个安全过河的方案，并使过河次数尽量少。

3. 现有 12 个外表相同的硬币，已知其中一个是假币（可能轻也可能重些）。如何用无砝码的天平以最少的次数找出假币，请设计方案。

4. 韩信点兵，有兵一队，人数在 500～1000 之间。三三数之剩二，五五数之剩三，七七数之剩二。问：这队兵有多少人？

第2章 基本方法建模

随着电子计算机的出现和科学技术的迅猛发展，数学的应用正以空前的广度和深度迅速渗透到人类活动的各个领域，自然科学、社会科学、工程技术与现代化管理等各方面涌现出大量的实际课题等待人们去解决。使人们逐渐认识到数学模型建立与应用的重要性。

利用数学知识研究和解决实际问题，遇到的第一项工作就是要建立恰当的数学模型，这个过程就是数学建模过程，它是科学研究和技术开发的基础，可以说建立一个较好的数学模型是解决实际问题的关键。

数学建模的方法有很多，按照大类来分，主要分成机理分析法、测试分析法和综合分析法。本章共包括初等模型、简单的优化方法、概率方法建模、马尔可夫链建模四部分，主要介绍一些基本的数学建模方法，涉及一些简单实用的微积分模型、优化模型、概率统计模型和马尔可夫链的建立及求解过程。

本章所介绍的这些内容都与实际生活紧密相关，了解和掌握解决这些问题的基本的建模方法和理论有助于扩展数学建模知识，增强分析问题、解决问题的能力，并进一步为建立复杂数学模型做准备。

2.1 初等模型

一个数学模型的优劣取决于它的应用效果，而不是在于它采用了多么高深的数学方法。对于某个实际问题，如果能够用初等方法建立数学模型，并且和所谓的高等方法相比较具有同样的应用效果，那么简单、有效的方法将更受人们欢迎。

本节研究对象的机理比较简单，一般用静态、线性、确定性模型描述就能达到建模的目的，基本上可以用初等数学和简单的微积分的方法来构造和求解模型。通过下面的几个实例能够看到，用很简单的数学方法就可以解决一些有趣的实际问题。

2.1.1 桌子能放平吗

把一把四只脚的椅子往不平的地面上一放，通常只有三只脚着地，放不稳，然而只要稍挪动几次，就可以四脚着地，放稳了。如何解释这种现象？

(1) 模型假设

① 椅子四条腿一样长，椅脚与地面接触可视为一个点，四脚的连线呈正方形。

② 地面高度是连续变化的，沿任何方向都不会出现间断（没有像台阶那样的情况），即地面可视为数学上的连续曲面。

③ 对于椅脚的间距和椅脚的长度而言，地面是相对平坦的，使椅子在任何位置至少有三只脚同时着地。

(2) 问题分析

这个例子说明了对实际问题作出合理的、简化的假设，以便于用数学语言确切地表述实际问题的重要性。任何位置椅子总有三只脚同时着地，中心问题转化为用数学语言把椅子四只脚同时着地的条件和结论表示出来。

(3) 模型建立

为了用数学语言来表示椅子四只脚着地的条件和结论，首先用变量表示椅子的位置，由于椅脚的连线呈正方形，以中心为对称点，正方形绕中心的旋转正好代表了椅子的位置的改变，于是可以用旋转角度θ这一变量来表示椅子的位置。其次要把椅脚着地用数学符号表示出来，如果用某个变量表示椅脚与地面的竖直距离，当这个距离为零时，表示椅脚着地了。椅子要挪动位置说明这个距离是位置变量θ的函数（图 2.1）。

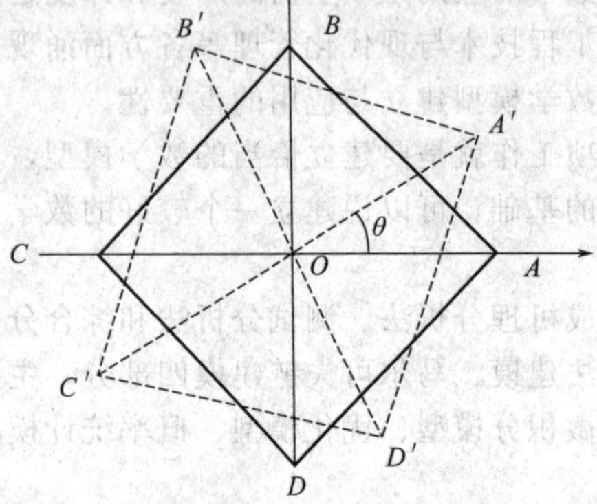

图 2.1　正方形椅脚

由于正方形的中心对称性，只要设两个距离函数就行了，记A、C两脚与地面距离之和为$f(\theta)$，B、D两脚与地面距离之和为$g(\theta)$，显然$f(\theta)$、$g(\theta)\geqslant 0$，由模型假设②知$f(\theta)$、$g(\theta)$都是连续函数，再由模型假设③知$f(\theta)$、$g(\theta)$至少有一个为0。当$\theta=0$时，不妨设$g(\theta)=0$，$f(\theta)>0$，这样改变椅子的位置使四只脚同时着地，就归结为如下命题2.1。

命题 2.1　已知$f(\theta)$、$g(\theta)$是θ的连续函数，对任意θ，$f(\theta)g(\theta)=0$，且$g(0)=0$，$f(0)>0$，则存在θ_0，使$g(\theta_0)=f(\theta_0)=0$。

(4) 模型求解

将椅子旋转90°，对角线AC和BD互换，由$g(0)=0$，$f(0)>0$可知$g(\pi/2)>0$，$f(\pi/2)=0$。令$h(\theta)=f(\theta)-g(\theta)$，则$h(0)>0$，$h(\pi/2)<0$，由$f$，$g$的连续性知$h(\theta)$也是连续函数，由闭区间上连续函数的零点定理，必存在$\theta_0(0<\theta_0<\pi/2)$使$h(\theta_0)=0$，$g(\theta_0)=f(\theta_0)$，由$g(\theta_0)f(\theta_0)=0$，所以$g(\theta_0)=f(\theta_0)=0$。

(5) 模型的进一步讨论

本模型的巧妙之处在于用一元变量表示椅子的位置，用两个连续函数表示椅子四脚与地面的距离，从而把椅子四脚着地的结论用简单准确的数学语言描述出来，进而构造了数学模型。但是如果对模型假设做一些改变，会有什么结果出现呢？

① 考虑椅子四脚呈长方形的情形。设A、B两脚与地面距离之和为$f(\theta)$，C、D两脚与地面距离之和为$g(\theta)$，θ为AC连线与x轴正向的夹角（图 2.2）。显然$f(\theta)$、$g(\theta)\geqslant 0$，由模型假设②知$f(\theta)$、$g(\theta)$都是连续函数，再由模型假设③知$f(\theta)$、$g(\theta)$至少有一个为0。当$\theta=0$时，不妨设$g(\theta)=0$，$f(\theta)>0$，这样改变椅子的位置使四只脚同时着地，就归结为如下命题2.2。

命题 2.2　已知$f(\theta)$、$g(\theta)$是θ的连续函数，对任意θ，$f(\theta)g(\theta)=0$，且$g(0)=0$，$f(0)>0$，则存在θ_0，使$g(\theta_0)=f(\theta_0)=0$。

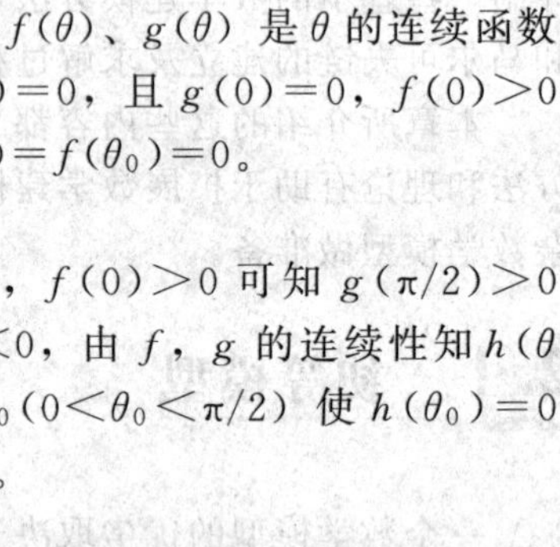

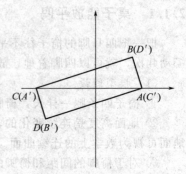

图 2.2　长方形椅脚

将椅子绕对称中心旋转180°(π)，正方形$ABCD$变成$C'D'A'B'$了（图 2.2），即AB与CD互换，由$g(0)=0$，$f(0)>0$可知$g(\pi)>0$，$f(\pi)=0$。令$h(\theta)=f(\theta)-g(\theta)$，

则 $h(0)>0$，$h(\pi)<0$，由 $f(\theta)$、$g(\theta)$ 的连续性知 $h(\theta)$ 也是连续函数，由零点定理可得，必存在 $\theta_0(0<\theta_0<\pi)$ 使 $h(\theta_0)=0$，即 $g(\theta_0)=f(\theta_0)$，由 $g(\theta_0)f(\theta_0)=0$，所以 $g(\theta_0)=f(\theta_0)=0$。

从而可见模型假设①的"四脚连线成正方形"不是本质的。

② 考虑椅子四脚呈不规则四边形（即任意四边形）的情形。在椅子四脚连线所构成的四边形 $ABCD$ 的内部任取一点 O，作为坐标原点，建立直角坐标系（图 2.3），记 AO 与 x 轴正向夹角为 θ，记 A、B 两脚与地面距离之和为 $f(\theta)$，C、D 两脚与地面距离之和为 $g(\theta)$，根据模型假设③不妨设当 $\theta=\theta_1$ 时，$g(\theta_1)=0$，$f(\theta_1)>0$，将椅子逆时针旋转一定角度，使 A、B 两脚与地面之和为 0，此时，AO 与 x 轴正向的夹角变为 θ_2，由模型假设③（任意时刻椅子至少有三只脚着地）易知当 $\theta=\theta_2$，$f(\theta_2)=0$，$g(\theta_2)\geqslant 0$，令 $h(\theta)=f(\theta)-g(\theta)$，则 $h(\theta_1)>0$，$h(\theta_2)<0$，由 $f(\theta)$、$g(\theta)$ 的连续性知 h 也是连续函数，由零点定理可得，必存在 $\theta_0(\theta_1<\theta_0<\theta_2)$，$\theta_1\in[0,2\pi)$，$\theta_2\in(\theta_1,2\pi]$，使 $h(\theta_0)=0$，即 $g(\theta_0)=f(\theta_0)$，由 $g(\theta_0)f(\theta_0)=0$，所以 $g(\theta_0)=f(\theta_0)=0$。

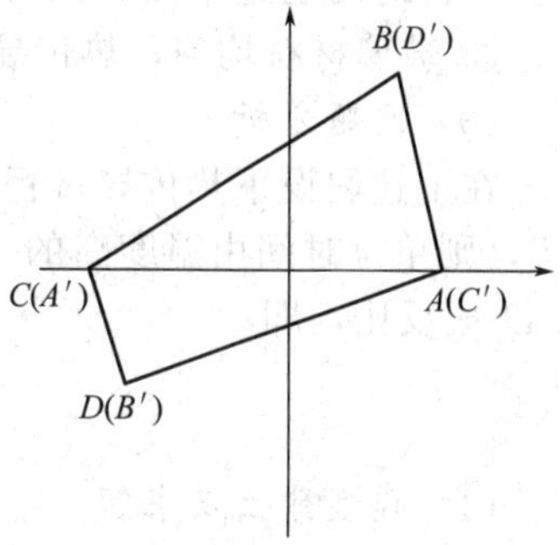

图 2.3　不规则四边形椅脚

利用正方形的中心对称性及旋转 90°并不是本质的。并且，可以得到更一般的结论：四脚连线为不规则四边形的椅子能在不平的地面上放稳。

2.1.2　双层玻璃窗的功效

北方城镇的有些建筑物的窗户是双层的，即窗户上装两层玻璃且中间留有一定的空隙。据说这样做的目的是为了保暖，即减少室内的热量向室外流失。下面将要建立一个模型来描述热量通过窗户的流失（即扩散）过程，并将双层玻璃窗与同样多材料做成的单层玻璃窗的热量流失进行对比，对双层玻璃窗能够减少多少热量损失给出定量分析结果（图 2.4）。

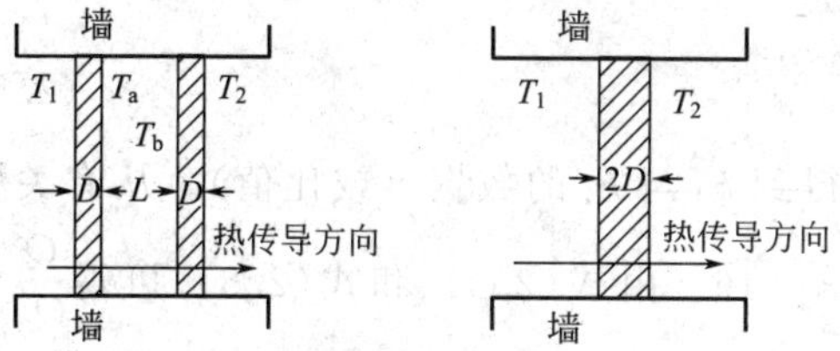

图 2.4　双层玻璃窗与单层玻璃窗

（1）符号假定

详见表 2.1 中所列。

表 2.1　模型假设中的符号假定

符号	符号意义	单位
D	玻璃的厚度	cm
L	双层玻璃间隔的距离	cm
T_1	室内温度	℃
T_2	室外温度	℃
T_a	双层玻璃内层玻璃外侧温度	℃
T_b	双层玻璃外层玻璃内侧温度	℃
k_1	玻璃的热传导系数	J/(cm・s・℃)
k_2	空气的热传导系数	J/(cm・s・℃)
Q	双层玻璃热量损失	J
Q'	单层玻璃热量损失	J

（2）模型假设

① 热量的损失过程只有传导，没有对流，即假定窗户的密封性能良好，两层玻璃之间的空气是不流动的。

② 室内温度 T_1 与室外温度 T_2 保持不变，热传导过程已处于稳定状态，即沿热传导方向，单位时间通过单位面积的热量是常数。

③ 玻璃材料均匀，热传导系数是常数。

（3）问题分析

在上述假设下热传导过程遵从下面的物理定律：厚度为 D 的均匀介质，两侧温度差为 ΔT，则单位时间由温度高的一侧向温度低的一侧通过单位面积的热量 Q，与 ΔT 成正比，与 D 成反比，即

$$Q=k\frac{\Delta T}{D}\ （k\text{ 为热传导系数}） \tag{2.1}$$

（4）模型建立及求解

记双层玻璃窗内玻璃的外侧温度为 T_a，外侧玻璃窗的内侧温度为 T_b，玻璃的热传导系为 k_1，空气的热传导系数为 k_2，由式(2.1) 得单位时间单位面积的热量流失（即热量传导的量）为：

$$Q=k_1\frac{T_1-T_a}{D}=k_2\frac{T_a-T_b}{L}=k_1\frac{T_b-T_2}{D} \tag{2.2}$$

从式(2.2) 中消去 T_a，T_b可得

$$Q=k_1\frac{T_1-T_2}{D(s+2)},\ s=h\frac{k_1}{k_2},\ h=\frac{L}{D} \tag{2.3}$$

对于厚度为 $2D$ 的单层玻璃窗，容易写出单位时间单位面积的热量流失为：

$$Q'=k_1\frac{T_1-T_2}{2D} \tag{2.4}$$

二者之比为

$$\frac{Q}{Q'}=\frac{2}{s+2} \tag{2.5}$$

显然 $Q<Q'$。为了得到更具体的结果，需要得到 k_1 与 k_2 的数据（或比值）。从有关资料可知 $\frac{k_1}{k_2}=16\sim32$，我们作最保守的估计，取 $\frac{k_1}{k_2}=16$。由式(2.3) 和式(2.5) 可得 $\frac{Q}{Q'}=\frac{1}{8h+1}$。比值 $\frac{Q}{Q'}$ 反映了双层玻璃窗在减少热量损失上的功效，它只与 $h=\frac{L}{D}$ 有关，但一般来说 h 不宜也不可能过大，在实际中一般取值小于 5。

（5）模型应用

这个模型具有一定的应用价值，尽管在制作双层玻璃窗方面会增加一些费用，但它减少的热量损失却是相当可观的。通常，建筑规范要求 h 近似等于 4。按照这个模型，计算出 $\frac{Q}{Q'}\approx3\%$，即双层玻璃窗比同样多的玻璃材料做成的单层玻璃窗节约热量 97%左右。当然实际中双层窗户的功效会比上述结果要差一些，因为还有其他的一些因素没有考虑到。

本模型应用简单的物理学定律，在适当合理的假设之下建立数学模型，很好地解决了双层玻璃窗的能量节约问题，既实用又有效，这是一个利用初等数学知识解决实际问题的很好的例子。

2.1.3 动物的身长与体重

在生猪收购站或屠宰场工作的人们，有时希望由生猪的身长估计其体重，对于没有磅秤

的边远山区的农民而言，这有一定的实际意义。试建立数学模型讨论四足动物的躯干的长度（不含头、尾）与它的体重的关系。

（1）问题分析

不同种类的动物，其生理构造不尽相同，如果对此问题陷入对生物学复杂生理结构的研究，就很难得到所要求的具有应用价值的数学模型并导致问题的复杂化。因此舍弃具体动物的生理结构讨论，仅借助力学的某些已知结果，采用类比方法建立四足动物的身长和体重关系的数学模型。

建模的基本原理：类比法是依据两个对象的已知的相似性，把其中一个对象的已知的特殊性质迁移到另一对象上去，从而获得另一个对象的性质的一种方法。它是一种寻求解题思路、猜测问题答案或结论的发现的方法，而不是一种论证的方法，它是建立数学模型的一种常见的、重要的方法。

（2）模型假设与求解

对于生猪，其体重越大，躯干越长，则其脊椎下陷越大，这与弹性梁类似，故可以通过弹性梁理论来研究生猪的身长与体重问题。

为了简化问题，把生猪的躯干看作圆柱体，设其长度为 l、直径为 d、断面面积为 s（图 2.5）。将这种圆柱体的躯干类比作一根支撑在四肢上的弹性梁，这样就可以借助力学的某些结论研究动物的身长与体重的关系。

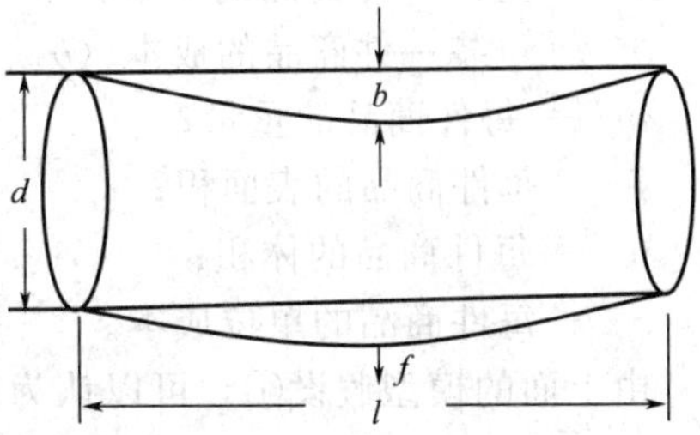

图 2.5　生猪躯干示意

设动物在自身体重 f 的作用下，躯干的最大下垂度为 b，即弹性梁的最大弯曲。根据对弹性梁的研究，可以知道 $b \propto \frac{fl^3}{sd^2}l$。又由于 $f \propto sl$（体积），于是

$$\frac{b}{l} \propto \frac{l^3}{d^2} \tag{2.6}$$

式中，b 是动物躯干的绝对下垂度；b/l 是动物躯干的相对下垂度。b/l 太大，四肢将无法支撑动物的躯干，b/l 太小，四肢的材料和尺寸超过了支撑躯干的需要，无疑是一种浪费，因此，从生物学角度可以假定，经过长期进化，对于每一种动物而言，b/l 已经达到其最适宜的数值，换句话说，b/l 应视为与动物尺寸无关的常数，而只与动物的种类有关。因此

$$l^3 \propto d^2 \tag{2.7}$$

又由于 $f \propto sl$，$s \propto d^2$，故 $f \propto l^4$，从而

$$f = kl^4 \tag{2.8}$$

由此可见四足动物的体重与躯干长度的四次方成正比。这样，对于某种四足动物（如生猪），根据统计数据确定上述比例系数 k 后，就可以依据上述模型，由躯干的长度估计出动物的体重了。

（3）模型的讨论

本模型的建立，应用了简单的比例关系，称为比例模型。建模原理比较简单，往往需要结合借鉴其他学科的专业知识。

本模型中通过类比法将动物的躯干类比作弹性梁是一个十分大胆的假设，其假设的合理性，模型的可信度应该通过实际数据进行检验。但这种思考问题、建立数学模型的方法是值得借鉴的。在上述问题的研究中，如果不熟悉弹性梁、弹性力学的有关知识，就不可能把动

物躯干类比作弹性梁，就不可能想到将动物躯干长度和体重的关系这样一个看来无从下手的问题，转化为已经有明确研究成果的弹性梁在自重作用下的挠曲问题。

类比法的作用是启迪思维，帮助我们寻求解题的思路，而它对建模者的要求是具有广博的知识，只有这样才能将所研究的问题与某些已知的问题、某些已知的模型建立起联系。为了进一步说明类比法的应用，再通过一个揭示商品包装规律的模型加以说明。

（4）比例模型的进一步应用：商品包装的规律

许多商品都是包装出售的，同一种商品的包装也有大小不同的规格。而且可以注意到，同一种商品大包装的单位价格比小包装的单位价格低。试建立数学模型，分析商品包装的内在规律。

模型的基本假设如下。

① 商品的生产和包装的工作效率是固定不变的。

② 商品包装的成本只由包装的劳动力投入和包装材料的成本构成。

③ 商品包装的形状是相似的，包装材料相似。

模型的符号说明如下。

a——生产一件商品的成本；

b——包装一件商品的成本（b_1、b_2分别表示劳动力和包装材料的成本）；

w——每件商品的重量；

s——每件商品的表面积；

v——每件商品的体积；

c——每件商品的单位成本。

由上面的模型假设①，可以认为商品的生产成本 a 正比于商品的重量 w，即

$$a=k_1w \quad (k_1\in\mathbf{R})$$

显然，包装的劳动力成本 b_1 正比于商品的重量，即 $b_1=k_2w$（$k_2\in\mathbf{R}$）。由上面的模型假设③商品包装材料的成本 b_2 正比于商品的表面积 s，而商品的表面积 s 与体积有如下关系 $s=k_3v^{\frac{2}{3}}$（$k_3\in\mathbf{R}$），商品的体积又正比于重量，于是有

$$b_2=k_4w^{\frac{2}{3}} \quad (k_4\in\mathbf{R}), \quad b=b_1+b_2=k_2w+k_4w^{\frac{2}{3}}$$

每件商品的单位成本 c 为

$$c=\frac{a+b}{w}=\frac{k_1w+k_2w+k_4w^{\frac{2}{3}}}{w}=k_1+k_2+k_4w^{-\frac{1}{3}}=p+qw^{-\frac{1}{3}} \quad (p,q\in\mathbf{R}) \tag{2.9}$$

这就是商品重量为 w 时单位商品总成本 c 的数学模型。

不难看出，c 是 w 的减函数，表明当包装增大时每件商品的单位成本将下降，这与平时的生活经验是一致的。如果这个模型只是叙述上面的事实，它就显得十分平庸，因为它没有超出生活经验上的认识。仅这一点，这个模型的价值就很有限。那么是否能从模型得出其他更深入的结论？

下面从定性分析的角度进一步讨论模型的性质。可以看到商品单位成本 c 随商品重量 w 增加的下降速率 $r(w)=\left|\frac{\mathrm{d}c}{\mathrm{d}w}\right|=\frac{1}{3}qw^{-\frac{4}{3}}$，它也是商品重量 w 的减函数，表明当包装比较大时商品单位成本的降低越来越慢。因此，当购买商品时，并不一定是越大的包装越合算。这是一个一般人不一定了解的结论。

2.1.4 公平的席位分配

分配问题是日常生活中经常遇到的问题，它涉及如何将有限的人力或其他资源以“完整

的部分”分配到下属部门或各项不同任务中，分配问题涉及的内容十分广泛。例如：大到召开全国人民代表大会，小到某学校召开学生代表大会，均涉及到将代表名额分配到各个下属部门的问题。代表名额的分配（亦称为席位分配问题）是数学在人类政治生活中的一个重要应用，应归属于政治模型。一个自然的问题是如何分配代表名额才是公平的呢？

（1）问题的描述

在数学上，代表名额分配问题的一般描述是：设名额数为 N，共有 s 个单位，各单位的人数分别为 p_i，$i=1,2,\cdots,s$。问题是如何寻找一组整数 n_1，n_2，…，n_s 使得 $n_1+n_2+\cdots+n_s=N$，其中 n_i 是第 i 个单位所获得的代表名额数，并且“尽可能”地接近它应得的份额 $p_iN/\left(\sum_{i=1}^{s}p_i\right)$，即所规定的按人口比例分配的原则。

（2）模型的建立与求解

如果对一切的 $i=1,2,\cdots,s$，严格的比值 $p_iN/\left(\sum_{i=1}^{s}p_i\right)$ 恰好是整数，则第 i 个单位分得 n_i 名额，这样分配是绝对公平的，每个名额所代表的人数是相同的。但由于人数是整数，名额也是整数，n_i 是整数这种理想情况是极少出现的，这样就出现了用接近于 n_i 的整数之代替的问题。在实际应用中，这个代替的过程会给不同的单位或团体带来不平等，这样以一种平等、公正的方式选择 n_i 是非常重要的，即确定尽可能公平（不公平程度达到极小）的分配方案。

引例 设某校有 3 个系（$s=3$）共有 200 名学生，其中甲系 100 名（$p_1=100$），乙系 60 名（$p_2=60$），丙系 40 名（$p_3=40$）。该校召开学生代表大会共有 20 个代表名额（$N=20$），公平而又简单的名额分配方案是按学生人数的比例分配，显然甲乙丙三个系分别应占有 $n_1=10$，$n_2=6$，$n_3=4$ 个名额。这是一个绝对公平的分配方案。现在丙系有 6 名同学转入其他两系学习，这时 $p_1=103$，$p_2=63$，$p_3=34$，按学生人数的比例分配，此时 n_i 不再是整数，而名额数必须是整数。一个自然的想法是：对 n_i 进行“四舍五入取整”或者“去掉尾数取整”，这样将导致名额多余或者名额不够分配。因此，我们必须寻求新的分配方案。

① 哈密顿（Hamilton）方法。哈密顿方法具体操作过程如下：

第一步，先让各个单位取得份额 n_i 的整数部分 $[n_i]$；

第二步，计算 $r_i=n_i-[n_i]$，按照从大到小的数序排列，将余下的席位依次分给各个相应的单位，即小数部分最大的单位优先获得余下席位的第一个，次大的取得余下名额的第二个，依此类推，直至席位分配完毕。

哈密顿方法看来是非常合理的，但这种方法也存在缺陷。譬如当 s 和人数比例 $p_iN/(\sum_{i=1}^{s}p_i)$ 不变时，代表名额的增加反而导致某单位名额 n_i 的减少。

上述三个系的 20 个名额的分配结果见表 2.2。

表 2.2 哈密顿方法确定的 20 个代表名额的分配方案

系别	学生人数	所占比例/%	按比例分配的名额数	最终分配的名额数
甲	103	51.5	10.3	10
乙	63	31.5	6.3	6
丙	34	17.0	3.4	4
总和	200	100.0	20.0	20

考虑上述某校学生代表大会名额分配问题。因为有 20 个代表参加的学生代表大会在表决某些提案时可能出现 10∶10 的局面，会议决定下一届增加一个名额。按照哈密顿方法分配结果见表 2.3。

表 2.3　哈密顿方法确定的 21 个代表名额的分配方案

系别	学生人数	所占比例/%	按比例分配的名额数	最终分配的名额数
甲	103	51.5	10.815	11
乙	63	31.5	6.615	7
丙	34	17.0	3.570	3
总和	200	100.0	21.000	21

显然这个结果对丙系是极其不公平的，因为总名额增加一个，而丙系的代表名额却由 4 个减少为 3 个。由此可见，哈密顿方法存在很大缺陷，因而被放弃。

② 惠丁顿（Huntington）方法。惠丁顿方法是在 20 世纪 20 年代初期由哈佛大学数学家惠丁顿提出的一个新方法。

众所周知，p_i/n_i 表示第 i 个单位每个代表名额所代表的人数。很显然，当且仅当 p_i/n_i 全相等时，名额的分配才是公平的。但是，一般来说，它们不会全相等，这就说明名额的分配是不公平的，并且 p_i/q_i 中数值较大的一方吃亏或者说对这一方不公平。同时我们看到，在名额分配问题中要达到绝对公平是非常困难的。既然很难做到绝对公平，那么就应该使不公平程度尽可能小，因此我们必须建立衡量不公平程度的数量指标。

不失一般性，我们考虑 A，B 双方席位分配的情形（即 $s=2$）。设 A，B 双方的人数为 p_1，p_2，占有的席位分别为 n_1，n_2，则 A，B 的每个席位所代表的人数分别为 p_1/n_1，p_2/n_2，如果 $p_1/n_1=p_2/n_2$，则席位分配是绝对公平的，否则就是不公平的，且对数值较大的一方不公平。为了描述不公平程度，需要引入数量指标，一个很直接的想法就是用数值 $|p_1/n_1-p_2/n_2|$ 来表示双方的不公平程度，称之为绝对不公平度，它衡量的是不公平的绝对程度。显然，其数值越小，不公平程度越小，当 $|p_1/n_1-p_2/n_2|=0$ 时，分配方案是绝对公平的。用绝对不公平度可以区分两种不同分配方案的公平程度，例如：

$p_1=120$，$n_1=9$，$p_2=100$，$n_2=11$，$\left|\dfrac{p_1}{n_1}-\dfrac{p_2}{n_2}\right|=4.2$，$p_1=120$，$n_1=10$，$p_2=100$，$n_2=10$，$\left|\dfrac{p_1}{n_1}-\dfrac{p_2}{n_2}\right|=2$，显然第二种分配方案比第一种更公平。但是，绝对不公平度有时无法区分两种不公平程度明显不同的情况：

$$p_1=120，n_1=10，p_2=100，n_2=10，\left|\frac{p_1}{n_1}-\frac{p_2}{n_2}\right|=2$$

$$p_1=10020，n_1=10，p_2=10000，n_2=10，\left|\frac{p_1}{n_1}-\frac{p_2}{n_2}\right|=2$$

第一种情形显然比第二种情形更不公平，但它们具有相同的不公平度，所以“绝对不公平度”不是一个好的数量指标，我们必须寻求新的数量指标。这时自然想到用相对标准。下面我们引入相对不公平的概念。

如果 $p_1/n_1>p_2/n_2$，则说明 A 方是吃亏的，或者说对 A 方是不公平的，则称

$r_A(n_1,n_2)=\dfrac{\dfrac{p_1}{n_1}-\dfrac{p_2}{n_2}}{\dfrac{p_2}{n_2}}=\dfrac{p_1n_2}{p_2n_1}-1$ 为对 A 的相对不公平度；如果 $p_1/n_1>p_2/n_2$，则称

$$r_B(n_1, n_2)=\frac{\frac{p_2}{n_2}-\frac{p_1}{n_1}}{\frac{p_1}{n_1}}=\frac{p_2n_1}{p_1n_2}-1$$ 为对 B 的相对不公平度。

相对不公平度可以解决绝对不公平度所不能解决的问题，考虑上面的例子：

$$p_1=120,\ n_1=10,\ p_2=100,\ n_2=10$$

$$p_1=10020,\ n_1=10,\ p_2=10000,\ n_2=10$$

显然均有 $p_1/n_1>p_2/n_2$，此时 $r_A^1(10, 10)=0.2$，$r_A^2(10, 10)=0.002$，与前一种情形相比后一种更公平。

建立了衡量分配方案的不公平程度的数量指标 r_A，r_B 后，制订分配方案的原则是：相对不公平度尽可能小。首先我们作如下的假设：

a. 每个单位的每个人都具有相同的选举权利；

b. 每个单位至少应该分配到一个名额，如果某个单位，一个名额也不应该分到的话，则应将其剔除在分配之外；

c. 在名额分配的过程中，分配是稳定的，不受任何其他因素所干扰。

假设 A，B 双方已经分别占有 n_1，n_2 个名额，下面我们考虑这样的问题。当分配名额再增加一个时，应该给 A 方还是给 B 方，如果这个问题解决了，那么就可以确定整个分配方案了，因为每个单位至少应分配到一个名额，我们首先分别给每个单位一个席位，然后考虑下一个名额给哪个单位，直至分配完所有名额。

不失一般性，假设 $p_1/n_1>p_2/n_2$，这时对 A 方不公平，当再增加一个名额时，就有以下三种情形。

情形 1：$p_1/(n_1+1)>p_2/n_2$，这表明即使 A 方再增加一个名额，仍然对 A 方不公平，所以这个名额应当给 A 方。

情形 2：$p_1/(n_1+1)<p_2/n_2$，这表明 A 方增加一个名额后，就对 B 方不公平，这时对 B 的相对不公平度为 $r_B(n_1+1, n_2)=\frac{p_2(n_1+1)}{p_1n_2}-1$。

情形 3：$p_1/n_1>p_2/(n_2+1)$，这表明 B 方增加一个名额后，对 A 方更加不公平，这时对 A 方的相对不公平度为 $r_A(n_1, n_2+1)=\frac{p_1(n_2+1)}{p_2n_1}-1$。

公平的名额分配方法应该是使得相对不公平度尽可能小，所以若情形 1 发生，毫无疑问增加的名额应该给 A 方；否则需考察 $r_B(n_1+1, n_2)$ 和 $r_A(n_1, n_2+1)$ 的大小关系，如果 $r_B(n_1+1, n_2)<r_A(n_1, n_2+1)$，则增加的名额应该给 A 方，否则应该给 B 方。

注意到 $r_B(n_1+1, n_2)<r_A(n_1, n_2+1)$ 等价于 $\frac{p_2^2}{n_2(n_2+1)}<\frac{p_1^2}{n_1(n_1+1)}$，而且若情形 1 发生，仍然有上式成立。记 $Q_i=\frac{p_i^2}{n_i(n_i+1)}$，则增加的名额应该给 Q 值较大的一方。

上述方法可以推广到 s 个单位的情形，设第 i 个单位的人数为 p_i，已经占有 n_i 个名额，$i=1,2,\cdots,s$，当总名额增加一个时，计算

$$Q_i=\frac{p_i^2}{n_i(n_i+1)} \tag{2.10}$$

则这个名额应该分给 Q 值最大的那个单位。

表 2.4 是利用惠丁顿法重新分配三个系 21 个名额的计算结果。丙系保住了险些丧失的一个名额。

表 2.4　惠丁顿法分配 21 个名额的结果

n	甲系	乙系	丙系
1	5304.5(4)	1984.5(5)	578(9)
2	1768.2(6)	661.5(8)	192.7(15)
3	884.1(7)	330.8(12)	96.3(21)
4	530.5(10)	198.5(14)	
5	353.6(11)	132.3(18)	
6	252.6(13)	94.5	
7	189.4(16)		
8	147.3(17)		
9	117.9(19)		
10	96.4(20)		
11	80.4		
总和	11 个	6 个	4 个

(3) 模型的进一步讨论

名额（席位）分配问题应该对各方公平是理所当然的，问题的关键是在于建立衡量公平程度的既合理又简明的数量指标。惠丁顿法所提出的数量指标是相对不公平值 r_A，r_B，它是确定分配方案的前提。在这个前提下导出的分配方案分给 Q ［式(2.10)］值最大的一方无疑是公平的。但这种方法也不是尽善尽美的，这里不再探讨。由本例可知，在数学建模过程中，不在于所使用方法的难易，反而是根据问题的实际条件多方面、多角度地思考和解决问题才是更应该具备的素质。

2.1.5　效益的合理分配

联盟与合作是现实生活各种经济或者社会实体中经常遇到的问题，通常会获取更大的经济或者是社会效益。假设有 n 个实体，它们各自单独经营都有一定的经济效益。如果它们相互间的利益不是对抗性的，又有科学的管理方法，一般来说，联合经营的总效益可以超过各自独立经营所得效益之和，并且合作的实体越多，总效益就越高（否则就不会有合作）。因为各自的实力不同，优点不一，由此各自的贡献必定存在差异。为了巩固合作的经营形式，必须有一个合理的分配制度。试建立数学模型对合作经营的效益进行合理的分配。

(1) 问题分析

效益的分配方法有很多种，先来看一种简单的分配方法：设 n 个实体各自经营时所得的效益分别为 x_1，x_2，…，x_n（非负）。联合经营时所得的总效益为 x，且 $x > \sum_{i=1}^{n} x_i$。记

$$x_k^* = \frac{x_k}{\sum_{i=1}^{n} x_i} \quad (k=1,2,\cdots,n) \tag{2.11}$$

一般地，可以用 x_1^*，x_2^*，…，x_n^* 作为这 n 个实体的效益分配值。

考虑到联合经营的组合方式很多。对于 n 个实体而言，可以任意 2 个进行联合，也可以任意三个进行联合，任意四个联合……直到全体联合。如果各种组合方式都有实际效益。而又以全体联合的总效益最高，于是式(2.11) 并不能体现其他联合形式的效益。由此我们的

分配原则应该是使每个实体在全体联合中的实际收入比它参加的除全体联合的形式之外的任何形式的任何收入都高，至少应相等，同时要想使合作愉快，必须给出一个合理的唯一的分配方法，最好不要有多个方法出现。

(2) 理论基础

上述的问题称为 n 人合作对策问题，其解（即分配方法）的确定有多种方法，如核心、稳定集、谈判解以及内核等，本模型主要采用 Shapley 值法，这是基于一系列公理化方法基础之上建立起来的，具有很好的经济意义，而且有极为简单的求解方法，因此得到了广泛的应用。

上述问题对应 Shapley 值法的基本定义和主要结论如下。

首先把 n 个实体的集合可以简单地记作 $I=\{1,2,\cdots,n\}$ 共 n 个自然数的集合，其中 $i\in I$ 就表示第 i 个单位。设 I 的一个子集 $S=\{i_1,i_2,\cdots,i_k\}$，则 S 就是 i_1，i_2，…，i_k 单位的集合。

现在考虑效益的符号表示。设 I 的一个子集 $S=\{i_1,i_2,\cdots,i_k\}$。以下用 $v(S)$ 表示 i_1，i_2，…，i_k 共 k 个单位合作的效益，也就是**特征函数**。若不考虑负效益，则特征函数 $v(S)$ 总是一个非负实数。由此 $v(I)$ 就是全体合作的效益；若 $i\in I$，则记 $v(\{i\})$ 为 $v(i)$，它表示第 i 个单位独自经营时的效益，同时规定 $v(\phi)=0$。

一般认为，合作的实体越多，总效益就越高。故对于 v 还可以补充假设：若 S_1，$S_2\subset I$，且 $S_1\cap S_2=\phi$，则

$$v(S_1\cup S_2)\geqslant v(S_1)+v(S_2) \tag{2.12}$$

又设 $S\subset I$，且 $i\in S$，记 $S-\{i\}=S\setminus i$，称 $v(S)-v(S\setminus i)$ 为 i 在 S 合作中的贡献。由式(2.12) 知，任何单位在任意合作中的贡献都是非负的。

经过数学上的推导，可以证明每个单位的收益是唯一的，且第 i 个单位在合作经营中的收益为：

$$\varphi_i(v)=\sum_{S\in S(i)}\frac{(n-|S|)!\,(|S|-1)!}{n!}[v(S)-v(S\setminus i)]\quad(i=1,2,\cdots,n) \tag{2.13}$$

式中，$|S|$ 表示 S 中元素的个数；$S(i)$ 表示 I 中所有包含有 i 的子集的集合。

(3) 案例分析

下面通过两个实例进行说明。

【例 2.1】 收入的分配 设乙、丙受雇于甲经商。已知甲独自经营每月获利 1 万元；只雇乙可获利 2 万元；只雇丙可获利 3 万元；乙、丙都雇用可获利 4 万元。问：应如何合理分配这 4 万元的收入？

将甲、乙和丙记为 $I=\{1,2,3\}$，特征函数分别为：$v(\{1,2,3\})=4$，$v(\{1,2\})=2$，$v(\{1,3\})=3$，$v(\{1\})=1$，$v(\{2,3\})=v(\{2\})=v(\{3\})=v(\{\phi\})=0$。代入式(3.13)得：

$$\varphi_1(v)=\frac{(3-1)!(1-1)!}{3!}(1-0)+\frac{(3-2)!(2-1)!}{3!}[(2-0)+(3-0)]+\frac{(3-3)!(3-1)!}{3!}(4-0)=2.5(\text{万元})$$

$$\varphi_2(v)=\frac{(3-1)!(1-1)!}{3!}(0-0)+\frac{(3-2)!(2-1)!}{3!}(2-1)+\frac{(3-3)!(3-1)!}{3!}(4-3)=0.5(\text{万元})$$

$$\varphi_1(v)=\frac{(3-1)!(1-1)!}{3!}(0-0)+\frac{(3-2)!(2-1)!}{3!}(3-1)+\frac{(3-3)!(3-1)!}{3!}(4-2)=1.0(\text{万元})$$

即甲的收益为2.5万元，乙的收益为0.5万元，丙的收益为1.0万元。这就是最后的效益分配结果。

【例2.2】 费用的分摊 设沿河依次有A，B，C三个城镇（图2.6）。A城在河流的上游，距B城有20千米，B城距河流下游的C城有38千米。规定各城的污水必须经过处理才能排入河中，三城可以单独建立污水处理厂，也可以用管道将污水输送到下游适当城镇再联合建厂。用Q表示污水量（吨/秒）。L表示管道长（千米），按照经验公式，建厂费为$p_1=73Q^{0.712}$(千元)，铺设管道费用$p_2=0.66Q^{0.51}L$(千元)。且已知三镇污水量分别为$Q_1=5$，$Q_2=3$，$Q_3=5$。试从节约三镇总投资的原则出发提出合理的建厂方案，并向三城镇合理分摊所需的资金。

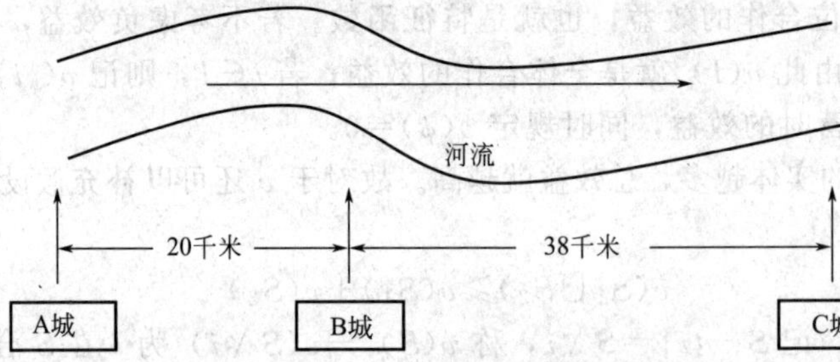

图2.6 三城地理位置图

用1、2、3表示A，B，C三城镇，$C(\cdot)$表示对象的投资费用。首先注意到可以建厂的方案有以下4种，计算出投资费用以作出比较。

① A，B，C三城镇分别建厂。

投资分别为$C(1)=73\times5^{0.712}\approx230$，$C(2)=73\times3^{0.712}\approx160$，$C(3)=73\times5^{0.712}\approx230$。总投资$D_1=C(1)+C(2)+C(3)=620$。

② A、B合作，在B城建厂。

投资$C(1,2)=73\times(5+3)^{0.712}+0.66\times5^{0.51}\times20\approx350$，总投资$D_2=C(1,2)+C(3)=580$。

③ B，C合作，在C城建厂。

投资$C(2,3)=73\times(3+5)^{0.712}+0.66\times3^{0.51}\times38\approx365$，总投资$D_3=C(1)+C(2,3)=595$。

④ 三镇合作，在C城建厂。

总投资为
$$D_4=C(1,2,3)=73\times(5+3+5)^{0.712}+0.66\times5^{0.51}\times20+0.66\times(5+3)^{0.51}\times38\approx556$$

比较结果以$D_4=556$(千元）为最小，所以应选择联合建厂方案，下面的问题是如何分担费用D_4。

总费用D_4中有三部分：联合建厂费$d_1=73\times(5+3+5)^{0.712}\approx453$，A城至B城的管道费$d_2=0.66\times5^{0.51}\times20\approx30$，B城至C城的管道费$d_3=0.66\times(5+3)^{0.51}\times38=73$。C城提出，$d_1$由三城按污水量比例5∶3∶5分担，$d_2$，$d_3$是为A，B两城铺设的管道费，应由它们负担；B城同意，并提出d_3由A，B两城按污水量比例5∶3分担，d_2由A城自己负担；

A 城提不出反对意见，但他们计算了按上述办法各城应分担的费用如下。

C 城分担的费用为：$d_1\times\frac{5}{13}\approx174$。

B 城分担的费用为：$d_1\times\frac{3}{13}+d_3\times\frac{3}{8}\approx132$。

A 城分担的费用为：$d_1\times\frac{5}{13}+d_3\times\frac{5}{8}+d_2\approx250$。

结果表明 B、C 两城分担的费用均比它们单独建厂费用 $C(2)$，$C(3)$ 小，而甲城分担的费用却比 $C(1)$ 大。显然甲城不能同意这种分担费用的办法。

为了促成三城联合建厂以节约总投资，应该寻求合理的分担总费用的方案。三城的合作节约了投资，产生了效益，于是可以将分担费用问题转化为分配效益问题。将三个城市记为 $I=\{1,2,3\}$，将联合建厂比单独建厂节约的投资定义为特征函数，于是

$$v(\{1\})=v(\{2\})=v(\{3\})=v(\{\phi\})=v(\{1,3\})=0$$

$$v(\{1,2\})=C(1)+C(2)-C(1,2)=40,v(\{2,3\})=C(2)+C(3)-C(2,3)=25$$

$$v(\{1,2,3\})=C(1)+C(2)+C(3)-C(1,2,3)=64$$

代入式(3.13) 得

$$\varphi_1(v)=19.7(\text{千元}),\ \varphi_2(v)=32.1(\text{千元}),\ \varphi_3(v)=12.2(\text{千元})$$

看来乙城从总效益中分配的份额最大。最后得出在联合建厂方案总投资 556（千元）中，各城镇的分担费用分别为

A 城	$C(1)-\varphi_1(v)=230-19.7=210.3$(千元)
B 城	$C(2)-\varphi_2(v)=160-32.1=127.9$(千元)
C 城	$C(3)-\varphi_3(v)=230-12.2=217.8$(千元)

(4) Shapley 方法的局限性

Shapley 方法以严格的公理为基础，分配结果公正合理，操作简单，易于实施，但也存在局限性，尤其当特征函数的值无法确定时，就无法使用 Shapley 方法了，这时就需要寻求其他方法进行求解，如协商解、均衡解等方法，感兴趣的读者可以查阅相关资料。

2.2 简单的优化方法建模

当决策者要在要在许多可供选择的策略中作出抉择、选出最佳的策略时，这类问题称为优化问题。描述优化问题的数学模型称为优化模型。优化问题是人们在社会生活、生产实践以及科学研究过程中经常遇到的问题。

有很多解决优化问题的方法，比如凭借经验或者是通过做大量的实验来探索最优的方案，但是凭借经验的方法虽然风险较小，但是主观性太强，结果也未必是最优的，而实验的方法需要消耗大量人力与资源，所得结果也会受到实验条件的影响。另外，最优化方法作为数学学科的应用性较强的分支之一，在解决最优化问题方面，也发挥了其强大的作用。最优化方法包含的范围非常广泛，涉及的知识面也较宽，在后面的章节中会有专门的讨论。

本节主要介绍较简单的优化模型的建立、分析与求解的过程，涉及的主要是微积分学中的函数极值理论与方法。其基本步骤是针对研究的问题，首先确定优化的目标与限制条件，其次通过适当的简化假设并应用数学工具建立模型，最后使用微积分方法对模型求解并且进行必要的分析与检验。

2.2.1 步长的选择

人们每天都在行走，排除以运动健身为目的的走路方式，而仅仅考虑距离固定，以节省体力为最终目的的行走，那么选择多大的步长才最省力？试建立数学模型进行说明。

(1) 模型分析

人在走路时所做的功等于抬高人体重心所需的势能与两腿运动所需的动能之和。在给定速度时，可以以单位时间内做功最小，即消耗能量最小为目标建立优化模型，并且确定出最优的走路步长。

(2) 模型假设与符号约定

人体分为躯体和下肢两部分，假设躯体以匀速前进，而把下肢看作长度固定的刚体棒。

Δ：人每走一步时，躯体重心移动的垂直距离。

θ：两脚着地时与竖直方向的夹角。

m：人体的质量，常量。

m'：人行走时产生动能的“折合质量”，常量。

s：人行走时的固定步长。

n：人在单位时间内行走的步数。

v：人走路的速度（匀速），常量。

l：人的腿长，常量。

E_{p}：表示单位时间内消耗的势能。

E_{k}：表示单位时间内消耗的动能。

g：表示重力加速度，常量。

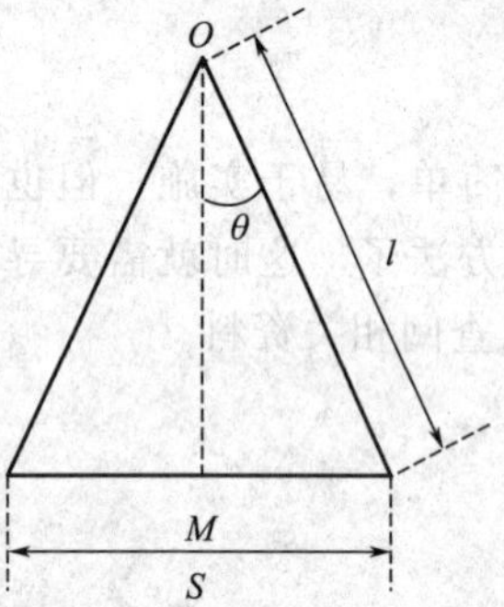

图 2.7 躯体移动示意图

(3) 模型建立与求解

如图 2.7 所示，可知给定 l 和 θ 后，一个人每走一步其躯体重心移动的垂直距离为

$$\Delta = l - OM = l - l\cos\theta = l(1-\cos\theta)$$

而人行走时的固定步长 $s = 2l\sin\theta$，故可得人行走的速度为$v = ns$。

同时又因为总的垂直方向的移动高度为

$$n\Delta = nl(1-\cos\theta) = n\frac{s}{2\sin\theta}(1-\cos\theta) = \frac{v}{2}\tan\frac{\theta}{2}$$

所以可以得到单位时间内消耗的势能为

$$E_{\mathrm{p}} = mgn\Delta = \frac{mgv}{2}\tan\frac{\theta}{2} \tag{2.14}$$

另一方面，人在走路时，腿的速度不断变化，动能消耗应与 v^2 成正比，所以总的动能消耗为

$$E_{\mathrm{k}} = \frac{1}{2}m'v^2 n$$

其中折合质量 m'的数值可以通过实验测出，在实际应用时可以近似成每条腿的质量。将前面结果代入后有

$$E_{\mathrm{k}} = \frac{1}{2}m'v^2 n = \frac{1}{2}m'\frac{v^3}{s} = \frac{m'v^3}{4l\sin\theta} = \frac{m'v^3}{4l}\csc\theta \tag{2.15}$$

将势能与动能相加后，可得总能量消耗为

$$E=E_p+E_k=\frac{mgv}{2}\tan\frac{\theta}{2}+\frac{m'v^3}{4l}\csc\theta \tag{2.16}$$

为了使能量消耗最小，利用微分法，令一阶导数为0，可得

$$\frac{dE}{d\theta}=\frac{mgv}{4}\sec^2\frac{\theta}{2}-\frac{m'v^3}{4l}\csc\theta\cot\theta=0$$

化简之后得到

$$mg\sec^2\frac{\theta}{2}=\frac{m'v^2}{l}\frac{\cos\theta}{\sin^2\theta}$$

又根据三角公式

$$\cos^2\frac{\theta}{2}=\frac{1+\cos\theta}{2},\ \sec^2\frac{\theta}{2}=\frac{2}{1+\cos\theta}$$

将其代入后得

$$\frac{2mgl}{1+\cos\theta}=\frac{m'v^2\cos\theta}{(1+\cos\theta)(1-\cos\theta)}$$

$$(2mgl+m'v^2)\cos\theta=2mgl$$

此时有两脚着地时与竖直方向的夹角 θ 的余弦为

$$\cos\theta=\frac{2mgl}{2mgl+m'v^2} \tag{2.17}$$

故可得人行走时的最优步长为

$$s=2l\sin\theta=2l\sqrt{l-\cos^2\theta} \tag{2.18}$$

(4) 模型的数值验证

最后通过一个数值例子对结果进行验证，假设某人质量为 $m=65\text{kg}$，腿长为 $l=1\text{m}$，一条腿的质量为 $m'=12\text{kg}$，走路的速度 $v=1.5\text{m/s}$，运用上述模型则有

$$\cos\theta=\frac{2\times65\times9.8\times1}{2\times65\times9.8\times1+12\times1.5^2}=0.979$$

此时的最优行走步长为

$$s=2\times1\times\sqrt{1-(0.979)^2}\approx0.408(\text{m})$$

而一秒钟内行走的步数为

$$n=\frac{v}{s}=\frac{1.5}{0.408}\approx3.7(\text{步})$$

可以看出所得结果基本上是符合实际情况的，也可以尝试多取几组数据加以比较，进一步验证了模型的可行性。

(5) 模型的讨论

由该问题的建模过程可以看出，在确定了建模目的之后，需要对模型简化假设。一般地，并不需要面面俱到地涉及所有相关量，往往只需考虑几个主要量，尽快建立起对应模型，只要模型符合人们的认识规律即可。尤其对初学者，这样做有助于增强建模信心。而一旦建立起简单模型后，其进一步的改善也相对容易多了。另外为了检验所建模型的合理性，建模后用较为符合实际的数据对模型加以检验是重要的，它既是对所建模型是否基本符合实际的检测，也是进一步完善模型的需要。

2.2.2 实物交换与消费者的选择

(1) 实物交换问题

实物交换是人类发展史上一种重要的交易方式，在当今的社会生活中也是屡见不鲜的，这种实物交换问题可以出现在各种类型的贸易市场上。例如：甲乙二人共进午餐，甲带了很多面包，乙有香肠若干，二人希望相互交换一部分，达到双方满意的结果。显然，交换的结

果取决于双方对两种物品的偏爱程度和需要程度，而对于偏爱程度很难给出确切的定量关系。这种偏爱与需要程度体现的就是交易者的效用，那么如何衡量交易者的效用呢？

无差别曲线是衡量交换双方效用或是满意的一种重要方法。无差别曲线概念的提出是用图形方法建立实物交换模型的基础，确定这种曲线需要收集大量的数据，还可以研究无差别曲线的解析表达式及其性质。事实上，消费者的效用函数在二维平面上的等值线就是消费者效用的无差别曲线，也称为等效用线。下面给出消费者的无差别曲线的建立过程，并采用图示的方法建立实物交换的数学模型，确定实物交换的最佳交换方案。

考虑消费者甲的对物品 X，Y 的偏爱程度。如果占有 x_1 数量的 X 和 y_1 数量的 Y 与占有 x_2 数量的 X 和 y_2 数量的 Y，对甲具有相同的满意程度，即点 $P_1(x_1,y_1)$ 与点 $P_2(x_2,y_2)$ 对甲具有相同的效用，此时称点 P_1，P_2 对甲是无差别的，在二维平面建立坐标系，把所有对甲无差别的点连成一条曲线，则称之为甲的无差别曲线，记为 $f(x,y)=c_1$。随着 c_1 取值的不同，把所有无差别曲线放到一起可以得到甲的无差别曲线族，并且随着 c_1 的增大，甲的效用不断增大。同时可以证明无差别曲线是单调减少，下凸和彼此互不相交的。同样对消费者乙来说，对物品 X，Y 也有一族无差别曲线，记为 $g(x,y)=c_2$，同甲的无差别曲线 $f(x,y)=c_1$ 具有相似的性质。

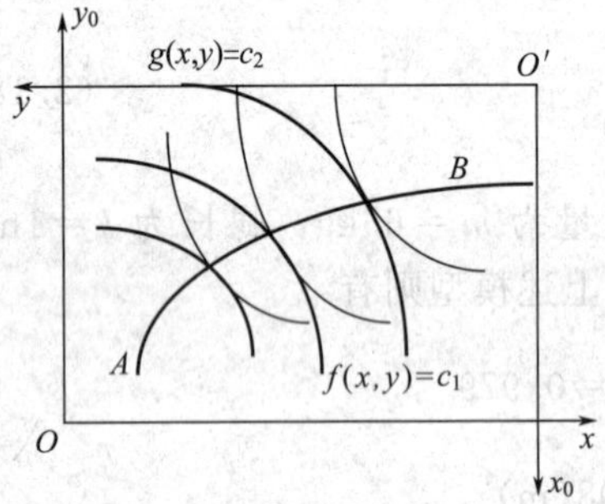

图 2.8　甲乙的无差别曲线消费者

即使不知道消费者甲和乙的无差别曲线的解析表达式，仍然可以用曲线对其进行表示，并且用图示法确定交换方案。将双方的无差别曲线族画在一起，见图 2.8，其中黑色细线为甲的无差别曲线族 $f(x,y)=c_1$，原点在 O 点，黑色粗线为乙的无差别曲线族 $g(x,y)=c_2$，原点在 O' 点，坐标轴均取相反的方向。随着甲的满意的的增加，c_1 的数值不断增加，其无差别曲线 $f(x,y)=c_1$ 不断向右上方移动；而随着乙的满意度的增加，c_2 的数值不断增加，则其无差别曲线 $g(x,y)=c_2$ 不断向左下方移动，两个无差别曲线族的切点处可以获得满意的交换方案。将所有的切点连成一条曲线 AB，称之为双方的交换路径。

为了最终给出最佳的交换方案，还需要先确定双方协商的交换准则，下面的讨论将基于等价交换的原则进行最优方案的确定。等价交换准则是指用同一种货币衡量两种物品的价值并进行等价交换的方法。假设交换前甲占有数量为 x_0 的物品 X，乙占有数量为 y_0 的物品 Y，并且具有相同的价值；交换后甲所占有的物品 X，Y 的数量分别记为 x，y；单位数量的物品 X，Y 的价格设为 p_1，p_2。由等价交换准则，x，y 满足方程

$$p_1(x_0-x)=p_2y,\ 0\leqslant x\leqslant x_0,\ 0\leqslant y\leqslant y_0$$

容易证明，在此直线上的点进行交换均满足等价交换准则。在等价交换准则下双方均满意的交换方案必是此直线上的点（图 2.9），并且在该点处使得双方的效用达到最大，即为直线与交换路径 AB 的交点 P。

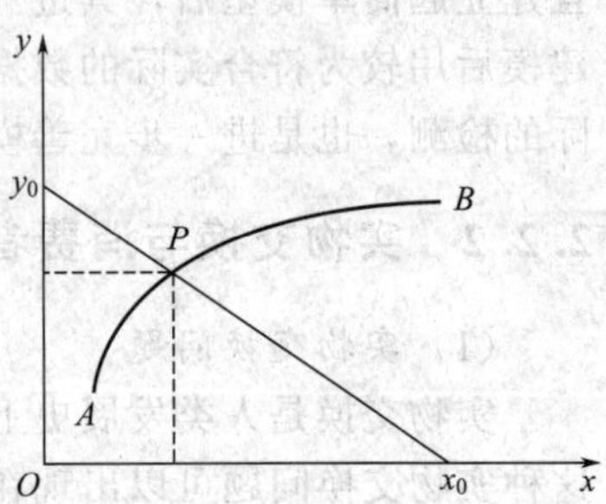

图 2.9　最佳交换方案

通过无差别曲线的图示法解决实物交换问题的最优方案，无差别曲线的构造是个关键，为此需要收集大量的数据，最好能够给出无差别曲线的解析表达式，以便于问题的进一步分析。

(2) 消费者的选择

在讨论实物交换模型时，引用无差别曲线描述了消费者对两种物品的满意和偏爱程度，用图形的方法确定两个人进

行实物交换时应遵循的途径。接下来要利用无差别曲线族的概念讨论一个消费者用一定数额的钱去购买两种商品时应作怎样选择的问题，即他应该分别用多少钱去购买这两种商品？

记甲乙两种商品的数量分别是 q_1，q_2，当消费者占有它们时的满意程度，或者说它们给消费者带来的效用，用 q_1，q_2 的函数 $U(q_1,q_2)$ 来表示，经济学中称为效用函数。实际上，$U(q_1,q_2)=c$（c 为常数）的图形就是无差别曲线族。如图 2.9 所示为一族单调降、下凸、互不相交的曲线，这里假定消费者的效用函数 $U(q_1,q_2)$ 对应的无差别曲线族已经完全确定了。在每一条曲线上，对于不同的点，效用函数 $U(q_1,q_2)$ 的值相等。而随着曲线向右上方移动，$U(q_1,q_2)$ 的值增加。曲线下凸的具体形状则反映了消费者对甲乙两种商品的偏爱程度。

设甲乙两种商品的单价分别是 p_1(元) 和 p_2(元)，消费者有 s 元钱。当消费者用这些钱买这两种商品时所作的选择，即分别用多少钱买甲和乙，能够使效用函数 $U(q_1,q_2)$ 达到最大，即得到最大的满意度。经济学上称这种最优状态为消费者平衡。假设消费者对甲乙两种商品的购买量分别为 q_1 和 q_2，则问题就归结为在条件

$$p_1q_1+p_2q_2=s \tag{2.19}$$

下求 q_1，q_2，使效用函数 $U(q_1,q_2)$ 达到最大。

这是二元函数的条件极值问题，应用拉格朗日乘子法有

$$L(q_1,q_2,\lambda)=U(q_1,q_2)+\lambda(s-p_1q_1-p_2q_2)$$

令 $\frac{\partial L}{\partial q_1}=0$，$\frac{\partial L}{\partial q_2}=0$，可以得到最优解应满足

$$\frac{\partial u}{\partial q_1}\Big/\frac{\partial u}{\partial q_2}=\frac{p_1}{p_2} \tag{2.20}$$

这个结果与图 2.10 的结果是一致的。即直线与效用曲线的切点即为消费均衡点 Q。当效用函数 $U(q_1,q_2)$ 给定后，由式(2.19) 及式(2.20) 即可确定最优数量 q_1^*，q_2^*。

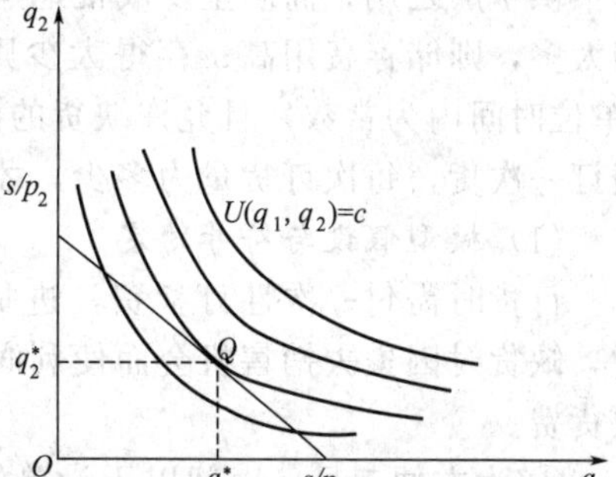

图 2.10 最大效用函数的确定

经济学中把效用函数的偏导数 $\frac{\partial U}{\partial q_2}$，$\frac{\partial U}{\partial q_2}$ 称为边际效用，即商品购买量增加一个单位时效用函数的增量。式(2.20) 表明，达到消费者均衡状态（效用最大）时，两种商品的边际效用之比恰等于它们的价格之比，这是一个重要的经济学结论。

综合以上讨论可以看出，建立消费者均衡模型的关键是确定效用函数 $U(q_1,q_2)$ 的确定。下面列举几个常用的效用函数，确定其消费者均衡状态，并且分析其最优价值比例 $\frac{p_1q_1}{p_2q_2}$ 的实际含义。具体应用时，可以根据下面的分析决定选用哪一种形式的效用函数，并可以借助已有的经验数据确定其参数的取值。

① 若效用函数为

$$U(q_1,q_2)=\frac{q_1q_2}{\alpha q_1+\beta q_2},\ \alpha,\ \beta>0 \tag{2.21}$$

根据式(2.20) 可以求得最优价值比例为

$$\frac{p_1q_1}{p_2q_2}=\sqrt{\frac{\beta p_1}{\alpha p_2}} \tag{2.22}$$

此时均衡状态下购买两种商品所用钱的比例，与商品价格比的平方根成正比。并且与效用函数$U(q_1,q_2)$中的参数α、β有关：α越大购买商品甲的钱越少，β越大购买商品甲的钱越多。此时的参数β和α分别表示消费者对商品甲和乙的偏爱程度，调整β和α可以改变消费者对两种商品的爱好倾向，或者说可以改变无差别曲线的具体形状。

② 若效用函数为

$$U(q_1,q_2)=q_1^{\lambda}q_2^{\mu},\ 0<\lambda,\ \mu<1 \tag{2.23}$$

由式(2.20)可以求得最优价值比例为

$$\frac{p_1q_1}{p_2q_2}=\frac{\lambda}{\mu} \tag{2.24}$$

由结果可知，在均衡状态下购买两种商品所用钱的比例与价格无关，而与参数λ和μ有关，此时参数λ和μ则分别表示消费者对商品甲和乙的偏爱程度。

③ 若效用函数为

$$U(q_1,q_2)=(a\sqrt{q_1}+b\sqrt{q_2})^2,\ a,\ b>0 \tag{2.25}$$

由式(2.20)可以求得最优价值比例为

$$\frac{p_1q_1}{p_2q_2}=\frac{a^2p_2}{b^2p_1} \tag{2.26}$$

由结果可知，在均衡状态下购买两种商品所用钱的比例与价格比成反比，此时参数a和b则分别表示消费者对商品甲和乙的偏爱程度。

2.2.3 库存模型

库存问题也是实际生活中经常遇到的问题，比如工厂要定期地订购各种原料，存放在仓库中供生产之用；商店里要成批地购进各种商品，放在货柜中以备销售，原料、商品如果存储太多，则储存费用高；存得太少则无法满足需求或因为缺货而造成损失。在需求量稳定(单位时间内为常数）且允许缺货的前提下，试建立数学模型，制订出存储策略，即多长时间订一次货，每次订货量为多少，才能够使总费用达到最小。

(1) 模型假设与符号约定

订货时需付一次性订货费，进货时要付商品原料费，货物储存要储存费。如果允许缺货，缺货时因失去销售机会而使利润减少，减少的利润可以视为因缺货而付出的费用，称为缺货费。

① 为方便起见，时间以天为单位，货物以吨（t）为单位，每隔T（订货周期）天订一次货，每次订货量为Q吨。

② 每次订货费为c_1元（一次性的），每吨货物的价格为k元，每天每吨货物的储存费为c_2元，每天的货物需要量为r吨。

③ 每隔T天订货Q吨，且订货可以瞬时完成，不允许缺货时，储存量降到零时订货立即到达。

④ 允许缺货时，货物在$t=T_1$时售完，有一段时间缺货，每天每吨货物缺货费为c_3元。

(2) 模型的分析与建立

在允许缺货的情况下，$Q=rT_1$，若货物正好在$t=T_1=T$时售完，此时等同于不允许缺货的情形，所以只需考虑允许缺货的情况即可。

设货物在任意时刻t的储存量为$q(t)$（单位时间），其变化规律见图2.11。则有$q(t)=Q-rt$，其中当$t=T_1$时，$q(T_1)=0$，期初订货量$Q=rT_1$。

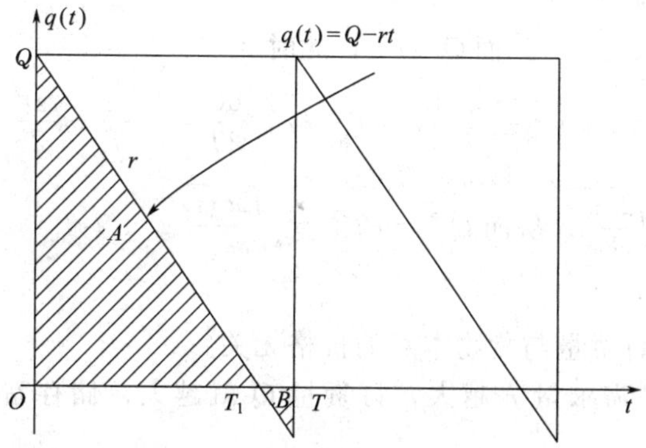

图 2.11　储存量变化规律

一个周期内的总费用构成为：总费用＝订货费＋储存费＋缺货费＋购货费。其中：

① 订货费为 c_1；

② 储存费为

$$c_2 \lim_{\Delta t \to 0} \sum_{i=1}^{n} q(\xi_i)\Delta t_i = c_2 \int_0^{T_1} q(t)\mathrm{d}t = c_2 \cdot \frac{1}{2} Q T_1 = \frac{c_2 Q T_1}{2} = \frac{c_2 Q^2}{2r} = c_2 S_A$$

式中，S_A 为三角形 A 的面积。

③ 缺货费为 $c_3 \int_{T_1}^{T} |q(t)|\mathrm{d}t = c_3 S_B = \frac{c_3 r}{2}(T - T_1)^2 = \frac{c_3 (rT - Q)^2}{2r}$，其中，$S_B$ 为三角形 B 的面积；

④ 购货费为 kQ，即总费用为

$$\bar{c} = c_1 + \frac{c_2 Q^2}{2r} + \frac{c_3 (rT - Q)^2}{2r} + kQ$$

由于 T 是可变的，因此我们的目标函数应该是每天的平均费用最小。目标函数是 T、Q 的二元函数，记作 $C(T,Q)$，即

$$C(T,Q) = \frac{c_1}{T} + \frac{c_2 Q^2}{2rT} + \frac{c_3 (rT - Q)^2}{2rT} + \frac{kQ}{T} \tag{2.27}$$

最终目标就是要确定 T、Q($0 < T < +\infty$，$0 < Q < +\infty$)，使二元函数 $C(T,Q)$ 取最小值。

(3) 模型求解

根据微分学中的二元函数极值理论，求两个一阶偏导数

$$\frac{\partial C}{\partial T} = -\frac{c_1}{T^2} - \frac{c_2 Q^2}{2rT^2} + \frac{c_3 r}{2} - \frac{c_3 Q^2}{2rT^2} - \frac{kQ}{T^2}, \frac{\partial C}{\partial Q} = \frac{c_2 Q}{rT} - c_3 + \frac{c_3 Q}{rT} + \frac{k}{T}$$

其中 $\frac{c_3 (rT - Q)^2}{2rT} = \frac{c_3}{2} rT - c_3 Q + \frac{c_3 Q^2}{2rT}$。令两个一阶偏导数为 0，即 $\frac{\partial C}{\partial T} = 0, \frac{\partial C}{\partial Q} = 0$。得到驻点

$$\begin{cases} T^* = \sqrt{\frac{2c_1}{rc_2} \frac{c_2 + c_3}{c_3} - \frac{k^2}{c_2 c_3}} \\ Q^* = \sqrt{\frac{2c_1 r}{c_2} \frac{c_3}{c_2 + c_3} - \frac{c_3 k^2 r^2}{c_2 (c_2 + c_3)}} - \frac{kr}{c_2 + c_3} \end{cases} \tag{2.28}$$

故当允许缺货时，每 T^* 天订一次货，每次订货 Q^* 吨，总费用将最少。

(4) 模型的进一步讨论

① 当不允许缺货时，$T_1=T$ 而 $Q=rT$，此时

$$C(T)=\frac{c_1}{T}+\frac{1}{2}c_2rT+kr,\ \frac{\mathrm{d}C}{\mathrm{d}T}=-\frac{c_1}{T}+\frac{c_2r}{2}$$

令 $\frac{\mathrm{d}C}{\mathrm{d}T}=0$，解得 $T_1^*=\sqrt{\frac{2c_1}{rc_2}}$，从而 $Q_1^*=rT_1^*=\sqrt{\frac{2c_1r}{c_2}}$。

结果表明：

a. 最佳订货周期和订货量与货物本身的价格无关。

b. 订货费 c_1 越高，需求量 r 越大，订货量 Q 就越大；储存费 c_2 越高，订货量 Q 就越小。

② 若不考虑购货费，则此时模型中可视 $k=0$。得到最佳订货周期 T_2^*，最佳订货量 Q_2^*，其中

$$\begin{cases} T_2^*=\sqrt{\frac{2c_1}{rc_2}\frac{c_2+c_3}{c_3}} \\ Q_2^*=\sqrt{\frac{2c_1r}{c_2}\frac{c_3}{c_2+c_3}} \end{cases}$$

记 $\mu=\sqrt{\frac{c_2+c_3}{c_3}}$，于是 $T_2^*=\mu T_1^*$，$Q_2^*=\frac{Q_1^*}{\mu}$。

该结果表明：

a. 当考虑购货费时，T_2^*、Q_2^* 都比 T^*、Q^* 增大了；

b. $T_2^*>T_1^*$，$Q_2^*<Q_1^*$；

c. 当 $c_3\to+\infty$时，$\mu\to1$，此时 $T_2^*\to T_1^*$，$Q_2^*\to Q_1^*$；

d. 这个结果是合理的，因为 $c_3\to+\infty$，即缺货造成的损失无限变大，相当于不允许缺货。

③ 考虑生产销售存储问题。设生产速率为常数 k，销售速率为常数 r，$k>r$。则生产量 $p(t)=kt+b_1$，销售量 $q(t)=-rt+b_2$。

④ 考虑一般的生产销售存储问题。允许与不允许缺货，函数 $p(t)$、$q(t)$ 的形式将更一般化。此时要应用函数逼近论理论进行求解。

2.2.4 森林救火模型

森林失火会造成巨大的损失，消防站接到火警后，会立即派遣消防队员前去救火。一般情况下，派往的队员越多，火被扑灭的越快，火灾所造成的损失越小，但是救援的开支就越大；相反，派往的队员越少，救援开支越少，但灭火时间越长，而且可能由于不能及时灭火而造成更大的损失，那么消防站应该派出多少消防员前去救火才合适呢？试建立模型进行分析。

(1) 问题分析

森林救火问题与派出的消防队员的人数密切相关，应综合考虑森林损失费和救援费，以总费用最小为目标来确定派出的消防队员的人数并且使总费用最小。

救火的总费用由损失费和救援费两部分组成。损失费由森林被烧毁面积的大小决定，而烧毁面积又与失火、灭火的时间（即火灾持续时间）有关，灭火时间又取决于参加灭火的队员的数目，队员越多灭火越快。救援费除与队员人数有关外，也与灭火时间长短

有关。救援费可具体分为两部分：一部分是灭火器材的消耗及消防队员的薪金等，与队员人数及灭火时间均有关；另一部分是运送队员和器材等一次性支出，只与队员人数有关。

(2) 符号约定与模型假设

设火灾发生时刻为 $t=0$，开始救火时刻为 $t=t_1$，灭火时刻为 $t=t_2$，t 时刻森林烧毁面积为 $B(t)$，则造成损失的被烧毁森林的面积为 $B(t_2)$，而 $\frac{\mathrm{d}B}{\mathrm{d}t}$ 是森林被烧毁的速度，也表示了火势蔓延的程度。从火灾发生时刻开始到火被扑灭的过程中，被烧毁的森林的面积是不断扩大的，因而 $B(t)$ 应是时间 t 的单调非减的函数，即 $\frac{\mathrm{d}B}{\mathrm{d}t}\geqslant 0$，$0\leqslant t\leqslant t_2$。从火灾发生到消防队员到达并开始救火这段时间内，火势是越来越大的，即 $\frac{\mathrm{d}^2 B}{\mathrm{d}t^2}\geqslant 0$，$0\leqslant t\leqslant t_1$。开始救火以后，即 $t_1\leqslant t\leqslant t_2$ 时，如果队员灭火能力足够强，火势会越来越小，即 $\frac{\mathrm{d}^2 B}{\mathrm{d}t^2}\leqslant 0$，$t_1\leqslant t\leqslant t_2$，并且当 $t=t_2$ 时，$\frac{\mathrm{d}B}{\mathrm{d}t}=0$。同时由于森林中树木分布均匀，且火灾是在无风条件下发生的，因而火势可看作以失火点为中心，以均匀速度向四周呈圆形蔓延，因而蔓延半径 r 与时间 t 成正比，又因为烧毁面积 B 与 r^2 成正比，故 B 与 t^2 成正比，从而可以认为 $\frac{\mathrm{d}B}{\mathrm{d}t}$ 与 t 成正比。

基于以上分析，对烧毁森林的损失费、救援费及火势蔓延程度 $\frac{\mathrm{d}B}{\mathrm{d}t}$ 作出以下假设：

① 森林中树木分布均匀，而且火灾是在无风的条件下发生的；

② 损失费与森林烧毁面积 $B(t_2)$ 成正比，比例系数为 c_1，即烧毁单位面积的损失费为 c_1；

③ 从失火到开始救火这段时间内，火势蔓延程度 $\frac{\mathrm{d}B}{\mathrm{d}t}$ 与时间 t 成正比，比例系数为 β，称之为火势蔓延速度，即 $\frac{\mathrm{d}B}{\mathrm{d}t}=\beta t$，$0\leqslant t\leqslant t_1$；

④ 派出消防队员 x 名，开始救火以后 ($t\geqslant t_1$)，火势蔓延速度降为 $\beta-\lambda x$（线性函数），其中 λ 可视为每个队员的平均灭火速度，且有 $\beta<\lambda x$，因为要扑灭森林大火，灭火速度必须大于火势蔓延的速度，否则火势将难以控制；

⑤ 每个消防队员单位时间费用为 c_2（包括灭火器材料的消耗及消防队员的薪金等），救火时间为 t_2-t_1，于是每个队员的救火费用为 $(t_2-t_1)c_2$；每个队员的一次性支出为 c_3（包括运送队员、器材等一次性支出）。

(3) 模型建立

总费用由森林损失费和救援费组成。由假设②，森林损失费等于烧毁面积 $B(t_2)$ 与单位面积损失费 c_1 的乘积 $c_1B(t_2)$；由假设⑤，救援费为 $c_2x(t_2-t_1)+c_3x$，因此，总费用为

$$C(x)=c_1B(t_2)+c_2x(t_2-t_1)+c_3x$$

由假设③与假设④，火势蔓延速度 $\frac{\mathrm{d}B}{\mathrm{d}t}$ 在 $0\leqslant t\leqslant t_1$ 内线性地增加，t_1 时刻消防队员到达并开始救火，此时火势用 b 表示，而后，在 $t_1\leqslant t\leqslant t_2$ 内，火势蔓延的速度线性地减少

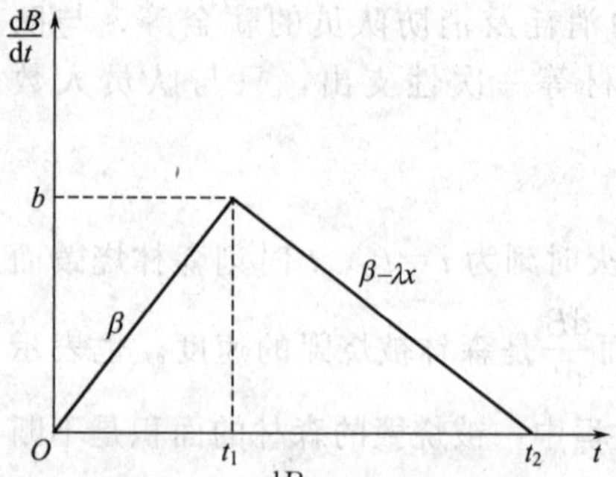

图 2.12 $\frac{dB}{dt}$与时间 t 的关系

（图 2.12），即

$$\frac{dB}{dt}=\begin{cases}\beta t, & 0\leqslant t\leqslant t_1\\(\lambda x-\beta)(t_2-t), & t_1\leqslant t\leqslant t_2,\end{cases}$$

因而有 $\quad b=\beta t_1，t_2-t_1=\frac{b}{\lambda x-\beta}$

烧毁面积为 $B(t_2)=\int_0^{t_2}\frac{dB}{dt}dt=\frac{1}{2}bt_2$，恰为图 2.12 中三角形的面积。

由 b 的定义又知道 $b=\beta t_1=(\lambda x-\beta)(t_2-t_1)$，于是可得

$$t_2-t_1=\frac{b}{\lambda x-\beta},\quad t_2=\frac{b}{\beta}+\frac{b}{\lambda x-\beta}$$

所以

$$C(x)=\frac{1}{2}bc_1\left(\frac{b}{\beta}+\frac{b}{\lambda x-\beta}\right)+c_2x\,\frac{b}{\lambda x-\beta}+c_3x \tag{2.29}$$

其中只有派出的消防队员的人数是未知的。

综合可得，森林救火问题可以归结为如下的最优化问题：

$$\begin{aligned}&\min_{x>0}C(x)\\ \text{s. t.}\quad &\lambda x-\beta>0\end{aligned} \tag{2.30}$$

（4）模型求解

利用一元函数微分学中极值问题的求解方法，令$\frac{dC}{dx}=0$，容易解得

$$x=\sqrt{\frac{c_1\lambda b^2+2c_2\beta b}{2c_3\lambda^2}}+\frac{\beta}{\lambda} \tag{2.31}$$

（5）模型进一步分析与改进

① 应派出的（最优）消防队员人数由两部分组成，其中$\frac{\beta}{\lambda}$是为了把火扑灭所必需的最低限度，因为β是火势蔓延速度，而λ是每个队员的平均灭火速度，同时也说明这个最优解满足约束条件，结果是合理的。

② 派出的队员数的另一部分，即在最低限度基础之上的人数，与问题的各个参数有关。当队员灭火速度λ和救援费用系数c_3增大时，队员数减少；当火势蔓延速度β、开始救火时的火势b及损失费用系数c_1增加时，消防队员人数增加；当救援费用系数β增大时，队员人数也增大。

③ 进一步改进的方向。模型设定过程当中，还有许多需要改进的地方。首先可以考虑在模型中取消树木分布均匀、无风这一假设，考虑更一般情况；其次灭火速度是常数不尽合理，至少与开始救火时的火势、消防队员的体力等很多因素有关；再次对不同种类的森林发生火灾，派出的队员数应不同，虽然β（火势蔓延速度）能从某种程度上反映森林类型不同，但对β相同的两种森林，派出的队员也未必相同；最后决定派出队员人数时，人们必然在森林损失费和救援费用之间影响程度作权衡，可通过对两部分费用选取不同的权重来体现这一点，进而改变总的费用目标函数。

2.3 概率方法建模

自然界中的现象分为确定性现象和随机现象，而现实世界的各种变化的影响因素避免不了随机因素的影响，这时就涉及用概率论的理论知识为工具，建立随机模型来解决实际问题。本节通过几个不同的实际例子介绍了概率方法建模的基本思路与流程。模型的建立过程中，主要应用了随机变量及其概率分布、随机事件概率的运算及随机变量的数字特征等基本的概率知识，并通过适当的处理，最终转化为确定性模型对实际问题进行了求解。

2.3.1 传送带的效率

传送带的应用在现实生活中随处可见，比如大型机床场的产品运输带、港口的货物运输机等等，因此有必要对传送带的效率问题进行研究。考虑如下场景：在机械化生产车间里，排列整齐的工作台旁工人们紧张地生产同一种产品，工作台上放一条传送带在运转，带上设置若干钩子，工人将产品挂在经过他上方的钩子上带走。当生产进入稳定状态后，每个工人生产一件产品所需时间是不变的，而他挂产品的时刻是随机的。试建立数学模型，构造衡量这种传送系统效率的指标，看该传送带能否及时把工人生产的产品带走。

（1）问题分析

在工人数目不变的情况下传送带速度越快，传送带上的钩子数目越多，传送带带走的产品越多，传送的效率也就越高。当工人生产周期相同，生产进入稳态后，每个工人在一个周期内生产一个产品的时间是随机的，故可以将传送带效率定义为一周期内带走的产品数与生产的全部产品数之比。

（2）模型假设

① n 个工人的生产是相互独立的，生产周期是常数，并且 n 个工作台是均匀排列的。

② 生产进入稳态后，每个工人生产出一件产品的时刻在一个周期内是可能性的。

③ 在一个生产周期内有 m 个钩子通过所有工作台上方，钩子均匀排列，并且到达第一个工作台上方的钩子都是空的。

④ 每个工人在任何时刻都能接触到且仅能接触到一只钩子，在他生产出一件产品的瞬间，如果他能触到的钩子是空的，则可将产品挂上带走；如果非空，则他只能放下产品。放下的产品将退出传送系统。

（3）模型建立及求解

将传送系统效率定义为生产完一个产品的生产周期内带走的产品数与生产的全部产品数之比，并将其记作 D，设带走的产品数为 s，生产的全部产品数为 n，则 $D=s/n$。下面将给出带走的产品数 s 的计算方法。

如果从工人的角度考虑，分析每个工人能将自己的产品挂上钩子的概率，考察的因素较多，如工人的位置等，使问题过于复杂化，故可以从钩子角度来分析问题，在生产进入稳态后，钩子没有次序与地位之分。故只需求出一个生产周期内每只钩子非空的概率 p 即可，此时 $s=mp$。

在一个生产周期内，任一只钩子被一名工人触到的概率是 $1/m$；任一只钩子不被一名工人触到的概率是 $1-1/m$；由于工人的生产是相互独立的，任一只钩子不被所有 n 个工人挂上产品（空钩）的概率是 $\left(1-\frac{1}{m}\right)^n$；任一只钩子非空的概率是 $p=1-\left(1-\frac{1}{m}\right)^n$，故可以

得到传送系统的效率指标为

$$D=\frac{mp}{n}=\frac{m}{n}\left[1-\left(1-\frac{1}{m}\right)^n\right] \tag{2.32}$$

从式(2.32) 可以看出所得 D 表达式较为复杂，为了得到比较简单的结果，在钩子数 m 相对于工人数 n 较大，即$\frac{n}{m}$较小的情况下，将多项式$\left(1-\frac{1}{m}\right)^n$展开后只取前三项，则有

$$D\approx\frac{m}{n}\left[1-\left(1-\frac{n}{m}+\frac{n(n-1)}{2m^2}\right)\right]=1-\frac{n-1}{2m} \tag{2.33}$$

如果将一个生产周期内未带走的产品数与全部产品数之比记作 E，并且假定 $n\gg1$，则

$$D=1-E,\ E\approx\frac{n}{2m} \tag{2.34}$$

如果确定的数值可进行精确度检验，比如当 $n=100$，$m=400$ 时，式(2.34) 给出的近似结果为 $D=87.5\%$，而精确表达式计算得 $D=89.4\%$，相差不大，计算量却大大减少。

(4) 模型优化及改进

从模型的分析过程中可以看出，可以通过增加钩子数来使传送系统的效率增加。钩子增加的方式可以有很多种，考虑两种最简单地增加钩子数目的方式。

首先在原来放置一只钩子处放置两只钩子成为一个钩对。一周期内通过 m 个钩对，任一钩对被任意工人触到的概率 $p=1/m$，不被触到的概率是 $q=1-p$，于是任一钩对为空的概率是 q^n，钩对上只挂一件产品的概率是 npq^{n-1}，一周期内通过的 $2m$ 个钩子中，空钩的平均数是 $m(2q^n+npq^{n-1})$，带走产品的平均数是 $2m-m(2q^n+npq^{n-1})$，故传送带的效率指标为

$$D=\frac{m}{n}\left[2-2\left(1-\frac{1}{m}\right)^n-\frac{n}{m}\left(1-\frac{1}{m}\right)^{n-1}\right] \tag{2.35}$$

未带走产品的平均数是 $n-[2m-m(2q^n+npq^{n-1})]$，按照前面的定义，有

$$E=1-D=1-\frac{m}{n}\left[2-2\left(1-\frac{1}{m}\right)^n-\frac{n}{m}\left(1-\frac{1}{m}\right)^{n-1}\right] \tag{2.36}$$

利用$\left(1-\frac{1}{m}\right)^n$和$\left(1-\frac{1}{m}\right)^{n-1}$的近似展开，其中$\left(1-\frac{1}{m}\right)^n$展开取前四项，$\left(1-\frac{1}{m}\right)^{n-1}$展开取前三项可得

$$E\approx\frac{(n-1)(n-2)}{6m^2}\approx\frac{n^2}{6m^2} \tag{2.37}$$

其次，直接在传送带上均匀地设置 $2m$ 个钩子，此时有 $E=\frac{n}{4m}$。两者比较可以知道，当 $m>\frac{2n}{3}$时，第一种方法比较好，此时的传送系统具有更高的传送效率。

(5) 模型的进一步讨论

本模型是在理想的假设条件下得到的，其中一些假设与现实往往不符，比如生产周期不变，挂不上钩子的产品退出系统等在实际生产过程中往往是行不通的，需要根据工厂的生产实际进行调整。但模型的建立和求解过程本身意义重大，一方面利用基本合理的假设将问题简化到能够建模的程度，体现了数学建模解决复杂问题的思维过程；另一方面对所得到的结果的简化具有鲜明的实际意义。

2.3.2 报童问题

报童每天清晨从邮局购进一定数量的报纸并且以零售价卖出，晚上则将卖不完的报纸退回。已知每张报纸的购进价格为 0.15 元，售出价格为 0.2 元，退回价格为 0.12 元。试问报童应该如何确定每天购进报纸的数量，以获得最大的收入。

（1）问题分析

报童购进数量应根据需求量确定，但需求量是随机的，所以报童每天如果购进的报纸太少不够卖，会少赚钱；而如果购进太多，卖不完就要赔钱，从而导致报童每天的收入也是随机的，因此衡量报童的收入，不能是报童每天的收入，而应该是他长期卖报的日平均收入。依据概率论的大数定律可知，长期卖报的日平均收入依概率于报童每天收入的期望值，故可以用该期望值来描述报童的平均收入。

（2）符号约定与模型假设

设每份报纸的购进价格为 b，零售价格为 a，退回价格为 c，可知有 $a>b>c$ 报童每天购进 n 份报纸。假设报童已经通过自己的经验或其他渠道掌握了需求量的随机规律，即在他的销售范围内每天报纸的需求量为 r 份的概率是 $f(r)$（$r=0,1,2,\cdots$）。同时不考虑有重大事件发生时卖报的高峰期，也不考虑风雨天气时卖报的低谷期。

（3）模型的建立与求解

报童每天购进 n 份报纸，因为需求量 r 是随机的，r 可以小于 n、等于 n 或大于 n。报童每卖出一份报纸赚 $a-b$，退回一份报纸赔 $b-c$，所以当这天的需求量 $r\leqslant n$，则他售出 r 份，退回 $n-r$ 份，即赚了 $(a-b)r$，赔了 $(b-c)(n-r)$；而当 $r>n$ 时，则 n 份全部售出，即赚了 $(b-c)n$。

记报童每天购进 n 份报纸时平均收入为 $G(n)$，考虑到需求量为 r 的概率是 $f(r)$，所以

$$G(n)=\sum_{r=0}^{n}[(a-b)r-(b-c)(n-r)]f(r)+\sum_{r=n+1}^{\infty}(a-b)nf(r) \tag{2.38}$$

此时问题转化为在已知 a，b，c，$f(r)$ 的条件下，求 n 使 $G(n)$ 最大。

当需求量 r 和购进量 n 的取值都很大时，可以将 r 视为连续变量，这时 $f(r)$ 转化为概率密度函数 $P(r)$，此时有

$$G(n)=\int_0^n[(a-b)r-(b-c)(n-r)]P(r)\mathrm{d}r+\int_n^{+\infty}(a-b)nP(r)\mathrm{d}r \tag{2.39}$$

利用微分法，求 $G(n)$ 对 n 的一阶导数可得

$$\begin{aligned}\frac{\mathrm{d}G}{\mathrm{d}n}&=(a-b)nP(n)-\int_0^n(b-c)P(r)\mathrm{d}r-(a-b)nP(r)+\int_n^{+\infty}(a-b)P(r)\mathrm{d}r\\&=-(b-c)\int_0^nP(r)\mathrm{d}r+(a-b)\int_n^{+\infty}P(r)\mathrm{d}r\end{aligned}$$

然后令 $\frac{\mathrm{d}G}{\mathrm{d}n}=0$，整理后得到

$$\frac{\int_0^nP(r)\mathrm{d}r}{\int_n^{+\infty}P(r)\mathrm{d}r}=\frac{a-b}{b-c} \tag{2.40}$$

即使报童日平均收入达到最大的购进量 n 应满足式(2.40)，又因为 $\int_0^{+\infty}P(r)\mathrm{d}r=1$，所以式(2.40) 可变为

$$\frac{\int_0^n P(r)\mathrm{d}r}{1-\int_0^n P(r)\mathrm{d}r}=\frac{a-b}{b-c}$$

化简后有

$$\int_0^n P(r)\mathrm{d}r=\frac{a-b}{a-c} \tag{2.41}$$

下面根据需求量的概率密度 $P(r)$ 的图形（图 2.13）通过式(2.41) 来确定购进量 n。在图中，用 P_1，P_2 分别表示曲线 $P(r)$ 下的两块面积，则此时有

$$\frac{P_1}{P_2}=\frac{a-b}{b-c} \tag{2.42}$$

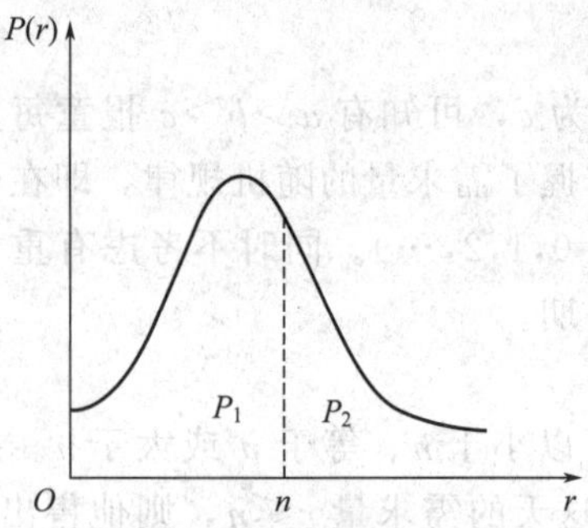

图 2.13　需求量的概率密度

因为当购进 n 份报纸时，$P_1=\int_0^n P(r)\mathrm{d}r$ 是需求量 r 不超过 n 的概率，即卖不完的概率；$P_2=\int_n^{+\infty} P(r)\mathrm{d}r$ 是需求量 r 超过 n 的概率，即卖完的概率。

所以式(2.42) 表明：购进的份数 n 应该使卖不完与卖完的概率之比，恰好等于卖出一份赚的钱 $a-b$ 与退回一份赔的钱 $b-c$ 之比。显然，当报童与邮局签订的合同使报童每份赚钱与赔钱之比越大时，报童购进的份数就应该越多。

假设报童的需求量 $r\sim N(500,\ 50^2)$，$\mu=500$，$\sigma=50$，$a-b=0.05$，$b-c=0.03$，则

$$\frac{P_1}{P_2}=\frac{5}{3}$$

从而 $\frac{P_1}{P_2}=\frac{5}{3}$，$P_1=\frac{5}{8}$，$P_2=\frac{3}{8}$，通过查标准正态分布表可得 $n=\mu+0.32\sigma=516$，即报童每天需要购进 516 份报纸，可得最高收入 $G\approx 23.484$ 元。

综合以上分析，根据本模型就可以依据不同的价格和需求量概率分布来确定报童的购报数量以增加其收入。

2.3.3　零件的预防性更换

生产设备或实验仪器的零件都会发生故障或损坏，需要定期更换以避免等到损坏时才更换零件有可能带来的经济损失。如果在零件运行一定时间后，就对尚属正常的零件做预防性更换，就可以避免损失，或者可以将损失降到最低。试建立数学模型，确定设备或仪器的最优零件更换策略。

（1）问题分析

解决零件更换问题的关键在于恰当地估计零件正常运行的时间，简称零件寿命。由于零件在制造及运行过程中受到诸多因素的影响，零件的寿命是一随机变量，可以通过试验分析或者是根据已有的理论分析来确定零件的寿命分布及其他数字特征。一般情况下，不同的零件寿命分布不同时，对应的更换策略也不同。

（2）模型假设

① 需要更换的零件寿命 X 服从某种已知连续分布，其分布函数为 $F(t)=P(X\leqslant t)$，

概率密度为 $f(t)$，数学期望为 EX。

② 零件的更换时间间隔 T，当 $X<T$ 时，对零件进行故障更换，更换费用为 c_1，当 $X=T$时，对仍然正常工作的零件进行预防性更换，更换费用为 c_2。

③ 零件的可靠度及失效率分别记为 $R(t)=P(X>t)=1-F(t)$，$r(t)=f(t)/R(t)$。

(3) 模型建立与求解

以单位时间的损失费用最小作为优化目标，求解优化问题可以确定更换时间间隔 T。如果称零件每更换一次为一个周期，则周期的平均长度为

$$L=\int_0^T tf(t)\mathrm{d}t+\int_T^\infty Tf(t)\mathrm{d}t$$

一个周期内的平均损失为

$$C=c_1F(T)+c_2[1-F(T)]$$

单位时间的平均损失为

$$c(T)=\frac{C}{L}=\frac{(c_1-c_2)F(T)+c_2}{T-\int_0^T F(t)\mathrm{d}t} \tag{2.43}$$

令一阶导数为零，可以得到使式(2.43) 取得极小值的 T 应满足

$$r(T)\int_0^T R(t)\mathrm{d}t-F(T)=\frac{c_2}{c_1-c_2} \tag{2.44}$$

方程(2.44) 是否有解取决于式中的相关参数及零件的分布类型。如果记

$$h(T)=r(T)\int_0^T R(t)\mathrm{d}t-F(T) \tag{2.45}$$

则有

$$h(0)=0, h(\infty)=r(\infty)EX-1, \frac{\mathrm{d}h}{\mathrm{d}T}=\frac{\mathrm{d}r}{\mathrm{d}T}\int_0^T R(t)\mathrm{d}t$$

观察式(2.44) 及式(2.45) 得知，如果 $r(t)$ 为关于 t 的单调递增函数，且

$$r(\infty)EX>\frac{c_1}{c_1-c_2} \tag{2.46}$$

则存在唯一的有限的正值 T 使方程(2.43) 成立，且式(2.44) 的最小值为 $c(T)=(c_1-c_2)r(T)$。

(4) 模型的进一步讨论

不同寿命分布零件的最优的更换策略存在较大差异。下面将给出几个常用的寿命分布下的最优的零件更换策略。

① 指数分布。零件的寿命服从指数分布，即有密度函数为

$$X\sim f(t)=\lambda\mathrm{e}^{-\lambda t}, \lambda>0, t\geqslant 0$$

经过计算可得

$$R(t)=\mathrm{e}^{-\lambda t}, r(t)=\lambda, EX=1/\lambda, F(t)=1-\mathrm{e}^{-\lambda t}$$

此时方程(2.44) 不再成立，即预防性更换策略不存在。

② Γ 分布。零件的寿命服从 $\Gamma(\alpha, \lambda)$ 分布，即有密度函数为

$$X\sim f(t)=\frac{\lambda}{\Gamma(\alpha)}(\lambda t)^{\alpha-1}\mathrm{e}^{-\lambda t}, t\geqslant 0, \alpha, \lambda>0$$

经过计算可得

$$r(t)=\left[\int_0^\infty\left(1+\frac{x}{t}\right)^{\alpha-1}\mathrm{e}^{-\lambda x}\mathrm{d}x\right]^{-1}, EX=\frac{\alpha}{\lambda}$$

可见 $r(t)$ 是 t 的单调递增函数，且 $r(\infty)=\lambda$。考虑式(2.46)得知，当 $\alpha>\frac{c_1}{c_1-c_2}$ 时，存在唯一的有限的正值 T 使方程(2.44)成立，即此时最优的预防性更换策略存在且唯一。

③ 威布尔（Weibull）分布。零件的寿命服从威布尔分布，即密度函数为

$$X\sim f(t)=\lambda\alpha\,(\lambda t)^{\alpha-1}\mathrm{e}^{-(\lambda t)^{\alpha}},\ t\geqslant 0,\ \alpha,\ \lambda>0$$

经过计算可得

$$r(t)=\lambda\alpha\,(\lambda t)^{\alpha-1},\ EX=\Gamma\left(1+\frac{1}{\alpha}\right)/\lambda$$

故当 $\alpha>1$ 时，$r(t)$ 是 t 的单调递增函数，且 $r(\infty)=\infty$。此时存在唯一的有限正值 T 使方程(2.44)成立，即存在最优的预防性更换策略。

2.3.4 零件的参数设计

一件产品通常是由多个零部件组装而成，这些零件的参数标志产品使用性能。零件参数通常包括标定值和容差两部分，在进行该种产品的批量生产时，标定值表示一批零件对应参数的平均值，而容差则给出了参数偏离其标定值的容许范围，对产品进行零件参数设计，就是确定其标定值和容差。试针对下列条件，建立数学模型对粒子分离器的参数进行优化设计。

粒子分离器某参数（记为 y）由 7 个零件的参数决定，记作 $\boldsymbol{x}=(x_1,x_2,\cdots,x_7)^{\mathrm{T}}$，其经验公式为

$$y=174.42\left(\frac{x_1}{x_5}\right)\left(\frac{x_3}{x_2-x_1}\right)^{0.85}\sqrt{\frac{1-2.62\left[1-0.36\left(\frac{x_4}{x_2}\right)^{-0.56}\right]^{1.5}\left(\frac{x_4}{x_2}\right)^{1.16}}{x_6x_7}}$$

y 的目标值（记作 y_0）为 1.5。当 y 偏离 $y_0\pm0.1$ 时，产品为次品，质量损失为 1000 元；当 y 偏离 $y_0\pm0.3$ 时，产品为废品，质量损失为 9000 元。

零件参数的标定值有一定的容许变化范围；容差分为 A，B，C 三个等级，用与标定值的相对值表示，A 等为±1%，B 等为±5%，C 等为±10%。7 个零件参数标定值的容许范围及不同容差等级零件的成本（元），如表 2.5 所示。

表 2.5　零件参数标定值的容许范围及不同容差等级零件的成本

零件参数	标定值容许范围	C 等	B 等	A 等
x_1	[0.075,0.125]	/	25	/
x_2	[0.225,0.375]	20	50	/
x_3	[0.075,0.125]	20	50	200
x_4	[0.075,0.125]	50	100	500
x_5	[0.125,1.875]	50	/	/
x_6	[12,20]	10	25	100
x_7	[0.5625,0.9375]	/	25	100

现在要进行批量生产，每批生产 1000 个。在原设计中 7 个零件参数的容差均取最便宜的等级，标定值分别为 $x_1=0.1$，$x_2=0.3$，$x_3=0.1$，$x_4=0.1$，$x_5=1.5$，$x_6=16$，$x_7=0.75$，分析原方案的合理性，并给出最优的参数设计方案。

（1）问题分析

进行零件参数设计，就是确定其标定值和容差。若将零件参数视为随机变量，则标定值代表数学期望，在生产部门无特殊要求时，容差通常规定为标准差的 3 倍。

需要考虑两方面的因素：一是当各零件组装成产品时，如果产品参数偏离预先设定的目标值，就会造成质量损失，偏离越大，损失越大；二是零件容差的大小决定了零件的制造成本，容差设计得越小，成本越大。故可知该问题是一个随机优化问题，目标函数为单个零件的费用。

(2) 模型假设

① 7 个零件的参数均服从正态分布且相互独立，也即

$$x_i \sim N(x_{i0}, \sigma_i^2), i=1,2,\cdots,7$$

其中，$Ex_i = x_{i0}$是第 i 零件参数的标定值，记 $x_0 = (x_{10}, x_{20}, \cdots, x_{70})^{\mathrm{T}}$。

② 参数 x_i 的容差记为 Δx_i，其关于标定值 x_{i0}的相对值记为 r_i，即

$$\Delta x_i = r_i x_{i0}, \Delta x_i = 3\sigma_i, i=1,2,\cdots,7$$
$$r = (r_1, r_2, \cdots, r_7)^{\mathrm{T}}$$

③ 第 i 种零件的成本设为 $c_i(r_i)$，则每件产品的总成本为 $\sum_{i=1}^{7} c_i(r_i)$。

(3) 模型的建立与求解

① 对产品参数 Y 分布的描述。产品的质量损失费用与产品的次品率、废品率有关，因此必须先确定产品参数 Y 的分布，尽管已经有关于 $Y=F(x)$ 的经验公式，但如果利用这样的公式确定其分布函数将是非常麻烦的，甚至是不可行的，有必要对其作适当简化，求其近似分布。如果可行的话，线性近似是最容易处理的。下面我们通过微分来对其作线性近似，并分析其合理性。若

$$y + \Delta y = F(x + \Delta x), \quad 则 \quad \Delta y \approx \left.\frac{\partial F}{\partial x}\right|_{x=x_0} \Delta x$$

由模型假设①得 $\Delta x_i = x_i - x_{i0} \sim N(0, \sigma_i^2)$，$i=1, 2, \cdots, 7$，$\Delta y$ 的方差 σ_y^2 可以近似地表示为

$$\sigma_y^2 = \sum_{i=1}^{7} \left(\frac{\partial F}{\partial x_i}\right)^2 \bigg|_{x=x_0} \sigma_i^2 = \sum_{i=1}^{7} \left(\frac{\partial F}{\partial x_i}\right)^2 \bigg|_{x=x_0} \frac{r_i^2 x_{i0}^2}{9}$$

因此，可以近似地认为

$$\Delta y \sim N(0, \sigma_y^2), y \sim N(F(x_0), \sigma_y^2) \tag{2.47}$$

可以通过随机模拟进一步验证式(2.47) 的合理性。先在 x_i 的标定值允许范围内任取一组 x_0，r_0 值，由计算机产生若干组相互独立的正态分布随机数，统计 y 落在各范围的频数，画出直方图（图 2.14)，用分布拟合的 χ^2 检验法检验 Y 服从正态分布的合理性，检验结果接受假设。

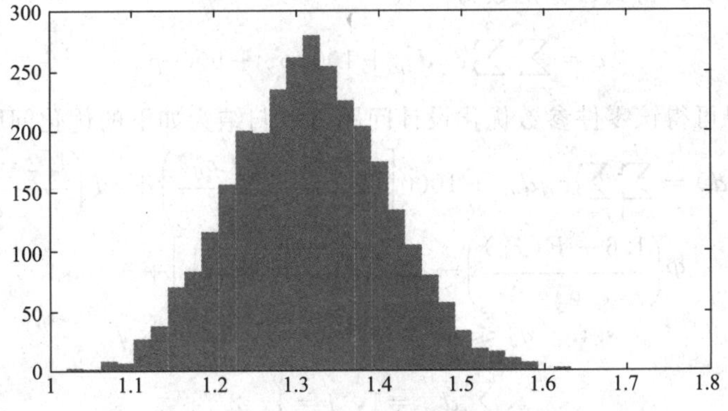

图 2.14　y 线性近似合理性数值检验

② 目标函数的描述。产品总费用等于零件总成本与总的质量损失费用之和，但在随机问题中，应该考虑的是平均意义下的费用，即期望总费用。此时质量损失函数为

$$L(Y)=\begin{cases}0, & |Y-y_0|<0.1\\ 1000, & 0.1\leqslant|Y-y_0|<0.3\\ 9000, & |Y-y_0|\geqslant 0.3\end{cases}$$

其中 $y_0=1.5$。

根据式(2.47)，可以得到 Y 的概率密度函数为

$$f(y)=\frac{1}{\sqrt{2\pi}\sigma_y}\mathrm{e}^{-\frac{(y-F(x_0))^2}{2\sigma_y^2}},\ -\infty<y<+\infty$$

故正品的概率为

$$p_1=P(|Y-y_0|<0.1)=\int_{y_0-0.1}^{y_0+0.1}f(y)\mathrm{d}y \tag{2.48}$$

次品的概率为

$$p_2=P(0.1\leqslant|Y-y_0|<0.3)=\int_{y_0-0.3}^{y_0-0.1}f(y)\mathrm{d}y+\int_{y_0+0.1}^{y_0+0.3}f(y)\mathrm{d}y \tag{2.49}$$

废品的概率为

$$p_3=P(|Y-y_0|\geqslant 0.3)=\int_{-\infty}^{-0.3}f(y)\mathrm{d}y+\int_{0.3}^{+\infty}f(y)\mathrm{d}y \tag{2.50}$$

大批生产的平均每件产品的质量损失费用为

$$EL(Y)=1000p_2+9000p_3$$

因此每个产品的总费用 c 为

$$c=1000p_2+9000p_3+\sum_{i=1}^{7}c_i(r_i) \tag{2.51}$$

引入记号 c_{ij} 表示第 i 零件参数取第 j 个容差等级的成本，$d_{ij}=1$ 表示第 i 零件参数取第 j 个容差等级，否则 $d_{ij}=0$。考虑式(2.49) 及式(2.50)，引用标准正态分布的分布函数 $\Phi(x)$，得到

$$p_2=P(0.1\leqslant|Y-y_0|<0.3)=\Phi\left(\frac{1.4-F(x_0)}{\sigma_y}\right)-\Phi\left(\frac{1.2-F(x_0)}{\sigma_y}\right)+\Phi\left(\frac{1.8-F(x_0)}{\sigma_y}\right)-\Phi\left(\frac{1.6-F(x_0)}{\sigma_y}\right)$$

$$p_3=P(|Y-y_0|\geqslant 0.3)=1-\Phi\left(\frac{1.8-F(x_0)}{\sigma_y}\right)+\Phi\left(\frac{1.2-F(x_0)}{\sigma_y}\right)$$

将之代入式(2.51)，则得到目标函数为

$$c=\sum_{i=1}^{7}\sum_{j=1}^{3}c_{ij}d_{ij}+1000p_2+9000p_3$$

综合上面结果可得该零件参数优化设计问题可以归结为如下的优化问题

$$\min c(x_0,\ d)=\sum_{i=1}^{7}\sum_{j=1}^{3}c_{ij}d_{ij}+1000\left[\Phi\left(\frac{1.4-F(x_0)}{\sigma_y}\right)+8\Phi\left(\frac{1.2-F(x_0)}{\sigma_y}\right)-\Phi\left(\frac{1.6-F(x_0)}{\sigma_y}\right)-8\Phi\left(\frac{1.8-F(x_0)}{\sigma_y}\right)\right]+9$$

$$\text{s.t.}\quad a_i\leqslant x_i\leqslant b_i,\ i=1,\ 2,\ \cdots,\ 7$$

$$\sum_{j=1}^{3}d_{ij}=1,\ j=1,\ 2$$

$$d_{ij} \in N, d_{11}=d_{13}=d_{21}=d_{51}=d_{52}=d_{73}=0$$

式中，a_i，b_i 分别为零件参数 i 标定值的下界与上界。

可以借助数学软件（如 Lingo）给出该优化问题的最优结果，求得的最终结果为

$$x_0^* = (0.075, 0.375, 0.120, 0.120, 1.208, 17.016, 0.563)^T$$

$$d^* = (B, B, B, C, C, B, B)$$

2.3.5 足球门的危险区域

在足球比赛中，球员在对方球门前不同的位置起脚射门对对方球门的威胁是不一样的。近距离的射门对球门的威胁要大于远射；在球门的正前方的威胁要大于在球门两侧射门。虽然球员之间的基本素质可能有一定差异，但对于职业球员来讲一般可以认为这种差别不大。同时根据统计资料显示，射门时球的速度一般在10m/s左右。

已知标准球场长为104m，宽为69m；球门高为2.44m，宽为7.32m。试建立数学模型研究下列问题：

① 针对球员在不同位置射门对球门的威胁度进行分析，得出危险区域；

② 在有一名守门员防守的情况下，对球员射门的威胁度和危险区域作进一步研究。

(1) 问题分析

要确定球门的危险区域，也就是要确定球员射门最容易进球的区域。球员无论从哪个地方射门，都有进与不进两种可能，这本身就是一个随机事件，无非是哪些地方进球的可能性最大，即是最危险的区域。影响球员射门命中率的因素很多，其中最重要的两点是球员的基本素质（技术水平）和射门时的位置。对每一个球员来说，基本素质在短时间内是不可能改变的，因此，我们主要是在确定条件下，对射门位置进行分析研究。也就是说，我们主要是针对同素质的球员在球场上任意一点射门时，研究其对球门的威胁程度。

某一球员在球门前某处向球门内某目标点射门时，该球员的素质和球员到目标点的距离决定了球到达目标点的概率，即命中球门的概率。事实上，当上述两个因素确定时，球飞向球门所在平面上的落点将呈现一个固定的概率分布。并且该分布应该是二维正态分布，这就是解决问题的关键所在。

球员从球场上某点射门时，首先必定在球门平面上确定一个目标点，射门后球依据该概率分布落入球门所在平面。将球门视为所在平面上的一个区域，在区域内对该分布进行积分，即可得到这次射门命中的概率。然而，球员在选择射门的目标点时是任意的，而命中球门的概率对目标点的选择有很强的依赖性。这样，我们遍历球门区域内的所有点，对命中概率作积分，将其定义为球场上某点对球门的威胁程度，根据威胁度的大小来确定球门的危险区域。

(2) 模型假设

① 在理想状态下，认为所有球员的基本素质是相同的；

② 不考虑球员射门后空气阻力及地面状况对球速的影响，设球速固定为10m/s；

③ 球员射门只在前半场进行，前半场为有效射门区域；

④ 以标准的球场作为研究对象。

(3) 符号约定

Ω：半场上的一个球门所在平面 π 对应的地面以上的半平面。

D：平面 π 上球门内部区域，即 $D \subset \Omega$。

$A(x,y)$：球场上的点。

$B(y,z)$：球门内的点。

$D_1(x,y)$：无守门员防守时，球场上点 $A(x,y)$ 对球门的威胁度。

$D_2(x,y)$：有守门员防守时，球场上点 $A(x,y)$ 对球门的威胁度。

$p(y,z)$：从球场上 A 点对准球门内 B 点射门时命中球门的概率。

k：衡量球员的基本素质的相对指标。

d：球场上 A 点到球门内 B 点的直线距离。

θ：直线 AB 在地面上的投影线与球门平面 π 的夹角，为锐角。

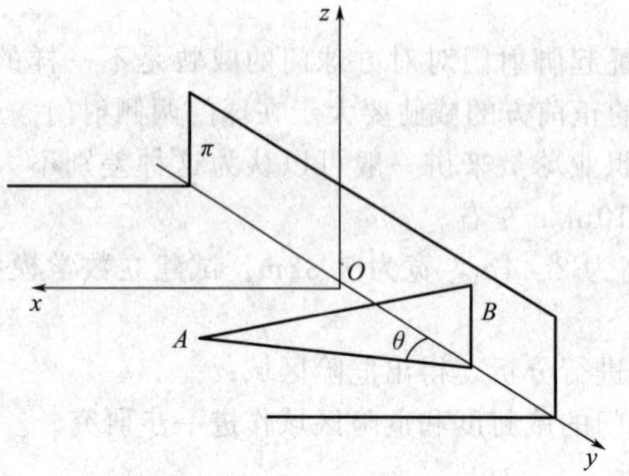

图 2.15　足球场地

(4) 模型建立与求解

为了更形象地描述问题，首先建立空间直角坐标系（如图 2.15 所示），即以球门的底边中点为原点 O，地面为 xOy 面，球门所在的平面 π 为 yOz 面。

首先分析球员在不同位置射门对球门的威胁度的衡量方法。假设基本素质为 k 的球员从 $A(x_0,y_0)$点向距离为 d 的球门内目标点 $B(y_1,z_1)$ 射门时，球在目标平面 π 上的落点呈现二维正态分布，且随机变量 y，z 是相互独立的。其概率密度函数为

$$f(y,z)=\frac{1}{2\pi\sigma^2}\mathrm{e}^{\left\{-\frac{(y-y_1)^2+(z-z_1)^2}{2\sigma^2}\right\}},(y,z)\in\Omega \tag{2.52}$$

其中方差 σ 与球员素质 k 成反比，与射门点 $A(x_0,y_0)$ 和目标点 $B(y_1,z_1)$ 之间的距离 d 成正比，且偏角 θ 越大方差 σ 越小。当 $\theta=\frac{\pi}{2}$时（即正对球门中心），σ 仅与 k，d 有关。由此，我们可以近似确定 σ 的表达式为 $\sigma=\frac{d}{k}(\cot\theta+1)$，其中 $\cot\theta=\frac{|y_1-y_0|}{x_0}$，而距离

$$d=\sqrt{x_0^2+(y_1-y_0)^2+z_1^2}$$

由于式(2.52) 的密度函数关于变量 y，z 是对称的，但实际中球只能落在地面以上，即只有 $z\geqslant0$ 的半平面内。故需要用条件概率来描述射门命中球门的概率。可以令

$$p_D(x_0,y_0;y_1,z_1)=\iint_D f(y,z)\mathrm{d}y\mathrm{d}z$$

$$p_\Omega(x_0,y_0;y_1,z_1)=\iint_\Omega f(y,z)\mathrm{d}y\mathrm{d}z$$

由条件概率的定义取两者的比值即为一次射门命中球门的概率：

$$p(x_0,y_0;y_1,z_1)=\frac{p_D(x_0,y_0;y_1,z_1)}{p_\Omega(x_0,y_0;y_1,z_1)}$$

可以把命中球门的概率在球门区域 D 内的二重积分定义为球场上某点 $A(x_0,y_0)$ 对球门的威胁度，即

$$D_1(x_0,y_0)=\iint_D p(x_0,y_0;y_1,z_1)\mathrm{d}y_1\mathrm{d}z_1$$

综合以上分析，对于球场上任意一点 $A(x,y)$ 关于球门的威胁度为

$$D_1(x,y)=\iint_D p(x,y;y_1,z_1)\mathrm{d}y_1\mathrm{d}z_1 \tag{2.53}$$

$$p(x,y;y_1,z_1)=\frac{p_D(x,y;y_1,z_1)}{p_\Omega(x,y;y_1,z_1)};d=\sqrt{x^2+(y_1-y)^2+z_1^2};\cot\theta=\frac{|y_1-y|}{x}$$

该问题的求解是比较困难的，只能采用数值积分的方法进行求解。

首先需要确定反映球员基本素质的参数 k。根据一般职业球员的情况，可以认为一个球员在球门的正前方$\left(\theta=\frac{\pi}{2}\right)$距离球门 10m 处（$d=10$）向球门内的目标点劲射，标准差应该在 1m 以内，即取 $\sigma=1$，由 $\sigma=\frac{d}{k}(\cot\theta+1)$ 可以得到 $k=10$。于是，当球员的基本素质 $k=10$时，求解该模型可以得球场上任意点对球门的威胁度，通过数值计算方法可以得出部分特殊点的结果（表 2.6）。

事实上，为了更形象地描述不同位置的点与威胁度之间的关系，还可以依据各点的威胁度的值作出球场上等威胁度的曲线，进行进一步的分析。

表 2.6 不同位置的点与威胁度

$A(x,y)$	(0,1)	(0,5)	(0,10)	(0,20)	(0,30)	(0,50)
$D_1(x,y)$	14.46	14.54	12.69	8.64	5.71	2.81
$D_2(x,y)$	12.94	12.01	8.97	4.80	2.76	1.10
$A(x,y)$	(3,1)	(3,5)	(3,10)	(3,20)	(3,30)	(3,50)
$D_1(x,y)$	11.56	13.48	11.76	7.95	5.32	2.67
$D_2(x,y)$	10.07	10.93	8.38	4.57	2.66	1.08
$A(x,y)$	(5,1)	(5,5)	(5,10)	(5,20)	(5,30)	(5,50)
$D_1(x,y)$	6.30	11.41	10.36	7.16	4.87	2.51
$D_2(x,y)$	5.90	8.95	7.23	4.12	2.45	1.01
$A(x,y)$	(10,1)	(10,5)	(10,10)	(10,20)	(10,30)	(10,50)
$D_1(x,y)$	0.89	5.33	6.47	5.24	3.82	2.12
$D_2(x,y)$	0.82	3.92	4.31	3.01	1.93	0.86
$A(x,y)$	(20,1)	(20,5)	(20,10)	(20,20)	(20,30)	(20,50)
$D_1(x,y)$	0.06	0.88	1.85	2.43	2.19	1.48
$D_2(x,y)$	0.04	0.59	1.16	1.34	1.08	0.59

其次在有一名守门员防守的情况下，基于以上结果，对球员射门的威胁度和危险区域作进一步的分析和研究。假设守门员站在射门点与两球门柱所夹角的角平分线上，即守门员站在球门在垂直射门线平面上的投影区域中心位置是最佳防守位置。球员在球场上某点对球门内任一点 $(y,z)\in D$ 起脚射门，经过时间 t 到达球门平面，球到达该点时，守门员对球都有一个捕获的概率 $p_0(t,y,z)$，下面先分析一下这个函数 $p_0(t,y,z)$ 的形式。

首先注意到，当 t 一定时，$p_0(t,y,z)$ 应该是一个以守门员为中心向周围辐射衰减的二维函数，当 t 变小时，曲面的峰度应增高，而面积减小，因此我们可以用二维正态分布的概率密度描述这种变化趋势。参数 t 表示从起脚射出的球到达球门的时间，也就是给守门员的反应时间，该时间越长，曲面越平滑。综上我们得到：

$$p_0(t,y,z)=e^{\left[-\frac{(y-a)^2+(z-1.25)^2}{ct}\right]}$$

其中，c 为守门员的反应系数。据专家预测，一般正常人的反应时间约为 0.12～0.15s。根据著名的“纸条试验”可得到一般人反应时间约为$\sqrt{2}/10$s（即设想将一张纸条放在人的两手指之间，当纸条在重力作用下自由下落时，由 $s=0.5gt^2$ 可以计算出人的反应时间）。因此，在此不妨取 $c=1/7$（实验值），守门员防守时偏离球门中心的距离为

$$a=\frac{7.32\sqrt{(y_0+3.66)^2+x_0^2}}{\sqrt{(y_0+3.66)^2+x_0^2}+\sqrt{(y_0-3.66)^2+x_0^2}}-3.66$$

故基于前面所给出的概率定义基础上，修正球员在球场上一点 $A(x_0,y_0)$ 射入球门的概率

$$p_D(x_0,y_0;y_1,z_1)=\iint_D f(y,z)[1-p_0(t,y,z)]\mathrm{d}y\mathrm{d}z$$

即 $p_0(t,y,z)$ 表示守门员捕获球的概率，$1-p_0(t,y,z)$ 就表示捕不住球的概率。

类似地可以得到球场上任意一点 $A(x,y)$ 对球门的威胁度为

$$D_2(x,y)=\iint_D p(x,y;y_1,z_1)\mathrm{d}y_1\mathrm{d}z_1 \tag{2.54}$$

其中，$p(x,y;y_1,z_1)=\dfrac{p_D(x,y;y_1,z_1)}{p_\Omega(x,y;y_1,z_1)}$，$p_\Omega(x,y;y_1,z_1)$的定义与前面一致，且

$$\sigma=\frac{d}{k}(\cot\theta+1),\ \cot\theta=\frac{|y_1-y|}{x}$$

$$d=\sqrt{x^2+(y_1-y)^2+z_1^2},\ t=\frac{d}{v_0},\ v_0\text{ 为常数}$$

同样令射门球员的基本素质 $k=10$，守门员的反应系数 $c=1/7$，球速 $v_0=10\mathrm{m/s}$，类似于前面威胁度的求解方法可得球场上任意点对球门的威胁度，同样这里也给出了一些特殊点的值，见表 2.6（其中特殊点选取与不考虑守门员防守的情况时一致）。也可以根据各点的威胁度的数值作出球场上等威胁度的曲线进行直观描述。

(5) 模型结果分析

通过表 2.6 中的两种情况下的结果可以看出，威胁度最大的区域是在球门附近，特别是正前方。这也说明了球场上的大、小禁区设置的合理性。同时对有无守门员防守两种情况下的结果进行比较可以看出，有守门员防守的情况比无防守的情况有很大的差别，由于守门员的防守作用，球门的危险区域明显地减小。

(6) 模型的进一步讨论

球员素质对射门威胁度有很大的影响。本模型中射手的素质 k 是估算出来的，严格地讲，k 值更应该通过大量的实验按统计规律来确定，同时通过计算可以证明当 k 增加（即球员的素质增强）时，对球门的威胁也会明显增加，危险区域会变大；而关于守门员素质，在模型中没有加以考虑，是为了问题的简化。同时，本模型只考虑了单一的进攻队员和防守队员的情形，对于有多名队员的进攻和防守情况以及进一步的排兵布阵的更复杂问题没有考虑。

为了简化计算，本模型的概率是在矩形区域上作积分获得，这样做与实际可能会有些偏差。实际上从不同角度的位置射门，所看到的球门区域可能不是一个矩形区域，而是一个不规则的四边形，它的形状随着射门点的变化而变化。

本模型主要是基于概率论的知识进行建模及求解。实际上该问题还可以有多种不同解法，比如可以借助于初等几何和代数的方法，在不同的射门点进行随机模拟，还可以通过可能射入球门的概率来定义威胁度函数，也能得出相应的结果。

2.3.6 随机人口模型

(1) 问题分析

如果研究对象是一个自然村落或一个家族人口，数量不大，需作为离散变量看待时，就利用随机性人口模型来描述其变化过程。

(2) 符号约定

$Z(t)$：时刻 t 的人口数（只取整数值）。

$p_n(t)$：$p_n(t)=p(Z(t)=n)$，即人口数为 n 的概率。

(3) 模型假设

① 在 $[t,t+\Delta t]$ 出生一人的概率与 Δt 成正比，记作 $b_n\Delta t$，出生二人及二人以上的概率为 $o(\Delta t)$。

② 在 $[t,t+\Delta t]$ 死亡一人的概率与 Δt 成正比，记作 $d_n\Delta t$，死亡二人及二人以上的概率为 $o(\Delta t)$。

③ 出生与死亡是相互独立的随机事件。

④ 进一步设 b_n 和 d_n 均为与 n 成正比，记 $b_n=\lambda n$，$d_n=\mu n$，λ 和 μ 分别是单位时间内 $n=1$ 时一个人出生和死亡的概率。

(4) 模型建立与求解

由上述模型假设①～③，可知 $Z(t+\Delta t)=n$ 可分解为三个互不相容的事件之和：$Z(t)=n-1$ 且 Δt 内出生一人；$Z(t)=n+1$ 且 Δt 内死亡一人；$Z(t)=n$ 且 Δt 内无人出生或死亡。按全概率公式

$$p_n(t+\Delta t)=p_{n-1}(t)b_{n-1}\Delta t+p_{n+1}(t)d_{n+1}\Delta t+p_n(t)(1-b_n\Delta t-d_n\Delta t)$$

即
$$\frac{p_n(t+\Delta t)-p_n(t)}{\Delta t}=b_{n-1}p_{n-1}(t)+d_{n+1}p_{n+1}(t)-(b_n+d_n)p_n(t)$$

令 $\Delta t\to 0$，得关于 $p_n(t)$ 的微分方程

$$\frac{\mathrm{d}p_n}{\mathrm{d}t}=b_{n-1}p_{n-1}(t)+d_{n+1}p_{n+1}(t)-(b_n+d_n)p_n(t)$$

又由模型假设④可知，方程为

$$\frac{\mathrm{d}p_n}{\mathrm{d}t}=\lambda(n-1)p_{n-1}(t)+\mu(n+1)p_{n+1}(t)-(\lambda+\mu)np_n(t) \tag{2.55}$$

若初始时刻 ($t=0$) 人口为确定数量 n_0，则 $p_n(t)$ 的初始条件为

$$p_n(0)=\begin{cases}1, n=n_0\\0, n\neq n_0\end{cases} \tag{2.56}$$

式(2.55) 在式(2.56) 条件下的求解非常复杂，且没有简单的结果，不过人们感兴趣的是 $E(Z(t))$ 和 $D(Z(t))$ [以下简记成 $E(t)$ 和 $D(t)$]。

按定义
$$E(t)=\sum_{n=1}^{\infty}np_n(t) \tag{2.57}$$

对式(2.57) 求导并将式(2.55) 代入得

$$\frac{\mathrm{d}E}{\mathrm{d}t}=\lambda\sum_{n=1}^{\infty}n(n-1)p_{n-1}(t)+\mu\sum_{n=1}^{\infty}n(n+1)p_{n+1}(t)-(\lambda+\mu)\sum_{n=1}^{\infty}n^2p_n(t) \tag{2.58}$$

注意到 $\sum_{n=1}^{\infty}n(n-1)p_{n-1}(t)=\sum_{k=1}^{\infty}k(k+1)p_k(t)$，$\sum_{n=1}^{\infty}n(n+1)p_{n+1}(t)=\sum_{k=1}^{\infty}k(k-1)p_k(t)$

代入式(2.58) 并利用式(2.57)，则有

$$\frac{\mathrm{d}E}{\mathrm{d}t}=(\lambda-\mu)\sum_{n=1}^{\infty}np_n(t)=(\lambda-\mu)E(t) \tag{2.59}$$

由式(2.56) 得 $E(t)$ 的初始条件 $E(0)=n_0$，求解微分方程(2.59) 在此初始条件下的解为

$$E(t)=n_0\mathrm{e}^{rt}, r=\lambda-\mu \tag{2.60}$$

可以看出这个结果与指数模型 $x(t)=x_0\mathrm{e}^{rt}$ 形式上完全一致。随机性模型(2.60) 中出生率 λ 与死亡率 μ 之差 r 即净增长率，人口期望值呈现指数增长，$E(t)$ 是在人口数量很多的情况下确定性模型的特例。

对于方差 $D(t)$，按照定义 $D(t)=\sum_{n=1}^{\infty}n^2p_n(t)-E^2(t)$，用类似求 $E(t)$ 的方法可推出

$$D(t)=n_0\frac{\lambda+\mu}{\lambda-\mu}e^{(\lambda-\mu)t}[e^{(\lambda-\mu)t}-1] \tag{2.61}$$

$D(t)$ 的大小表示人口 $Z(t)$ 在平均值 $E(t)$ 附近的波动范围。式(2.61) 说明这个范围不仅随着时间的延续和净增长率 $r=\lambda-\mu$ 的增加而变大，而且即使当 r 不变时，它也随着 λ 和 μ 的上升而增长，这就是说，当出生和死亡频繁出现时，人口的波动范围变大。

2.4 马尔可夫链法建模

马尔可夫链模型在自然科学、工程技术、社会科学、经济研究等领域都有广泛的应用。它可以解决一些随机系统的随机转移和确定系统的状态转移问题。马尔可夫链预测法是应用概率论中马尔可夫链（Markov Chain）的理论和方法来研究分析时间序列的变化规律，并由此预测其未来变化趋势的一种动态预测技术。这种技术已在市场预测分析、市场管理决策、卫生事业管理、卫生经济研究、生物遗传等方面得到了广泛的应用。本节主要介绍马尔可夫链的基本原理以及运用原理去解决一些简单问题的基本方法，最后通过实例演示马尔可夫链建模的基本思想及建模思路。

2.4.1 马尔可夫链的基本知识

(1) 随机过程的概念

定义 2.1 设集合 $\{X_t: t\in T\}$ 是一族随机变量，T 是一个实数集合，如果对于任意 $t\in T$，X_t 是一个随机变量，则称 $\{X_t: t\in T\}$ 是一个**随机过程**。

t 为参数，一般情况下可以认为是时间，称 t 的取值集合 T 为参数集合；随机变量 X_t 的取得每一个可能值，称为随机过程的一个状态。其全体可能值构成的集合，称为随机过程的状态空间，用 E 表示；当参数集合 T 为非负整数集时，随机过程又称为随机序列，随机序列可用 $\{X_n: n=1,2,3,\cdots\}$ 表示。当 T 为时间时，该随机序列就是时间序列。马尔可夫链，也称为马氏链，就是一种特殊的随机时间序列。

(2) 马尔可夫链。

定义 2.2 设 $\{X_n: n=1,2,3,\cdots\}$ 是一个随机序列，状态空间 E 为有限或可列集。若对于任意正整数 m，n。如果 $i\in E$，$j\in E$，$i_k\in E(k=1,2,\cdots,n-1)$ 满足 $P(X_{n+m}=j \mid X_n=i, X_{n-1}=i_{n-1}, \cdots, X_1=i_1)=P(X_{n+m}=j \mid X_n=i)$成立，则称随机序列 $\{X_n: n=1,2,3,\cdots\}$ 为一个**马尔可夫链**，简称为**马氏链**。

从该定义可知，随机变量 $X_n=i$，是指第 n 步时，随机变量 X_n 处于状态 i。条件概率 $P(X_{n+m}=j|X_n=i)$ 是指第 n 步时，随机变量 X_n 处于状态 i 的条件下，第 $n+m$ 步随机变量 X_{n+m} 处于状态 j 的条件概率。

两个条件概率相等，说明第 $n+m$ 步时的随机变量 X_{n+m} 所处的状态 j，只与第 n 步时的随机变量 X_n 所处的状态 i 有关，而与第 n 步前面的所有 $n-1$ 步的随机变量们所处的状态无关，将此称为随机变量序列的**无后效性**。具有无后效性的随机变量序列称为马尔可夫链，即为马氏链。

(3) 时齐的马尔可夫链

定义 2.3 如果马尔可夫链 $\{X_n: n=1,2,3,\cdots\}$ 中的条件概率 $P(X_{n+m}=j \mid X_n=i)$ 与 n 无关，则称此马尔可夫链 $\{X_n: n=1,2,3,\cdots\}$ 是**时齐的马尔可夫链**。

时齐的马尔可夫链 $\{X_n: n=1,2,3,\cdots\}$ 中的条件概率 $P(X_{n+m}=j \mid X_n=i)$与 n 无

关，只与 m 有关，即无论从第几步的状态 i 出发，再经过 m 步，到达状态 j 的概率都相等，所以可将该条件概率记为 $P(X_{n+m}=j \mid X_n=i)=p_{ij}(m)$，即系统由状态 i 出发，经过 m 步（m 个时间段）的转移到达系统状态 j 的概率是 $p_{ij}(m)$。

概率 $p_{ij}(m)$ 一般称为**转移概率**。由时齐性的定义可知，系统由状态 i 转移到状态 j 的转移概率 $p_{ij}(m)$，只依赖于时间间隔 m（步数）的长短，与起始的时刻无关。

(4) 转移概率矩阵

定义 2.4 对于一个马尔可夫链 $\{X_n: n=1,2,3,\cdots\}$，称以 m 步转移概率 $p_{ij}(m)$ 为元素的矩阵为**转移概率矩阵**，记为 $\boldsymbol{P}(m)$。

$m=1$ 时的转移概率矩阵称为一步转移概率矩阵，记为 $\boldsymbol{P}=\boldsymbol{P}(1)=(p_{ij})$，其中 $p_{ij}=p_{ij}(1)$，简称为转移矩阵，记为

$$\boldsymbol{P}=\begin{pmatrix} p_{11} & p_{12} & \cdots & p_{1N} \\ p_{21} & p_{22} & \cdots & p_{2N} \\ \cdots & \cdots & \cdots & \cdots \\ p_{N1} & p_{N2} & \cdots & p_{NN} \end{pmatrix}$$

马尔可夫链 $\{X_n: n=1,2,3,\cdots\}$ 的转移概率矩阵 $\boldsymbol{P}(m)=(p_{ij}(m))$ 的性质如下。

性质 2.1 对于一切 $i\in E$，$j\in E$，有 $0\leqslant p_{ij}(m)\leqslant 1$ 成立。

性质 2.2 对于一切 $i\in E$，有 $\sum\limits_{j\in E} p_{ij}(m)=1$ 成立。

性质 2.3 对于一切 $i\in E$，$j\in E$，使得

$p_{ij}(0)=\delta_{ij}=\begin{cases}1, & i=j \\ 0, & i\neq j\end{cases}$ 成立。

转移概率矩阵 $\boldsymbol{P}(m)$ 既可以是有限矩阵，也可以是无限矩阵，本节主要考虑状态集 E 为有限集的马尔可夫链，此时对应的转移概率矩阵 $\boldsymbol{P}$ 和 $\boldsymbol{P}(m)$ 都是有限矩阵，并且有 $\boldsymbol{P}(m+1)=\boldsymbol{P}(m)\boldsymbol{P}$，$\boldsymbol{P}(m)=\boldsymbol{P}^m$ 成立。

由此可见，对具有 N 个状态的马尔可夫链而言，描述它的概率性质，最重要的是它在 n 时刻处于状态 i 下一时刻转移到状态 j 的一步转移概率：$P(X_{n+1}=j \mid X_n=i)=p_{ij}$。

【例 2.3】 设某抗病毒药销售情况分为“畅销”和“滞销”两种，以“1”代表“畅销”，“2”代表“滞销”。以 X_n 表示第 n 个季度的销售状态，则 X_n 可以取值 1 或 2。若未来的抗病毒药销售状态，只与现在的市场状态有关，而与以前的市场状态无关，则抗病毒药的市场状态 $\{X_n, n\geqslant 1\}$ 就构成一个马尔可夫链。设一步转移概率矩阵为

$$\boldsymbol{P}^{(1)}=\boldsymbol{P}=\begin{pmatrix} 0.5 & 0.5 \\ 0.6 & 0.4 \end{pmatrix}$$

则其二步转移矩阵为

$$\boldsymbol{P}^{(2)}=\begin{pmatrix} p_{11}^{(2)} & p_{12}^{(2)} \\ p_{21}^{(2)} & p_{22}^{(2)} \end{pmatrix}=\begin{pmatrix} p_{11}p_{11}+p_{12}p_{21} & p_{11}p_{12}+p_{12}p_{22} \\ p_{21}p_{11}+p_{22}p_{21} & p_{21}p_{12}+p_{22}p_{22} \end{pmatrix}$$

$$=\begin{pmatrix} p_{11} & p_{12} \\ p_{21} & p_{22} \end{pmatrix}\begin{pmatrix} p_{11} & p_{12} \\ p_{21} & p_{22} \end{pmatrix}=\boldsymbol{P}^2,$$

同理可以求出其 k 步转移概率矩阵 $\boldsymbol{P}^{(k)}=\boldsymbol{P}^k$。

(5) 状态概率

系统的状态用随机变量 X_n 表示，$\boldsymbol{a}_i(n)=\boldsymbol{P}(X_n=i)$，$i=1,2,\cdots,N$ 称为**状态概率**。

m 步时系统所处的**状态概率向量**为 $\boldsymbol{a}(m)=(a_1(m),a_2(m),\cdots,a_N(m))$，利用马尔可夫链的一步转移概率矩阵 $\boldsymbol{P}$，可以计算出关系式 $\boldsymbol{a}(m+1)=\boldsymbol{a}(m)\boldsymbol{P}$ 成立，且有 m 步时系统所处的状态概率向量 $\boldsymbol{a}(m)=(a_1(m),a_2(m),\cdots,a_N(m))=(\boldsymbol{a}_1(0),\boldsymbol{a}_2(0),\cdots,\boldsymbol{a}_N(0))\boldsymbol{P}^m$，记 $\boldsymbol{a}(0)$ 为**初始状态概率向量**，上式又可以记为 $\boldsymbol{a}(m)=\boldsymbol{a}(0)\boldsymbol{P}^m$。

（6）马尔可夫链的正则链

定义 2.5 设 $\{X_n:n=1,2,3,\cdots,N\}$ 为马尔可夫链，如果存在一个正整数 k，使得马尔可夫链从任意状态 i 出发，经过 k 步转移都以大于零的概率到达状态 j，则称此时的马尔可夫链 $\{X_n:n=1,2,3,\cdots,N\}$ 为**正则链**。

定理 2.1 若马尔可夫链的转移矩阵为 $\boldsymbol{P}$，则它是正则链的充分必要条件是，存在正整数 k，使得 $\boldsymbol{P}^k>0$（矩阵的每一个元素大于零）。

（7）马尔可夫链的遍历性

定义 2.6 如果马尔可夫链 $\{X_n:n=1,2,3,\cdots,N\}$ 为正则链，则该马尔可夫链 $\{X_n:n=1,2,3,\cdots,N\}$ 具有**遍历性**（或称是**平稳的**）。

即存在一个向量（有限维向量）$\boldsymbol{W}=(p_1,p_2,\cdots,p_N)$ 使得 $\lim\limits_{n\to\infty}\boldsymbol{a}(n)=\boldsymbol{W}$，与初始状态概率向量 $\boldsymbol{a}(0)$ 无关，$\boldsymbol{W}$ 称为**稳态概率或极限状态分布**。

且有 $\begin{cases}\boldsymbol{WP}=\boldsymbol{W}\\ \sum\limits_{i=1}^{N}p_i=1\end{cases}$，即向量 $\boldsymbol{W}=(p_1,p_2,\cdots,p_N)$ 是它的**稳定解**。

若当转移步数 $n\to+\infty$ 时，系统所处的状态记为 $(a_1(+\infty),a_2(+\infty),\cdots,a_k(+\infty))$，则有 $(a_1(+\infty),a_2(+\infty),\cdots,a_k(+\infty))=\boldsymbol{W}$。同时由上面的结果又可以推出，$\lim\limits_{m\to\infty}\boldsymbol{P}(m)=\lim\limits_{m\to\infty}(p_{ij}(m))=\lim\limits_{m\to\infty}\boldsymbol{P}^m=(\boldsymbol{W},\boldsymbol{W},\cdots,\boldsymbol{W})'$。其中 $\boldsymbol{P}(m)=(p_{ij}(m))$ 是 m 步转移概率矩阵，$\boldsymbol{P}=\boldsymbol{P}(1)=(p_{ij})$ 是 1 步转移概率矩阵。

（8）状态转移概率的估算

在马尔可夫链建模方法中，系统状态的转移概率的估算非常重要。估算的方法通常有两种。一是主观概率法。它是根据人们长期积累的经验以及对预测事件的了解，对事件发生的可能性大小的一种主观估计，这种方法一般是在缺乏历史统计资料或资料不全的情况下使用。二是统计估算法。主观概率法是一种需要根据以往积累的经验，提前给定概率分布，然后再利用马氏链进行分析的方法。而在已知历史统计资料的情况下，可以使用统计估算法。统计估算法估计转移概率的方法如下：

假定系统有 N 种状态 S_1，S_2，…，S_N，根据系统的状态转移的历史记录，得到表 2.7 的统计表格，以 $\hat{p}_{ij}$ 表示系统从状态 i 转移到状态 j 的转移概率估计值，则由表 2.7 的数据计算估计值的公式如下：

表 2.7 系统状态转移情况表

状态 \ 次数 \ 状态		系统下步所处状态 S_1	S_2	…	S_N
系统本步所处状态	S_1	n_{11}	n_{12}	…	n_{1N}
	S_2	n_{21}	n_{22}	…	n_{2N}
	⋮	⋮	⋮	⋮	⋮
	S_N	n_{N1}	n_{N2}	…	n_{NN}

$$\hat{p}_{ij}=\frac{n_{ij}}{\sum_{k=1}^{N}n_{ik}}\quad i,j=1,2,\cdots,N \tag{2.62}$$

【例 2.4】 设某系统有 3 种状态 S_1，S_2 和 S_3，系统状态的转移情况见表 2.8。试求系统的状态转移概率矩阵。

表 2.8 某系统状态转移情况表

状态＼次数＼状态		系统下步所处状态 S_1	S_2	S_3
系统的本步所处状态	S_1	6	15	9
	S_2	4	14	2
	S_3	3	3	4

【解】 由式(2.62)，得

$$\hat{p}_{11}=\frac{6}{6+15+9}=0.2,\ \hat{p}_{12}=\frac{15}{6+15+9}=0.5,\ \hat{p}_{13}=\frac{9}{6+15+9}=0.3$$

$$\hat{p}_{21}=\frac{4}{4+14+2}=0.2,\ \hat{p}_{22}=\frac{14}{4+14+2}=0.7,\ \hat{p}_{23}=\frac{2}{4+14+2}=0.1$$

$$\hat{p}_{31}=\frac{3}{3+3+4}=0.3,\ \hat{p}_{32}=\frac{3}{3+3+4}=0.3,\ \hat{p}_{33}=\frac{4}{3+3+4}=0.4$$

故系统的转移概率矩阵为 $\boldsymbol{P}=\begin{pmatrix}0.2 & 0.5 & 0.3\\0.2 & 0.7 & 0.1\\0.3 & 0.3 & 0.4\end{pmatrix}$。

(9) 马尔可夫链的应用步骤

第一步：根据实际问题设定随机变量 X_n，建立随机变量序列，并判断随机变量序列是否为时齐的马尔可夫链。

第二步：建立第 n（步）个时段与第 $n+1$（步）个时段间的系统状态之间的联系，并用转移概率 p_{ij} 表示出来，构造出转移概率矩阵 $\boldsymbol{P}$。在系统具有 N 个状态的情况下，对系统在时刻 k 的状态进行预测。

$$a(k)=a(k-1)\boldsymbol{P}=a(0)\boldsymbol{P}^k=(a_1(0),a_2(0),\cdots,a_N(0))\begin{pmatrix}p_{11} & p_{12} & \cdots & p_{1N}\\p_{21} & p_{22} & \cdots & p_{2N}\\\vdots & \vdots & \cdots & \vdots\\p_{N1} & p_{N2} & \cdots & p_{NN}\end{pmatrix}^k$$

第三步：利用转移概率矩阵 $\boldsymbol{P}=(p_{ij})$，寻求是否存在正整数 k，使得 $\boldsymbol{P}(k)=\boldsymbol{P}^k>0$，判断系统是否为正则链，并求其平稳分布（即极限状态分布）。

【例 2.5】 **市场占有率预测** 预测 A、B、C 三个厂家生产的某种抗病毒药在未来的市场占有情况。

【解】 首先进行市场调查。主要调查以下两件事。

① 目前的市场占有情况．如在购买该药的总共 1000 家对象（购买力相当的医院、药店等）中，买 A、B、C 三药厂的各有 400 家、300 家、300 家，那么 A、B、C 三药厂目前的市场占有份额分别为：40%、30%、30%。则 $\boldsymbol{S}^{(0)}=(0.4,\ 0.3,\ 0.3)$ 为目前市场的占有分布或称初始概率分布。

② 查清使用对象的流动情况。流动情况的调查可通过发放信息调查表来了解顾客以往的资料或将来的购买意向，也可从下一时期的订货单得出。如从订货单得表 2.9。

表 2.9　顾客订货情况表

来自	下季度订货情况			合计
	A	B	C	
A	160	120	120	400
B	180	90	30	300
C	180	30	90	300
合计	520	240	240	1000

其次，根据上述马尔可夫链的应用步骤，计算转移概率矩阵，建立数学模型，并利用 k 步的转移概率矩阵进行预测。

假定在未来的时期内，顾客相同间隔时间的流动情况不因时期的不同而发生变化，以 1、2、3 分别表示顾客买 A、B、C 三厂家的药这三个状态，以季度为模型的步长（即转移一步所需的时间），那么根据表 2.9，我们可以得模型的转移概率矩阵：

$$\boldsymbol{P}=\begin{pmatrix} p_{11} & p_{12} & p_{13} \\ p_{21} & p_{22} & p_{23} \\ p_{31} & p_{32} & p_{33} \end{pmatrix}=\begin{pmatrix} \frac{160}{400} & \frac{120}{400} & \frac{120}{400} \\ \frac{180}{300} & \frac{90}{300} & \frac{30}{300} \\ \frac{180}{300} & \frac{30}{300} & \frac{90}{300} \end{pmatrix}=\begin{pmatrix} 0.4 & 0.3 & 0.3 \\ 0.6 & 0.3 & 0.1 \\ 0.6 & 0.1 & 0.3 \end{pmatrix}$$

矩阵中的第 1 行（0.4，0.3，0.3）表示目前是 A 厂的顾客下季度有 40%仍买 A 厂的药，转为买 B 厂和 C 厂的各有 30%. 同样，第 2 行、第 3 行分别表示目前是 B 厂和 C 厂的顾客下季度的流向。

由 $\boldsymbol{P}$ 我们可以计算任意的 k 步转移矩阵，如三步转移矩阵：

$$\boldsymbol{P}^{(3)}=\boldsymbol{P}^3=\begin{pmatrix} 0.4 & 0.3 & 0.3 \\ 0.6 & 0.3 & 0.1 \\ 0.6 & 0.1 & 0.3 \end{pmatrix}^3=\begin{pmatrix} 0.496 & 0.252 & 0.252 \\ 0.504 & 0.252 & 0.244 \\ 0.504 & 0.244 & 0.252 \end{pmatrix}$$

从这个矩阵的各行可知三个季度以后各厂家顾客的流动情况．如从第二行（0.504，0.252，0.244）知，B 厂的顾客三个季度后有 50.4%转向买 A 厂的药，25.2%仍买 B 厂的，24.4%转向买 C 厂的药。

设 $\boldsymbol{S}^{(k)}=(\boldsymbol{p}_1^{(k)},\ \boldsymbol{p}_2^{(k)},\ \boldsymbol{p}_3^{(k)})$ 表示预测对象 k 季度以后的市场占有率，初始分布则为 $\boldsymbol{S}^{(0)}=(\boldsymbol{p}_1^{(0)},\ \boldsymbol{p}_2^{(0)},\ \boldsymbol{p}_3^{(0)})$，市场占有率的预测模型为

$$\boldsymbol{S}^{(k)}=\boldsymbol{S}^{(0)}\boldsymbol{P}^k=\boldsymbol{S}^{(k-1)}\boldsymbol{P}$$

现在，由第一步，计算有 $\boldsymbol{S}^{(0)}=(0.4,\ 0.3,\ 0.3)$，由此，可预测任意时期 A、B、C 三厂家的市场占有率。例如，三个季度以后的预测值为：

$$\boldsymbol{S}^{(3)}=(\boldsymbol{p}_1^{(3)},\boldsymbol{p}_2^{(3)},\boldsymbol{p}_3^{(3)})=\boldsymbol{S}^{(0)}\cdot\boldsymbol{P}^3=(0.4\quad 0.3\quad 0.3)\begin{pmatrix} 0.496 & 0.252 & 0.252 \\ 0.504 & 0.252 & 0.244 \\ 0.504 & 0.244 & 0.252 \end{pmatrix}$$

$$=(0.5008\quad 0.2496\quad 0.2496)$$

大致上，A 厂占有一半的市场，B 厂、C 厂各占四分之一。

最后，判别马尔可夫链的正则性，对最终市场的占有率进行预测。

由于一步转移概率矩阵 $\boldsymbol{P}>0$，故马尔可夫链为正则链，稳定分布存在。当市场出现平衡状态时，令稳定分布为 $\boldsymbol{S}=(p_1, p_2, p_3)$，由方程 $\boldsymbol{SP}=\boldsymbol{S}$，即得

$$(p_1,p_2,p_3)=(p_1,p_2,p_3)\begin{pmatrix}0.4 & 0.3 & 0.3\\0.6 & 0.3 & 0.1\\0.6 & 0.1 & 0.3\end{pmatrix}$$

再加上条件 $p_1+p_2+p_3=1$，经整理得

$$\begin{cases}p_1=0.4p_1+0.6p_2+0.6p_3\\p_2=0.3p_1+0.3p_2+0.1p_3\\p_3=0.3p_1+0.1p_2+0.3p_3\end{cases}\text{，整理后有}\begin{cases}-0.6p_1+0.6p_2+0.6p_3=0\\0.3p_1-0.7p_2+0.1p_3=0\\0.3p_1+0.1p_2-0.7p_3=0\\p_1+p_2+p_3=1\end{cases}$$

该方程组是三个变量四个方程的方程组，在前三个方程中只有二个是独立的，任意删去一个，从剩下的三个方程中，可求出唯一解：

$$p_1=0.5，p_2=0.25，p_3=0.25$$

即为 A、B、C 三家的最终市场占有率。

2.4.2 有利润的马尔可夫链

在马尔可夫链模型中，随着时间的推移，系统的状态可能发生转移，这种转移常常会引起某种经济指标的变化。这种随着系统的状态转移，赋予一定利润的马尔可夫链，称为**有利润的马尔可夫链**。对于一般的具有转移矩阵

$$\boldsymbol{P}=\begin{pmatrix}p_{11} & p_{12} & \cdots & p_{1N}\\p_{21} & p_{22} & \cdots & p_{2N}\\\cdots & \cdots & \cdots & \cdots\\p_{N1} & p_{N2} & \cdots & p_{NN}\end{pmatrix}$$

的马尔可夫链，当系统由 i 转移到 j 时，赋予利润 r_{ij}（$i，j=1，2，\cdots，N$），则称

$$\boldsymbol{R}=\begin{pmatrix}r_{11} & r_{12} & \cdots & r_{1N}\\r_{21} & r_{22} & \cdots & r_{2N}\\\cdots & \cdots & \cdots & \cdots\\r_{N1} & r_{N2} & \cdots & r_{NN}\end{pmatrix}$$

为系统的**利润矩阵**，$r_{ij}>0$ 称为盈利，$r_{ij}<0$ 称为亏本，$r_{ij}=0$ 称为不亏不盈。

随着时间的变化，系统的状态不断地转移，从而可得到一系列利润，由于状态的转移是随机的，因而一系列的利润是随机变量，其概率关系由马氏链的转移概率决定。

一般地定义 k 步转移利润随机变量 $x_i^{(k)}$（$i=1，2，\cdots，N$）的分布为：

$$\boldsymbol{P}(x_i^{(k)}=r_{ij}+v_j^{(k-1)})=p_{ij} \qquad j=1，2，\cdots，N$$

则系统处于状态 i 经过 k 步转移后所得的期望利润 $v_i^{(k)}$ 的递推计算式为：

$$\begin{aligned}v_i^{(k)}=E(x_i^{(k)})&=\sum_{j=1}^{N}(r_{ij}+v_j^{(k-1)})p_{ij}\\&=\sum_{j=1}^{N}r_{ij}p_{ij}+\sum_{j=1}^{N}v_j^{(k-1)}p_{ij}=v_i^{(1)}+\sum_{j=1}^{N}v_j^{(k-1)}p_{ij}\end{aligned}$$

当 $k=1$ 时，规定边界条件 $v_i^{(0)}=0$。

称一步转移的期望利润为即时的期望利润，并记

$$v_i^{(1)}=q_i,\quad i=1,\ 2,\ \cdots,\ N$$

【例 2.6】 期望利润预测 企业追逐市场占有率的真正目的是使利润增加，因此竞争各方无论是为了夺回市场份额，还是为了保住或者提高市场份额，在制订对策时都必须对期望利润进行预测。

预测主要分以下两步进行。①市场统计调查。首先调查销路的变化情况，即查清由畅销到滞销或由滞销到畅销，连续畅销或连续滞销的可能性是多少。其次统计出由于销路的变化，获得的利润和亏损情况。②建立数学模型，列出预测公式进行预测。

通过市场调查，得到如下的销路转移表（表 2.10）和利润变化表（表 2.11）。由此，我们来建立数学模型。

表 2.10 销路转移表

状态 i \ 可能性 \ 状态 j		畅销 1	滞销 2
1	畅销	0.5	0.5
2	滞销	0.4	0.6

表 2.11 利润变化表（单位：百万元）

状态 i \ 利润 \ 状态 j		畅销 1	滞销 2
1	畅销	9	3
2	滞销	3	−7

销路转移表说明连续畅销的可能性为 50%，由畅销转入滞销的可能性也是 50%，由滞销到畅销为 40%，连续滞销的可能性为 60%。利润表说明的是连续畅销获利 900 万元，由畅销到滞销或由滞销到畅销均获利 300 万元，连续滞销则亏损 700 万元。从而得到销售状态的转移矩阵 $\boldsymbol{P}$ 和利润矩阵 $\boldsymbol{R}$ 如下：

$$\boldsymbol{P}=\begin{pmatrix}p_{11} & p_{12}\\ p_{21} & p_{22}\end{pmatrix}=\begin{pmatrix}0.5 & 0.5\\ 0.4 & 0.6\end{pmatrix}$$

$$\boldsymbol{R}=\begin{pmatrix}r_{11} & r_{12}\\ r_{21} & r_{22}\end{pmatrix}=\begin{pmatrix}9 & 3\\ 3 & -7\end{pmatrix}$$

$\boldsymbol{P}$ 和 $\boldsymbol{R}$ 便构成一个有利润的马尔可夫链。由前面所述的基本原理及公式得即时期利润的预测公式：

$$q_i=v_i^{(1)}=\sum_{j=1}^{2}r_{ij}p_{ij}\quad i=1,\ 2$$

k 步以后的期望利润：$v_i^{(k)}=\sum_{j=1}^{2}r_{ij}p_{ij}+\sum_{j=1}^{2}v_j^{(k-1)}p_{ij}=q_i+\sum_{j=1}^{2}v_j^{(k-1)}p_{ij}\quad i=1,\ 2$

将调查数据代入则可预测各时期的期望利润值。如：

$$q_1=9\times0.5+3\times0.5=6$$

$$q_2=3\times0.4-7\times0.6=-3$$

由此可知，当本季度处于畅销时，在下一季度可以期望获得利润 600 万元；当本季度处于滞销时，下一季度将期望亏损 300 万元。

同样算得：
$$v_1^{(2)}=7.5,\qquad v_2^{(2)}=-2.4$$
$$v_1^{(3)}=8.55,\qquad v_2^{(3)}=-1.44$$

由此可预测本季度处于畅销时，两个季度后可期望获利 750 万元，三个季度后可期望获利 855 万元；当本季度处于滞销时，两个季度后将亏损 240 万元，三个季度后亏损 144 万元。

2.4.3 案例分析

(1) 马尔可夫模型在流行病监测中的应用

马尔可夫模型是用于描述时间和状态都是离散的随机过程的数学模型。应用其理论和方法，可以对疾病发病情况随时间序列的变化规律进行分析和研究，预测疾病的发展变化趋势，为预防和控制疾病提供依据。表 2.12 统计了某市 1980～1995 年肾综合征出血热(HFRS) 的发病率分别为（单位：1/10 万）：2.95、6.28、10.28、7.01、7.36、13.78、33.93、35.87、33.40、28.38、30.50、33.79、39.70、30.39、39.70、33.59，表 2.13 给出了状态取值和初始概率分布。试建立模型对疾病的未来发展趋势进行预测。

首先根据资料将发病率划分为四个状态，统计各数据的状态归属及各状态出现的频率(初始概率)，得表 2.12 和表 2.13。

表 2.12 某市 HFRS 流行状况

年份	发病率(1/10 万)	状态	年份	发病率(1/10 万)	状态
1980	2.95	1	1988	33.40	4
1981	6.28	1	1989	28.38	3
1982	10.28	2	1990	30.50	4
1983	7.01	1	1991	33.79	4
1984	7.36	1	1992	39.70	4
1985	13.78	2	1993	30.39	4
1986	33.93	4	1994	39.70	4
1987	35.87	4	1995	33.59	4

表 2.13 各状态取值范围及初始概率

状态	发病率取值范围	初始概率
1	$X\leqslant 10$	4/16
2	$10<X\leqslant 20$	2/16
3	$20<X\leqslant 30$	1/16
4	$X>30$	9/16

由表 2.12 可得各状态的转移频率即状态转移概率的估计值，从而得模型的一步转移概率矩阵：

$$\boldsymbol{P}=\begin{pmatrix}2/4 & 2/4 & 0 & 0\\ 1/2 & 0 & 0 & 1/2\\ 0 & 0 & 0 & 1\\ 0 & 0 & 1/(9-1) & 7/(9-1)\end{pmatrix}=\begin{pmatrix}0.5 & 0.5 & 0 & 0\\ 0.5 & 0 & 0 & 0.5\\ 0 & 0 & 0 & 1\\ 0 & 0 & 0.125 & 0.875\end{pmatrix}$$

可认为 HFRS 下一年的发病率只与当年发病率有关，而与过去的发病率无关，且任意时期的一步转移概率矩阵不变，从而满足无后效性和平稳性的假设，因而可用初始分布为(4/16，2/16，1/16，9/16)，转移概率矩阵为 $\boldsymbol{P}$ 的马氏链模型来预测 HFRS 发病率未来的情况。

计算多步转移矩阵：

$$\boldsymbol{P}^{(2)}=\boldsymbol{P}^{2}=\begin{pmatrix}0.5000 & 0.2500 & 0.0000 & 0.2500\\0.2500 & 0.2500 & 0.0625 & 0.4375\\0.0000 & 0.0000 & 0.1250 & 0.8750\\0.0000 & 0.0000 & 0.1094 & 0.8906\end{pmatrix}$$

$$\boldsymbol{P}^{(3)}=\boldsymbol{P}^{3}=\begin{pmatrix}0.3750 & 0.2500 & 0.0312 & 0.3438\\0.2500 & 0.1250 & 0.0547 & 0.5703\\0.0000 & 0.0000 & 0.1094 & 0.8906\\0.0000 & 0.0000 & 0.1113 & 0.8887\end{pmatrix}$$

$$\boldsymbol{P}^{(4)}=\boldsymbol{P}^{4}=\begin{pmatrix}0.3125 & 0.1875 & 0.0430 & 0.4570\\0.1875 & 0.1250 & 0.0713 & 0.6162\\0.0000 & 0.0000 & 0.1113 & 0.8887\\0.0000 & 0.0000 & 0.1111 & 0.8889\end{pmatrix}$$

计算极限 $\lim\limits_{n\to\infty}\boldsymbol{P}^{n}$ 或解方程（p_1，p_2，p_3，p_4）=（p_1，p_2，p_3，p_4）$\boldsymbol{P}$，$\sum\limits_{k=1}^{4}p_k=1$，得模型的极限概率分布（稳态分布）：（0，0，1/9，8/9）。

分析预测：由于 1995 年处于状态 4，比较 $\boldsymbol{P}$ 的第 4 行的四个数字知，$p_{44}=0.875$ 最大，所以预测 1996 年仍处于状态 4，即发病率大于 30/10 万。同样，从二、三、四步转移矩阵知，依然是状态 4 转入状态 4 的概率最大，所以预测 1996～1999 年该市的 HFRS 发病率将持续在大于 30/10 万（高发区）水平，这提醒我们应该对此高度重视，采取相应对策。

如果转移概率矩阵始终不变，从极限分布看，最终 HFRS 发病率将保持在高发区水平，当然，这应该是不会符合实际情况的，因为随着各方面因素的改变，转移概率矩阵一般也会发生变化。所以马尔可夫链模型主要适用于短期预测。

在用马尔可夫链模型进行预测的过程中，无后效性和平稳性是最基本的要求，而模型是否合理有效，状态的划分和转移概率矩阵的估算是关键，不同的状态划分可能会得到不同的结果，通常我们根据有关预测对象的专业知识和数据的多少及范围来确定系统状态。

在卫生管理事业中，用马尔可夫链模型还可预测医疗器械、药品的市场占有率，药品的期望利润收益等。

(2) 最佳进货策略

一个小型的水族馆专营各种规格的水族箱，每个周末，店老板都要清点存货，确定下一周是否进货。老板的进货策略是：如果本周某种规格的水族箱存货全部售出的话，下周初就再进货 3 个，否则便不再进货。这样的策略可能会造成部分时间顾客买不到货，造成一定的潜在利润损失。表 2.14 给出了该店过去两年的需求情况，根据这组统计数据，确定该店的缺货情况。

表 2.14　水族馆 100 周需求记录

周次	1	2	3	4	5	6	7	8	9	10
需求量	1	2	1	1	1	1	1	0	3	3
周次	11	12	13	14	15	16	17	18	19	20
需求量	1	0	2	0	1	3	3	4	1	2
周次	21	22	23	24	25	26	27	28	29	30
需求量	2	0	0	2	1	1	1	0	2	2

续表

周次	31	32	33	34	35	36	37	38	39	40
需求量	1	4	1	0	1	1	0	1	1	1
周次	41	42	43	44	45	46	47	48	49	50
需求量	1	0	2	1	1	2	1	1	0	0
周次	51	52	53	54	55	56	57	58	59	60
需求量	1	0	1	1	1	2	1	0	1	0
周次	61	62	63	64	65	66	67	68	69	70
需求量	2	0	1	2	0	0	2	1	2	1
周次	71	72	73	74	75	76	77	78	79	80
需求量	0	1	0	0	3	1	2	1	0	2
周次	81	82	83	84	85	86	87	88	89	90
需求量	3	0	0	2	1	0	0	2	0	1
周次	91	92	93	94	95	96	97	98	99	100
需求量	1	1	0	0	0	1	0	1	0	2

顾客的购买是随机行为，通过数据分析发现，该水族馆平均每周需求是 1 个水族箱，需求近似服从参数为 1 的泊松分布。

表 2.14 的数据的直方图见图 2.16。

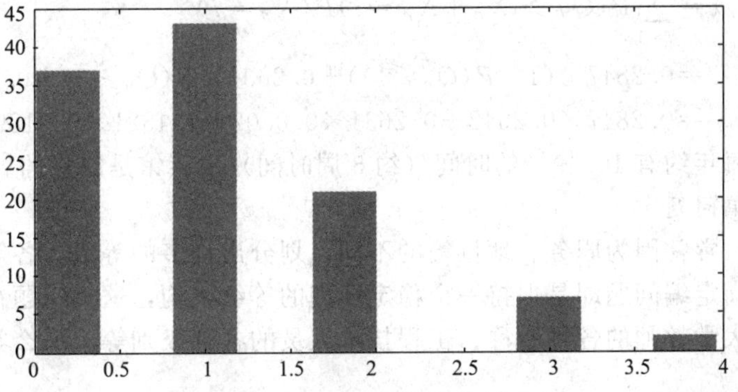

图 2.16　100 周需求统计

模型假设如下。

（ⅰ）第 n 周水族馆的需求 Q_n 服从参数为 1 的泊松分布。

（ⅱ）第 n 周水族馆的存货用随机变量 X_n 表示，且 $X_0=3$。

模型分析及求解如下。

根据模型假设得到：

$P(Q_n=0)=\mathrm{e}^{-1}=0.3679$，$P(Q_n=1)=\mathrm{e}^{-1}=0.3679$

$P(Q_n=2)=\frac{1}{2!}\mathrm{e}^{-1}=0.1840$，$P(Q_n=3)=\frac{1}{3!}\mathrm{e}^{-1}=0.0613$

$P(Q_n>3)=1-\sum_{i=0}^{3}P(X_n=i)=0.0189$

于是

$P(X_{n+1}=1 \mid X_n=1)=P(Q_n=0)=0.3679$，$P(X_{n+1}=2 \mid X_n=1)=0$

$P(X_{n+1}=3 \mid X_n=1)=1-P(Q_n=1)=1-0.3679=0.6321$

$P(X_{n+1}=1 \mid X_n=2)=P(Q_n=1)=0.3679$

$P(X_{n+1}=2 \mid X_n=2)=P(Q_n=0)=0.3679$

$P(X_{n+1}=3 \mid X_n=2)=P(Q_n=2)+P(Q_n\geqslant 3)=0.2642$

$P(X_{n+1}=1 \mid X_n=3)=P(Q_n=2)=0.1840$

$P(X_{n+1}=2 \mid X_n=3)=P(Q_n=1)=0.3679$

$P(X_{n+1}=3 \mid X_n=3)=P(Q_n=0)+P(Q_n\geqslant 3)=0.4481$

如果记 $p_{ij}=(X_{n+1}=j \mid X_n=i)$，则有

$$\boldsymbol{P}=(\mathrm{p_{ij}})=\begin{pmatrix}0.3679 & 0 & 0.6321\\ 0.3679 & 0.3679 & 0.2642\\ 0.1840 & 0.3679 & 0.4481\end{pmatrix}$$

下面进一步计算缺货概率 $\mathrm{P(Q_n>X_n)}$。一般来说这个概率依赖于 n，为了得到关于缺货的更一般的信息，我们需要对 $\mathrm{X_n}$ 的信息再作一些分析。

$\{\mathrm{X_n}\}$ 是一个遍历的马尔可夫链，其一定存在唯一的渐进稳定的单位概率向量 $\boldsymbol{\pi}$，它可以通过求解稳定状态方程计算出来。令 $\boldsymbol{\pi}=\boldsymbol{\pi P}$ 得到

$$\boldsymbol{\pi}=(0.2847, 0.2631, 0.4521)$$

因此，对于充分大的 n，近似地有

$P(X_n=1)=0.2847$，$P(X_n=2)=0.2631$，$P(X_n=3)=0.4521$

$$\begin{aligned}P(Q_n>X_n)&=\sum_{i=1}^{3}P(Q_n>X_n \mid X_n=i)P(X_n=i)\\&=0.2847\times(1-P(Q_n\leqslant 1))+0.2631\times P(Q_n\geqslant 3)+0.4521\times P(Q_n>3)\\&=0.2847\times 0.2642+0.2631\times 0.0802+0.4521\times 0.0189=0.1049\end{aligned}$$

上式表明，每年约有 10.49%的时间（约 5 周时间）水族馆是缺货的。

(3) 定岗定编问题

社会系统中，常常因为职务、地位等的不同，划分出许多的等级，各等级的人数比例称为等级结构，定岗定编问题即是保持一个稳定合理的等级机构，这类问题在许多单位都可以看到它的缩影，大学教师的各种职称、工程技术人员的各种级别等。那么等级结构是怎样随时间变化的呢?

等级结构的变化依赖系统内部的等级随时间的转移（即通常所说的职务升降），以及系统内外部的交流（即通常所说的调入、调出、退休、死亡等）。通过数学语言将等级结构随时间变化关系恰当地表示出来，就构成这个问题的数学模型。

① 模型假设及符号约定如下。

ⅰ. 将一个系统由低向高分成 m 个等级，每隔 s 年进行一次正常的等级调整。

ⅱ. $n_i(k)$ 表示第 k 次调整时第 i 个等级的人数，记 $\boldsymbol{n}(k)=[n_1(k),n_2(k),\cdots,n_m(k)]$，不妨称之为等级结构。$N(k)=\sum_{i=1}^{m}n_i(k)$ 为系统第 k 年的总人数。

ⅲ. 记 $a_i(k)=n_i(k)/N(k)$，$\boldsymbol{a}(k)=[a_1(k),a_2(k)\cdots,a_m(k)]$，$\boldsymbol{a}(k)$ 称为等级结构向量。

ⅳ. 记 $\boldsymbol{P}_0=[p_{ij}^0]_{k\times k}$，$p_{ij}^0$ 表示每次从等级 i 升到等级 j 的人数占等级 i 中人数的比例。

ⅴ. $\boldsymbol{w}=[w_1, w_2, \cdots, w_m]$，$w_i$ 表示每次从等级 i 中退出人数的比例。

ⅵ. $\boldsymbol{r}=[r_1, r_2, \cdots, r_m]$，$r_i$ 表示每次调入等级 i 的人数占总调入人数的比例。

ⅶ. 记 $R(k)$ 为第 k 次调入总人数。

ⅷ. 记 $W(k)$ 为第 k 次退出总人数。

ⅸ. 从 k 到 $k+1$ 年总人数的增长量记为 $M(k)$。

一般地，$\boldsymbol{P}_0$，$\boldsymbol{w}$，$\boldsymbol{r}$ 分别称为内部转移矩阵、退出向量、调入向量。为简便起见，不妨假设其均与时间无关。

② 模型建立及求解。根据假设可知，$W(k)=\sum_{i=1}^{m} w_i(k) n_i^{\mathrm{T}}(k)$

同时又可以得到 $p_{ij}^0 \geqslant 0$，$w_i \geqslant 0$，$r_i \geqslant 0$，且 $\sum_{j=1}^{m} p_{ij}^0 + w_i = 1$，$\sum_{i=1}^{m} r_i = 1$。

则第 $k+1$ 次的系统总人数满足方程

$$N(k+1)=N(k)+R(k)-W(k)$$

每个等级人数的转移方程为

$$\boldsymbol{n}(k+1)=\boldsymbol{n}(k)\boldsymbol{P}_0+R(k)\boldsymbol{r} \tag{2.63}$$

从 k 到 $k+1$ 年总人数的增长量 $M(k)$ 有

$$R(k)=W(k)+M(k)=\boldsymbol{n}(k)\boldsymbol{w}^{\mathrm{T}}+M(k) \tag{2.64}$$

将式(2.64) 代入式(2.63) 得到

$$\boldsymbol{n}(k+1)=\boldsymbol{n}(k)(\boldsymbol{P}_0+\boldsymbol{w}^{\mathrm{T}}\boldsymbol{r})+M(k)\boldsymbol{r} \tag{2.65}$$

记 $\boldsymbol{P}=\boldsymbol{P}_0+\boldsymbol{w}^{\mathrm{T}}\boldsymbol{r}$，则 $\boldsymbol{P}$ 也是随机矩阵，式(2.65) 可以表示为

$$\boldsymbol{n}(k+1)=\boldsymbol{n}(k)\boldsymbol{P}+M(k)\ \boldsymbol{r}$$

通常称该式为**等级分布基本方程**。

假如系统的总人数每年以固定的比例增长，即 $M(k)=\beta N(k)$，则

$$\boldsymbol{a}(k+1)=(1+\beta)^{-1}[\boldsymbol{a}(k)\boldsymbol{P}+\beta\boldsymbol{r}]$$

特别地，如果每年进出系统的人数大致相等，即系统总人数 $N(k)$ 保持不变。那么，$M(k)=0$，$\beta=0$，上述方程可以简化为 $\boldsymbol{a}(k+1)=\boldsymbol{a}(k)P$，即为一个马尔可夫链。

对于给出的等级分布基本方程，下面考虑如下问题：给定初始等级结构 $\boldsymbol{a}(0)$，如何确定调入比例 $\boldsymbol{r}*$，使等级变化尽快达到或接近给定的理想等级结构 $\boldsymbol{a}*$。需要指出的是，如果等级结构 $\overline{a}$ 满足 $\overline{\boldsymbol{a}}=\overline{\boldsymbol{a}}\boldsymbol{P}$，则称等级结构 $\overline{\boldsymbol{a}}$ 为稳定的。

系统是否有稳定的等级结构是有条件的，如果存在，则 r 必须满足

$\sum_{j=1}^{m} p_{ij}^0 + w_i = 1$，$\sum_{i=1}^{m} r_i = 1$，且有

$$\boldsymbol{r}=\frac{\overline{\boldsymbol{a}}-\overline{\boldsymbol{a}}\boldsymbol{P}_0}{\overline{\boldsymbol{a}}\boldsymbol{w}^{\mathrm{T}}} \tag{2.66}$$

保证式(2.66) 成立的充分必要条件是存在非负向量 $\boldsymbol{a}$（每个分量非负），使

$$\boldsymbol{a} \geqslant \boldsymbol{a}\boldsymbol{P}_0$$

如果矩阵 $\boldsymbol{Q}=\boldsymbol{E}-\boldsymbol{P}_0$ 可逆，由式(2.66) 得到

$$\overline{\boldsymbol{a}}=\overline{\boldsymbol{a}}w^{\mathrm{T}}r\boldsymbol{Q}^{-1} \tag{2.67}$$

令 $\boldsymbol{e}=(1, 1, \cdots, 1)$，由于 $\overline{a}$ 的各分量之和为 1，即 $\overline{\boldsymbol{a}}\boldsymbol{e}=1$。利用式(2.67) 得

$$\overline{\boldsymbol{a}}\boldsymbol{w}^{\mathrm{T}}=\frac{1}{\boldsymbol{r}(\boldsymbol{E}-\boldsymbol{P}_0)^{-1}\boldsymbol{e}^{\mathrm{T}}} \tag{2.68}$$

再将式(2.68) 代入式(2.67) 得到

$$\overline{\boldsymbol{a}}=\frac{\boldsymbol{r}(\boldsymbol{E}-\boldsymbol{P}_0)^{-1}}{\boldsymbol{r}(\boldsymbol{E}-\boldsymbol{P}_0)^{-1}\boldsymbol{e}^{\mathrm{T}}}$$

在处理实际问题时，通常会比较两个等级的接近程度，以便确定当前等级的状态。为此，我们引入等级距离的概念。定义两个等级 $\boldsymbol{a}^{(1)}$，$\boldsymbol{a}^{(2)}$之间的距离 $D(\boldsymbol{a}^{(1)},\boldsymbol{a}^{(2)})$ 如下：

$$D(\boldsymbol{a}^{(1)},\boldsymbol{a}^{(2)})=\|\boldsymbol{a}^{(1)}-\boldsymbol{a}^{(2)}\|_2=\sqrt{\sum_{i=1}^{m}\lambda_i(a_i^{(1)}-a_i^{(2)})^2}$$

其中 λ_i 为加权因子，由对各等级的关注程度确定。一个满意的等级分布应该满足如下优化问题：

$$\begin{cases}\min\quad D(\boldsymbol{a},\overline{\boldsymbol{a}})\\ \text{s. t.}\quad \boldsymbol{a}=\boldsymbol{a}(0)(\boldsymbol{P}_0+\boldsymbol{w}^{\mathrm{T}}\boldsymbol{r})\\ r_i\geqslant 0,\sum_{i=1}^{m}r_i=1\end{cases}\tag{2.69}$$

由于

$$\overline{\boldsymbol{a}}-\boldsymbol{a}=\overline{\boldsymbol{a}}-\boldsymbol{a}(0)(\boldsymbol{P}_0+\boldsymbol{w}^{\mathrm{T}}\boldsymbol{r})=\boldsymbol{a}(0)\boldsymbol{w}^{\mathrm{T}}\left[\frac{\overline{\boldsymbol{a}}-\boldsymbol{a}(0)\boldsymbol{P}_0}{\boldsymbol{a}(0)\boldsymbol{w}^{\mathrm{T}}}-\boldsymbol{r}\right]$$

如果记 $\boldsymbol{Y}=(Y_1,Y_2,\cdots,Y_m)=\dfrac{\overline{\boldsymbol{a}}-\boldsymbol{a}(0)\boldsymbol{P}_0}{\boldsymbol{a}(0)\boldsymbol{w}^{\mathrm{T}}}$，则 $\overline{\boldsymbol{a}}-\boldsymbol{a}$ 与 $\boldsymbol{Y}-\boldsymbol{r}$ 成正比，式(2.69) 等价于

$$\begin{cases}\min\quad \sum_{i=1}^{m}\lambda_i(Y_i-r_i)^2\\ \text{s. t.}\quad r_i\geqslant 0,\ \sum_{i=1}^{m}r_i=1\end{cases}$$

对于上面的优化问题，在某种程度上，它只是条件极值问题，可以用拉格朗日乘子法求解。

这个模型不仅可以用来描述社会中的等级结构，也可以研究不同部门人员的流动，甚至是不同产业中的劳动力构成，应用范围非常广泛。本模型只是讨论的最简单、最基本的情况，在增加条件和控制变量的情况下，可以给出更灵活、更复杂的模型。

习 题 2

1. 在双层玻璃窗的功效模型中，思考以下问题：

(1) 若单层玻璃窗的玻璃厚度也是 D，结果将如何？

(2) 怎样讨论三层玻璃的功效？

(3) 怎样讨论双层玻璃的隔音效果？

2. 某学校有 1000 名学生，235 人住在 A 楼栋，333 人住在 B 楼栋，432 人住在 C 楼栋。学生们要组织一个 10 人的委员会，试分配各楼栋的委员数。如果委员从 10 人增加到 15 人，分配名额如何改变。

3. 甲乙丙三个单位都需要修建某些公益设施，各自修建投资分别为 80，70，70（万元）；甲乙合作、甲丙合作、乙丙合作分别投资额为 85，90，105（万元）；甲乙丙三家合作只需 110（万元）。问三家合作后，各应支付多少资金才是合理。

4. 要在雨中从一处沿直线跑到另一处，若雨速为常数且方向不变。试建立数学模型讨论：是否跑得越快，淋雨量越少？

5. 在森林救火模型中，如果考虑消防队员的灭火速度 λ 与开始救火时的火势 b 有关，试假设一个合理的函数关系，重新求解模型。

6. 古代有一个国家的国王喜欢打仗，为了国内有更多的男子可以征兵，他下了一条命令：每个家庭最多只允许有一个女孩，否则全家处死。这个命令实行几十年后，国王发现这个国家的男子并没有因他的命令而有所改变，这是否是“天意”呢？

7. 甲乙两人玩投硬币游戏，甲投掷一枚硬币，在硬币落地前，乙猜硬币落地的状态。如果硬币落地的状态与乙的猜测一致，甲给乙2元，否则，乙给甲两元，开始乙有现金20元。

(1) 在乙的现金翻倍前，他破产的可能性有多大？

(2) 该游戏平均可以持续多长时间？

(3) 投掷20次后，乙可能还有多少现金？

8. 某供应特需商品的商店，每周在周末营业一天，该店对某种不经常有人购买的商品库存，采取下述订货策略：如结存0件或1件时，则一次订购3件，如结存超过1件时，就不订购。凡在周末停止营业时订购的商品是为了准备在下周末出售。这一订货策略保证商品的初始库存量只能是2件、3件或4件。又根据统计，该商品每周的需求量为0、1、2、3件的概率分别为0.4、0.3、0.2和0.1，试建立一个转移概率矩阵，用以说明由本周初始库存状态转为下周初始库存状态的概率。在达到稳定条件下，确定库存量为2、3、4的概率。

第3章 数值计算基础

随着科学技术的发展和计算机的广泛应用，科学计算已经成为平行于理论分析和科学实验的第三种科学手段。数值计算已经成为数学工作者、计算机工作者、工程技术人员必须掌握的知识和工具。数值计算是数学与计算机技术相结合的一门学科，在科学研究和工程技术中都要用到各种计算方法。例如，在航天航空、地质勘探、汽车制造、桥梁设计、天气预报和汉字字样设计中都有计算方法的踪影。随着计算机技术的迅速发展和普及，计算方法课程几乎已成为所有理工科学生的必修课程。

数值计算方法，是指将所欲求解的数学模型（数学问题）简化成一系列算术运算和逻辑运算，以便在计算机上求出问题的数值解，并对算法的收敛性、稳定性及其误差进行分析、计算。在建立数学模型过程中，只有一小部分模型能解析求解，大部分数学模型只能数值求解。这就要用到计算方法中所涉及的算法，如插值方法、最小二乘法、曲线拟合法、方程迭代求解法、共轭梯度法等。

计算方法的计算对象是微积分、线性代数、常微分方程等课程中的数学问题。本章内容包括误差理论、插值和拟合、数值微分和数值积分、求解线性方程组的直接法和迭代法、求解非线性方程组的迭代法和常微分方程数值解等。

3.1 误差分析

所谓误差就是真实值或精确值与近似值之差。由于计算机对浮点数的存储、运算都是有误差的，因此需要对计算过程和计算结果进行误差分析、度量误差的大小，“范数”是分析矩阵计算中误差、收敛性问题的重要手段，这些内容也是整个计算方法课程的基础知识。用计算机解决实际数学问题的过程中会产生多种误差，而引起误差的原因也是多方面的，本节将学习误差的基本概念以及数值计算中误差的传播。

3.1.1 误差的来源

一般使用计算机解决实际问题需经过如下几个过程：

实际问题 → 数学模型 → 数值算法 → 程序设计 → 计算结果

根据实际问题建立数学模型的过程中通常会忽略某些次要因素而对问题进行简化，由此产生的误差称为模型误差；很多数学模型都含有若干个参数，而有些参数往往又是观测得到的近似值，如此取得的近似参数与真实参数值之间的误差称为参数误差或观测误差。例如，自由落体运动规律公式 $s=\frac{1}{2}gt^2$ 是忽略了空气阻力的影响，由此产生的误差就是模型误差；

重力加速度通常取 $g=9.8$，实际上参数 g 的值与落体所在位置的地球纬度和海拔高度有关，此近似参数将导致出现参数误差。

通常在选定数学模型及参数后还要选择数值算法，很多数值算法往往是将一个无限过程截断为有限过程，此类误差称为截断误差或方法误差。例如前述的差商近似导数的计算方法实质上是在如下展开式中

$$f(x_0+\Delta x)=f(x_0)+\frac{f'(x_0)}{1!}\Delta x+\frac{f''(x_0)}{2!}(\Delta x)^2+\cdots=f(x_0)+\frac{f'(x_0)}{1!}\Delta x+o((\Delta x)^2) \tag{3.1}$$

“截断”式(3.1) 中 Δx 的二阶以上无穷小项得到的计算公式，由此产生的误差就是截断误差。

另一方面，因为计算机表示浮点数的字长有限（通常 4 字节或 8 字节），除极少量能够准确表示的数据外绝大部分是在超过界定的某位四舍五入所得的近似值，比如圆周率 π，$\frac{1}{3}$ 等存入计算机内存时均需要在某位进行四舍五入，此种误差称为舍入误差。虽然舍入误差在单步运算时或许微不足道，但是在一个较为复杂且连贯的数值算法中，舍入误差可能会积累、传播，误差分析的任务就是讨论这些误差对最终结果的准确性和整个复杂计算过程的稳定性的影响。

3.1.2 误差类型

（1）绝对误差

定义 3.1 设 x 是准确值，x^* 是它的一个近似值，称其差

$$e^*=x-x^* \tag{3.2}$$

为 x^* 的绝对误差，简称误差，绝对误差的绝对值的上限记为 ε^*，称为 x^* 的绝对误差限，简称误差限，即有

$$|e^*|=|x-x^*|\leqslant\varepsilon^* \tag{3.3}$$

例如在使用圆周率时通常取为 $\pi^*=3.14$，其绝对误差及误差限为：

$$e^*=\pi-\pi^*=3.1415926\cdots-3.14=0.0015926\cdots$$

$$|e^*|=|\pi-\pi^*|=0.0015926\cdots\leqslant0.002=\varepsilon^*$$

一般情况下我们无法知道准确值，当然也就无法知道准确的误差值，但是误差限可以限定误差的最大值，也限定了准确值的范围，如用 3.14 近似圆周率误差不超过 $\varepsilon^*=0.002$，圆周率的准确值 $\pi\in[3.14-\varepsilon^*, 3.14+\varepsilon^*]$。在工程技术或商品规格中通常用如下方式表示产品的误差限：$x^*=x\pm\varepsilon^*$。

（2）相对误差

度量误差的另一种方式是相对误差，例如从 10 ± 0.1 和 1000 ± 1 中我们肯定不会认为绝对误差限小的比绝对误差限大的更精确。

定义 3.2 设 x 为准确值，x^* 是它的一个近似值，称比值

$$e^*=\left|\frac{x-x^*}{x^*}\right|=\left|\frac{e^*}{x^*}\right| \tag{3.4}$$

为近似值 x^* 的相对误差，相对误差的绝对值的上限记为 ε_r^*，称为 x^* 的相对误差限，即有

$$e_r^*\leqslant\varepsilon_r^*=\frac{\varepsilon^*}{|x^*|} \tag{3.5}$$

对于 10 ± 0.1 和 1000 ± 1，我们可以计算出它们的相对误差分别为：

$$\varepsilon_r^*(10\pm0.1)=\left|\frac{0.1}{10}\right|=0.01=1\%$$

$$\varepsilon_r^*(1000\pm1)=\left|\frac{1}{1000}\right|=0.001=0.1\%$$

从绝对误差看，后者误差更大些，但从相对误差的角度看，后者却是更为精确。

在式(3.4)中，在可以确定准确值 x 的前提下也可以取为 x 作为分母。

(3) 有效数字

定义 3.3 设 x 为准确值，其近似值为

$$x^*=\pm0.a_1a_2\cdots a_n\times10^m \tag{3.6}$$

这里 $a_1\neq0$，$a_i\in\{0, 1, 2, \cdots, 9\}$，$i=1, 2, \cdots, n$，$m$ 为整数，且

$$|x-x^*|\leqslant\frac{1}{2}\times10^{m-p},\ 1\leqslant p\leqslant n$$

则称近似值 x^* 有 p 位有效数字。

【例 3.1】 圆周率 $\pi=3.14159265\cdots$，如果取 $\pi^*=3.1415$ 和 $\pi^*=3.14159$，问分别有几位有效数字？

【解】 ① 取 $\pi^*=3.1415=0.31415\times10^1$，有

$$|\pi-\pi^*|=0.0000926\leqslant\frac{1}{2}\times10^{-3}=\frac{1}{2}\times10^{1-4}$$

则取 $\pi^*=3.1415$ 有 4 为有效数字，最后一位数字 5 是无效数字。

② 取 $\pi^*=3.14159=0.314159\times10^1$，有

$$|\pi-\pi^*|=0.0000026\leqslant\frac{1}{2}\times10^{-5}=\frac{1}{2}\times10^{1-6}$$

则取 $\pi^*=3.14159$ 有 6 为有效数字。

定理 3.1 设近似值 x^* 具有式(3.6)的形式，如果 x^* 有 n 位有效数字或 x^* 是由其准确值四舍五入后得到的近似值，则 x^* 的相对误差限为：

$$\varepsilon_r^*=\frac{1}{2a_1}\times10^{-n+1}$$

证明：如果 x^* 有 n 位有效数字，则其绝对误差限为 $\varepsilon^*=\frac{1}{2}\times10^{m-n}$，相对误差限为

$$\varepsilon_r^*=\frac{\varepsilon^*}{|x^*|}=\frac{1}{2\times0.a_1a_2\cdots a_n\times10^m}\times10^{m-n}=\frac{1}{2\times0.a_1a_2\cdots a_n}\times10^{-n}\leqslant\frac{1}{2a_1}\times10^{-n+1}$$

如果 x^* 是由其准确值四舍五入后得到的近似值，则此近似值必然有 n 位有效数字，从而结论也必然成立。

(4) 近似计算中减少误差的几个策略

① 避免两个相近的数相减。我们知道一个近似值，其有效数字越多越为精确，如果两个相近的数相减势必减少其有效数字的个数，使得相对误差变大。

【例 3.2】 已知 $x=1.5846$，$y=1.5839$，求 $x-y$ 的值。

【解】 $x-y=1.5846-1.5839=0.0007$，x，y 均有 5 位有效数字，而 $x-y$ 仅有 1 位有效数字，使得其有效数字大大地减少。

【例 3.3】 已知 $x=18.496$，$y=18.493$，取 4 位有效数字，计算 $x-y$ 的近似值，并估计其相对误差。

【解】 按 4 位有效数字取近似值，$x^*=18.50$，$y^*=18.49$，计算近似值

$$x^*-y^*=18.50-18.49=0.01$$

按准确值计算的结果　　　　$x-y=18.496-18.493=0.003$
相对误差为：

$$e_r^* = \left|\frac{(x-y)-(x^*-y^*)}{x^*-y^*}\right| = \left|\frac{0.003-0.01}{0.01}\right| = 70\%$$

在编程序时，可采取以下措施减少误差。

a. 尽量使用双精度定义变量。

b. 当两个接近的量相减时，最好做等价变换避免损失有效数字，如当 x 的值较大时，令：

$$\sqrt{x+1}-\sqrt{x}=\frac{1}{\sqrt{x+1}+\sqrt{x}}$$

当 x 与 y 非常接近时，令：

$$\ln x-\ln y=\ln\frac{x}{y}$$

② 避免取绝对值太小的数作为分母。如 $|y^*|\ll 1$ 时，计算 $\frac{x^*}{y^*}$ 会使绝对误差变大，通常也做等价变换，如 $|x^*|\ll 1$ 时：

$$\frac{1-\cos x}{\sin x}=\frac{(1-\cos x)(1+\cos x)}{\sin x(1+\cos x)}=\frac{\sin^2 x}{\sin x(1+\cos x)}=\frac{\sin x}{1+\cos x}$$

③ 防止大数“吃掉”小数。

【例 3.4】 计算定积分 $\int_N^{N+1}\ln x\,dx$，其中 N 是一个非常大的正数。

【解】 根据牛顿-莱布尼茨公式得到

$$\int_N^{N+1}\ln x\,dx = x\ln x\Big|_N^{N+1}-\int_N^{N+1}dx=(N+1)\ln(N+1)-N\ln N-1$$

但是如果按此式进行计算，由于计算 $N+1$ 时 1 可能被 N 吃掉，所以实际计算时可能会出现 $N+1=N$ 的情况，因此计算结果会是 $\int_N^{N+1}\ln x\,dx\approx -1$，但是实际上

$$\int_N^{N+1}\ln x\,dx \geqslant \int_N^{N+1}\ln N\,dx=\ln N$$

结果严重失真。正确的计算方法是：

$$\begin{aligned}\int_N^{N+1}\ln x\,dx &= (N+1)\ln(N+1)-N\ln N-1\\ &= N\ln(N+1)-N\ln N+\ln(N+1)-1\\ &= \ln(N+1)+N\ln\left(1+\frac{1}{N}\right)-1\\ &= \ln(N+1)+N\left(\frac{1}{N}-\frac{1}{2N^2}+\frac{1}{3N^3}-\frac{1}{4N^4}+\cdots\right)-1\\ &= \ln(N+1)-\frac{1}{2N}+\frac{1}{3N^2}-\frac{1}{4N^3}+\cdots\end{aligned}$$

另一方面，根据积分中值定理有

$$\int_N^{N+1}\ln x\,dx=\ln(\xi)\approx\ln N,\quad N<\xi<N+1$$

我们对于 $N=10^{10}$ 编程实算，计算结果如下：

$$\int_N^{N+1}\ln x\,dx=(N+1)\ln(N+1)-N\ln N-1=23.02584838867188\cdots$$

$$\ln(N+1)-\frac{1}{2N}+\frac{1}{3N^2}=23.02585092994046\cdots$$

$$\ln N=23.02585092994046\cdots$$

因为 $\int_N^{N+1}\ln x\,dx \geqslant \ln N$ ，说明后两个结果的精度优于第一个计算结果。

3.1.3 向量和矩阵的范数

如同误差分析是计算方法的预备知识一样，有关范数的概念也是学习计算方法所必须具备的基础知识。通常用绝对值来度量实数的大小，用模来度量复数的大小，用范数来度量向量、矩阵的大小，范数是论述、证明某些数值方法的收敛性和稳定性所必需的工具，本节将简单介绍范数的有关概念。

(1) 向量的范数

定义 3.4 如果定义在 $\mathbf{R}^n$ 上的一个实值函数 $\|\cdot\|$，对于任意的 $\boldsymbol{x}$，$\boldsymbol{y}\in\mathbf{R}^n$，$\alpha\in\mathbf{R}$ 都有

① 非负性：$\|\boldsymbol{x}\|\geqslant 0$ 且仅当 $x=0$ 时等号成立。

② 齐次性：$\|\alpha\boldsymbol{x}\|=|\alpha|\|\boldsymbol{x}\|$。

③ 三角不等式：$\|\boldsymbol{x}+\boldsymbol{y}\|\leqslant\|\boldsymbol{x}\|+\|\boldsymbol{y}\|$。

则称该实值函数 $\|\cdot\|$ 为 $\mathbf{R}^n$ 上的一个向量范数。

满足定义 3.4 中三个条件的实值函数均是向量范数，但最常用的向量范数有：

$$\|\boldsymbol{x}\|_1=\sum_{i=1}^{n}|x_i| \tag{3.7}$$

$$\|\boldsymbol{x}\|_2=\sqrt{\sum_{i=1}^{n}|x_i|^2} \tag{3.8}$$

$$\|\boldsymbol{x}\|_\infty=\max_{1\leqslant i\leqslant n}|x_i| \tag{3.9}$$

这三种向量范数分别称作 1－范数、2－范数、∞－范数，其中 2－范数也可表示成内积的形式

$$\|\boldsymbol{x}\|_2=\sqrt{\boldsymbol{x}^{\mathrm{T}}\boldsymbol{x}}=\sqrt{\sum_{i=1}^{n}x_i^2} \tag{3.10}$$

对于 2-范数与内积的关系，有著名的 Cauchy-Schwarz（柯西-许瓦尔兹）不等式：

$$\boldsymbol{x}^{\mathrm{T}}\boldsymbol{y}\leqslant\|\boldsymbol{x}\|_2\|\boldsymbol{y}\|_2 \tag{3.11}$$

以上三种向量范数可以统一于 p-范数定义之下，p-范数定义如下：

$$\|\boldsymbol{x}\|_p=\left(\sum_{i=1}^{n}|x_i|^p\right)^{\frac{1}{p}} \tag{3.12}$$

当 $p=1$、2 时式(3.12) 与式(3.7) 和式(3.8) 显然是一致的，对于 $p=\infty$ 情况，考虑下列不等式

$$\|\boldsymbol{x}\|_\infty=\left(\max_{1\leqslant i\leqslant n}|x_i|^p\right)^{\frac{1}{p}}\leqslant\left(\sum_{i=1}^{n}|x_i|^p\right)^{\frac{1}{p}}\leqslant\left(n\max_{1\leqslant i\leqslant n}|x_i|^p\right)^{\frac{1}{p}}=n^{\frac{1}{p}}\|\boldsymbol{x}\|_\infty$$

对此式取 $p\to\infty$ 时的极限，则有 $\lim\limits_{p\to\infty}\|\boldsymbol{x}\|_p=\|\boldsymbol{x}\|_\infty$。

【例 3.5】 求向量 $\boldsymbol{x}=(1,-2,3)^{\mathrm{T}}$ 前述的三种向量范数。

【解】 $\|\boldsymbol{x}\|_1=1+2+3=6$

$\|\boldsymbol{x}\|_2=\sqrt{1+4+9}=\sqrt{14}$

$$\|x\|_\infty=\max\{1,\ 2,\ 3\}=3$$

如前所述向量范数可以度量向量的“大小”，而范数又不是唯一的，虽然对应同一个向量不同的范数值是不一样的，但是我们可以证明任意两种向量范数是等价的，首先给出向量范数等价性的定义。

定义 3.5 设有两种范数 $\|\cdot\|_\alpha$，$\|\cdot\|_\beta$，如果存在常数 C_1，C_2 使

$$C_1\|\boldsymbol{x}\|_\alpha\leqslant\|\boldsymbol{x}\|_\beta\leqslant C_2\|\boldsymbol{x}\|_\alpha \tag{3.13}$$

成立，则称两种范数 $\|\cdot\|_\alpha$，$\|\cdot\|_\beta$ 是等价的。

按此等价性的定义，常用的三种范数是等价的。事实上很容易证明以下三式成立

$$\|\boldsymbol{x}\|_\infty\leqslant\|\boldsymbol{x}\|_1\leqslant n\|\boldsymbol{x}\|_\infty$$

$$\|\boldsymbol{x}\|_\infty\leqslant\|\boldsymbol{x}\|_2\leqslant\sqrt{n}\|\boldsymbol{x}\|_\infty$$

$$\|\boldsymbol{x}\|_2\leqslant\|\boldsymbol{x}\|_1\leqslant\sqrt{n}\|\boldsymbol{x}\|_2$$

三种范数关系的综合不等式为：

$$\frac{1}{n}\|\boldsymbol{x}\|_1\leqslant\frac{1}{\sqrt{n}}\|\boldsymbol{x}\|_2\leqslant\|\boldsymbol{x}\|_\infty\leqslant\|\boldsymbol{x}\|_2\leqslant\|\boldsymbol{x}\|_1$$

(2) 矩阵的范数

定义 3.6 如果定义在 $\mathbf{R}^{n\times n}$ 上的一个实值函数 $\|\cdot\|$，对于任意的 $\boldsymbol{A}$，$\boldsymbol{B}\in\mathbf{R}^{n\times n}$，$\boldsymbol{\alpha}\in\mathbf{R}$ 都有如下特性。

① 非负性：非负性：$\|\boldsymbol{A}\|\geqslant 0$ 且仅当 $\boldsymbol{A}=0$ 时等号成立。

② 齐次性：$\|\alpha\boldsymbol{A}\|=|\alpha|\|\boldsymbol{A}\|$。

③ 三角不等式：$\|\boldsymbol{A}+\boldsymbol{B}\|\leqslant\|\boldsymbol{A}\|+\|\boldsymbol{B}\|$。

④ 相容性：$\|\boldsymbol{AB}\|\leqslant\|\boldsymbol{A}\|\cdot\|\boldsymbol{B}\|$。

则称该实值函数 $\|\cdot\|$ 为 $\mathbf{R}^{n\times n}$ 上的一个矩阵范数。

一个最常用而且便于计算的矩阵范数为弗罗贝纽斯（Frobenius）范数，定义如下：

$$\|\boldsymbol{A}\|_F=\sqrt{\sum_{i,j=1}^{n}a_{ij}^2} \tag{3.14}$$

该矩阵范数也简称为矩阵的 F-范数，如果把矩阵按相邻行的首尾连接构成向量，则 F-范数正是此向量的 2-范数。

定义 3.7 对于给定的 $\mathbf{R}^n$ 上的向量范数 $\|\boldsymbol{x}\|$ 和 $\mathbf{R}^{n\times n}$ 上的矩阵范数 $\|\boldsymbol{A}\|$，如果有

$$\|\boldsymbol{Ax}\|\leqslant\|\boldsymbol{A}\|\cdot\|\boldsymbol{x}\|,\ \forall\boldsymbol{x}\in\mathbf{R}^n,\ \forall\boldsymbol{A}\in\mathbf{R}^{n\times n}$$

则称矩阵范数 $\|\boldsymbol{A}\|$ 与向量范数 $\|\boldsymbol{x}\|$ 是相容的。

也可以按相容性条件定义从属于向量范数的矩阵范数，即对于指定的向量范数 $\|\cdot\|$ 来定义矩阵的范数：

$$\|\boldsymbol{A}\|=\max_{x\neq 0}\frac{\|\boldsymbol{Ax}\|}{\|\boldsymbol{x}\|}=\max_{\|x\|=1}\|\boldsymbol{Ax}\| \tag{3.15}$$

如此定义的矩阵范数 $\|\boldsymbol{A}\|$ 称为向量范数的从属范数，可以证明此从属范数满足矩阵范数定义的 4 个条件。

从属于向量范数的矩阵 1-范数、2-范数、∞-范数的表达式：

$$\|\boldsymbol{A}\|_1=\max_{1\leqslant j\leqslant n}\sum_{i=1}^{n}|a_{ij}| \tag{3.16}$$

$$\|\boldsymbol{A}\|_2=\sqrt{\lambda_{\max}(\boldsymbol{A}^T\boldsymbol{A})} \tag{3.17}$$

$$\| \boldsymbol{A} \|_{\infty} = \max_{1 \leqslant i \leqslant n} \sum_{j=1}^{n} |a_{ij}|$$

式中，$\lambda_{\max}(\boldsymbol{A}^{\mathrm{T}}\boldsymbol{A})$ 是矩阵 $\boldsymbol{A}^{\mathrm{T}}\boldsymbol{A}$ 的最大特征值。

对式(3.16) 给出证明：将矩阵 $\boldsymbol{A}$ 按列分块记为 $\boldsymbol{A}=(\boldsymbol{A}_1, \boldsymbol{A}_2, \cdots, \boldsymbol{A}_n)$，假设第 k 列向量为范数最大的，即

$$\| \boldsymbol{A}_k \|_1 = \max_{1 \leqslant j \leqslant n} \| \boldsymbol{A}_j \|_1$$

从 $\boldsymbol{A}\boldsymbol{x} = \sum_{j=1}^{n} \boldsymbol{x}_j \boldsymbol{A}_j$ 可推得

$$\begin{aligned}
\| \boldsymbol{A} \|_1 &= \max_{\| x \| = 1} \| \boldsymbol{A}\boldsymbol{x} \| = \max_{\| x \| = 1} \left\| \sum_{j=1}^{n} \boldsymbol{x}_j \boldsymbol{A}_j \right\|_1 \\
&\leqslant \max_{\| x \| = 1} \sum_{j=1}^{n} \| \boldsymbol{x}_j \boldsymbol{A}_j \|_1 = \max_{\| x \| = 1} \sum_{j=1}^{n} | \boldsymbol{x}_j | \cdot \| \boldsymbol{A}_j \|_1 \\
&\leqslant \left(\max_{\| x \| = 1} \sum_{j=1}^{n} | \boldsymbol{x}_j | \cdot \| \boldsymbol{A}_k \|_1 \right) = \| \boldsymbol{A}_k \|_1 \left(\max_{\| x \| = 1} \sum_{j=1}^{n} | \boldsymbol{x}_j | \right) \\
&= \| \boldsymbol{A}_k \|_1 = \max_{1 \leqslant j \leqslant n} \| \boldsymbol{A}_j \|_1 = \max_{1 \leqslant j \leqslant n} \sum_{i=1}^{n} | \boldsymbol{a}_{ij} |
\end{aligned}$$

特别取 $\hat{\boldsymbol{x}} = \boldsymbol{e}_k$，则 $\| \boldsymbol{A}\hat{\boldsymbol{x}} \|_1 = \| \boldsymbol{A}\boldsymbol{e}_k \|_1 = \| \boldsymbol{A}_k \|_1 = \max_{1 \leqslant j \leqslant n} \sum_{i=1}^{n} | \boldsymbol{a}_{ij} |$，从而式(3.16) 成立。

再证明式(3.17)，注意到矩阵 $\boldsymbol{A}^{\mathrm{T}}\boldsymbol{A}$ 是半正定对称矩阵，因此必有 n 个非负的特征值及 n 个互相正交的特征向量（不妨设是标准正交向量），对其按特征值从大到小排序，记为：

$$\lambda_1 \geqslant \lambda_2 \geqslant \cdots \geqslant \lambda_n, \ \boldsymbol{u}_1, \ \boldsymbol{u}_2, \ \cdots, \ \boldsymbol{u}_{\mathrm{n}}, \ \boldsymbol{u}_{\mathrm{i}}^T \boldsymbol{u}_{\mathrm{j}} = \begin{cases} 1, & \mathrm{i}=\mathrm{j} \\ 0, & \mathrm{i} \neq \mathrm{j} \end{cases}$$

任取 $\boldsymbol{x} \in \mathbf{R}^n$，可表示为 $\boldsymbol{x} = \sum_{j=1}^{n} \boldsymbol{\alpha}_j \boldsymbol{u}_j$，再假设 $\| \boldsymbol{x} \|_2 = 1$，则有：

$$1 = \boldsymbol{x}^{\mathrm{T}}\boldsymbol{x} = \left(\sum_{i=1}^{n} \boldsymbol{\alpha}_i \boldsymbol{u}_i \right)^{\mathrm{T}} \left(\sum_{j=1}^{n} \boldsymbol{\alpha}_j \boldsymbol{u}_j \right) = \sum_{i, j=1}^{n} \boldsymbol{\alpha}_i \boldsymbol{\alpha}_j \boldsymbol{u}_i^{\mathrm{T}} \boldsymbol{u}_j = \sum_{j=1}^{n} \boldsymbol{\alpha}_j^2$$

$$\begin{aligned}
\| \boldsymbol{A}\boldsymbol{x} \|_2^2 &= (\boldsymbol{A}\boldsymbol{x})^{\mathrm{T}}(\boldsymbol{A}\boldsymbol{x}) = \boldsymbol{x}^{\mathrm{T}}[(\boldsymbol{A}^{\mathrm{T}}\boldsymbol{A})\boldsymbol{x}] \\
&= \left(\sum_{j=1}^{n} \boldsymbol{\alpha}_j \boldsymbol{u}_j \right)^{\mathrm{T}} \left(\sum_{j=1}^{n} \boldsymbol{\alpha}_j \boldsymbol{A}^{\mathrm{T}}\boldsymbol{A}\boldsymbol{u}_j \right) = \left(\sum_{j=1}^{n} \boldsymbol{\alpha}_j \boldsymbol{u}_j \right)^{\mathrm{T}} \left(\sum_{j=1}^{n} \boldsymbol{\alpha}_j \boldsymbol{\lambda}_j \boldsymbol{u}_j \right) \\
&= \sum_{j=1}^{n} \boldsymbol{\lambda}_j \boldsymbol{\alpha}_j^2 \leqslant \sum_{j=1}^{n} \boldsymbol{\lambda}_1 \boldsymbol{\alpha}_j^2 = \boldsymbol{\lambda}_1 \sum_{j=1}^{n} \boldsymbol{\alpha}_j^2 = \boldsymbol{\lambda}_1 = \boldsymbol{\lambda}_{\max}(\boldsymbol{A}^{\mathrm{T}}\boldsymbol{A})
\end{aligned}$$

取 $\boldsymbol{x} = \boldsymbol{u}_1$，则有 $\| \boldsymbol{A}\boldsymbol{x} \|_2^2 = \| \boldsymbol{A}\boldsymbol{u}_1 \|_2^2 = \| \boldsymbol{\lambda}_1 \boldsymbol{u}_1 \|_2^2 = \boldsymbol{\lambda}_1 \| \boldsymbol{u}_1 \|_2^2 = \boldsymbol{\lambda}_1 = \boldsymbol{\lambda}_{\max}$ $(\boldsymbol{A}^{\mathrm{T}}\boldsymbol{A})$，从而有式(3.17) 成立。

【例 3.6】 求矩阵 $\boldsymbol{A} = \begin{pmatrix} 2 & 1 \\ -2 & 3 \end{pmatrix}$ 的各种矩阵范数。

【解】 先计算 $\boldsymbol{A}^{\mathrm{T}}\boldsymbol{A} = \begin{pmatrix} 2 & -2 \\ 1 & 3 \end{pmatrix} \begin{pmatrix} 2 & 1 \\ -2 & 3 \end{pmatrix} = \begin{pmatrix} 8 & -4 \\ -4 & 10 \end{pmatrix}$。

其特征值为：$\lambda = 9 \pm \sqrt{17}$

$$\| \boldsymbol{A} \|_2 = \sqrt{9 + \sqrt{17}} = 3.6226$$
$$\| \boldsymbol{A} \|_1 = \max\{2+2, 1+3\} = 4$$
$$\| \boldsymbol{A} \|_{\infty} = \max\{2+1, 2+3\} = 5$$
$$\| \boldsymbol{A} \|_F = \sqrt{2^2 + 1^2 + 2^2 + 3^2} = \sqrt{18} = 3\sqrt{2} = 4.2426$$

(3) 有关范数的一些结论

向量与矩阵范数的概念在描述一些数值方法的稳定性，证明算法的收敛性方面起到至关重要的作用，本书并不试图在理论方面对范数展开讨论，但是为了支撑之后各章有关定理的理论基础，以下不加证明地给出一些范数的有关定义和定理。

定理 3.2 （范数等价定理）设 $\|\cdot\|_\alpha$ 与 $\|\cdot\|_\beta$ 是两种不同的向量范数和从属的矩阵范数，则存在常数 c_1，$c_2(c_2\geqslant c_1>0)$，使得对任何 $x\in\mathbf{R}^n$，$\mathbf{A}\in\mathbf{R}^{n\times n}$，有

$$c_1\|\boldsymbol{x}\|_\alpha\leqslant\|\boldsymbol{x}\|_\beta\leqslant c_2\|\boldsymbol{x}\|_\alpha \tag{3.18}$$

$$\frac{c_1}{c_2}\|\mathbf{A}\|_\alpha\leqslant\|\mathbf{A}\|_\beta\leqslant\frac{c_2}{c_1}\|\mathbf{A}\|_\alpha \tag{3.19}$$

由于任何两种范数都是等价的，在本书其后的某些章节讨论数值算法的收敛性、稳定性时我们可以以任一种范数对向量、矩阵的“大小”进行度量。

定义 3.8 设矩阵 $\mathbf{A}\in\mathbf{R}^{n\times n}$，其特征值为 λ_1，λ_2，…，λ_n，则称

$$\rho(\mathbf{A})\max_{1\leqslant j\leqslant n}|\lambda_j| \tag{3.20}$$

为矩阵 **A** 的谱半径。

矩阵 2-范数与谱半径的关系：$\|\mathbf{A}\|_2=\sqrt{\rho(\mathbf{A}^{\mathrm{T}}\mathbf{A})}$

对于对称矩阵：$\|\mathbf{A}\|_2=\rho(\mathbf{A})$，对于正交矩阵 $\boldsymbol{Q}$，因为 $\boldsymbol{Q}^{\mathrm{T}}\boldsymbol{Q}=\boldsymbol{I}$，所以有 $\|\boldsymbol{Q}\|_2=1$。

定理 3.3 设矩阵 $\mathbf{A}\in\mathbf{R}^{n\times n}$，则对矩阵的任何范数 $\|\cdot\|$ 均有：

$$\rho(\mathbf{A})\leqslant\|\mathbf{A}\| \tag{3.21}$$

本定理说明，谱半径是所有范数的一个下界。

定理 3.4 设 $\mathbf{A}\in\mathbf{R}^{n\times n}$，$\lim\limits_{k\to\infty}\mathbf{A}^k=0$ 的充要条件是 $\rho(\mathbf{A})<1$。

以下我们再看一个矩阵范数与矩阵奇异性关系的定理，以便在以后分析线性方程组算法的稳定性、收敛性时使用。

定理 3.5 设矩阵 $\boldsymbol{B}$ 满足 $\|\boldsymbol{B}\|<1$，则矩阵 $\boldsymbol{I}\pm\boldsymbol{B}$ 非奇异且

$$\|\boldsymbol{I}\pm\boldsymbol{B}\|\leqslant\frac{1}{1-\|\boldsymbol{B}\|} \tag{3.22}$$

定理 3.6 设矩阵 $\boldsymbol{Q}\in\mathbf{R}^{n\times n}$ 是正交矩阵，则对于任意 $x\in\mathbf{R}^n$，有

$$\|\boldsymbol{Qx}\|_2=\|\boldsymbol{x}\|_2$$

即正交变换具有 2-范数不变性。

【证明】 因为 $\boldsymbol{Q}$ 是正交矩阵，所以 $\|\boldsymbol{Q}\|_2=\|\boldsymbol{Q}^{\mathrm{T}}\|_2=1$，则

$$\|\boldsymbol{Qx}\|_2\leqslant\|\boldsymbol{Q}\|_2\|\boldsymbol{x}\|_2=\|\boldsymbol{x}\|_2=\|\boldsymbol{Q}^{\mathrm{T}}\boldsymbol{Qx}\|_2\leqslant\|\boldsymbol{Q}^{\mathrm{T}}\|_2\|\boldsymbol{Qx}\|_2=\|\boldsymbol{Qx}\|_2$$

从而结论成立。

3.1.4 误差的传递

设 x_1，x_2，…，x_n 的近似值依次是 x_1^*，x_2^*，…，x_n^*，把近似值代入函数 $y=f(x_1, x_2, \cdots, x_n)$ 运算得 y^*，显然 y^* 是 y 的近似值。y^* 的误差、相对误差如何估计？如果函数 $y=f(x_1, x_2, \cdots, x_n)$ 在 $(x_1^*, x_2^*, \cdots, x_n^*)$ 附近有连续的二阶偏导数，函数值 y^* 的误差可用多元函数在 $(x_1, x_2, \cdots, x_n)$ 处的泰勒展开式得到。

$$\begin{aligned}y&=f(x_1^*,x_2^*,\cdots,x_n^*)\\&=f(x_1,x_2,\cdots,x_n)+\frac{\partial f}{\partial x_1}\cdot(x_1^*-x_1)+\frac{\partial f}{\partial x_2}\cdot(x_2^*-x_2)+\cdots+\\&\quad\frac{\partial f}{\partial x_n}\cdot(x_n^*-x_n)+o(|X-X^*|)\end{aligned}$$

令 $\Delta x_i = x_i - x_i^*$，$\Delta y = y - y^*$ 于是 y 的误差：

$$\Delta y \approx \frac{\partial f}{\partial x_1} \cdot \Delta x_1 + \frac{\partial f}{\partial x_2} \cdot \Delta x_2 + \cdots + \frac{\partial f}{\partial x_n} \cdot \Delta x_n \tag{3.23}$$

按相对误差定义，y 的相对误差为：

$$e_r^*(y) \approx \frac{\partial f}{\partial x_1} \cdot \frac{x_i}{f(x_1, x_2, \cdots, x_n)} \cdot \frac{\Delta x_1}{x_i} + \frac{\partial f}{\partial x_2} \cdot \frac{x_2}{f(x_1, x_2, \cdots, x_n)} \cdot \frac{\Delta x_2}{x_2} + \cdots + \frac{\partial f}{\partial x_n} \cdot \frac{x_n}{f(x_1, x_2, \cdots, x_n)} \cdot \frac{\Delta x_n}{x_n} \tag{3.24}$$

$$e_r^*(y) \approx \frac{\partial f}{\partial x_1} \cdot \frac{x_i}{f(x_1, x_2, \cdots, x_n)} \cdot e_r^*(x_i) + \frac{\partial f}{\partial x_2} \cdot \frac{x_2}{f(x_1, x_2, \cdots, x_n)} \cdot e_r^*(x_2) + \cdots + \frac{\partial f}{\partial x_n} \cdot \frac{x_n}{f(x_1, x_2, \cdots, x_n)} \cdot e_r^*(x_n)$$

【例 3.7】 测得某桌面的长 a 的近似值 $a^* = 120\text{cm}$，宽 b 的近似值 $b^* = 60\text{cm}$，若已知 $|a - a^*| \leqslant 0.2\text{cm}$，$|b - b^*| \leqslant 0.1\text{cm}$，试求近似面积 $s^* = a^* b^*$ 的绝对误差限与相对误差限。

【解】 因为 $s = ab$，$\frac{\partial s}{\partial a} = b$，$\frac{\partial s}{\partial b} = a$，

$$e^*(s^*) \approx \frac{\partial s}{\partial a} \cdot e(a^*) + \frac{\partial s}{\partial b} \cdot e(b^*) = b^* \cdot e(a^*) + a^* \cdot e(b^*)$$

$$|e^*(s^*)| \leqslant |60 \times 0.2| + |120 \times 0.1| = 24(\text{cm}^2)$$

$$|e_r^*(s^*)| = \left|\frac{e^*(s^*)}{s^*}\right| = \left|\frac{e^*(s^*)}{a^* b^*}\right| \leqslant \frac{24}{7200} \approx 0.33\%$$

故 s^* 的绝对误差限为 24cm^2，相对误差限为 0.33%。

3.2 插值与拟合

大多数数学建模问题都是从实际工程或生活中提炼出来的，往往带有大量的离散的实验观测数据，要对这类问题进行建模求解，就必须对这些数据进行处理。其目的是为了从大量的数据中寻找它们反映出来的规律。用数学语言来讲，就是要找出与这些数据相应变量之间的近似关系。对于非确定性关系，一般用统计分析的方法来研究，如回归分析的方法。对于确定性的关系，即变量间的函数关系，一般可用数据插值与拟合的方法来研究。本节学习数据插值与拟合的基本方法和相关的 Matlab 命令。

3.2.1 引例

简单地讲，插值是对于给定的 n 组离散数据，寻找一个函数，使该函数的图形能严格通过这些数据对应的点。拟合并不要求函数图形通过这些点，但要求在某种准则下，该函数在这些点处的函数值与给定的这些值能最接近。

【例 3.8】 对于表 3.1 中给定的 4 组数据，求在 $x = 110$ 处 y 的值。

表 3.1 例 3.8 数据

x	100	121	144	169
y	10	11	12	13

这就是一个插值问题。我们可以先确定插值函数，再利用所得的函数来求 $x=110$ 处 y 的近似值。需要说明的是这 4 组数据事实上已经反映出 x 与 y 的函数关系为：$y=\sqrt{x}$。当数据量较大时，这种函数关系是不明显的。也就是说，插值方法在处理数据时，不论数据本身对应的被插值函数 $y=f(x)$ 是否已知，它都要找到一个通过这些点的插值函数，此函数是被插值函数的一个近似，从而通过插值函数来计算被插值函数在未知点处的近似值。对于所构造的插值函数要求相对简单，便于计算，一般选用多项式函数来逼近。

【**例 3.9**】 观测物体的直线运动，得表 3.2 中数据，求物体的运动方程。

表 3.2 例 3.9 数据

t/s	0	0.9	1.9	3.0	3.9	5.0
s/m	0	10	30	50	80	110

这是一个拟合问题，其明显的特征是与数据对应的函数未知，要找到一个函数来比较准确地表述这些数据蕴藏的规律。显然，我们找出的函数不一定会通过这些点，也没有必要，因为观测数据本身并不是完全准确的。

3.2.2 理论基础：数据插值与拟合

(1) 插值问题的原理与方法

以一维多项式插值方法为例。一般地，对于给定的 $n+1$ 组数据 (x_i, y_i) $(i=0, 1, 2, \cdots, n)$，$x_i (i=0, 1, 2, \cdots, n)$ 互不相等，确定一个 n 次多项式 $P_n(x)$，使 $P_n(x_i)=y_i (i=0, 1, 2, \cdots, n)$。其中 $P_n(x)$ 称为插值函数，(x_i, y_i) 为插值节点，$[a, b]$ $(a=\min\limits_{0\leqslant i\leqslant n} x_i$，$b=\max\limits_{0\leqslant i\leqslant n} x_i)$ 为插值区间，$P_n(x_i)=y_i (i=0, 1, 2, \cdots, n)$ 为插值条件。

当 $n=1$ 时为线性插值。$P_1(x)$ 表示过两点 (x_0, y_0)，(x_1, y_1) 的直线方程，即

$$P_1(x)=y_0+\frac{y_1-y_0}{x_1-x_0}(x-x_0)$$

稍加整理，即得

$$P_1(x)=\frac{x-x_1}{x_0-x_1}y_0+\frac{x-x_0}{x_1-x_0}y_1$$

记

$$l_0(x)=\frac{x-x_1}{x_0-x_1},\ l_1(x)=\frac{x-x_0}{x_1-x_0}$$

则它们满足

$$l_i(x_j)=\begin{cases}0, & i\neq j\\ 1, & i=j\end{cases}\quad (i, j=0, 1)$$

称 $l_i(x)$ 为基函数，那么 $P_1(x)$ 是两个基函数的线性组合。

当 $n=2$ 时为抛物插值。$P_2(x)$ 表示过三点 (x_0, y_0)，(x_1, y_1)，(x_2, y_2) 的抛物线方程，仿照线性插值的情形取基函数

$$l_0(x)=\frac{(x-x_1)(x-x_2)}{(x_0-x_1)(x_0-x_2)},\ l_1(x)=\frac{(x-x_0)(x-x_2)}{(x_1-x_0)(x_1-x_2)},\ l_2(x)=\frac{(x-x_1)(x-x_0)}{(x_2-x_1)(x_2-x_0)}$$

使它们满足

$$l_i(x_j)=\begin{cases}0, & i\neq j\\ 1, & i=j\end{cases}\quad (i, j=0, 1, 2)$$

则 $P_2(x)$ 可表示为三个基函数的线性组合，即

$$P_2(x)=l_0(x)y_0+l_1(x)y_1+l_2(x)y_2$$

下面针对一般情况给出一个结论。

定理 3.7 满足插值条件 $P_n(x_i)=y_i (i=0, 1, 2, \cdots, n)$ 的次数不超过 n 的插值多项式是存在且唯一的。(其证明过程只需用到线性方程组解的克莱姆法则和范德蒙行列式的

性质，这里不再赘述。）

由上述结论可知，满足插值条件的 $P_2(x)$ 即为所求。不失一般性，满足插值条件的 n 次多项式为：

$$P_n(x)=\sum_{i=0}^{n}l_i(x)y_i,\text{其中基函数 } l_i(x)=\frac{\prod\limits_{j\neq i,j=0}^{n}(x-x_j)}{\prod\limits_{j\neq i,j=0}^{n}(x_i-x_j)}\ (i=0,1,2,\cdots,n) \tag{3.25}$$

几点说明：

① 多项式插值的基函数仅与节点有关，而与被插值的原函数 $y=f(x)$ 无关；

② 插值多项式仅由数对 (x_i, y_i) $(i=0, 1, 2, \cdots, n)$ 确定，而与数对的排列次序无关；

③ 上述多项式插值又称为拉格朗日插值，多项式插值除上述方法外，还有牛顿（Newton）插值法和埃尔米特（Hermite）插值法等，可参看有关数值分析的书籍。

(2) 拟合问题的原理与方法

根据前述的拟合问题，其关键在于准则的选取，选取的准则不同，其对应的拟合方法及其复杂程度也不相同。对于一维曲线拟合，设 n 个不同的离散数据点为 (x_i, y_i) $(i=1, 2, \cdots, n)$，要寻找的拟合曲线方程为 $y=P(x)$，记拟合函数在 x_i 处的偏差为 $\delta_i=P(x_i)-y_i$ $(i=1, 2, \cdots, n)$，常用的准则如下。

准则 3.1 选取 $P(x)$，使所有偏差的绝对值之和最小，即

$$\sum_{i=1}^{n}|\delta_i|=\sum_{i=1}^{n}|P(x_i)-y_i|\to\min \tag{3.26}$$

准则 3.2 选取 $P(x)$，使所有偏差的绝对值的最大值最小，即

$$\max_{i=1}^{n}|\delta_i|=\max_{i=1}^{n}|P(x_i)-y_i|\to\min \tag{3.27}$$

准则 3.3 选取 $P(x)$，使所有偏差的平方和最小，即

$$\sum_{i=1}^{n}\delta_i^2=\sum_{i=1}^{n}[P(x_i)-y_i]^2\to\min \tag{3.28}$$

相对而言，准则 3.3 最便于计算，因而通常根据准则 3.3 来选取拟合曲线 $y=P(x)$。准则 3.3 又称为最小二乘准则，对应的曲线拟合方法称为最小二乘法。

确定了准则之后，就该确定拟合函数 $y=P(x)$ 的形式了，这是一个难点。一般的做法是首先绘出所给数据的散点图，观察数据所呈现出来的曲线的大致形状，再结合该问题所在专业领域内的相关规律和结论，来确定拟合函数的形式。实际操作时可在直观判断的基础上，选几种常用的曲线分别进行拟合，比较选择拟合效果最好的曲线。常用的曲线有直线、多项式、双曲线和指数曲线等。

拟合函数一旦确定之后，剩下的工作就是根据给定的数据确定拟合函数中的待定系数，如最简单的直线拟合，$P(x)=a_0+a_1x$ 中就有两个系数 a_0，a_1 需要确定。根据这些待定系数在拟合函数中出现的形式，曲线拟合又可分为线性曲线拟合和非线性曲线拟合。一般地，如果拟合函数 $P(x)$ 中的系数 a_0，a_1，…，a_n 全部以线性形式出现，如多项式拟合函数 $P(x)=a_0+a_1x+\cdots+a_nx^n$，则称为线性曲线拟合；若拟合函数 $P(x)$ 中的系数 a_0，a_1，…，a_n 不能全部以线性形式出现，如指数拟合函数 $P(x)=a_0+a_1e^{-a_2x}$，则称为非线性曲线拟合。下面以线性多项式曲线拟合为例来介绍曲线拟合的一般方法。

一般地，对于给定的 n 组数据 (x_i, y_i) $(i=1, 2, \cdots, n)$，要寻找一个 m $(m\ll n)$

次多项式 $P(x)=\sum_{j=0}^{m} a_j x^j$ 满足准则 3.3，即使

$$Q(a_0, a_1, \cdots, a_m)=\sum_{i=1}^{n}\delta_i^2=\sum_{i=1}^{n}[P(x_i)-y_i]^2=\sum_{i=1}^{n}\left[\sum_{j=0}^{m}a_j x_i^j-y_i\right]^2 \to \min$$

由多元函数极值存在的必要条件，系数 $a_j(j=0, 1, 2, \cdots, m)$ 满足

$$\frac{\partial Q}{\partial a_j}=0, \ j=0, 1, 2, \cdots, m$$

即

$$\sum_{i=0}^{n}x_i^k\sum_{j=0}^{m}a_j x_i^j=\sum_{j=0}^{m}x_i^k y_i, \ k=0, 1, 2, \cdots, m$$

具体地写出来，就是

$$\begin{cases} na_0+\left(\sum_{i=1}^{n}x_i\right)a_1+\cdots+\left(\sum_{i=1}^{n}x_i^m\right)a_m=\sum_{i=1}^{n}y_i \\ \left(\sum_{i=1}^{n}x_i\right)a_0+\left(\sum_{i=1}^{n}x_i^2\right)a_1+\cdots+\left(\sum_{i=1}^{n}x_i^{m+1}\right)a_m=\sum_{i=1}^{n}x_i y_i \\ \vdots \\ \left(\sum_{i=1}^{n}x_i^m\right)a_0+\left(\sum_{i=1}^{n}x_i^{m+1}\right)a_1+\cdots+\left(\sum_{i=1}^{n}x_i^{2m}\right)a_m=\sum_{i=1}^{n}x_i^m y_i \end{cases} \tag{3.29}$$

这是关于系数 $a_j(j=0, 1, 2, \cdots, m)$ 的线性方程组，通常称为正规方程组。可以证明，上述方程组有唯一解，因而拟合多项式 $P(x)$ 是存在且唯一的。

综上所述，多项式拟合的一般步骤是：

① 根据具体问题，确定拟合多项式的次数 m；

② 由所给数据计算正规方程组的系数，写出正规方程组；

③ 解正规方程组，求出拟合多项式中的系数 $a_j(j=0, 1, 2, \cdots, m)$；

④ 写出拟合多项式 $P(x)=\sum_{j=0}^{m}a_j x^j$。

对于一般的曲线拟合，只需要修改拟合函数为 $P(x)=\sum_{j=0}^{m}a_j r_j(x)$，即将多项式拟合函数中的多项式函数 x^j 改为一般的函数 $r_j(x)$，其他方法与步骤同上。

3.2.3 用 Matlab 软件求解插值与拟合问题

在 Matlab 中提供了一个一维插值函数 Interp1，它的调用格式为：

```
cy=Interp1(x,y,cx,'method')
```

其中 x、y 是所给数据的横纵坐标，要求 x 的分量按升序或降序排列，cx 是待求的插值点的横坐标，返回值 cy 是待求的插值点的纵坐标，method 是插值方法。该函数提供了以下四种可选的插值方法。

nearest：最邻近点插值。它根据已知两点间的插值点和这两已知点间位置的远近来进行插值，取较近已知插值点处的函数值作为未知插值点处的函数值。

linear：线性插值。它将相邻的数据点用直线相连，按所生成的直线进行插值。

spline：三次样条插值。它利用已知数据求出样条函数后，按样条函数进行插值。

cubic：三次插值。它利用已知数据求出三次多项式函数后，按三次多项式函数进行插

值。缺省时插值方法为分段线性插值，对于三次样条插值，将在补充内容中介绍。

下面用该函数来求解插值问题。输入命令：

```
≫x=[100 121 144 169];
≫y=[10 11 12 13];
≫cx=110;
≫cy=interp1(x,y,cx,'linear');
```

运行结果为 cy=10.4762。由于线性插值只需要两个点，因而在上述命令中实际上只用了前两个点。

若将最后一个命令中的 method 改为缺省，nearest，cubic 和 spline，运行结果为依次为 cy=10.4762，cy=10，cy=10.4869，cy=10.4877。显然三次样条插值的结果最好。

在 Matlab 中提供了一个多项式最小二乘拟合函数 polyfit(x，y，n)，它的调用格式为：

```
P=polyfit(x,y,n)
```

其中 x、y 是所给数据的横纵坐标，n 为拟合多项式的次数，返回值 P 是拟合多项式按自变量降幂排列的系数向量。

下面用该函数来求解拟合问题。输入命令：

```
≫t=[0 0.9 1.9 3 3.9 5];
≫s=[0 10 30 50 80 110];
≫plot(t,s,'*-')
≫xlabel('运动时间——t(秒)')
≫ylabel('运动位移——s(米)')
≫gtext('物体运动的时间与位移散点图')
```

不难看出图形近似为一条直线，因此用一次多项式来拟合，输入命令：

```
≫P=polyfit(t,s,1)
```

运行结果为：P=22.2538　-7.8550，即 $P(x)=-7.855+22.2538x$。下面绘出的是拟合曲线和散点图对比图形，可以看出拟合效果并不理想。根据物理学中物体运动的方程，我们用二次曲线来拟合，输入命令：

```
≫P=polyfit(t,s,2)
```

得到拟合函数为：$P(x)=-0.5834+11.0814x+2.2488x^2$，对比图形如图 3.1 所示，可以看出拟合效果有明显改善，拟合曲线与散点图基本上是吻合的。

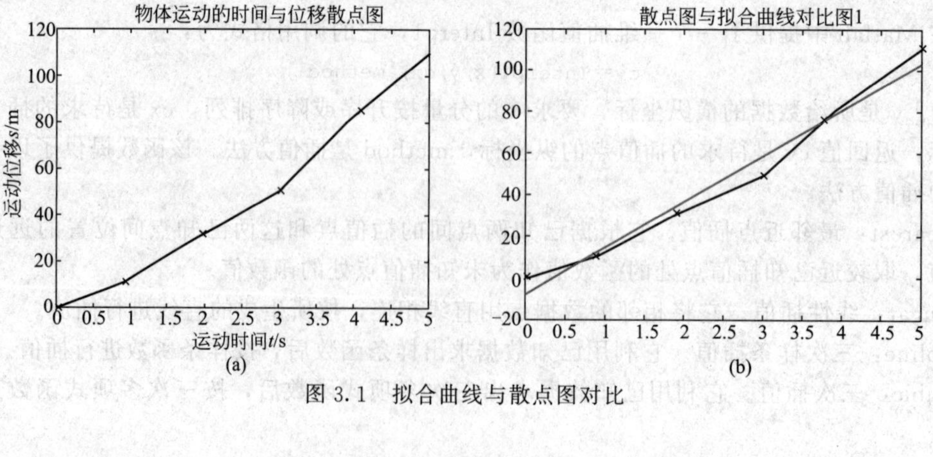

图 3.1　拟合曲线与散点图对比

可见曲线拟合本身就是一个猜测的过程，通常是不断地修正拟合函数，使拟合效果达到满意的程度。

3.2.4 案例分析

某地区作物生长所需要的营养元素主要有氮(N)、钾(K)、磷(P)。某作物研究所在该地区对土豆与生菜做了一定数量的实验，实验数据如表 3.3 中所示。当一个营养素的施肥量变化时，总将另两个营养素的施肥量保持在第七个水平上，如对土豆产量关于氮的施肥量做实验时，磷与钾的施肥量分别取为 196kg/ha 与 372kg/ha。试分析施肥量与产量之间的关系。

表 3.3 土豆、生菜施肥量、产量数据表

土豆：

N 施肥量/(kg/ha)	N 产量/(t/ha)	P 施肥量/(kg/ha)	P 产量/(t/ha)	K 施肥量/(kg/ha)	K 产量/(t/ha)
0	15.18	0	33.46	0	18.98
34	21.36	24	32.47	47	27.35
67	25.72	49	36.06	93	34.86
101	32.29	73	37.96	140	38.52
135	34.03	98	41.04	186	38.44
202	39.45	147	40.09	279	37.73
259	43.15	196	41.26	372	38.43
336	43.46	245	42.17	465	43.87
404	40.83	294	40.36	558	42.77
471	30.75	342	42.73	651	46.22

生菜：

N 施肥量/(kg/ha)	N 产量/(t/ha)	P 施肥量/(kg/ha)	P 产量/(t/ha)	K 施肥量/(kg/ha)	K 产量/(t/ha)
0	11.02	0	6.39	0	15.75
28	12.70	49	9.48	47	16.76
56	14.56	98	12.46	93	16.89
84	16.27	147	14.38	140	16.24
112	17.75	196	17.10	186	17.56
168	22.59	294	21.94	279	19.20
224	21.63	391	22.64	372	17.97
280	19.34	489	21.34	465	15.84
336	16.12	587	22.07	558	20.11
392	14.11	685	24.53	651	19.40

(1) 模型假设

① 研究所的实验是在相同的正常实验条件（如充足的水分供应，正常的耕作程序）下进行的，产量的变化是由施肥量的改变引起的，产量与施肥量之间存在一定的规律。(此假设的目的是抓住影响产量的主要因素而剔除次要因素，使要研究的问题内部诸因素明朗化，即抓住主要矛盾。)

② 土壤本身已含有一定数量的氮、磷、钾等肥料，即具有一定的天然肥力。(此假设非常符合常理，而且实验数据也证明了此假设的合理性，因而此假设将实验数据中所隐藏的信息清晰化。)

③ 每次实验是相互独立的，互不影响。(此假设澄清了在连续进行的实验中，后期实验产量与前期施肥无关。)

(2) 符号约定

W 为农作物产量；x 为施肥量；n，p，k 为氮、磷、钾肥的施肥量；T_w 为农产品价格；T_x 为肥料价格；T_N，T_P，T_K 为氮、磷、钾肥的价格；a，b，b_0，b_1，b_2，c，c_0，c_1，c_0'，c_1'为常数。

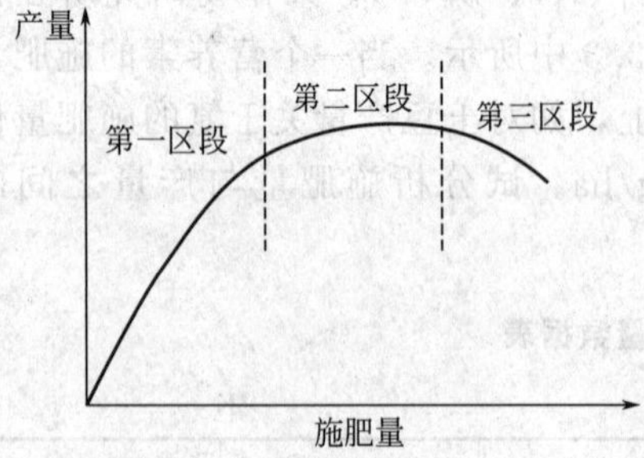

图 3.2 施肥量与产量关系

(3) 问题分析

普遍规律：施肥量与产量满足如图 3.2 所示关系。它分为三个不同的区段，在第一区段，当施肥量较小时，作物产量随施肥量的增加而迅速增加，第二区段，随着施肥量的增加，作物产量平缓上升，第三区段，当施肥量超过一定限度后，产量反而随施肥量的增加而减少。

数据分析：通过绘制散点图，初步得到农作物产量与施肥量间的定性认识。详见图 3.3。

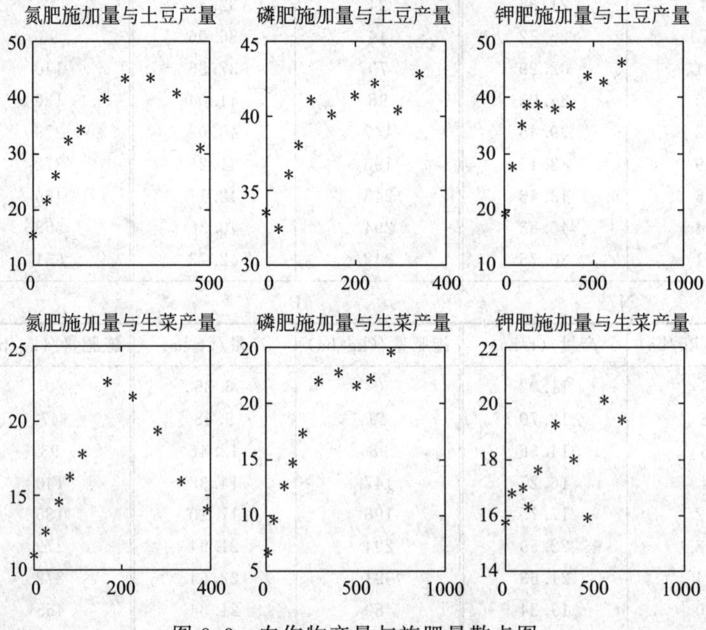

图 3.3 农作物产量与施肥量散点图

从图 3.3 中的散点图可以发现，氮肥施加量与农作物的产量大致呈指数关系，磷肥施加量与农作物产量大致呈分段直线关系，钾肥施加量与土豆产量大致呈指数关系，与生菜产量产量关系规律不明显。但有一点，钾肥施加量的增加时，生菜产量上升幅度不大。波动也不大，这说明钾肥对生菜产量的影响较小。

理论支撑的相关内容如下。

① Nicklas 和 Miller 理论。设 h 为达到最高产量时的施肥量，边际产量（即产量 W 对施肥量 x 的导数）$\frac{dW}{dx}$与 $h-x$ 呈正比例关系，即

$$\frac{dW}{dx}=a(h-x)$$

这是一个简单的微分方程，积分得

$$W=a\left(hx-\frac{x^2}{2}\right)+c$$

即

$$W=b_0+b_1x+b_2x^2$$

② 米采利希学说。只增加某种养分时，引起产量的增加$\frac{\mathrm{d}W}{\mathrm{d}x}$与该种养分供应充足时达到的最高产量$A$和现在产量$W$之差成正比，即

$$\frac{\mathrm{d}W}{\mathrm{d}x}=a(A-W)$$

这是一个可分离变量的微分方程，积分得

$$W=A+b\mathrm{e}^{-ax}$$

即

$$W=b_0+b_1\mathrm{e}^{-b_2x}$$

③ 英国科学家博伊德发现，在某些情况下，将施肥对象按施肥水平分成几组，则各组效应曲线就呈直线形式，若按水平分为两组，可以用下式表示：

$$W=\begin{cases}c_0+c_1x, & 0\leqslant x<x_i\\ c_0'+c_1'x, & x_i\leqslant x\leqslant x_n\end{cases}$$

(4) 模型建立

本问题的性质是确定变量间的相关关系，结合前述理论和数据分析的结果，可以初步确定施肥量与产量之间的关系，即拟合曲线的形式。具体的效应方程如下。

氮肥对土豆和生菜的效应方程为：

$$W(n)=a_0n^2+a_1n+a_2$$

磷肥对土豆的效应方程为：

$$W(p)=\begin{cases}c_0+c_1p, & 0\leqslant p<98\\ c_0'+c_1'p, & 98\leqslant p\leqslant 342\end{cases}$$

磷肥对生菜的效应方程为：

$$W(p)=\begin{cases}c_0+c_1p, & 0\leqslant p<202.54\\ c_0'+c_1'p, & 202.54\leqslant p\leqslant 685\end{cases}$$

钾肥对土豆的效应方程为：

$$W(k)=b_0+b_1\mathrm{e}^{-b_2k}$$

钾肥对生菜的效应方程为：

$$W(k)=a_0+a_1k$$

(5) 模型求解

上述模型中的拟合曲线既有线性的，又有非线性的，下面仅对氮肥对土豆的效应方程进行求解。输入命令：

```
≫txn=[0,34,67,101,135,202,259,336,404,471]';
≫tyn=[15.18,21.36,25.72,32.29,34.03,39.45,43.15,43.46,40.83,30.75]';
≫[a,s]=polyfit(txn,tyn,2);
```

运行结果：

```
a=[-0.0003    0.1971   14.7416]
```

因此氮肥对土豆的效应的拟合曲线方程是：

$$W(n)=-0.0003n^2+0.1971n+14.7416$$

散点图与拟合曲线对比图形如图 3.4 所示。

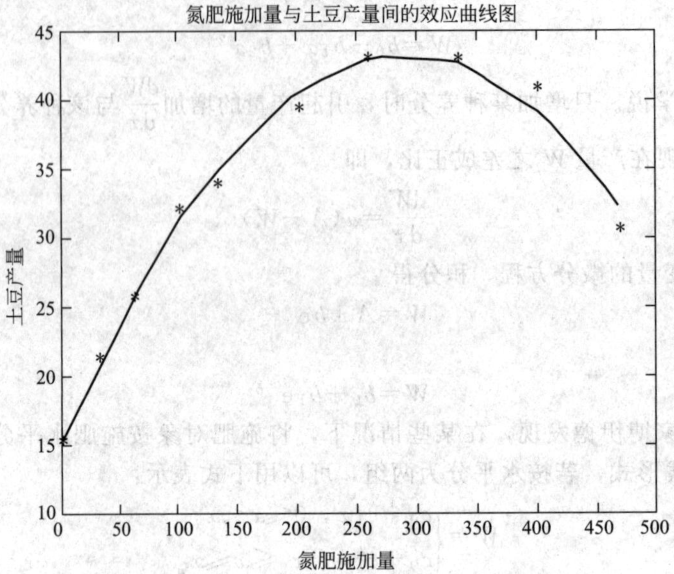

图 3.4　氮肥施加量与土豆产量间的效应曲线

图 3.4 显示出拟合效果较好。对于其余的几种情况，读者可以自己上机求解。

3.3　数值微分和数值积分

数值微分是在科学研究和工程技术中经常遇到的重要问题．因为它具有广泛的应用背景和由其不适定性（对输入数据的扰动极为敏感）而带来的求解困难，人们倾注了大量精力去探讨和提出数值稳定的求法。一般来说，函数的导数依然是一个函数。设函数 $f(x)=g(x)$，高等数学关心的是 $g(x)$ 的性质和形式，而数值分析关心的问题是怎样计算 $g(x)$ 在一串离散点 $X=(x_1, x_2, x_3, \cdots, x_n)$ 的近似值 $G=(g_1, g_2, g_3, \cdots, g_n)$ 以及计算的近似值有多大误差。有两种方式计算任意函数 $f(x)$ 在给定点 x 的数值导数。第一种方式是用多项式或者样条函数 $g(x)$ 对 $f(x)$ 进行逼近（插值或者拟合），然后用逼近函数 $g(x)$ 在点 x 处的导数作为 $f(x)$ 在点 x 处的导数；第二种方式是用 $f(x)$ 在点 x 处的某种差商作为其导数。

3.3.1　数值微分

数值微分即根据函数在一些离散点的函数值，推算它在某点的导数或高阶导数的近似值的方法。常见的可以用一个能够近似代替该函数的较简单的可微函数（如多项式或样条函数等）的相应导数作为能求导数的近似值，由此也可导出多点数值微分计算公式。当函数可微性不太好时，利用样条插值进行数值微分要比多项式插值更适宜。

（1）泰勒（Taylor）展开式方法

公式如下：

$$f(x)=f(x_0)+(x-x_0)f'(x_0)+\frac{(x-x_0)^2}{2!}f''(x_0)+\cdots+\frac{(x-x_0)^n}{n!}f^{(n)}(x_0)+\cdots \tag{3.30}$$

借助泰勒展开式(3.30)，可以构造函数 $f(x)$ 在点 $x=x_0$ 的一阶导数和二阶导数的数值微分公式。取步长 $h>0$，则

$$f(x_0+h)=f(x_0)+hf'(x_0)+\frac{h^2}{2}f''(\xi_1)，\xi_1\in(x_0，x_0+h)$$

所以

$$f'(x_0)=\frac{f(x_0+h)-f(x_0)}{h}-\frac{h}{2}f''(\xi_1)，\xi_1\in(x_0,x_0+h) \tag{3.31}$$

同理

$$f(x_0-h)=f(x_0)-hf'(x_0)+\frac{h^2}{2}f''(\xi_2)，\xi_2\in(x_0-h,x_0)$$

$$f'(x_0)=\frac{f(x_0)-f(x_0-h)}{h}+\frac{h}{2}f''(\xi_2)，\xi_2\in(x_0-h,x_0) \tag{3.32}$$

式(3.31) 和式(3.32) 是计算 $f'(x_0)$ 的数值微分公式，其截断误差为 $o(h)$，为提高精度，将泰勒展开式多写几项：

$$f(x_0+h)=f(x_0)+hf'(x_0)+\frac{h^2}{2}f''(x_0)+\frac{h^3}{6}f'''(x_0)+\frac{h^4}{24}f^{(4)}(\xi_1)\quad \xi_1\in(x_0,x_0+h)$$

$$f(x_0-h)=f(x_0)-hf'(x_0)+\frac{h^2}{2}f''(x_0)-\frac{h^3}{6}f'''(x_0)+\frac{h^4}{24}f^{(4)}(\xi_2)\quad \xi_2\in(x_0-h,x_0)$$

两式相减得

$$f'(x_0)=\frac{f(x_0+h)-f(x_0-h)}{2h}-\frac{h^2}{6}f'''(x_0)+o(h^4) \tag{3.33}$$

上式为计算 $f'(x_0)$ 的微分公式，其截断误差为 $o(h^2)$，比式(3.31) 和式(3.32) 精度高。

两式相加，如果 $f^{(4)}(x)\in C[x_0-h，x_0+h]$，则有：

$$f'(x_0)=\frac{f(x_0+h)-2f(x_0)+f(x_0-h)}{h^2}-\frac{h^2}{12}f^{(4)}(\xi)，\xi\in(x_0-h,x_0+h) \tag{3.34}$$

其截断误差为 $o(h^2)$。

【例 3.10】 设函数 $f(x)=\ln x$，$x_0=2$，$h=0.1$，试用数值微分公式计算 $f'(2)$ 的值。

【解】 由式(3.31)～式(3.33) 分别计算结果为

$$f'(2)\approx\frac{\ln 2.1-\ln 2}{0.1}\approx 0.4879，f'(2)\approx\frac{\ln 2-\ln 1.9}{0.1}\approx 0.5129，f'(2)\approx\frac{\ln 2.1-\ln 1.9}{0.2}\approx 0.5004$$

与真值 $f'(2)=0.5$ 相比，式(3.33) 计算的结果精度较高。

(2) 数值微分的拉格朗日（Lagrange）插值方法

设函数 $y=f(x)$ 具有 $n+1$ 个实验数据：$(x_i，f(x_i))$ $(i=0，1，2，\cdots，n)$，估计 $f'(x)$ 的值，特别当 $x=x_i$ 时，估计 $f'(x_i)$ 的值。

基于插值方法的数值微分做法是，由已知 $(x_i，f(x_i))$ $(i=0，1，\cdots，n)$ 建立拉格朗日插值多项式或牛顿（Newton）插值多项式（这里以拉格朗日插值方法为例），即

$$f(x)=L_n(x)+R_n(x)$$

于是

$$f'(x)=L'_n(x)+R'_n(x)$$

当 $x=x_i$ 时，有

$$f'(x_i)=L'_n(x_i)+R'_n(x_i)(i=0,1,2,\cdots,n)$$

其中

$$R_n'(x_i)=\frac{f^{(n+1)}(\xi)}{(n+1)!}\omega_{n+1}'(x_i)$$

略去误差项有

$$f'(x_i)\approx L_n'(x_i)$$

实际运用中，等距节点更为常见。设

$$h=\frac{b-a}{n},x_i=a+ih(i=0,1,2,\cdots,n),x=a+th$$

于是有

$$f(x)=y_0+\frac{t}{1!}\Delta y_0+\frac{t(t-1)}{2!}\Delta^2 y_0+\cdots+\frac{t(t-1)\cdots(t-n+1)}{n!}\Delta^n y_0+R_n(x)$$

所以

$$f'(x_i)=\frac{\mathrm{d}}{\mathrm{d}t}\left\{y_0+\frac{t}{1!}\Delta y_0+\cdots+\frac{t(t-1)\cdots(t-n+1)}{n!}\Delta^n y_0\right\}_{t=i}+\frac{h^n f_n^{(n+1)}(\xi)}{(n+1)!}\prod_{\substack{j=0\\ j\neq i}}^{n}(i-j)$$

(3) 多点数值微分公式

由于高阶插值的不稳定性，实际应用时多采用 $n=1$，2，4 的两点、三点和五点等多点插值型求导公式。

① 两点公式（$n=1$）：

$$\begin{cases}f'(x_0)=\dfrac{1}{h}(y_1-y_0), & R'(x_0)=-\dfrac{h}{2}f''(\xi)\\ f'(x_1)=\dfrac{1}{h}(y_1-y_0), & R'(x_1)=\dfrac{h}{2}f''(\xi)\end{cases}\tag{3.35}$$

② 三点公式（$n=2$）：

$$\begin{cases}f'(x_0)=\dfrac{1}{2h}(-3y_0+4y_1-y_2), & R'(x_0)=\dfrac{h^2}{3}f^{(3)}(\xi)\\ f'(x_1)=\dfrac{1}{2h}(-y_0+y_2), & R'(x_1)=-\dfrac{h^2}{6}f^{(3)}(\xi)\\ f'(x_2)=\dfrac{1}{2h}(y_0-4y_1+3y_2), & R'(x_2)=\dfrac{h^2}{3}f^{(3)}(\xi)\end{cases}\tag{3.36}$$

③ 五点公式（$n=4$）：

$$\begin{cases}f'(x_0)=\dfrac{1}{12h}(-25y_0+48y_1-36y_2+16y_3-3y_4), & R'(x_0)=\dfrac{h^4}{5}f^{(5)}(\xi)\\ f'(x_1)=\dfrac{1}{12h}(-3y_0-10y_1+18y_2-6y_3+y_4), & R'(x_1)=-\dfrac{h^4}{20}f^{(5)}(\xi)\\ f'(x_2)=\dfrac{1}{12h}(y_0-8y_1+8y_3-y_4), & R'(x_2)=-\dfrac{h^4}{30}f^{(5)}(\xi)\\ f'(x_3)=\dfrac{1}{12h}(-y_0+6y_1-18y_2+10y_3+3y_4), & R'(x_3)=-\dfrac{h^4}{20}f^{(5)}(\xi)\\ f'(x_4)=\dfrac{1}{12h}(3y_0-16y_1+36y_2-48y_3+25y_4), & R'(x_4)=\dfrac{h^4}{5}f^{(5)}(\xi)\end{cases}\tag{3.37}$$

【例 3.11】 设 $f(x)=\ln x$，取 $h=0.05$，分别用三点公式和五点公式计算 $f'(2)$ 的近似值。

【解】 由式(3.36) 有

$$f'(2)=\frac{1}{2\times 0.05}(-3f(2)+4f(2.05)-f(2.10))=0.499802861$$

$$f'(2)=\frac{1}{2\times 0.05}(-f(1.95)+f(2.05))=0.500104205$$

$$f'(2)=\frac{1}{2\times 0.05}(f(1.90)-4f(1.95)+3f(2))=0.499779376$$

由式(3.37) 有

$$f'(2)=\frac{1}{12\times 0.05}(f(1.90)-8f(1.95)+6f(2.05)-f(2.10))=0.499999843$$

与真值 $f'(2)=0.5$ 相比，三点公式已有相当满意精度，而五点公式的结果是十分满意的。

(4) 建模示例：湖水温度变化问题

【问题】 湖水在夏天会出现分层现象，其特点是接近湖面的水的温度较高，越往下水的温度越低。这种现象会影响水的对流和混合过程，使得下层水域缺氧，导致水生鱼类死亡。对某个湖的水温进行观测得数据见表 3.4。

表 3.4 某湖的水温观测数据

深度/m	0	2.3	4.9	9.1	13.7	18.3	22.9	27.2
温度/℃	22.8	22.8	22.8	20.6	13.9	11.7	11.1	11.1

试找出湖水温度变化最大的深度。

① 问题的分析。湖水的温度可视为关于深度的函数，于是湖水温度的变化问题便转化为温度函数的导数问题，显然导函数的最大绝对值所对应的深度即为温度变化最大的深度。对于给定的数据，可以利用数值微分计算各深度的温度变化值，从而得到温度变化最大的深度，但考虑到所给的数据较少，由此计算的深度不够精确，所以采用插值的方法计算加密深度数据的导数值，以得到更准确的结果。

② 模型的建立及求解。记湖水的深度为 h(m)，相应的温度为 T(℃)，且有 $T=T(h)$，并假定函数 $T(h)$ 可导。

对给定的数据进行三次样条插值，并对其求导，得到 $T(h)$ 的插值导函数；然后将给定的深度数据加密，搜索加密数据的导数值的绝对值，找出其最大值及其相应的深度，相应的 Matlab 指令如下：

```
h=[0 2.3 4.9 9.1 13.7 18.3 22.9 27.2];
T=[22.8 22.8 22.8 20.6 13.9 11.7 11.1 11.1];
hh=0:0.1:27.2;
pp=spline(h,T);dT=ppd(pp);dTT=ppval(dT,hh);
[dTTmax,i]=max(abs(dTT)),hh(i)
plot(hh,dTT,'b',hh(i),dTT(i),'r.'),grid on
```

运行得导函数绝对值的最大值点 $h=11.4$，最大值为 1.6139，即湖水在深度为 11.4m 时温度变化最大，如图 3.5 所示（黑点为温度变化最大的点）。

3.3.2 数值积分

在一元函数的积分学中，定积分

$$I=\int_a^b f(x)\mathrm{d}x \tag{3.38}$$

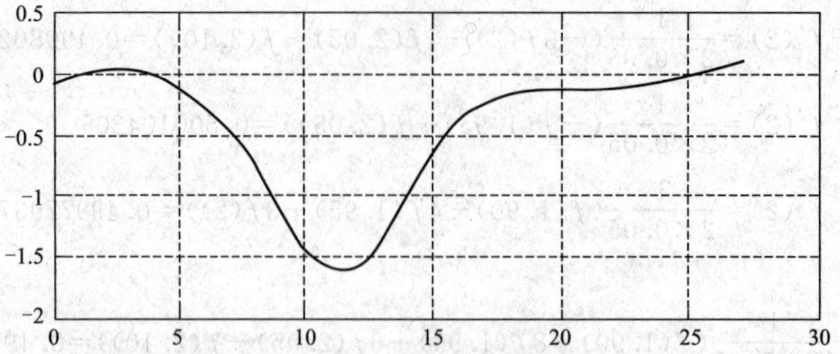

图 3.5　湖水温度变化曲线图

的计算，主要是使用牛顿-莱布尼茨公式

$$\int_a^b f(x)\mathrm{d}x = F(b) - F(a) \tag{3.39}$$

虽然上述公式在理论和实践中起着重要作用，但它并不能完全解决积分的计算问题，在许多情况下，上述公式是无法适用的，常见的有下列几种情况。

① 被积函数 $f(x)$ 的原函数 $F(x)$ 不是初等函数，如 $\dfrac{\sin x}{x}$，e^{-x^2} 等函数。

② 被积函数 $f(x)$ 的具体表达式未知，只知道函数 $f(x)$ 在某些点处的函数值。

③ $f(x)$ 的原函数虽然知道，但过于复杂，在实际应用中计算量较大，使用不便。

针对以上几种情况，就要考虑使用数值方法进行近似求解。下面介绍几个计算定积分近似值的公式：矩形公式、梯形公式、辛普森（Simpson）公式、牛顿-柯特斯公式。

一般地，若用 $\sum\limits_{k=0}^{n} c_k f(x_k)$（$c_k \geqslant 0$，$\sum\limits_{k=0}^{n} c_k = 1$）近似替代 $f(\xi)$，则得到定积分的近似计算公式

$$\int_a^b (f)x\mathrm{d}x \approx (b-a)\sum_{k=0}^{n} c_k f(x_k)$$

若令 $c_k(b-a) = A_k$，则有

$$\int_a^b f(x)\mathrm{d}x \approx \sum_{k=0}^{n} A_k f(x_k) \tag{3.40}$$

式(3.40) 通常称为机械求积公式，其中 A_k 一般为常数，称为求积系数。x_k 为积分区间 $[a,b]$ 上固定点，称为求积节点。对于一个确定的求积公式，计算所得的值与被积函数 $f(x)$ 有关。为方便起见，用 $I(f)$ 来表示式(3.40) 右端的值，即

$$I(f) = \sum_{k=0}^{n} A_k f(x_k)$$

显然，对于一个机械求积公式，通常需要考虑下列两个问题：

① 确定求积系数 A_k 和求积节点 x_k；

② 讨论求积公式的误差。

而对于不同的求积公式，如何判断哪一个数值效果更好呢？对于节点相同的求积公式，通常用代数精度的高低作为判定这些公式优劣的一个标准。一般说来，代数精度越高，求出的积分近似值精度越好。下面给出代数精度的定义。

定义 3.9　若数值积分公式

$$\int_a^b f(x)\mathrm{d}x \approx \sum_{k=0}^{n} A_k f(x_k)$$

对任意不高于 m 次的代数多项式都准确地成立，而对于 x^{m+1} 却不能准确地成立，则称该数值积分公式的代数精度为 m 次。

【例 3.12】 证明求积公式 $I(f)=\frac{b-a}{6}\left[f(a)+4f\left(\frac{a+b}{2}\right)+f(b)\right]$ 具有 3 次代数精度。

【证明】 事实上，当 $f(x)=1$ 时，左端 $=\int_a^b 1\mathrm{d}x=b-a$，

而右端 $=\frac{b-a}{6}(1+4+1)=b-a$，所以左端 = 右端；

当 $f(x)=x$ 时，左端 $=\int_a^b x\mathrm{d}x=\frac{b^2-a^2}{2}$，

而右端 $=\frac{b-a}{6}(a+2a+2b+b)=\frac{b^2-a^2}{2}$，所以左端 = 右端；

当 $f(x)=x^2$ 时，左端 $=\int_a^b x^2\mathrm{d}x=\frac{b^3-a^3}{3}$，

而右端 $=\frac{b-a}{6}[a^2+(a+b)^2+b^2]=\frac{b^3-a^3}{3}$，所以左端 = 右端；

当 $f(x)=x^3$ 时，左端 $=\int_a^b x^3\mathrm{d}x=\frac{b^4-a^4}{4}$，

而右端 $=\frac{b-a}{6}\left[a^3+\frac{(a+b)^3}{2}+b^3\right]=\frac{b^4-a^4}{4}$，所以左端 = 右端；

当 $f(x)=x^4$ 时，左端 $=\int_a^b x^4\mathrm{d}x=\frac{b^5-a^5}{5}$，

而右端 $=\frac{b-a}{6}\left[a^5+\frac{(a+b)^4}{4}+b^4\right]\neq$ 右端。

所以该求积公式有 3 次代数精度。

(1) 插值型求积公式

在 $[a,b]$ 上，用以 x_k 为节点的 n 次拉格朗日插值多项式 $L_n(x)$ 作为 $f(x)$ 的逼近函数，即可得到插值型求积公式：

$$\int_a^b f(x)\mathrm{d}x\approx\int_a^b L_n(x)\mathrm{d}x=\sum_{k=0}^{n}f(x_k)\int_a^b l_k(x)\mathrm{d}(x)$$

即

$$\int_a^b f(x)\mathrm{d}(x)\approx\sum_{k=0}^{n}A_k f(x_k)$$

$$A_k=\int_a^b l_k(x)\mathrm{d}(x)=\int_a^b\frac{(x-x_0)(x-x_1)\cdots(x-x_{k-1})(x-x_{k+1})\cdots(x_k-x_n)}{(x_k-x_0)(x_k-x_1)\cdots(x_k-x_{k-1})(x_k-x_{k+1})\cdots(x_k-x_n)}\mathrm{d}x$$

插值型积分公式具有 n 次代数精度，且 $A_k>0$ 时公式是稳定的。

(2) 牛顿-柯特斯公式

① 梯形公式。过 $x_0=a$，$x_1=b$ 两点做一次拉格朗日插值多项式

$$L_1(x)=\frac{x-b}{a-b}f(a)+\frac{x-a}{b-a}f(b)$$

$\int_a^b L_1(x)\mathrm{d}x=\int_a^b\left(\frac{x-b}{a-b}f(a)+\frac{x-a}{b-a}f(b)\right)\mathrm{d}x=\frac{b-a}{2}(f(a)+f(b))$，用 $L_1(x)$ 代替 $f(x)$ 得：

$$\int_a^b f(x)\mathrm{d}(x) \approx \frac{b-a}{2}(f(a)+f(b)) \tag{3.41}$$

上式称为梯形公式，也可改写为 $\int_a^b f(x)\mathrm{d}x \approx A_0 f(x_0)+A_1 f(x_1)$，其中 $A_0=A_1=\frac{b-a}{2}$

② 辛普森公式。把区间 $[a, b]$ 二等分，$h=\frac{b-a}{2}$，取 $x_0=a$，$x_1=a+h=\frac{a+b}{2}$，$x_2=a+2h=b$ 三点，做二次拉格朗日插值多项式

$$L_2(x)= f(x_0)\frac{(x-x_1)(x-x_2)}{(x_0-x_1)(x_0-x_2)}+f(x_1)\frac{(x-x_0)(x-x_2)}{(x_1-x_0)(x_1-x_2)}+f(x_2)\frac{(x-x_0)(x-x_1)}{(x_2-x_0)(x_2-x_1)}$$

令 $x=x_0+th$，则

$$\int_a^b L_2(x)\mathrm{d}x=\int_0^2\left[f(x_0)\frac{(t-1)(t-2)}{2}+f(x_1)\frac{t(t-2)}{-1}+f(x_2)\frac{t(t-1)}{2}\right]h\,\mathrm{d}t$$
$$=\frac{h}{3}(f(x_0)+4f(x_1)+f(x_2))$$

用 $L_2(X)$ 代替 $f(x)$，则得

$$\int_a^b f(x)\mathrm{d}x \approx \frac{h}{3}(f(x_0)+4f(x_1)+f(x_2))$$

或
$$\int_a^b f(x)\mathrm{d}x \approx \frac{b-a}{6}\left(f(a)+4f\left(\frac{a+b}{2}\right)+f(b)\right) \tag{3.42}$$

也可写成

$\int_a^b f(x)\mathrm{d}x \approx (A_0 f(x_0)+A_1 f(x_1)+A_2 f(x_2))$，其中 $A_0=A_2=\frac{B-A}{6}$，$A_1=\frac{4(b-a)}{6}$，称为辛普森（Simpson）公式。

③ 柯特斯公式。把区间 $[a, b]$ 四等分，$h=\frac{b-a}{4}$，取 $x_0=a$，$x_1=a+h$，$x_2=a+2h$，$x_3=a+3h$，$x_4=a+4h=b$ 为插值节点，做四次拉格朗日插值多项式 L_4，并以 L_4 代替 $[a, b]$ 上做定积分，得

$$\int_a^b f(x)\mathrm{d}x \approx \frac{h}{45}(14f(x_0)+64f(x_1)+24f(x_2)+64f(x_3)+14f(x_4))$$

或 $\int_a^b f(x)\mathrm{d}x \approx \frac{b-a}{90}(7f(a)+32f(a+h)+12f(a+2h)+32f(a+3h)+7f(b))$

也可以表示为

$$\int_a^b f(x)\mathrm{d}x \approx (A_0 f(x_0)+A_1 f(x_1)+A_2 f(x_2)+A_3 f(x_3)+A_4 f(x_4)) \tag{3.43}$$

其中，$A_0=A_4=\frac{7(b-a)}{90}$，$A_1=A_3=\frac{32(b-a)}{32}$，$A_2=\frac{12(b-a)}{90}$，称为柯特斯公式。

④ 牛顿-柯特斯公式。把 $[a, b]$ 区间 n 等分，其分点为 $x_i=a+ih$，$i=0, 1, 2, 3, \cdots, n$。$h=\frac{b-a}{n}$ 过这 $n+1$ 个节点，构造一个 n 次多项式

$P_n(x)=\sum_{i=0}^{n}\frac{w(x)}{(x-x_i)w'(x_i)}f(x_i)$，其中 $w(x)=(x-x_0)(x-x_1)\cdots(x-x_n)$

用 $P_n(x)$ 代替被积函数 $f(x)$，则有

$$\int_a^b f(x)\mathrm{d}x=\int_a^b P_n(x)\mathrm{d}x=\int_a^b\left(\sum_{i=0}^{n}\frac{w(x)}{(x-x_i)w'(x_i)}f(x_i)\right)\mathrm{d}x$$

$$=\sum_{i=0}^{n}\left(\int_a^b\frac{w(x)}{(x-x_i)w'(x_i)}\mathrm{d}x\right)f(x_i)=\sum_{i=0}^{n}A_i f(x_i) \tag{3.44}$$

其中，$A_i=\int_a^b\frac{w(x)}{(x-x_i)w'(x_i)}\mathrm{d}x$ 。式(3.44) 称为牛顿-柯特斯（Newton-Cotes）公式。

使用牛顿-柯特斯公式的关键是计算系数 A_i，用变量替换 $x=a+th$，于是

$$w(x)=w(a+th)=h^{n+1}t(t-1)\cdots(t-n)$$

而
$$w'(x_i)=h''(-1)^{n-1}(i!)(i-1)!$$

$$A_i=\int_a^b\frac{w(x)}{(x-x_i)w'(x_i)}\mathrm{d}x=\int_0^n\frac{h^{n+1}t(t-1)\cdots(t-n)}{(-1)^{n-1}h^n(i!)(n-i)!\,h(t-i)}h\,\mathrm{d}t$$

$$=\frac{(-1)^{n-1}h}{(i!)(n-i)!}\int_0^n\frac{t(t-1)\cdots(t-n)}{(t-i)}\mathrm{d}t$$

引进记号
$$c_i^{(n)}=\frac{(-1)^{n-1}}{n(i!)(n-i)!}\int_0^n\frac{t(t-1)\cdots(t-n)}{(t-i)}\mathrm{d}t$$

则 $A_i=(b-a)c_i^{(n)}$ ，这时 $c_i^{(n)}$ 是不依赖于函数 $f(x)$ 和 $[a, b]$ 区间常数，可以先计算出来，称为牛顿-柯特斯系数。

(3) 复化求积公式

由定积分知识，定积分只与被积函数和积分区间有关，而在对被积函数做插值逼近时，多项式的次数越高，对被积函数的光滑程度要求也越高，且会出现 Runge 现象。如 $n>7$ 时，牛顿-柯特斯公式就是不稳定的。因而，人们把目标转向积分区间，类似分段插值，把积分区间分割成若干小区间，在每个小区间上使用次数较低的牛顿-柯特斯公式，然后把每个小区间上的结果加起来作为函数在整个区间上积分的近似，这是复化的基本思想。

① 复化梯形公式。我们用等距节点 $a=x_1<x_2<\cdots<x_{n+1}=b$ 将积分区间 $[a, b]$ 分成 n 个相等的子区间，$i=0, 1, 2, 3, \cdots, n$，即 $x_i=a+(i-1)h$，$i=0, 1, 2, 3, \cdots, n$。每个子区间 $[x_i, x_{i+1}]$ 上使用梯形公式得

$$\int_{x_i}^{x_{i+1}}f(x)\mathrm{d}x=\frac{h}{2}[f(x_i)+f(x_{i+1})]-\frac{x^3}{12}f''(\xi_i)，x_i<\xi_i<x_{i+1}$$

于是
$$\int_a^b f(x)\mathrm{d}x=\sum_{i=1}^{n}\int_{x_i}^{x_{i+1}}f(x)\mathrm{d}x=\frac{h}{2}\sum_{i=1}^{n}[f(x_i)+f(x_{i+1})]-\frac{h^3}{12}\sum_{i=1}^{n}f''(\xi_i)$$

假设 $f''(x)$ 在区间 $[a,b]$ 上连续，则在 (a,b) 中比存在一点 ξ，使得 $\frac{1}{n}\sum_{i=1}^{n}f''(\xi_i)=f''(\xi)$，从而有

$$\int_a^b f(x)\mathrm{d}x=\frac{h}{2}\left[f(a)+f(b)+2\sum_{i=1}^{n-1}f(a+ih)\right]-\frac{nh^3}{12}f''(\xi)$$

于是得到复化梯形公式

$$T_n(f)=\frac{h}{2}\left[f(a)+f(b)+2\sum_{i=1}^{n-1}f(a+ih)\right]，h=\frac{b-a}{n}$$

且
$$I(f)=\int_a^b f(x)\mathrm{d}x=T_n(f)+E_n(f)$$

其中 $$E_n(f)=-\frac{nh^3}{12}f''(\xi)=-\frac{h^2(b-a)}{12}f''(\xi),\ \xi\in(a,b)$$

② 复化辛普森公式。我们用 $n+1(n=2m)$ 个等距点 $a=x_0<x_1<\cdots<x_{2m}=b$，将区间 $[a,b]$ 分成 m 个相等的子区间 $[x_{2i-2},x_{2i}]$，$i=1,2,\cdots,m$。子区间 $[x_{2i-2},x_{2i}]$ 的中点为 x_{2i-2} 且

$$x_{2i}-x_{2i-2}=\frac{b-a}{m}=2h,\ i=1,2,\cdots,m$$

在每个子区间 $[x_{2i-2},x_{2i}]$ 上使用辛普森公式得

$$\int_{x_{2i-2}}^{x_{2i}}f(x)\mathrm{d}x=\frac{h}{3}[f(x_{2i-2})+4f(x_{2i-1})+f(x_{2i})]-\frac{h^5}{90}f^{(4)}(\xi_i)$$，其中 $x_{2i-2}<\xi_i<x_{2i}$

若 $f^4(x)$ 在 $[a,b]$ 上连续，则

$$\int_a^b f(x)\mathrm{d}x=\sum_{i=1}^{m}\int_{x_{2i-2}}^{x_{2i}}f(x)\mathrm{d}x=\frac{h}{3}\sum_{i=1}^{m}[f(x_{2i-2})+4f(x_{2i-1})+f(x_{2i})]-\frac{h^5}{90}f^{(4)}(\xi_i)$$

$$=\frac{h}{3}[f(a)+4\sum_{i=1}^{m}f(a+(2i-1)h)+f(b)+2\sum_{i=1}^{m-1}f(a+2ih)]-\frac{mh^5}{90}f^{(4)}(\xi)$$

$$a<\xi<b$$

这样便得到复化辛普森公式。

$$S_m(f)=-\frac{h}{3}\left[f(a)+f(b)+4\sum_{i=1}^{m}f(a+(2i-1)h)+2\sum_{i=1}^{m-1}f(a+2ih)\right],\ h=\frac{b-a}{2m}=\frac{b-a}{n}$$

其离散误差为 $E_m(f)=\dfrac{mh^5}{90}f^{(4)}(\xi)=\dfrac{h^4(b-a)}{180}f^{(4)}(\xi)$，$a<\xi<b$

③ 复化柯特斯公式。把区间 $[a,b]$ 划分为 n 等份，$h=\dfrac{b-a}{n}$ 再将每个小区间 $[x_i,x_{i+1}]$ 分成四等份，分点依次为 $x_{i+\frac{1}{4}}$，$x_{i+\frac{1}{2}}$，$x_{i+\frac{3}{4}}$，因此共有 $4n+1$ 个节点，在每个小区间 $[x_i,x_{i+1}]$ 上用柯特斯公式，有

$$\int_{x_i}^{x_{i+1}}f(x)\mathrm{d}x\approx\frac{h}{90}[7f(x_i)+32f(x_{i+\frac{1}{4}})+12f(x_{i+\frac{1}{2}})+32f(x_{i+\frac{3}{4}})+7f(x_{i+1})]$$

于是

$$\int_a^b f(x)\mathrm{d}x=\sum_{k=0}^{n-1}\int_{x_i}^{x_{i+1}}f(x)\mathrm{d}x$$

$$\approx\sum_{k=0}^{n-1}\frac{h}{90}[7f(x_k)+32f(x_{k+\frac{1}{4}})+12f(x_{k+\frac{1}{2}})+32f(k_{i+\frac{3}{4}})+7f(x_{k+1})]$$

$$=\frac{h}{90}\left[7f(a)+32\sum_{k=0}^{n-1}f(x_{k+\frac{1}{4}})+12\sum_{k=0}^{n-1}f(x_{k+\frac{1}{2}})+32\sum_{k=0}^{n-1}f(x_{k+\frac{3}{4}})+7f(b)\right]$$

记

$$7f(a)+32\sum_{k=0}^{n-1}f(x_{k+\frac{1}{4}})+12\sum_{k=0}^{n-1}f(x_{k+\frac{1}{2}})+32\sum_{k=0}^{n-1}f(x_{k+\frac{3}{4}})+7f(b)\qquad(3.45)$$

称式(3.45)为复化的柯特斯公式。

(4) 逐次分半技术与龙贝格公式

① 梯形公式的递推化。把区间 $[a,b]$ 作 n 等分得 n 个小区间 $[x_i,x_{i+1}]$，$h=\dfrac{b-a}{n}$，则复化梯形公式：

$$T_n=\sum_{i=0}^{n-1}\frac{h}{2}[f(x_i)+f(x_{i+1})]=\frac{h}{2}[f(a)+2\sum_{i=0}^{n-1}f(x_i)+f(b)]$$

把区间 $[a, b]$ 作 $2n$ 等分，记 $[x_i, x_{i+1}]$ 的中心 $x_{i+\frac{1}{2}}=\frac{x_i+x_{i+1}}{2}$，则复化梯形公式

$$T_{2n}=\sum_{i=0}^{n-1}\frac{1}{2}\left(\frac{h}{2}\right)[f(x_i)+2f(x_{i+\frac{1}{2}})+f(x_{i+1})]$$

$$=\frac{1}{2}\sum_{i=0}^{n-1}\left(\frac{h}{2}\right)[f(x_i)+f(x_{i+1})]+\frac{h}{2}\sum_{i=0}^{n-1}f(x_{i+\frac{1}{2}})=\frac{1}{2}T_n+\frac{h}{2}\sum_{i=0}^{n-1}f(x_{i+\frac{1}{2}})$$

② 龙贝格公式。公式为：

$$I-T_n=-\frac{b-a}{12}h^2f''(\eta_1),\ I-T_{2n}=-\frac{b-a}{12}\left(\frac{h}{2}\right)^2f''(\eta_2)$$

假定 $f''(\eta_1)\approx f''(\eta_2)$，则$\frac{I-T_n}{I-T_{2n}}\approx 4$，或 $I-T_{2n}\approx\frac{1}{3}(T_{2n}-T_n)$

事后误差估计

$$I-T_{2n}\approx\frac{1}{3}(T_{2n}-T_n),\ \widetilde{T}=T_{2n}+\frac{1}{3}(T_{2n}-T_n)=\frac{4}{3}T_{2n}-\frac{1}{3}T_n$$

如当 $n=1$ 时，$\widetilde{T}=\frac{4}{3}T_2-\frac{1}{3}T_1$

$$=\frac{4}{3}\frac{b-a}{4}\left[f(a)+2f\left(\frac{a+b}{2}\right)+f(b)\right]-\frac{1}{3}\frac{b-a}{2}[f(a)+f(b)]$$

$$=\frac{b-a}{6}\left[f(a)+4f\left(\frac{a+b}{2}\right)+f(b)\right]$$

即 $$S_1=\frac{4}{3}T_2-\frac{1}{3}T_1$$

一般地，$S_n=\frac{4}{3}T_{2n}-\frac{1}{3}T_n$。同理，$I-S_{2n}\approx\frac{1}{15}(S_{2n}-S_n)$

复化柯特斯公式 $$C_n=\frac{16}{15}S_{2n}-\frac{1}{15}S_n$$

龙贝格求积公式 $$R_n=\frac{64}{63}C_{2n}-\frac{1}{63}C_n$$

计算步骤如下。

a. 初值 $T_1=\frac{b-a}{2}[f(a)+f(b)]$

b. 令 $h=\frac{b-a}{2^i}(i=0, 1, 2, \cdots)$，计算 $T_{2n}=\frac{1}{2}T_n+\frac{h}{2}\sum_{i=0}^{n-1}f(x_{i+\frac{1}{2}})$

c. 求加速值 $S_n=T_{2n}+(T_{2n}-T_n)/3$，

$$C_n=S_{2n}+(S_{2n}-S_n)/15,$$
$$R_n=C_{2n}+(C_{2n}-C_n)/63$$

d. 满足精度要求；否则转 b。

理查森外推加速方法推导如下。

因为 $$I-T_n=-\frac{b-a}{12}h^2f''(\eta),\ h=\frac{b-a}{n}$$

所以，若记 $T(h)=T_{2n}$，则 $T_{2n}=T\left(\frac{h}{2}\right)$，并且 $T(h)=I+\frac{b-a}{12}h^2 f''(\eta)$，且 $\lim\limits_{n\to\infty}T(h)=T(0)=I$。

若 $f(x)\in C^{\infty}[a,b]$，则 $T(h)=I+\alpha_1 h^2+\alpha_2 h^4+\cdots+\alpha_l h^{2l}+\cdots$，其中系数 $\alpha_l(l=1,2,\cdots)$ 与 h 无关。

$$T\left(\frac{h}{2}\right)=I+\alpha_1\frac{h^2}{4}+\alpha_2\frac{h^4}{16}+\cdots+\alpha_l\left(\frac{h}{2}\right)^{2l}+\cdots$$

$$T_1(h)\overset{\Delta}{=}\frac{4T\left(\frac{h}{2}\right)-T(h)}{3}=I+\beta_1 h^4+\beta_2 h^6+\cdots$$

$$T_1\left(\frac{h}{2}\right)=I+\beta_1\frac{h^4}{16}+\beta_2\frac{h^6}{64}+\cdots$$

$$T_2(h)\overset{\Delta}{=}\frac{16T_1\left(\frac{h}{2}\right)-T_1(h)}{15}=I+\gamma_1 h^6+\gamma_2 h^8+\cdots$$

一般地，记 $T_0(h)=T(h)$，则

$$T_m(h)=\frac{4^m T_{m-1}\left(\frac{h}{2}\right)-T_{m-1}(h)}{4^m-1},\quad T_m(h)=I+\delta_1 h^{2(m+1)}+\delta_2 h^{2(m+2)}+\cdots$$

上述处理方法称为理查森外推加速方法。

设 $T_0^{(k)}$ 表示二分 k 次后的梯形公式值，$T_m^{(k)}$ 表示 m 次加速值，则

$$T_m^{(k)}=\frac{4^m}{4^m-1}T_{m-1}^{(k+1)}\left(\frac{h}{2}\right)-\frac{1}{4^m-1}T_{m-1}^{(k)}(h),\ k=1,2,\cdots$$

称为龙贝格求积算法。

计算过程如下。

a. 取 $k=0$，$h=b-a$，求 $T_0^{(0)}=\frac{b-a}{2}[f(a)+f(b)]$，$1\to k$（二分次数）。

b. 计算 $T_0^{(k)}$。

c. 求加速值 $T_j^{(k-j)}(j=1,2,\cdots,k)$。

d. 若满足精度 $|T_k^{(0)}-T_{k-1}^{(0)}|<\varepsilon$，则取 $I\approx T_k^{(0)}$；否则，$k+1\to k$ 转步骤 b。

3.3.3 Matlab 求解数值积分和数值微分

（1）数值积分的实现方法

① 变步长辛普森法。基于变步长辛普森法，Matlab 给出了 quad 函数来求定积分。该函数的调用格式为：

```
[I,n]=quad('fname',a,b,tol,trace)
```

其中 fname 是被积函数名。a 和 b 分别是定积分的下限和上限。tol 用来控制积分精度，缺省时取 tol=0.001。trace 控制是否展现积分过程，若取非 0，则展现积分过程，取 0 则不展现，缺省时取 trace=0。返回参数 I 即定积分值，n 为被积函数的调用次数。

【例 3.13】 设 $f(x)=e^{0.5x}\sin\left(x+\frac{\pi}{6}\right)$，求 $f(x)=e^{0.5x}\sin\left(x+\frac{\pi}{6}\right)$ 在 $[0,3\pi]$ 的定积分。

【解】 a. 建立被积函数文件 fesin.m。

```
function f=fesin(x)
f=exp(-0.5*x).*sin(x+pi/6);
```

b. 调用数值积分函数 quad 求定积分。

```
[S,n]=quad('fesin',0,3*pi)
S=0.9008
n=77
```

② 牛顿-柯特斯法。一种具有更高精度的数值积分算法是牛顿-柯特斯法，基于牛顿-柯特斯法，Matlab 给出了 quad8 函数来求定积分。该函数的调用格式为：

```
[I,n]=quad8('fname',a,b,tol,trace)
```

其中参数的含义和 quad 函数相似，只是 tol 的缺省值取 10^{-6}。该函数可以更精确地求出定积分的值，且一般情况下函数调用的步数明显小于 quad 函数，从而保证能以更高的效率求出所需的定积分值。

【例 3.14】 求定积分 $\int_0^{\pi}\frac{x\sin x}{1+\cos^2 x}dx$。

【解】 a. 被积函数文件 fx.m。

```
function f=fx(x)
f=x.*sin(x)./(1+cos(x).*cos(x));
```

b. 调用函数 quad8 求定积分。

```
I=quad8('fx',0,pi)
I=2.4674
```

【例 3.15】 分别用 quad 函数和 quad8 函数求 $\int_1^{2.5}e^{-x}dx$ 的近似值，并在相同的积分精度下，比较函数的调用次数。

【解】 【方法一】

调用函数 quad 求定积分：

```
format long;
fx=inline('exp(-x)');%不建立函数文件,直接使用内联函数语句求解
[I,n]=quad(fx,1,2.5,1e-10)
I=0.28579444254766
n=65
```

【方法二】

调用函数 quad8 求定积分：

```
format long;
fx=inline('exp(-x)');
[I,n]=quad8(fx,1,2.5,1e-10)
I=0.28579444254754
n=33
```

显然后者的效率明显高于前者，而且精度也要高。

③ 被积函数由一个表格定义。在科学实验和工程应用中，函数关系往往是不知道的，只有

实验测定的一组样本点和样本值。在Matlab中，对由表格形式定义的函数关系的求定积分问题用trapz(X，Y)函数。其中向量$\boldsymbol{X}$，$\boldsymbol{Y}$定义函数关系$\boldsymbol{Y}=f(\boldsymbol{X})$。$\boldsymbol{X}$，$\boldsymbol{Y}$是两个等长的向量：$\boldsymbol{X}=(x_1, x_2, \cdots, x_n)$，$\boldsymbol{Y}=(y_1, y_2, \cdots, y_n)$，且$x_1<x_2<\cdots<x_n$，积分区间是$[x_1, x_2]$。

【例3.16】 用trapz函数计算定积分$\int_1^{2.5} e^{-x}dx$。

【解】 命令如下：

```
X=1:0.01:2.5;
Y=exp(-X);              %生成函数关系数据向量
trapz(X,Y)
ans=0.28579682416393
```

(2) 二重定积分的数值求解

考虑下面的二重定积分问题

$$I=\int_a^b\int_c^d f(x, y)dxdy$$

使用Matlab提供的dblquad函数就可以直接求出上述二重定积分的数值解。该函数的调用格式为：

I=dblquad(f，a，b，c，d，tol，trace)

该函数求$f(x, y)$在$[a, b]\times[c, d]$区域上的二重定积分。参数tol，trace的用法与函数quad完全相同。dblquad函数不能返回被积函数的调用次数，如果需要，可以在被积函数中设置一个记数变量，从而统计出被积函数的调用次数。

【例3.17】 计算二重定积分$I=\int_{-1}^1\int_{-2}^2 e^{-x^2/2}\sin(x^2+y)dxdy$。

① 建立一个函数文件fxy.m：

```
function f=fxy(x,y)
global ki;
ki=ki+1;               %ki用于统计被积函数的调用次数
f=exp(-x.^2/2).*sin(x.^2+y);
```

② 调用dblquad函数求解。

```
global ki;
ki=0;
I=dblquad('fxy',-2,2,-1,1)
ki
I=1.57449318974494
ki=1038
```

(3) 三重积分的数值计算

用triplequad函数对三重积分进行数值计算。该函数的调用格式为：

```
q=triplequad(fun,a,b,c,d,e,f)
```

该函数求$f(x, y, z)$在积分区间$a<x<b$，$c<y<d$，$e<z<f$上的三重积分运算。使用方法与计算二重积分的dblquad函数类似。

【例3.18】 计算三重积分$I=\int_{-1}^1\int_0^1\int_0^{\pi}(y\sin(x)+z\cos(x))dxdydz$。

【解】 ① 建立函数的 M 文件 fxyz. m

```
function z=fxyz(x,y,z)
z=y*sin(x)+z*cos(x);
```

② 调用 triplequad 函数求解。

```
>>Q=triplequad(@ fxyz,0,pi,0,1,-1,1)
Q=2.0000
```

(4) 数值微分

一般来说，函数的导数依然是一个函数。设函数 $f(x)$ 的导函数 $f'(x)=g(x)$，高等数学中关心的是 $g(x)$ 的形式和性质，而数值分析关心的问题是怎样计算 $g(x)$ 在一串离散点 $x=(x_1, x_2, \cdots, x_n)$ 的近似值 $G=(g_1, g_2, \cdots, g_n)$，以及所计算的近似值有多大误差。

在 Matlab 中，没有直接提供求数值导数的函数，只有计算向前差分的函数 diff，其调用格式为：

DX=diff(X)：计算向量 X 的向前差分，DX(i)=X(i+1)-X(i)，i=1,2,…,n-1。

DX=diff(X,n)：计算 X 的 n 阶向前差分。例如，diff(X,2)=diff(diff(X))。

DX=diff(A,n,dim)：计算矩阵 A 的 n 阶差分，dim=1 时(缺省状态)，按列计算差分；dim=2，按行计算差分。

【例 3.19】 生成以向量 $\boldsymbol{V}=[1, 2, 3, 4, 5, 6]$ 为基础的范德蒙矩阵，按列进行差分运算。

命令如下：

```
V=vander(1:6)
V=        1            1            1        1          1          1
   32          16       8         4         2          1
243         81       27         9         3          1
1024        256          64         16         4          1
3125        625     125      25          5          1
7776        1296       216      36          6          1
DV=diff(V)                        %计算 V 的一阶差分
DV=diff(V)
DV=   31            15             7             3          1          0
    211          65          19         5          1          0
781         175           37          7          1          0
    2101           369         61         9          1          0
4651          671          91           11          1          0
```

3.4 非线性方程求解

在利用数学工具研究社会现象和自然现象，或解决工程技术等问题时，很多问题都可以归结为非线性方程 $f(x)=0$ 的求解问题，无论在理论研究方面还是在实际应用中，求解非线性方程都占了非常重要的地位。众所周知，代数方程求根问题是一个古老的数学问题。早在 16 世纪就找到了三次、四次方程的求根公式。但直到 19 世纪才证明了 $n\geqslant5$ 次的一般代数方程是不能用代数公式求解的，或者求解非常复杂。因此需要研究用数值方法求得满足一定精度的代数方程的近似解。

在工程和科学技术中许多问题常归结为求解非线性方程的问题。正因为非线性方程求根问题是如此重要的基础，因此它的求根问题很早就引起了人们的兴趣，并得到了许多成熟的求解方法。

本课题主要介绍非线性方程的数值解法是直接从方程出发，逐步缩小根的存在区间，或逐步将根的近似值精确化，直到满足问题对精度的要求。主要的方法有逐步搜索法、二分法、迭代法，并写出这几种非线性方程的数值解法的算法步骤和例题，最后通过一个实际问题建立数学模型，用三种方法进行计算，得出结果并进行比较。

3.4.1 引言

对于一个非线性方程，在求其根时，必须考虑两个问题：a. 方程是否有根；b. 方程的根的个数。设有一个非线性方程 $f(x)=0$，其中 $f(x)$ 为实变量 x 的非线性函数。

① 如果有 x^* 使 $f(x^*)=0$，则称 x^* 为方程的根，或为 $f(x)$ 的零点。

② 当 $f(x)$ 为多项式，即

$$f(x)=a_nx^n+a_{n-1}x^{n-1}+\cdots+ax+a_0,\ a_n\neq 0$$

则称 $f(x)=0$ 为 n 次代数方程。当 $f(x)$ 包含指数函数或者三角函数等特殊函数时，则称 $f(x)=0$ 为特殊方程。

③ 如果 $f(x)=(x-x^*)^m g(x)$，其中 $g(x^*)\neq 0$。m 为正整数，则称 x^* 为 $f(x)=0$ 的 m 重根。当 $m=1$ 时，称 x^* 为 $f(x)=0$ 的单根。

根的存在由于零点定理密不可分。零点定理的意义：设 $f(x)$ 在 $[a,b]$ 连续，且 $f(a)\cdot f(b)<0$，则存在 $x^*\in(a,b)$，使得 $f(x^*)=0$，即 $f(x)$ 在 (a,b) 内存在零点。

3.4.2 二分法

对非线性方程：

$$f(x)=0 \tag{3.46}$$

其中 $f(x)$ 在 $[a,b]$ 上连续且设 $f(a)\cdot f(b)<0$，不妨设 $f(x)$ 在 $[a,b]$ 内仅有一个零点。

求方程的实根 x^* 的二分法的过程，就是将 $[a,b]$ 逐步分半，检查函数值符号的变化，以便确定包含根的充分小区间。

二分法的步骤如下：记 $a_1=a$，$b_1=b$。

第 1 步：分半计算 $(k=1)$，即将 $[a_1,b_1]$ 分半。计算中点 $x_1=\dfrac{a_1+b_1}{2}$ 及 $f(x_1)$。若 $f(a_1)\cdot f(x_1)<0$，则根必在 $[a_1,x_1]$ 内，否则必在 $[x_1,b_1]$ 内（若 $f(x_1)=0$，则 $x^*=x_1$），于是得到长度一半的区间 $[a_2,b_2]$ 含根，即 $f(a_2)f(b_2)<0$，且 $b_2-a_2=\dfrac{1}{2}(b_1-a_1)$。

第 2 步：若 $|b_k-a_k|<\varepsilon$，则停止计算，取 $x^*=\dfrac{a_k+b_k}{2}$。

……

第 k 步：（分半计算）重复上述过程。

设已完成第 1 步，…，第 $k-1$ 步，分半计算得到含根区间 $[a_1,b_1]\supset[a_2,b_2]\cdots\supset[a_k,b_k]$，且满足 $f(a_k)f(b_k)<0$，即 $x^*\in[a_k,b_k]$，$b_k-a_k=\dfrac{1}{2^{k-1}}(b-a)$，则第 k

步的分半计算：$x_k=\frac{a_k+b_k}{2}$，且有：

$$|x^*-x_k|\leqslant\frac{b_k-a_k}{2}=\frac{1}{2^k}(b-a) \tag{3.47}$$

确定新的含根区间 $[a_{k+1}, b_{k+1}]$，即如果 $f(a_k)f(x_k)<0$，则根必在 $[a_k, x_k]$ 内，否则必在 $[a_{k+1}, b_{k+1}]$ 内，且有，$b_{k+1}-a_{k+1}=\frac{1}{2^k}(b-a)$。总之，由上述二分法得到序列 $\{x_k\}$。由式(2.47) 有：$\lim\limits_{k\to\infty}x_k=x^*$。

可用二分法求方程 $f(x)=0$ 的实根 x^* 的近似值到任意指定的精度，这是因为：

设 $\varepsilon>0$ 为给定精度要求，则由 $|x^*-x_k|\leqslant\frac{b-a}{2^k}<\varepsilon$，可得分半计算次数 k 应满足

$$k>\frac{\ln(b-a)-\ln\varepsilon}{\ln 2}$$

二分法的优点是方法简单，且只要求 $f(x)$ 连续即可。可用二分法求出 $f(x)=0$ 在 $[a, b]$ 内的全部实根，但二分法不能求复根及偶数重根，且收敛较慢，函数值计算次数较多。

【例 3.20】 用二分法求 $f(x)=x^6-x-1$ 在 $[1, 2]$ 内一个实根，且要求精确到小数点后第三位$\left(\text{即}|x^*-x_k|<\frac{1}{2}\times10^{-3}\right)$。

【解】 将 $\varepsilon=\frac{1}{2}\times10^{-3}$代入，其中 $(a=1, b=2)$，可确定所需分半次数为 $k=11$，计算结果部分如表 3.5 所示 [显然 $f(1)=-1<0$，$f(2)>0$]。

表 3.5　部分计算结果

k	a_k	b_k	x_k	$f(x_k)$
8	1.132813	1.140625	1.136719	0.020619
9	1.132813	1.136719	1.134766	0.4268415
10	1.132813	1.134766	1.133789	−0.00959799
11	1.133789	1.134766	1.134277	−0.0045915

3.4.3 迭代法求根

谈到解非线性方程，就不得不提迭代法，它是最有效、最便利的求解方法．迭代法就是从预知的解的初始近似值（简称初值）开始，采用某种迭代格式构造一近似值序列

$$x_0, x_1, x_2, \cdots, x_k, x_{k+1}, \cdots$$

逐步逼近于所求方程的真解。

一般地，为了求一元非线性方程 $f(x)=0$ 的根，可以先将其转换为如下的等价形式

$$x=\varphi(x) \tag{3.48}$$

式(3.48) 中连续函数 $\varphi(x)$ 称为迭代函数，其右端含未知数，不能直接求解。先用根的某个猜测值 x_0 代入式(3.48)，构造迭代公式：$x_{k+1}=\varphi(x_k)$。如果迭代值 x_k 有极限，则称迭代收敛，极限值 $x^*=\lim\limits_{k\to\infty}x_k$ 就是方程(3.48) 的根。我们称式(3.48) 为不动点迭代法，不动点迭代法是最简单的迭代法，它是一种逐次逼近的方法。

但是迭代序列 x_k 能否作为方程的根 x^* 的好的近似，或者能否收敛于 x^*，以及能否快

速地收敛到 x^* 呢？这些都是后面所要探讨的问题。

定理 3.8(压缩映像原理) 设 $\varphi(x)$ 在 $[a, b]$ 上具有连续的一阶导数，满足条件：

① 对任意 $x\in[a, b]$，总有 $\varphi(x)\in[a, b]$，即映内性；

② 存在 $0\leqslant L\leqslant 1$，使得对于任意 $x\in[a, b]$ 成立 $|\varphi'(x)|\leqslant L$，即压缩性。

则迭代过程 $x_{k+1}=\varphi(x_k)$ 对于**任意初值** $x_0\in[a, b]$ 均收敛于方程 $x=\varphi(x)$ 的根 x^*，且有下列误差估计式：

$$|x^*-x_k|\leqslant\frac{1}{1-L}|x_{k+1}-x_k|,\quad |x^*-x_k|\leqslant\frac{L^k}{1-L}|x_1-x_0|$$

对于一种解法，为了考察它的有效性，一般都要讨论它的收敛性和收敛速度，即考虑在什么样的条件下构造的序列是收敛的，以及序列中的近似值是按什么样的误差下降速度来逼近真解的。迭代过程的收敛条件，一般与方程的性态［函数 $F(x)$ 在解附近的性质，零点的分布状态等］以及初值的近似度有关，而某些方法仅与初值的近似度有关，故有时也称收敛条件为收敛范围．迭代过程的收敛速度，是指在接近收敛过程中近似值误差的下降速度。一般来说，它主要由方法所决定，方程的性态也会有一些影响。如果由一种迭代解法构造出来的近似值序列 x_1，x_2，x_3，…，x_k 与解 x^* 的误差为

$$\lim_{k\to\infty}\frac{\|x_{k+1}-x^*\|}{\|x_k-x^*\|^r}=K$$

或者，当 x_k 充分接近于解 x^* 时有关系式

$$\|x_{k+1}-x^*\|\approx K\|x_k-x^*\|^r$$

当 $r>1$ 时，称该迭代法具有 r 阶的收敛速度．通常具有 r 阶收敛速度的算法，当接近收敛时其近似值的误差将按幂次为 r 的速度下降。因此 r 越大，误差就下降得越多，收敛速度就越高；r 越小，误差就下降得越少，收敛速度就越低。

3.4.4 牛顿迭代法

对于求解非线性方程(3.46) 的零点问题，有很多种迭代方法，其中最为著名的就是牛顿迭代法

$$x_{n+1}=x_n-\frac{f(x_n)}{f'(x_n)}\tag{3.49}$$

这些迭代法是如何被取得的呢？下面以牛顿迭代法为例，介绍公式(3.49) 的几个导出途径。

方法一：作泰勒级数展开并取线性部分。

记 x^* 是方程(3.46) 的根，于是

$$0=f(x^*)=f(x_k)+f'(x_k)(x^*-x_k)+f''(x_k+\theta(x^*-x_k))\frac{(x^*-x_k)^2}{2}$$

将右边的二次项去掉，即得

$$f(x_k)+f'(x_k)(x^*-x_k)\approx 0$$

令 x_{k+1} 满足 $f(x_k)+f'(x_k)(x_{k+1}-x_k)=0$ 即得公式(3.49)。

方法二：为了求曲线 $y=f(x)$ 与 x 轴的交点，用过 $(x_k, f(x_k))$ 处的切线与 x 轴的交点来近似。

因为过 $(x_k, f(x_k))$ 的切线方程为

$$y=f(x_k)+f'(x_k)(x-x_k)$$

它与 x 轴的交点的横坐标即为

$$x_{k+1}=x_k-\frac{f(x_k)}{f'(x_k)}$$

正因为如此，牛顿迭代法也称为切线法。

牛顿迭代法对单根至少是二阶局部收敛的，而对于重根是一阶局部收敛的。一般来说，牛顿迭代法对初值 x_0 的要求较高，初值足够靠近 x^* 时才能保证收敛。若要保证初值在较大范围内收敛，则需对 $f(x)$ 加一些条件。如果所加的条件不满足，而导致牛顿法不收敛时，则需对牛顿迭代法作一些改动时，即可以采用下面的迭代格式：

$$x_{k+1}=x_k-\lambda\frac{f(x_k)}{f'(x_k)},k=0,1,2,\cdots \tag{3.50}$$

式中，$0<\lambda<1$，称为下山因子。因此，用这种方法求方程的根，也称为牛顿下山法。

牛顿迭代法对单根收敛速度快，但每迭代一次，除需计算 $f(x_k)$ 之外，还要计算 $f'(x_k)$的值。如果 $f(x)$ 比较复杂，计算 $f'(x_k)$ 的工作量就可能比较大。为了避免计算导数值，我们可用差商来代替导数。通常用如下几种方法。

(1) 割线法

如果用$\frac{f(x_k)-f(x_{k-1})}{x_k-x_{k-1}}$代替 $f'(x_k)$，则得到割线法的迭代格式为：

$$x_{k+1}=x_k-\frac{x_k-x_{k-1}}{f(x_k)-f(x_{k-1})}f(x_k) \tag{3.51}$$

(2) 拟牛顿迭代法

如果用$\frac{f(x_k)-f(x_k-f(x_{k-1}))}{f(x_k)}$代替 $f'(x_k)$，则得到拟牛顿迭代法的迭代格式为：

$$x_{k+1}=x_k-\frac{f^2(x_k)}{f(x_k)-f(x_k-f(x_{k-1}))} \tag{3.52}$$

(3) Steffenson 法

如果用$\frac{f(x_k+f(x_k))-f(x_k)}{f(x_k)}$代替 $f'(x_k)$，则得到拟牛顿迭代法的迭代格式为：

$$x_{k+1}=x_k-\frac{f^2(x_k)}{f(x_k+f(x_k))-f(x_k)} \tag{3.53}$$

3.4.5 Matlab 求解非线性方程

实际工程中得到的数学模型往往具有非线性的特点，得到其解析解比较困难。一般采用迭代法求解非线性方程。比较常见的迭代方法有不动点迭代法，牛顿迭代法、弦截法、二分法等。

(1) 单变量非线性方程求解

在 Matlab 中提供了一个 fzero 函数，可以用来求一元非线性方程的根。该函数的调用格式为：x＝fzero(Fun，x0)

返回一元函数 Fun 的一个零点，其中 Fun 为函数句柄、内嵌函数或字符串表达方式。

x0 为标量时，返回函数在 x0 附近的零点；

x0 为向量［a，b］时，返回在［a，b］中的零点。

fzero 函数的另一种调用格式为：

```
z=fzero('fname',x0,tol,trace)
```

其中 fname 是待求根的函数文件名，x0 为搜索的起点。tol 控制结果的相对精度，缺省时取 tol=eps，trace 指定迭代信息是否在运算中显示，为 1 时显示，为 0 时不显示，缺省时取 trace=0。

【例 3.21】 求 $f(x)=x-10^x+2=0$ 在 $x_0=0.5$ 附近的根。

【解】 ① 建立函数文件 funx.m。

```
function fx=funx(x)
fx=x-10.^x+2;
```

② 调用 fzero 函数求根。

```
z=fzero('funx',0.5)
z=0.3758
```

(2) 非线性方程组的求解

对于非线性方程组 $F(X)=0$，用 fsolve 函数求其数值解。fsolve 函数的调用格式为：

```
X=fsolve('fun',X0,option)
```

其中 X 为返回的解，fun 是用于定义需求解的非线性方程组的函数文件名，X0 是求根过程的初值，option 为最优化工具箱的选项设定。

最优化工具箱提供了 20 多个选项，用户可以使用 optimset 命令将它们显示出来。如果想改变其中某个选项，则可以调用 optimset () 函数来完成。例如，Display 选项决定函数调用时中间结果的显示方式，其中‘off’为不显示，‘iter’表示每步都显示，‘final’只显示最终结果。

【例 3.22】 求下列非线性方程组 $\begin{cases} x-0.6\sin x-0.3\cos y=0 \\ y-0.6\cos x+0.3\sin y=0 \end{cases}$ 在（0.5，0.5）附近的数值解。

【解】 ① 建立函数文件 myfun.m。

```
function q=myfun(p)
x=p(1);
y=p(2);
q(1)=x-0.6*sin(x)-0.3*cos(y);
q(2)=y-0.6*cos(x)+0.3*sin(y);
```

② 给定初值 x0=0.5，y0=0.5，调用 fsolve 函数求方程的根。

```
x=fsolve('myfun',[0.5,0.5]',optimset('Display','off'))
x=
  0.6354
0.3734
```

将求得的解代回原方程，可以检验结果是否正确，命令如下：

```
q=myfun(x)
q=
    1.0e-009*0.2375
    0.2957
```

可见得到了较高精度的结果。

(3) 不动点迭代法解非线性方程组

设含有 n 个未知数和 n 个方程的非线性方程组记为：$F(x)=0$。将上述方程组改为便于

迭代的等价形式 $x=g(x)$，由此得出不动点迭代公式为 $x(k+1)=g(x(k))$。

如果得到的序列 $\{x(k)\}$ 满足 $\lim\limits_{k\to\infty}x(k)=x^*$，则 $x(k)$ 就是 $g(x)$ 的不动点。这样可以迭代求出非线性方程组的解。

不动点迭代法的 M 文件 staticiterate.m 如下：

```
function[y,n]=staticiterate(x0,eps)
if nargin==1      %x0为迭代初值,eps为允许误差值
    eps=1.0e-6;
elseif nargin< 1
    error
    return
end
y=gx(x0);                %第一次迭代
n=1;
while norm(y-x0)> =eps
x0=y;
    y=gx(x0);
    n=n+1;
end
```

【例 3.23】 用不动点迭代函数求解下列非线性方程组 $\begin{cases}x_1^2-10x_1+x_2^2+8=0\\x_1x_2^2+x_1-10x_2+8=0\end{cases}$。

【解】 取迭代公式：$x_1(k+1)=0.1[x_1^2(k)+x_2^2(k)+8]$，$x_2(k+1)=0.1[x_1(k)\times x_2^2(k)+x_1(k)+8]$

步骤如下。

① 编写非线性方程组的 M 文件 gx.m：

```
function y=gx(x)
y(1)=0.1*(x(1)*x(1)+x(2)*x(2)+8);
y(2)=0.1*(x(1)*x(2)*x(2)+x(1)+8);
y=[y(1), y(2)];
```

② 用不动点迭代函数 staticiterate.m 进行求解：

```
staticiterate([0,0])
ans=
    1.0    1.000
```

(4) 牛顿迭代法解非线性方程组

牛顿迭代法的 M 文件 newtoniterate.m 如下：

```
function[y,n]=newtoniterate(x0,eps)
%x0为迭代初值,eps为允许误差值
if nargin==1
        eps=1.0e-6;
elseif nargin< 1
        error
        return
```

```
end
x1=fx1(x0);              %非线性方程第一次迭代
x2=-dfx1(x0);            %非线性方程导数
x3=inv(x2);
tx=x3*x1';
n=1;
while norm(tx)>=eps
    x0=x0+tx';
    x1=fx1(x0);
    x2=-dfx1(x0);
    x3=inv(x2);
    tx=x3*x1';
    n=n+1;
end
y=x0+tx';
return
```

【例 3.24】 用牛顿迭代函数求解下列非线性方程组$\begin{cases}x_1^2-10x_1+x_2^2+8=0\\x_1x_2^2+x_1-10x_2+8=0\end{cases}$。

【解】 ① 编写非线性方程组的 M 文件 fx1.m。

```
function y=fx1(x)
    y(1)=x(1)*x(1)-10*x(1)+x(2)*x(2)+8;
    y(2)=x(1)*x(2)*x(2)+x(1)-10*x(2)+8;
    y=[y(1)y(2)];
```

② 编写上述非线性方程组导数的 M 文件 dfx1.m。

```
function y=dfx1(x)
y(1)=2*x(1)-10;
y(2)=2*x(2);
y(3)=x(2)*x(2)+1;
y(4)=2*x(1)*x(2)-10;
y=[y(1)y(2); y(3)y(4)];
```

③ 用牛顿迭代函数 newtoniterate.m 进行求解。

```
newtoniterate([0 0])
ans=
1.0000    1.0000
```

3.5 线性方程组的数值解法

许多科学技术问题要归结为解含有多个未知量 x_1，x_2，…，x_n 的线性方程组

$$\begin{cases}a_{11}x_1+a_{12}x_2+\cdots+a_{1n}x_n=b_1\\a_{21}x_1+a_{22}x_2+\cdots+a_{2n}x_n=b_2\\\cdots\\a_{n1}x_1+a_{n2}x_2+\cdots+a_{nn}x_n=b_n\end{cases}\tag{3.54}$$

这里 $a_{ij}(i, j=1, 2, \cdots, n)$ 为方程组的系数，$b_i(i=1, 2, \cdots, n)$ 为方程组自由项。方程组(3.54) 的矩阵形式为：$\boldsymbol{AX}=\boldsymbol{b}$，其中

$$\boldsymbol{A}=\begin{pmatrix} a_{11} & a_{12} & \cdots & a_{1n} \\ a_{21} & a_{22} & \cdots & a_{2n} \\ \cdots & \cdots & & \cdots \\ a_{n1} & a_{n2} & \cdots & a_{nn} \end{pmatrix} \quad \boldsymbol{X}=\begin{pmatrix} x_1 \\ x_2 \\ \vdots \\ x_n \end{pmatrix} \quad \boldsymbol{b}=\begin{pmatrix} b_1 \\ b_2 \\ \vdots \\ b_n \end{pmatrix}$$

线性方程组的数值解法可以分为直接法和迭代法两类。所谓直接法，就是不考虑舍入误差，通过有限步骤四则运算即能求得线性方程组式(3.54) 准确解的方法。如克莱姆法则，但通过第 1 章的分析，我们知道用克莱姆法则来求解线性代数方程组并不实用，因而寻求线性方程组的快速而有效的解法是十分重要的。

3.5.1 解线性方程组的迭代法

对于阶数不高的方程组，直接法非常有效，对于阶数高，而系数矩阵稀疏的线性方程组却存在着困难，在这类矩阵中，非零元素较少，若用直接法求解，就要存储大量零元素。为减少运算量、节约内存，使用迭代法更有利。本章介绍迭代法的初步内容。

迭代概念如下。

$$\boldsymbol{AX}=\boldsymbol{b}, \boldsymbol{A}\in \mathbf{R}^{n\times n}, \boldsymbol{b}\in \mathbf{R}^{n} \tag{3.55}$$

$\boldsymbol{A}=\boldsymbol{M}-\boldsymbol{N}$，$\boldsymbol{M}\in \mathbf{R}^{n\times n}$，$\boldsymbol{N}\in \mathbf{R}^{n\times n}$，$\boldsymbol{M}$ 非奇异，$\boldsymbol{MX}-\boldsymbol{NX}=\boldsymbol{b}$

$$\boldsymbol{MX}=\boldsymbol{NX}+\boldsymbol{b}$$
$$\boldsymbol{X}=\boldsymbol{M}^{-1}\boldsymbol{NX}+\boldsymbol{M}^{-1}\boldsymbol{b}$$

如果令 $\boldsymbol{B}=\boldsymbol{M}^{-1}\boldsymbol{N}$，$\boldsymbol{f}=\boldsymbol{M}^{-1}\boldsymbol{b}$，那么上式可写成

$$\boldsymbol{X}=\boldsymbol{BX}+\boldsymbol{f} \tag{3.56}$$

此方程组等价于 $\boldsymbol{AX}=\boldsymbol{b}$。

任给 $\boldsymbol{X}^{(0)}\in \mathbf{R}^{n}$，

$$\begin{cases} \boldsymbol{X}^{(1)}=\boldsymbol{BX}^{(0)}+\boldsymbol{f} \\ \boldsymbol{X}^{(2)}=\boldsymbol{BX}^{(1)}+\boldsymbol{f} \\ \quad\vdots \\ \boldsymbol{X}^{(k+1)}=\boldsymbol{BX}^{(k)}+\boldsymbol{f} \end{cases} \tag{3.57}$$

由此可以确定 $\{\boldsymbol{X}^{(k)}\}$，当 $\boldsymbol{X}^{(k)}\to\boldsymbol{X}^{*}\in \mathbf{R}^{n}$，即 $\|\boldsymbol{X}^{(k)}-\boldsymbol{X}^{*}\|\to 0$ 时，有 $\boldsymbol{X}^{*}=\boldsymbol{BX}^{*}+\boldsymbol{f}$
$\boldsymbol{X}^{*}$ 同样满足 $\boldsymbol{AX}^{*}=\boldsymbol{b}$，式(3.57) 称为求解 $\boldsymbol{AX}=\boldsymbol{b}$ 的简单形式迭代法，$\boldsymbol{B}$ 称为迭代矩阵。

(1) 雅克比 (Jacobi) 迭代法

设有 n 阶方程组(3.54)，若系数矩阵非奇异，且 $a_{ii}\neq 0(i=1, 2, \cdots, n)$，将方程组(3.54)改写成

$$\begin{cases} x_1=\dfrac{1}{a_{11}}(b_1-a_{12}x_2-a_{13}x_3-\cdots-a_{1n}x_n) \\ x_2=\dfrac{1}{a_{21}}(b_2-a_{22}x_1-a_{23}x_3-\cdots-a_{2n}x_n) \\ \quad\vdots \\ x_n=\dfrac{1}{a_{nn}}(b_{1n}-a_{n1}x_1-a_{n2}x_2-\cdots-a_{n,n-1}x_{n-1}) \end{cases} \tag{3.58}$$

然后写成迭代格式

$$\begin{cases} x_1^{(k+1)}=\dfrac{1}{a_{11}}(b_1-a_{12}x_2^{(k)}-a_{13}x_3^{(k)}-\cdots-a_{1n}x_n^{(k)}) \\ x_2^{(k+1)}=\dfrac{1}{a_{22}}(b_1-a_{21}x_1^{(k)}-a_{23}x_3^{(k)}-\cdots-a_{2n}x_n^{(k)}) \\ \quad\vdots \\ x_n^{(k+1)}=\dfrac{1}{a_{nn}}(b_n-a_{1n}x_1^{(k)}-a_{n2}x_2^{(k)}-\cdots-a_{n,n-1}x_{n-1}^{(k)}) \end{cases} \tag{3.59}$$

式(3.68) 也可以简单地写为

$$x_i^{(k+1)}=\frac{1}{a_{ii}}\Big(b_i-\sum_{\substack{j=1\\ j\neq i}}^{n}a_{ij}x_j^{(k)}\Big)\,(i=1,2,\cdots,n) \tag{3.60}$$

给定一组初值 $\boldsymbol{X}^{(0)}=(x_1^{(0)},\ x_2^{(0)},\ \cdots,\ x_n^{(0)})^{\mathrm{T}}$ 后，经反复迭代可得到一向量序列 $\boldsymbol{X}^{(k)}=(x_1^{(k)},\ \cdots,\ x_n^{(k)})^{\mathrm{T}}$，如果 $\boldsymbol{X}^{(k)}$ 收敛于 $\boldsymbol{X}^*=(x_1^*,\ x_2^*,\ \cdots,\ x_n^*)^{\mathrm{T}}$，则 x_i^* ($i=1,\ 2,\ \cdots,\ n$) 就是方程组的解。这一方法称为雅克比（Jacobi）迭代法或简单迭代法，式(3.59) 或式(3.60)称为 Jacobi（雅克比）迭代格式。

下面介绍迭代格式的矩阵表示。

设 $\boldsymbol{D}=\mathrm{diag}\ (a_{11},\ a_{22},\ \cdots,\ a_{nn})$，将方程组 $\boldsymbol{AX}=\boldsymbol{b}$ 中的系数矩阵表示成三个特殊矩阵的代数和矩阵：

$$\boldsymbol{A}=\boldsymbol{D}-\boldsymbol{L}-\boldsymbol{U}$$

其中 $\boldsymbol{L}=\begin{pmatrix} 0 & & & \\ -a_{21} & 0 & & \\ -a_{31} & -a_{32} & & \\ \vdots & \vdots & \ddots & \\ -a_{n1} & -a_{n2} & & 0 \end{pmatrix}$　　$\boldsymbol{U}=\begin{pmatrix} 0 & -a_{12}\cdots & -a_{1n} \\ & 0\cdots & -a_{2n} \\ & \ddots & \\ & & 0 \end{pmatrix}$

由于 $a_{ii}\neq 0(i=1,\ 2,\ \cdots,\ n)$，$\boldsymbol{D}$ 为可逆对角阵，$\boldsymbol{L}$、$\boldsymbol{U}$ 分别为严格上、下三角阵，于是

$$\boldsymbol{AX}=\boldsymbol{b}\Leftrightarrow(\boldsymbol{D}-\boldsymbol{L}-\boldsymbol{U})\boldsymbol{X}=\boldsymbol{b}\Leftrightarrow\boldsymbol{DX}=(\boldsymbol{L}+\boldsymbol{U})\boldsymbol{X}+\boldsymbol{b}$$

利用 $\boldsymbol{D}$ 可逆，得到等价方程组 $\boldsymbol{X}=\boldsymbol{D}^{-1}(\boldsymbol{L}+\boldsymbol{U})\boldsymbol{X}+\boldsymbol{D}^{-1}\boldsymbol{b}$，则迭代格式的向量表示为

$$\boldsymbol{X}^{(k+1)}=\boldsymbol{B}_{\mathrm{J}}\boldsymbol{X}^{(k)}+\boldsymbol{f}_{\mathrm{J}}$$

$$\boldsymbol{B}_{\mathrm{J}}=\boldsymbol{D}^{-1}(\boldsymbol{L}+\boldsymbol{U}),\ \boldsymbol{f}_{\mathrm{J}}=\boldsymbol{D}^{-1}\boldsymbol{b}$$

$\boldsymbol{B}_{\mathrm{J}}$ 称为雅克比迭代矩阵。

(2) 高斯-赛德尔（Gauss-Seidel）迭代法

显然，如果迭代收敛，$x_i^{(k+1)}$ 应该比 $x_i^{(k)}$ 更接近于原方程的解 x_i^* ($i=1,\ 2,\ \cdots,\ n$)，因此在迭代过程中及时地以 $x_i^{(k+1)}$ 代替 $x_i^{(k)}$ ($i=1,\ 2,\ \cdots,\ n-1$)，可望收到更好的效果。这样式(3.59) 可写成：

$$\begin{cases} x_1^{(k+1)}=\dfrac{1}{a_{11}}(b_1-a_{12}x_2^{(k)}-a_{13}x_3^{(k)}-\cdots-a_{1n}x_n^{(k)}) \\ x_2^{(k+1)}=\dfrac{1}{a_{22}}(b_2-a_{21}x_1^{(k+1)}-a_{23}x_3^{(k)}-\cdots-a_{2n}x_n^{(k)}) \\ \quad\vdots \\ x_n^{(k+1)}=\dfrac{1}{a_{nn}}(b_n-a_{n1}x_1^{(k+1)}-a_{n2}x_2^{(k+1)}-\cdots-a_{n,n-1}x_{n-1}^{(k+1)}) \end{cases} \tag{3.61}$$

式(3.61) 可简写成

$$x_i^{(k+1)}=\frac{1}{a_{ii}}\left(b_i-\sum_{j=1}^{i-1}a_{ij}x_j^{(k+1)}-\sum_{j=i+1}^{n}a_{ij}x_j^{(k)}\right)(i=1,2,\cdots,n)$$

上式为 G-S 迭代格式。G-S 迭代格式的矩阵表示：

$$\boldsymbol{AX}=\boldsymbol{b}\Leftrightarrow(\boldsymbol{D}-\boldsymbol{L}-\boldsymbol{U})\boldsymbol{X}=\boldsymbol{b}\Leftrightarrow(\boldsymbol{D}-\boldsymbol{L})\boldsymbol{X}=\boldsymbol{UX}+\boldsymbol{b}$$

$$\boldsymbol{X}=(\boldsymbol{D}-\boldsymbol{L})^{-1}\boldsymbol{UX}+(\boldsymbol{D}-\boldsymbol{L})^{-1}\boldsymbol{b}$$

$$\boldsymbol{X}^{(k+1)}=\boldsymbol{B}_{\mathrm{G}}\boldsymbol{X}^{(k)}+\boldsymbol{f}_{\mathrm{G}} \tag{3.62}$$

$$\boldsymbol{B}_{\mathrm{G}}=(\boldsymbol{D}-\boldsymbol{L})^{-1}\boldsymbol{U},\ \boldsymbol{f}_{\mathrm{G}}=(\boldsymbol{D}-\boldsymbol{L})^{-1}\boldsymbol{b}$$

$\boldsymbol{B}_{\mathrm{G}}$ 称为高斯-赛德尔迭代矩阵。

关于上述迭代法的误差控制，可按类似于第 2 章非线性方程求根的迭代法处理，设ε为允许的绝对误差限，可以检验

$$\max_{1\leqslant i\leqslant n}|x_i^{(k+1)}-x_i^{(k)}|<\varepsilon$$

是否成立，以决定计算是否终止，进一步的讨论稍后进行。

实际计算时，如果线性方程组的阶数不高，建立迭代格式也可以不从矩阵形式出发，以避免求逆矩阵的计算。

(3) 超松弛法

使用迭代法的困难是计算量难以估计，有些方程组的迭代格式虽然收敛，但收敛速度慢而使计算量变得很大。

松弛法是一种线性加速方法。这种方法将前一步的结果 $x_i^{(k)}$ 与高斯-赛德尔方法的迭代值 $\tilde{x}_i^{(k+1)}$ 适当进行线性组合，以构成一个收敛速度较快的近似解序列。改进后的迭代方案如下。

迭代

$$\tilde{x}_i^{(k+1)}=\frac{1}{a_{ii}}\left(b_i-\sum_{j=1}^{i-1}a_{ij}x_j^{(k+1)}-\sum_{j=i+1}^{n}a_{ij}x_j^{(k)}\right)$$

加速

$$x_i^{(k+1)}=(1-\omega)x_i^{(k)}+\omega\,\tilde{x}_i^{k+1}\qquad(i=1,\ 2,\ \cdots,\ n)$$

所以

$$x_i^{(k+1)}=(1-\omega)x_i^{(k)}+\frac{\omega}{a_{ii}}\left(b_i-\sum_{j=1}^{i-1}a_{ij}x_j^{(k+1)}-\sum_{j=i+1}^{n}a_{ij}x_j^{(k)}\right) \tag{3.63}$$

这种加速法就是松弛法。其中系数 ω 称松弛因子。可以证明，要保证迭代格式式(3.63)收敛必须要求 $0<\omega<2$。

当 $\omega=1$ 时，即为高斯-赛德尔迭代法，为使收敛速度加快，通常取 $\omega>1$，即为超松弛法。

松弛因子的选取对迭代格式式(3.63) 的收敛速度影响极大。实际计算时，可以根据系数矩阵的性质，结合经验通过反复计算来确定松弛因子 ω。

3.5.2 迭代法的收敛条件

由 3.5.1 中迭代格式的矩阵形式知，方程组 $\boldsymbol{AX}=\boldsymbol{b}$ 的雅克比迭代法、高斯-赛德尔迭代法和松弛法的矩阵形式都可以写成下式：

$$\boldsymbol{X}^{(k+1)}=\boldsymbol{BX}^{(k)}+\boldsymbol{F} \tag{3.64}$$

当然，不同的迭代法其迭代矩阵 $\boldsymbol{B}$ 和 $\boldsymbol{F}$ 的元素是不同的。下面不加证明地给出迭代格式收敛的充分必要条件。

定理 3.9 对任意初始向量 $\boldsymbol{X}^{(0)}$ 及常向量 $\boldsymbol{F}$，迭代格式式(3.64)收敛的充分必要条件是迭代矩阵 $\boldsymbol{B}$ 的谱半径 $\rho(\boldsymbol{B})<1$。

这一结论在理论上是颇为重要的，但实际用起来却不甚方便，为此我们着重研究更为实用的判别迭代格式收敛的充分条件。

考虑迭代向量序列 $\{\boldsymbol{X}^{(k)}\}$ 的收敛问题：若 $\lim\limits_{k\to\infty}\boldsymbol{X}^{(k)}=\boldsymbol{X}^*$，$\boldsymbol{X}^*=\boldsymbol{B}\boldsymbol{X}^*+\boldsymbol{F}$，于是

$$\boldsymbol{X}^{(k)}-\boldsymbol{X}^*=\boldsymbol{B}(\boldsymbol{X}^{(k-1)}-\boldsymbol{X}^*)=\boldsymbol{B}^2(\boldsymbol{X}^{(k-2)}-\boldsymbol{X}^*)=\cdots=\boldsymbol{B}^k(\boldsymbol{X}^{(0)}-\boldsymbol{X}^*)$$

收敛的意思是：

$$\lim_{k\to\infty}(\boldsymbol{X}^{(k)}-\boldsymbol{X}^*)=\lim_{k\to\infty}\boldsymbol{B}^k(\boldsymbol{X}^{(0)}-\boldsymbol{X}^*)=0$$

依范数收敛是

$\|\boldsymbol{X}^{(k)}-\boldsymbol{X}^*\|\leqslant\|\boldsymbol{B}\|^k\|\boldsymbol{X}^{(0)}-\boldsymbol{X}^*\|\to 0$ 当 $k\to\infty$，从而得到以下定理。

定理 3.10 若迭代矩阵B的某种范数 $\|\boldsymbol{B}\|<1$，则迭代法对任意初值 $\boldsymbol{X}^{(0)}$ 均收敛于方程组 $\boldsymbol{X}=\boldsymbol{B}\boldsymbol{X}+\boldsymbol{F}$ 的唯一解 $\boldsymbol{X}^*$。

下面给出直接计算 $x_i^{(k+1)}$ 时的收敛性定理。为给出这个定理，先介绍对角占优的概念。

定义 3.10 如果矩阵 $\boldsymbol{A}$ 的每一行中，不在主对角线上的所有元素绝对值之和小于主对角线上元素的绝对值，即

$$\sum_{\substack{j=1\\ j\neq i}}^{n}|a_{ij}|<|a_{ii}|\qquad i=1,2,\cdots,n$$

则称矩阵 $\boldsymbol{A}$ 按行严格对角占优，类似地，也有按列严格对角占优。

定理 3.11 若线性方程组 $\boldsymbol{AX}=\boldsymbol{b}$ 的系数矩阵 $\boldsymbol{A}$ 按行严格对角占优，则雅克比迭代法和高斯-赛德尔迭代法对任意给定初值均收敛。

【例 3.25】 用雅克比迭代法和高斯-赛德尔迭代法解线性方程组

$$\begin{pmatrix}9&-1&-1\\-1&8&0\\-1&0&9\end{pmatrix}\begin{pmatrix}x_1\\x_2\\x_3\end{pmatrix}=\begin{pmatrix}7\\7\\8\end{pmatrix}$$

【解】 所给线性方程组的系数矩阵按行严格对角占优，故雅克比迭代法和高斯-赛德尔迭代法都收敛。

$$\boldsymbol{D}=\mathrm{diag}(9,8,9)\qquad \boldsymbol{D}^{-1}=\mathrm{diag}(1/9,1/8,1/9)$$

$$\boldsymbol{I}-\boldsymbol{D}^{-1}\boldsymbol{A}=\begin{pmatrix}0&1/9&1/9\\1/8&0&0\\1/9&0&0\end{pmatrix}\boldsymbol{D}^{-1}\boldsymbol{b}=\begin{pmatrix}7/9\\7/8\\7/9\end{pmatrix}$$

雅克比迭代法的迭代公式为：

$$\boldsymbol{X}^{(k+1)}=\begin{pmatrix}0&1/9&1/9\\1/8&0&0\\1/9&0&0\end{pmatrix}\boldsymbol{X}^{(k)}+\begin{pmatrix}7/9\\7/8\\7/9\end{pmatrix}$$

取 $\boldsymbol{X}^{(0)}=(0,0,0)^{\mathrm{T}}$，由上述公式得逐次近似值如下。

k	0	1	2	3	4
$\boldsymbol{X}^{(i)}$	$\begin{pmatrix}0\\0\\0\end{pmatrix}$	$\begin{pmatrix}0.7778\\0.8750\\0.8889\end{pmatrix}$	$\begin{pmatrix}0.9738\\0.9723\\0.9753\end{pmatrix}$	$\begin{pmatrix}0.9942\\0.9993\\0.9993\end{pmatrix}$	$\begin{pmatrix}0.9993\\0.9993\\0.9993\end{pmatrix}$

高斯-赛德尔迭代法：

$$\begin{cases} x_1^{(k+1)}=\frac{1}{9}\ (x_2^{(k)}+x_3^{(k)}+7) \\ x_2^{(k+1)}=\frac{1}{8}\ (x_1^{(k+1)}+x_3^{(k)}+7) \\ x_3^{(k+1)}=\frac{1}{9}\ (x_1^{(k+1)}+0\cdot x_2^{(k+1)}+8) \end{cases}$$

迭代结果为：

k	0	1	2	3	4
$\boldsymbol{X}^{(i)}$	$\begin{pmatrix}0\\0\\0\end{pmatrix}$	$\begin{pmatrix}0.7778\\0.9722\\0.9753\end{pmatrix}$	$\begin{pmatrix}0.9942\\0.9993\\0.9993\end{pmatrix}$	$\begin{pmatrix}0.9998\\1.0000\\1.0000\end{pmatrix}$	$\begin{pmatrix}1.000\\1.000\\1.000\end{pmatrix}$

如果矩阵 **A** 严格对角占优，那么高斯-赛德尔迭代法的收敛速度快于雅克比迭代法的收敛速度。

以上定理只是雅克比迭代法和高斯-赛德尔迭代法收敛的充分条件，对于一个给定的系数矩阵 **A**，两种方法可能都收敛，也可能都不收敛；还可能是雅克比方法收敛而高斯-赛德尔方法不收敛；亦或相反。在计算机上，高斯-赛德尔方法只需要一套存放迭代向量的单元，而雅克比方法都需两套。

3.5.3 Matlab 求解线性方程组

(1) 利用左除运算符的直接解法

如前文所述，线性方程组的直接解法大多基于高斯消元法、主元素消元法、平方根法和追赶法等。在 Matlab 中，这些算法已经被编写成了现成的库函数或运算符，因此，只需调用相应的函数或运算符即可完成线性方程组的求解。其中，最简单的方法就是使用左除运算符“\”。

对于线性方程组 $\boldsymbol{AX}=\boldsymbol{b}$，可以利用左除运算符“\”求解：x＝A \ b

设 **A** 为 $m\times n$ 矩阵，线性方程组 $\boldsymbol{AX}=\boldsymbol{b}$ 分为三种情况：

a. 当 $n=m$ 时，此方程成为“恰定”方程；

b. 当 $m>n$ 时，此方程成为“超定”方程；

c. 当 $m<n$ 时，此方程成为“欠定”方程。

① 恰定方程组的解。当系数矩阵 **A** 为方阵时，Matlab 会自行用高斯消去法求解线性方程组。方程 $\boldsymbol{AX}=\boldsymbol{b}$（**A** 为非奇异），则 $\boldsymbol{X}=\boldsymbol{A}^{-1}\boldsymbol{b}$。

两种方法：

a. x＝inv(A) * b——采用求逆运算解方程；

b. x＝A \ b——采用左除运算解方程。

参数 b 分为两种情况：

• 若 b 为 N×1 的列向量，则 x＝A \ b 可获得方程组的数值解 x；

• 若 b 为 N×M 的矩阵，则 x(：, j)＝A \ b(：, j)，j＝1，2，…，M。

【例 3.26】 用直接法求解下列线性方程组 $\begin{cases} x_1+2x_2=8 \\ 2x_1+3x_2=13 \end{cases}$。

【解】
```
>>A=[1 2;2 3];b=[8;13];
>>x=inv(A)*b
```

```
x=
   2.00
   3.00
≫x=A\b
x=
   2.00
   3.00
```

② 超定方程组的解。当 $m>n$ 时，方程组 $(\boldsymbol{A'A})\boldsymbol{X}=\boldsymbol{A'b}$，$\boldsymbol{X}=(\boldsymbol{A'A})^{-1}(\boldsymbol{A'b})$——求逆法。

x=A \ b——Matlab 用最小二乘法找一个准确的基本解。

【例 3.27】 用直接法求解下列线性方程组 $\begin{cases}x_1+2x_2=1\\2x_1+3x_2=2\\3x_1+4x_2=3\end{cases}$。

【解】

```
≫A=[1 2;2 3;3 4];b=[1;2;3];
≫x=inv(A'*A)*(A'*b)
x=
   1.00
   0.00
≫x=A\b
x=
   1.00
   0
```

③ 欠定方程组的解（$m<n$）。当方程组个数 m 少于未知量个数 n 时，即不定情况，理论上有无穷多个解存在。Matlab 用 x=A \ b 求得的解是具有最多零元素的解，即具有最小长度或范数的解。

【例 3.28】 用直接法求解下列线性方程组 $\begin{cases}x_1+2x_2+3x_3=1\\2x_1+3x_2+4x_3=2\end{cases}$

```
≫A=[1 2 3;2 3 4];b=[1;2];
≫x=A\b
x=
   1.00
   0
   0
```

(2) 利用矩阵的分解求解线性方程组

矩阵分解是指根据一定的原理用某种算法将一个矩阵分解成若干个矩阵的乘积。常见的矩阵分解有 LU 分解、QR 分解、Cholesky 分解，以及 Schur 分解、Hessenberg 分解、奇异分解等。

① LU 分解。矩阵的 LU 分解就是将一个矩阵表示为一个交换下三角矩阵和一个上三角矩阵的乘积形式。线性代数中已经证明，只要方阵 A 是非奇异的，LU 分解总是可以进行的。

Matlab 提供的 lu 函数用于对矩阵进行 LU 分解，其调用格式为 [L，U]=lu(X)：产生一个上三角阵 U 和一个变换形式的下三角阵 L（行交换），使之满足 X=LU。注：矩阵 X

必须是方阵；矩阵 L 往往不是下三角矩阵，但可以通过行交换成为下三角阵。

【例 3.29】 设 A=[1，−1，1；5，−4，3；2，1，1]；

```
>>[L,U]=lu(A)
 L=
     0.2000    -0.0769    1.0000
     1.0000          0         0
     0.4000     1.0000         0
 U=
     5.0000    -4.0000    3.0000
          0     2.6000   -0.2000
          0          0    0.3846
```

LU 分解的第 2 种调用格式：

[L，U，P]=lu(X)：产生一个上三角阵 U 和一个下三角阵 L 以及一个置换矩阵 P，使之满足 PX=LU。这里矩阵 X 也必须是方阵。

实现 LU 分解后，线性方程组 Ax=b 的解 x=U\(L\b) 或 x=U\(L\Pb)，这样可以大大提高运算速度。

【例 3.30】 用 LU 分解求解线性方程组。$\begin{cases}2x_1+x_2-5x_3+x_4=13\\x_1-5x_2+7x_4=-9\\2x_2+x_3-x_4=6\\x_1+6x_2-x_3-4x_4=0\end{cases}$

【解】 命令如下：

```
A=[2,1,-5,1;1,-5,0,7;0,2,1,-1;1,6,-1,-4];
b=[13,-9,6,0]';
[L,U]=lu(A);
x=U\(L\b)
```

或采用 LU 分解的第 2 种格式，命令如下：

```
[L,U,P]=lu(A);
x=U\(L\P*b)
```

② QR 分解。对矩阵 X 进行 QR 分解，就是把 X 分解为一个正交矩阵 Q 和一个上三角矩阵 R 的乘积形式。QR 分解只能对方阵进行。

对矩阵进行 QR 分解可调用 qr 函数。[Q，R]=qr(X)：产生一个一个正交矩阵 Q 和一个上三角矩阵 R，使之满足 X=QR。

[Q，R，E]=qr(X)：产生一个一个正交矩阵 Q，一个上三角矩阵 R 以及一个置换矩阵 E，使之满足 XE=QR。

实现 QR 分解后，线性方程组 Ax=b 的解 x=R\(Q\b) 或 x=E(R\(Q\b))。

【例 3.31】 设 A=[1，−1，1；5，−4，3；2，7，10]，对 A 进行 QR 分解。

【解】

```
>>[Q,R]=qr(A)
 Q=
     -0.1826    -0.0956    -0.9785
     -0.9129    -0.3532     0.2048
     -0.3651     0.9307    -0.0228
```

```
R=
   -5.4772    1.2780   -6.5727
         0    8.0229    8.1517
         0         0   -0.5917
≫Q*R
ans=
    1.0000   -1.0000    1.0000
    5.0000   -4.0000    3.0000
    2.0000    7.0000   10.0000
```

【例 3.32】 设 A=[1，−1，1；5，−4，3；2，7，10]，对 A 进行 QR 分解。

【解】

```
[Q,R,E]=qr(A)
Q=
   -0.0953   -0.2514   -0.9632
   -0.2860   -0.9199    0.2684
   -0.9535    0.3011    0.0158
R=
  -10.4881   -5.4347   -3.4325
         0    6.0385   -4.2485
         0         0    0.4105
E=
   0   0   1
   0   1   0
   1   0   0
≫Q*R*inv(E)
ans=
    1.0000   -1.0000    1.0000
    5.0000   -4.0000    3.0000
    2.0000    7.0000   10.0000
```

【例 3.33】 用 QR 分解求解例 3.30 中的线性方程组。

【解】 命令如下：

```
A=[2,1,-5,1;1,-5,0,7;0,2,1,-1;1,6,-1,-4];
b=[13,-9,6,0]';
[Q,R]=qr(A);
x=R\(Q\b)
x =
  -66.5556
   25.6667
  -18.7778
   26.5556
```

或采用 QR 分解的第 2 种格式，命令如下：

```
[Q,R,E]=qr(A);
x=E*(R\(Q\b))
```

③ 乔里斯基分解（Cholesky 分解）。如果矩阵 X 是对称正定的，则乔里斯基分解将矩

阵 X 分解成一个下三角矩阵和上三角矩阵的乘积。设上三角矩阵为 R，则下三角矩阵为其转置，即 X=R′R。

Matlab 函数 chol(X) 用于对矩阵 X 进行乔里斯基分解，其调用格式为：

R=chol(X)：产生一个上三角阵 R，使 R′R=X。若 X 为非对称正定，则输出一个出错信息。

[R，p]=chol(X)：这个命令格式将不输出出错信息。当 X 为对称正定的，则 p=0，R 与上述格式得到的结果相同；否则 p 为一个正整数。如果 X 为满秩矩阵，则 R 为一个阶数为 q=p−1 的上三角阵，且满足 R′R=X(1：q，1：q)。

【例 3.34】 设 A=[2，1，1；1，2，−1；1，−1，3]，对 A 进行 Cholesky 分解。

【解】
```
>>A=[2,1,1;1,2,-1;1,-1,3];
>>R=chol(A)
R=
    1.4142      0.7071      0.7071
         0      1.2247     -1.2247
         0           0      1.0000
>>R'*R
ans=
    2.0000      1.0000      1.0000
    1.0000      2.0000     -1.0000
    1.0000     -1.0000      3.0000
```

【例 3.35】 设 A=[2，1，1；1，2，−1；1，−1，3]，对 A 进行乔里斯基分解。

【解】 利用第 2 种格式对矩阵 A 进行乔里斯基分解。

```
>>[R,p]=chol(A)
R=
   1.4142    0.7071      0.7071
        0    1.2247     -1.2247
        0         0      1.0000
p=
   0
```

结果中 p=0，表示矩阵 A 是一个正定矩阵。

实现乔里斯基分解后，线性方程组 Ax=b 变成 R′Rx=b，所以 x=R \ (R′ \ b)。

【例 3.36】 用乔里斯基分解求解例 3.30 中的线性方程组。

【解】 命令如下：

```
A=[2,1,-5,1;1,-5,0,7;0,2,1,-1;1,6,-1,-4];
b=[13,-9,6,0]';
R=chol(A)
??? Error using==> chol
Matrix must be positive definite
```

命令执行时，出现错误信息，说明 A 为非正定矩阵。

(3) 迭代法求解

① 雅克比迭代法。雅克比（Jacobi）迭代法的 Matlab 函数文件 Jacobi. m 如下。

```
function[y,n]=jacobi(A,b,x0,eps)
if nargin==3
```

```
    eps=1.0e-6;
elseif nargin< 3
    error
    return
end
D=diag(diag(A));        %求 A 的对角矩阵
L=-tril(A,-1);          %求 A 的下三角阵
U=-triu(A,1);           %求 A 的上三角阵
B=D\(L+U);
f=D\b;
y=B*x0+f;
n=1;                    %迭代次数
while norm(y-x0)> =eps
    x0=y;
    y=B*x0+f;
    n=n+1;
end
```

【例 3.37】 用雅克比迭代法求解下列线性方程组 $\begin{cases}10x_1-x_2=9\\-x_1+10x_2-2x_3=7\\-2x_2+10x_3=6\end{cases}$。设迭代初值为 0，迭代精度为 10^{-6}。

【解】 命令如下：

```
A=[10,-1,0;-1,10,-2;0,-2,10];
b=[9,7,6]';
[x,n]=jacobi(A,b,[0,0,0]',1.0e-6)
x=
   0.9958
   0.9579
   0.7916
n=11
```

② 高斯-赛德尔迭代法。高斯-赛德尔（Gauss-Seidel）迭代法的优点：和雅克比迭代法相比，高斯-赛德尔迭代法用新分量代替旧分量，精度会更高些。即要达到相同的精度，高斯-赛德尔迭代法比雅克比迭代法计算次数要小得多。高斯-赛德尔迭代法的 Matlab 函数文件 gauseidel. m 如下。

```
function[y,n]=gauseidel(A,b,x0,eps)
if nargin==3
    eps=1.0e-6;
elseif nargin<3
    error
    return
end
D=diag(diag(A));        %求 A 的对角矩阵
L=-tril(A,-1);          %求 A 的下三角阵
```

```
U=-triu(A,1);          %求 A 的上三角阵
G=(D-L)\U;
f=(D-L)\b;
y=G*x0+f;
n=1;                   %迭代次数
while norm(y-x0)> =eps
    x0=y;
    y=G*x0+f;
    n=n+1;
end
```

【例 3.38】 用高斯-赛德尔迭代法求解下列线性方程组$\begin{cases}10x_1-x_2=9\\-x_1+10x_2-2x_3=7\\-2x_2+10x_3=6\end{cases}$，设迭代初值为 0，迭代精度为 10^{-6}。

【解】 命令如下：

```
A=[10,-1,0;-1,10,-2;0,-2,10];
b=[9,7,6]';
[x,n]=gauseidel(A,b,[0,0,0]',1.0e-6)
x=
   0.9958
   0.9579
   0.7916
n=7
```

高斯-赛德尔迭代与雅克比迭代对比：一般情况下，高斯-赛德尔迭代法比雅克比迭代法要收敛快些。但这也不是绝对的，在某些情况下，雅克比迭代收敛而高斯-赛德尔迭代却可能不收敛。

【例 3.39】 分别用雅克比迭代和高斯-赛德尔迭代求解线性方程组，看是否收敛。

【解】

```
a=[1,2,-2;1,1,1;2,2,1];
b=[9;7;6];
[x,n]=jacobi(a,b,[0;0;0])
x=
   -27
     26
      8
n=4
[x,n]=gauseidel(a,b,[0;0;0])
x=
     -Inf
      Inf
   -1.7556
n=1011
```

可见此方程，用雅克比迭代收敛，而高斯-赛德尔迭代不收敛。因此，在使用迭代法时，要考虑算法的收敛性。

③ SOR（超松弛）迭代法。SOR 迭代法的 Matlab 函数文件 sor.m 如下：

```
function[y,n]=sor(A,b,x0,w,eps)
if nargin==4          %w为松弛因子
    eps=1.0e-6;
elseif nargin<4
    error
    return
end
D=diag(diag(A));      L=-tril(A,-1);U=-triu(A,1);
C=inv(D-w*L);         B=C*[(1-w)*D+w*U];
f=w*C*b;
y=B*x0+f;    n=1;
while norm(y-x0)>=eps
x0=y;
    y=B*x0+f;
    n=n+1;
end
```

【例 3.40】 用 SOR 超松弛迭代求解下列方程组 $\begin{cases}4x_1+3x_2=24\\3x_1+4x_2-x_3=30\\-x_2+4x_3=-24\end{cases}$。

【解】 命令如下：

```
A=[4,3,0;3,4,-1;0,-1,4];
b=[24,30,-24]';
X0=[1,1,1]';
w=1.25;
sor
(A,b,x0,w)
ans=
        3.000
        4.000
       -5.000
```

3.6 常微分方程的数值解法

自然界和工程技术中的很多现象，例如自动控制系统的运行、电力系统的运行、飞行器的运动、化学反应的过程、生态平衡的某些问题等，都可以抽象成为一个常微分方程初值问题。其真解通常难以通过解析的方法来获得，至今有许多类型的微分方程还不能给出解的解析表达式，一般只能用数值的方法进行计算。有关这一问题的研究早在 18 世纪就已经开始了，特别是计算机的普遍应用，许多微分方程问题都获得了数值解，从而能使人们认识解的种种性质及其数值特征，为工程技术等实际问题提供了定量的依据。

科学技术中常常需要求解常微分方程的定解问题。这类问题最简单的形式为一阶方程初值问题：

$$\begin{cases}y'=f(x,y)\\y(x_0)=y_0\end{cases} \tag{3.65}$$

只要函数 $f(x,y)$ 适当光滑——譬如关于 y 满足利普希茨（Lipschitz）条件

$$|f(x,y)-f(x,\overline{y})|\leqslant L|y-\overline{y}|$$

理论上就可以保证初值问题式(3.65) 的解存在并且唯一。

虽然求解常微分方程有各种各样的解析方法，但解析方法只能用来求解一些特殊类型的方程，实际问题中归结出来的微分方程主要靠数值解法。

所谓数值解法，就是寻求解 $y(x)$ 在一系列离散节点

$$x_1<x_2<\cdots<x_n<x_{n+1}<\cdots$$

上的近似值 y_1，y_2，$\cdots y_n$，y_{n+1}，…。相邻两个节点的间距 $h_n=x_{n+1}-x_n$ 称为**步长**。今后如不特别说明，总是假定 $h_i=h(i=1,2,\cdots)$ 为定数，这时节点为 $x_n=x_0+nh$，$n=0,1,2,\cdots$。初值问题式(3.65) 的数值解法有个基本特点，它们都采取“步进式”，即求解过程顺着节点排列的次序一步一步地向前推进。描述这类算法，只要给出用已知信息 y_n，y_{n-1}，y_{n-2}，…计算 y_{n+1} 的递推公式。

首先，要对方程(3.65) 离散化，建立求数值解的递推公式。一类是计算 y_{n+1} 时只用到前一点的值 y_n，称为单步法。另一类是用到 y_{n+1} 前面 k 点的值 y_n，y_{n-1}，…，y_{n-k+1}，称为 k 步法。其次，要研究公式的局部截断误差和阶，数值解 y_n 与精确解 $y(x_n)$ 的误差估计及收敛性，还有递推公式的计算稳定性等问题。

3.6.1 简单的数值方法与基本概念

(1) 欧拉法与后退欧拉法

我们知道，在 xy 平面上，微分方程(3.65) 的解 $y=y(x)$ 称为它的积分曲线。积分曲线上一点 (x,y) 的切线斜率等于函数 $f(x,y)$ 的值。如果按函数 $f(x,y)$ 在 xy 平面上建立一个方向场，那么，积分曲线上每一点的切线方向均与方向场在该点方向相一致。

一般地，设已做出该折线的顶点 p_n，过 $p_n(x_n,y_n)$ 依方向场的方向再推进到 $p_{n+1}(x_{n+1},y_{n+1})$，显然两个定点 p_n，p_{n+1} 的坐标有关系

$$\frac{y_{n+1}-y_n}{x_{n+1}-x_n}=f(x_n,y_n)$$

即

$$y_{n+1}=y_n+hf(x_n,y_n) \tag{3.66}$$

这就是著名的欧拉（Euler）公式。若初值 y_0 已知，则依式(3.66) 可逐步算出

$$y_1=y_0+hf(x_0,y_0)$$
$$y_2=y_1+hf(x_1,y_1)$$
$$\cdots$$

【例 3.41】 求解初值问题

$$\begin{cases}y'=y-\dfrac{2x}{y} & (0<x<1)\\ y(0)=1\end{cases}$$

【解】 为便于进行比较，本章将用多种数值方法求解上述初值问题，这里先用欧拉方法，欧拉公式的具体形式为

$$y_{n+1}=y_n+h\left(y_n-\frac{2x_n}{y_n}\right)$$

取步长 $h=0.1$，计算结果见表 3.6。

表 3.6 计算结果对比

x_n	y_n	$y(x_n)$	x_n	y_n	$y(x_n)$
0.1	1.10000	1.0954	0.6	1.5090	1.4832
0.2	1.1918	1.1832	0.7	1.5803	1.5492
0.3	1.2774	1.2649	0.8	1.6498	1.6125
0.4	1.3582	1.3416	0.9	1.7178	1.6733
0.5	1.4351	1.4142	1.0	1.7848	1.7321

该题的解析解为 $y=\sqrt{1+2x}$，按这个解析式算出的准确值 $y(x_n)$ 同近似值 y_n 一起列在表中，两者相比较可以看出欧拉方法的精度很差。

为了分析计算公式的精度，通常可采用泰勒展开将 $y(x_{n+1})$ 在 x_n 处展开，则有

$$y(x_{n+1})=y(x_n+h)$$

$$=y(x_n)+y'(x_n)h+\frac{h^2}{2}y''(\xi_n),\xi_n\in(x_n,x_{n+1})$$

在 $y_n=y(x_n)$ 的前提下，$f(x_n, y_n)=f(x_n, y(x_n))=y'(x_n)$。于是可得欧拉公式误差

$$y(x_{n+1})-y_{n+1}=\frac{h^2}{2}y''(\xi_n)\approx\frac{h^2}{2}y''(x_n) \tag{3.67}$$

称为此方法的局部截断误差。

如果对方程(3.65) 从 x_n 到 x_{n+1} 积分，得

$$y(x_{n+1})=y(x_n)+\int_{x_n}^{x_{n+1}}f(t,y(t))\mathrm{d}t \tag{3.68}$$

右端积分用左矩形公式 $hf(x_n,y(x_n))$ 近似，再以 y_n 代替 $y(x_n)$，y_{n+1} 代替 $y(x_{n+1})$ 也得到欧拉公式。

如果在式(3.68) 中右端积分用右矩形公式 $hf(x_{n+1},y(x_{n+1}))$ 近似，则得另一个公式

$$y_{n+1}=y_n+hf(x_{n+1},y(x_{n+1})) \tag{3.69}$$

称为**后退的欧拉法**。

后退的欧拉公式与欧拉公式有着本质的区别，后者是关于 y_{n+1} 的一个直接的计算公式，这类公式称作是**显式的**；然而公式(3.69) 的右端含有未知的 y_{n+1}，它实际上是关于 y_{n+1} 的一个函数方程，这类公式称作是**隐式的**。

显式与隐式两类方法各有特点。考虑到数值稳定性等其他因素，人们有时需要选用隐式方法，但使用显式算法远比隐式方便。

隐式方程通常用迭代法求解，而迭代过程的实质是逐步显示化。

设用欧拉公式

$$y_{n+1}^{(0)}=y_n+hf(x_n,y_n)$$

给出迭代初值 $y_{n+1}^{(0)}$，用它代入式(3.69) 的右端，使之转化为显示，直接计算得

$$y_{n+1}^{(1)}=y_n+hf(x_{n+1},y_{n+1}^{(0)})$$

然后再用 $y_{n+1}^{(1)}$ 代入，又有

$$y_{n+1}^{(2)}=y_n+hf(x_{n+1},y_{n+1}^{(1)})$$

如此反复进行，得

$$y_{n+1}^{(k+1)}=y_n+hf(x_{n+1},y_{n+1}^{(k)})(k=0,1,\cdots) \tag{3.70}$$

(2) 梯形方法

为得到比欧拉法精度高的计算公式，在右端积分中若用梯形求积公式近似，若用 y_n 代

替 $y(x_n)$，y_{n+1}代替 $y(x_{n+1})$，则得

$$y_{n+1}=y_n+\frac{h}{2}[f(x_n,y_n)+f(x_{n+1},y_{n+1})] \tag{3.71}$$

称为**梯形方法**。

梯形方法是隐式单步法，可用迭代法求解。同后退的欧拉法一样，仍用欧拉方法提供迭代初值，则梯形法的迭代公式为

$$\begin{cases} y_{n+1}^{(0)}=y_n+hf(x_n,y_n) \\ y_{n+1}^{(k+1)}=y_n+\frac{h}{2}[f(x_n,y_n)+f(x_{n+1},y_{n+1}^{(k)})] \\ (k=0,1,2,\cdots) \end{cases} \tag{3.72}$$

(3) 单步法的局部截断误差与阶

初值问题的单步法可用一般形式表示为

$$y_{n+1}=y_n+h\varphi(x_n,y_n,y_{n+1},h) \tag{3.73}$$

其中多元函数 φ 与 $f(x, y)$ 有关，当 φ 含有 y_{n+1}时，方法是隐式的，若不含 y_{n+1}则为显式方法，所以显式单步法可表示为

$$y_{n+1}=y_n+h\varphi(x_n,y_n,h) \tag{3.74}$$

$\varphi(x, y, h)$ 称为增量函数，例如对欧拉法有

$$\varphi(x,y,h)=f(x,y)$$

对一般显式单步法则可如下定义。

定义 3.11 设 $y(x)$ 是初值问题的准确解，称

$$T_{n+1}=y(x_{n+1})-y(x_n)-h\varphi(x_n,y(x_n),h) \tag{3.75}$$

为显式单步法的**局部截断误差**。

T_{n+1}之所以称为局部的，是假设在 x_n 前各步没有误差。当 $y_n=y(x_n)$ 时，计算一步，则有

$$\begin{aligned} y(x_{n+1})-y_{n+1} &= y(x_{n+1})-[y_n+h\varphi(x_n,y_n,h)] \\ &= y(x_{n+1})-y(x_n)-h\varphi(x_n,y(x_n),h)=T_{n+1} \end{aligned}$$

所以，局部截断误差可理解为用显式单步法计算一步的误差，也即式(3.74) 中用准确解 $y(x)$代替数值解产生的公式误差。根据定义，显然欧拉法的局部截断误差

$$\begin{aligned} T_{n+1} &= y(x_{n+1})-y(x_n)-h\varphi(x_n,y(x_n)) \\ &= y(x_{n+1})-y(x_n)-hy'(x_n) \\ &= \frac{h^2}{2}y''(x_n)+O(h^3) \end{aligned}$$

显然 $T_{n+1}=O(h^2)$，一般情形的定义如下。

定义 3.12 设 $y(x)$ 是初值问题的准确解，若存在最大整数 p 使显式单步法的局部截断误差满足

$$T_{n+1}=y(x+h)-y(x)-h\varphi(x,y,h)=o(h^{p+1}) \tag{3.76}$$

则称该方法具有 p **阶精度**。

若将式(3.85) 展开式写成

$$T_{n+1}=\Psi(x_n,y(x_n))h^{p+1}+o(h^{p+2})$$

则 $\Psi(x_n,y(x_n))h^{p+1}$称为**局部截断误差主项**。

以上定义对隐式单步法也是适用的。例如，对后退欧拉法其局部截断误差为

$$
\begin{aligned}
T_{n+1} &= y(x_{n+1}) - y(x_n) - hf(x_{n+1}, y(x_{n+1})) \\
&= hy'(x_n) + \frac{h^2}{2}y''(x_n) + o(h^3) - h[y'(x_n) + hy''(x_n) + o(h^2)] \\
&= -\frac{h^2}{2}y''(x_n) + o(h^3)
\end{aligned}
$$

这里 $p=1$，是 1 阶方法，局部截断误差主项为 $-\frac{h^2}{2}y''(x_n)$。

同样对梯形法有

$$
\begin{aligned}
T_{n+1} &= y(x_{n+1}) - y(x_n) - \frac{h}{2}[y'(x_n) + y'(x_{n+1})] \\
&= hy'(x_n) + \frac{h^2}{2}y''(x_n) + \frac{h^3}{3!}y'''(x_n) \\
&\quad - \frac{h}{2}[y'(x_n) + y'(x_n) + hy''(x_n) + \frac{h^2}{2}y'''(x_n)] + o(h^4) \\
&= -\frac{h^3}{12}y'''(x_n) + o(h^4)
\end{aligned}
$$

所以梯形方法是二阶的，其局部误差主项为 $-\frac{h^3}{12}y'''(x_n)$。

(4) 改进的欧拉公式

梯形方法虽然提高了精度，但其算法复杂，在应用迭代公式(3.72) 进行实际计算时，每迭代一次，都要重新计算函数 $f(x, y)$ 的值，而迭代又要反复进行若干次，计算量很大，而且往往难以预测。为了控制计算量，通常只迭代一两次就转入下一步的计算，这就简化了算法。

具体地说，先用欧拉公式求得一个初步的近似值 $\overline{y}_{n+1}$，称之为**预测值**，预测值 $\overline{y}_{n+1}$ 的精度可能很差，再用梯形公式将它校正一次，即按式迭代一次得 y_{n+1}，这个结果称**校正值**，而这样建立的预测－校正系统通常称为**改进的欧拉公式**。

预测　　$\overline{y}_{n+1} = y_n + hf(x_n, y_n)$

校正　　$y_{n+1} = y_n + \frac{h}{2}[f(x_n, y_n) + f(x_{n+1}, \overline{y}_{n+1})]$　　(3.77)

或表为下列平均化形式

$$
\begin{cases}
y_p = y_n + hf(x_n, y_n) \\
y_c = y_n + hf(x_{n+1}, y_p) \\
y_{n+1} = \frac{1}{2}(y_p + y_c)
\end{cases}
$$

【例 3.42】 用改进的欧拉方法求解例 3.41。

【解】 改进的欧拉公式为

$$
\begin{cases}
y_p = y_n + hf\left(y_n - \frac{2x_n}{y_n}\right) \\
y_c = y_n + hf\left(y_p - \frac{2x_{n+1}}{y_p}\right) \\
y_{n+1} = \frac{1}{2}(y_p + y_c)
\end{cases}
$$

仍取 $h=0.1$，计算结果见表 3.7。同例 3.41 中欧拉法的计算结果比较，改进欧拉法明显改善了精度。

表 3.7 计算结果对比

x_n	y_n	$y(x_n)$	x_n	y_n	$y(x_n)$
0.1	1.0959	1.0954	0.6	1.4860	1.4832
0.2	1.1841	1.1832	0.7	1.5525	1.5492
0.3	1.2662	1.2649	0.8	1.6153	1.6125
0.4	1.3424	1.3416	0.9	1.6782	1.6733
0.5	1.4164	1.4142	1.0	1.7379	1.7321

3.6.2 龙格-库塔方法

(1) 显式龙格-库塔法的一般形式

第 3.6.1 节给出了显式单步法的表达式及其局部截断误差为，对欧拉法 $T_{n+1}=o(h^2)$，即方法为 $p=1$ 阶，若用改进欧拉法，它可表示为

$$y_{n+1}=y_n+\frac{h}{2}[f(x_n,y_n)+f(x_n+h,y_n+hf(x_n,y_n))] \tag{3.78}$$

此时增量函数

$$\varphi(x_n,y_n,h)=\frac{1}{2}[f(x_n,y_n)+f(x_n+h,y_n+hf(x_n,y_n))] \tag{3.79}$$

它比欧拉法的 $\varphi(x_n, y_n, h)=f(x_n, y_n)$，增加了计算一个右函数 f 的值，可望 $p=2$。若要使得到的公式阶数 p 更大，φ 就必须包含更多的 f 值。实际上初值问题等价的积分形式式(3.68) 看出，若要使公式阶数提高，就必须使右端积分得数值求积公式精度提高，它必然要增加求积节点，为此可将式(3.77) 的右端用积分公式表示为：

$$\int_{x_n}^{x_{n+1}} f(x, y(x))\mathrm{d}x \approx \sum_{i=1}^{r} c_i f(x_n+\lambda_i h, y(x_n+\lambda_i h))$$

一般来说，点数 r 越多，精度越高，上式右端相当于增量函数 $\varphi(x, y, h)$，为得到便于计算的显示方法，可类似于改进欧拉法，将公式表示为

$$y_{n+1}=y_n+h\varphi(x_n,y_n,h)$$

其中

$$\varphi(x_n,y_n,h)=\sum_{i=1}^{r} c_i K_i \tag{3.80}$$

$$K_i=f(x_n, y_n)$$

$$K_i=f(x_n+\lambda_i h, y_n+\sum_{j=1}^{i-1}\mu_{ij}K_j),\ i=2, \cdots, r$$

这里 c_i，λ_i，μ_{ij} 均为常数，该式称为 r 级显式龙格-库塔 (Runge-Kutta) 法，简称 R-K 方法。

当 $r=1$，$\varphi(x_n, y_n, h)=f(x_n, y_n)$ 时，就是欧拉法，此时方法的阶为 $p=1$。当 $r=2$时，改进欧拉法就是其中的一种。

(2) 二阶显式 R-K 方法

对 $r=2$ 的 R-K 方法，由式(3.89) 可得到如下的计算公式

$$\begin{cases}y_{n+1}=y_n+h(c_1K_1+c_2K_2)\\K_1=f(x_n,y_n)\\K_2=f(x_n+\lambda_2h,y_n+\mu_{21}hK_1)\end{cases}\tag{3.81}$$

这里 c_1，c_2，λ_2，μ_{21} 均为待定常数，我们希望适当选取这些系数，使公式阶数 p 尽量高。根据局部截断误差定义，式(3.81) 的局部截断误差为：

$$\begin{aligned}T_{n+1}&=y(x_{n+1})-y(x_n)\\&=-h[c_1f(x_n,y_n)+c_2f(x_n+\lambda_2h,y_n+\mu_{21}hf_n)]\end{aligned}\tag{3.82}$$

这里 $y_n=y(x_n)$，$f_n=f(x_n,\ y_n)$。为得到 T_{n+1} 的阶 p，要将上式各项在（x_n，y_n）处作泰勒展开，由于 $f(x,\ y)$ 是二元函数，估要用到二元泰勒展开，各项展开式为

$$y(x_{n+1})=y_n+hy'_n+\frac{h^2}{2}y''_n+\frac{h^3}{3!}y'''_n+o(h^4)$$

其中

$$\begin{cases}y'_n=f(x_n,y_n)=f_n\\y''_n=f\dfrac{\mathrm{d}}{\mathrm{d}x}(x_n,y(x_n))=f'_x(x_n,y_n)+f'_y(x_n,y_n)\cdot f_n\\y'''_n=f''_{xx}(x_n,y_n)+2f_nf'_{xy}(x_n,y_n)+f_n^2f''_{yy}(x_n,y_n)+f'_y(x_n,y_n)[f'_x(x_n,y_n)+f_nf'_y(x_n,y_n)]\end{cases}\tag{3.83}$$

$$f(x_n+\lambda_2h,y_n+\mu_{21}hf_n)=f_n+f'_x(x_n,y_n)\lambda_2h+f'y(x_n,y_n)\mu_{21}hf_n+o(h^2)$$

将以上结果代入式(3.82) 则有

$$\begin{aligned}T_{n+1}&=hf_n+\frac{h^2}{2}[f'_x(x_n,y_n)+f'_y(x_n,y_n)f_n]\\&\quad-h[c_1f_n+c_2(f_n+\lambda_2f'_x(x_n,y_n)h)+\mu_{21}f'_y(x_n,y_n)f_nh]+o(h^3)\\&=(1-c_1-c_2)f_nh+\left(\frac{1}{2}-c_2\lambda_2\right)f'_x(x_n,y_n)h^2+\left(\frac{1}{2}-c_2\mu_{21}\right)f'_y(x_n,y_n)f_nh^2+o(h^3)\end{aligned}$$

要使式(3.81) 具有 $p=2$ 阶，必须使

$$1-c_1-c_2=0,\ \frac{1}{2}-c_2\lambda_2=0,\ \frac{1}{2}-c_2\mu_{21}=0$$

即

$$c_2\lambda_2=\frac{1}{2},\ c_2\mu_{21}=\frac{1}{2},\ c_1+c_2=1$$

显然，解是不唯一的．可令 $c_2=a\neq0$，则得

$$c_1=1-a,\ \lambda_2=\mu_{21}=\frac{1}{2a}$$

这样得到的公式称为二阶 R-K 方法，如取 $a=1/2$，则 $c_1=c_2=1/2$，$\lambda_2=\mu_{21}=1$。这就是改进欧拉法。

若取 $a=1$，则 $c_2=1$，$c_1=0$，$\lambda_2=\mu_{21}=1/2$。得计算公式

$$\begin{cases}y_{n+1}=y_n+hK_2\\K_1=f(x_n,y_n)\\K_2=f\left(x_n+\dfrac{h}{2},y_n+\dfrac{h}{2}K_1\right)\end{cases}\tag{3.84}$$

称为**中点公式**，相当于数值积分公式的中矩形公式。也可表示为

$$y_{n+1}=y_n+hf\left(x_n+\frac{h}{2},\ y_n+\frac{h}{2}f(x_n,\ y_n)\right)$$

3.6.3 线性多步法

在逐步推进的求解过程中，计算 y_{n+1} 之前事实上已经求出了一系列的近似值 y_0，y_1，…，y_n，如果充分利用前面多步的信息来预测，则可以期望会获得较高的精度。这就是构造所谓线性多步法的基本思想。

构造多步法的主要途径是基于数值积分方法和基于泰勒展开方法，前者可直接由微分方程两端积分后利用插值求积公式得到。本节主要介绍基于泰勒展开的构造方法。

(1) 线性多步法的一般公式

如果计算 y_{n+k} 时，除用 y_{n+k-1} 的值，还用到 y_{n+i} $(i=0, 1, \cdots, k-2)$ 的值，则称此方法为**线性多步法**。一般的线性多步法公式可表示为

$$y_{n+k}=\sum_{i=0}^{k-1}\alpha_i y_{n+i}+h\sum_{i=0}^{k}\beta_i f_{n+i} \tag{3.85}$$

其中 y_{n+i} 为 $y(x_{n+i})$ 的近似，$f_{n+i}=f(x_{n+i}, y_{n+i})$，$x_{n+i}=x_0+ih$，$\alpha_i$，$\beta_i$ 为常数，α_0 及 β_0 不全为零。

设 $y(x)$ 是初值问题的准确解，线性多步法式(3.85) 在 x_{n+k} 上的局部截断误差为

$$T_{n+k}=L[y(x_n);h]=y(x_{n+k})-\sum_{i=0}^{k-1}\alpha_i y(x_{n+i})-h\sum_{i=0}^{k}\beta_i y'(x_{n+i}) \tag{3.86}$$

对 T_{n+k} 在 x_n 处作泰勒展开，由于

$$y(x_n+ih)=y(x_n)+ihy'(x_n)+\frac{(ih)^2}{2!}y''(x_n)+\frac{(ih)^3}{3!}y'''(x_n)+\cdots$$

$$y'(x_n+ih)=y'(x_n)+ihy''(x_n)+\frac{(ih)^2}{2!}y'''(x_n)+\cdots$$

代入式(3.86) 得

$$T_{n+k}=c_0 y(x_n)+c_1 hy'(x_n)+c_2h^2y''(x_n)+\cdots+c_p h^p y^{(p)}(x_n)+\cdots \tag{3.87}$$

其中

$$c_0=1-(\alpha_0+\cdots+\alpha_{k-1})$$

$$c_1=k-[\alpha_1+2\alpha_2+\cdots+(k-1)\alpha_{k-1}]-(\beta_0+\beta_1+\cdots+\beta_k)$$

$$c_p=\frac{1}{q!}\{k^q-[\alpha_1+2^q\alpha_2+\cdots+(k-1)^q\alpha_{k-1}]\}-\frac{1}{(q-1)!}(\beta_1+2^{q-1}\beta_2+\cdots+k^{q-1}\beta_k)\ q=2,3,\cdots \tag{3.88}$$

若在式(3.87) 中选择系数 α_i 及 β_i，使它满足

$$c_0=c_1=\cdots=c_p=0,\quad c_{p+1}\neq 0$$

若此时所构造的多步法是 p 阶的，则

$$T_{n+k}=c_{p+1}h^{p+1}y^{p+1}(x_n)+o(h^{p+2}) \tag{3.89}$$

称右端第一项为**局部截断误差主项**，c_{p+1} 称为误差常数。

由 $p\geqslant 1$，即 $c_0=c_1=0$，且 $y_{n+1}=y_n+hf_n$，式(3.88) 得

$$\begin{cases}\alpha_0+\alpha_1+\cdots+\alpha_{k-1}=1\\ \sum_{i=1}^{k-1}i\alpha_i+\sum_{i=0}^{k}\beta_i=k\end{cases}$$

显然，当 $k=1$ 时，若 $\beta_1=0$，可求得 $\alpha_0=1$，$\beta_0=1$。此时公式为 $y_{n+1}=y_n+hf_n$，即为欧拉法。从式(3.88) 可求得 $c_2=1/2\neq 0$，故方法为 1 阶精度，且局部截断误差为

$$T_{n+1}=\frac{1}{2}h^2y''(x_n)+o(h^3)$$

对 $k=1$，若 $\beta_1\neq 0$，此时方法为隐式公式，为了确定系数 α_0，β_0，β_1，可由 $c_0=c_1=c_2=0$ 解得 $\alpha_0=1$，$\beta_0=\beta_1=1/2$。于是得到公式

$$y_{n+1}=y_n+\frac{h}{2}(f_n+f_{n+1})$$

即为梯形法。由式(3.88) 可求得 $c_3=-1/12$，故 $p=2$，所以梯形法是二阶方法，其局部截断误差主项是 $-h^3y'''(x_n)/12$。

对 $k\geqslant 2$ 的多步法公式都可利用式(3.88) 确定系数 α_i，β_i，并由式(3.89) 给出局部截断误差，下面只就若干常用的多步法导出具体公式。

(2) 构造多步法公式的示例

构造多步法公式有基于数值积分和泰勒展开两种途径，只对能将初值问题转化为等价的积分方程的情形方可利用数值积分方法建立多步法公式，它是有局限性的。即前一种途径只对部分方法适用。而用泰勒展开则可构造任意多步法公式，其做法是根据多步法公式的形式，直接在 x_n 处作泰勒展开即可。具体做法见下面例子。

【例 3.43】 解初值问题 $y'=f(x,y)$，$y(x_0)=y_0$。用显示二步法 $y_{n+1}=\alpha_0y_n+\alpha_1y_{n-1}+h(\beta_0f_n+\beta_1f_{n-1})$，其中 $f_n=f(x_n,y_n)$，$f_{n-1}=f(x_{n-1},y_{n-1})$ 试确定参数 α_0，α_1，β_0，β_1，使方法阶数尽可能高，并求局部截断误差。

【解】 本题仍根据局部截断误差定义，用泰勒展开确定参数满足的方程，由于

$$\begin{aligned}T_{n+1}&=y(x_n+h)-\alpha_0y(x_n)-\alpha_1y(x_n-h)-h[\beta_0y'(x_n)+\beta_1y'(x_n-h)]\\&=y(x_n)+hy'(x_n)+\frac{h^2}{2}y''(x_n)+\frac{h^3}{3!}y'''(x_n)+\\&\quad\frac{h^4}{4!}y^{(4)}(x_n)+o(h^5)-\alpha_0y(x_n)-\alpha_1\Big[y(x_n)-hy'(x_n)+\frac{h^2}{2}y''(x_n)-\\&\quad\frac{h^3}{3!}y'''(x_n)+\frac{h^4}{4!}y^{(4)}(x_n)+o(h^5)\Big]-\beta_0hy'(x_n)-\beta_1h\Big[y'(x_n)-hy''(x_n)+\\&\quad\frac{h^2}{2}y'''(x_n)-\frac{h^3}{3!}y^{(4)}(x_n)+o(h^4)\Big]\\&=(1-\alpha_0-\alpha_1)y(x_n)+(1+\alpha_1-\beta_0-\beta_1)hy'(x_n)+\\&\quad\left(\frac{1}{2}-\frac{1}{2}\alpha_1+\beta_1\right)h^2y''(x_n)+\left(\frac{1}{6}+\frac{1}{6}\alpha_1-\frac{1}{2}\beta_1\right)h^3y'''(x_n)+\\&\quad\left(\frac{1}{24}-\frac{1}{24}\alpha_1+\frac{1}{6}\beta_1\right)h^4y^{(4)}(x_n)+o(h^5)\end{aligned}$$

为求参数 α_0，α_1，β_0，β_1，使方法阶数尽量高，可令

$$1-\alpha_0-\alpha_1=0,\qquad 1+\alpha_1-\beta_0-\beta_1=0$$

$$\frac{1}{2}-\frac{1}{2}\alpha_1+\beta_1=0,\qquad \frac{1}{6}+\frac{1}{6}\alpha_1-\frac{1}{2}\beta=0$$

即得方程组

$$\begin{cases}\alpha_0+\alpha_1=1\\-\alpha_1+\beta_0+\beta_1=1\\\alpha_1-2\beta_1=1\\-\alpha_1+3\beta_1=1\end{cases}$$

解得 $\alpha_0=-4$，$\alpha_1=5$，$\beta_0=4$，$\beta_1=2$，此时公式为三阶，而且

$$T_{n+1}=\frac{1}{6}h^4y^{(4)}(x_n)+o(h^5)$$

即为所求局部截断误差。而所得二步法为

$$y_{n+1}=-4y_n+5y_{n-1}+2h(2f_n+f_{n-1})$$

3.6.4 Matlab 求解常微分方程初值问题

Matlab 解决常微分方程初值问题的数值解法问题的步骤如下。

① 化方程组为标准形式。例如：

$y'''-3y''-y'y=0$，满足 $y(0)=0$，$y'(0)=1$，$y''(0)=-1$

把微分方程的高阶导数写为低阶导数的算式，即：

$y'''=3y''+y'y$，设 $y_1=y$，$y_2=y'$，$y_3=y''$

则原方程化为下列等价的方程组：

$$\begin{cases}y_1'=y_2\\y_2'=y_3\\y_3'=3y_3+y_2y_1\end{cases}\quad\text{满足初值条件}\begin{cases}y_1(0)=0\\y_2(0)=1\\y_3(0)=-1\end{cases}$$

② 把微分方程组编成 m 函数文件。

如：
```
function dy=F(t,y)
    dy=[y(2);y(3);3*y(3)+y(2)*y(1)];
```

③ 调用一个微分方程的求解函数求解。

```
[T,Y]=solver('F',tspan,y0);
```

其中，solver 为求解函数名；

F：包含微分方程的 m 文件；

tspan 为积分的数据范围，其格式为 [t0, tfinal]；

y0 为 t0 时刻的初值列向量；

输出参数 T 和 Y 为列向量；

T 为时刻向量；

Y 表是不同时刻的函数值。

【例 3.44】 *求解方程 $y''-3(1-y^2)y'+y=0$ 在初值 $y'(0)=3$，$y(0)=2$ 的解。*

【解】 ① 化成标准形式：

设 $y_1=y$，$y_2=y'$，则

$$\begin{cases}y_1'=y_2\\y_2'=3(1-y_1^2)y_2-y_1\end{cases}\quad\text{初值为：}\begin{cases}y_1(0)=2\\y_2(0)=3\end{cases}$$

② 编写函数文件 ode.m。

```
function dy=ode(t,y)
dy=[y(2);3*(1-y(1)^2)*y(2)-y(1)];
```

③ 调用函数 ode45 求解，时间区间为 [0, 20]：

```
[T,Y]=ode45('ode',[0,20],[2;3]);    %输出结果[T,Y]中 T 为时间点组成的向量。Y 为对应于 T
                                      中时间点的 y(1)和 y(2)的值。
```

④ 绘制解的曲线，结果如图 3.6 所示。

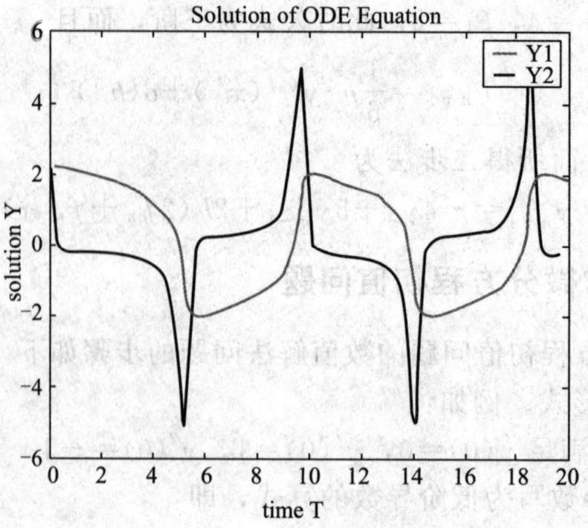

图 3.6　例 3.44 图

```
plot(T,Y(:,1),'-',T,Y(:,2),'--')
title('Solution of ODE Equation');
xlabel('time T')
ylabel('solution Y');
legend('Y1','Y2')
```

Matlab 提供了求常微分方程数值解的函数，一般调用格式为：

```
[t,y]=ode23('fname',tspan,y0)
[t,y]=ode45('fname',tspan,y0)
```

其中 fname 是定义 f(t，y) 的函数文件名，该函数文件必须返回一个列向量。tspan 形式为［t0，tf］，表示求解区间。y0 是初始状态列向量。t 和 y 分别给出时间向量和相应的状态向量。

【例 3.45】 设有初值问题：$\begin{cases} y'=\dfrac{y^2-t-2}{4(t+1)},\ 0\leqslant t\leqslant 1 \\ y(0)=2 \end{cases}$

试求其数值解，并与精确解相比较［精确解为 $y(t)=\sqrt{t+1}+1$］。

【解】 ① 建立函数文件 funt. m。

```
function yp=funt(t,y)
yp=(y^2-t-2)/4/(t+1);
```

② 求解微分方程。

```
t0=0;    tf=10;    y0=2;
[t,y]=ode23('funt',[t0,tf],y0);       %求数值解
y1=sqrt(t+1)+1;                       %求精确解
```

y 为数值解，y1 为精确值，显然两者近似。

习 题 3

1. 序列 $\{y_n\}$ 满足递推关系 $y_n=1-ny_{n-1}$ $n=1,2,\cdots$。如果取 $y_0\approx 0.6321$（四位有效数字），问：y_0 的误差限为多大？计算到 y_{10} 时误差限多大？此计算过程稳定吗？

2. 对初值问题$\begin{cases}y'+y=0\\y(0)=1\end{cases}$，证明：用梯形公式求得的近似解为$y_n=\left(\dfrac{2-h}{2+h}\right)^n$。并证明：当步长$h\to 0$时，$y_n\to e^{-x_n}$。

3. 设求积公式$\int_0^1 f(x)\mathrm{d}x \approx A_0 f(0)+A_1 f(1)+B_0 f'(0)$，已知其余项表达式为$R(f)=kf'''(\xi)$。试确定求积公式中的待定参数$A_0$，$A_1$，$B_0$，使其代数精度尽量高，并指出求积公式所具有的代数精度及余项表达式中的k值。

4. 已知方程组$\begin{pmatrix}10 & a & 0\\ b & 10 & b\\ 0 & a & 5\end{pmatrix}\begin{pmatrix}x_1\\x_2\\x_3\end{pmatrix}=\begin{pmatrix}1\\2\\3\end{pmatrix}$，且系数矩阵的行列式不等于0，试对任意初始向量$\boldsymbol{X}^{(0)}$，分别给出解此方程组的雅克比迭代法和高斯-赛德尔迭代法收敛时a，b满足的充要条件。

5. 应用迭代法的思想，给出求$\sqrt{2+\sqrt{2+\sqrt{2+\cdots+\sqrt{2+\sqrt{2}}}}}$的迭代公式，并由此证明$\lim\limits_{n\to\infty}\sqrt{2+\sqrt{2+\sqrt{2+\cdots+\sqrt{2+\sqrt{2}}}}}=2$。

第4章 微分方程方法建模

在自然科学以及工程、经济、医学、体育、生物、社会等学科中的许多问题，有时很难找到该问题有关变量之间的直接关系——函数式，但却容易找到这些变量和它们的微小增量或变化率的关系式，为了研究此关系式往往采用微分（或差分）来描述此类问题，从而建立起用微分方程来描述的动态连续模型，或用差分方程描述的动态离散模型。

当我们描述实际对象的某些特性随时间（或空间）而演变的过程，分析它的变化规律，预测它的未来性态时，通常要建立对象的动态模型。建模时首先要根据建模目的和对问题的具体分析作出简化假设，然后按照对象内在的或可以类比的其他对象的规律列出微分方程，求出方程的解并将结果翻译回实际对象，就可以进行描述、分析或预测了。

虽然动态过程的变化规律一般要用微分方程建立的动态模型来描述，但是对于某些实际问题，建模的主要目的并不是要寻求动态过程每个瞬时的性态，而是研究某种意义下稳定状态的特征，特别是当时间充分长以后动态过程的变化趋势。譬如在什么条件下描述过程的变量会越来越接近某些确定的数值，在什么情况下又会越来越远离这些数值而导致过程不稳定。为了分析这种稳定与不稳定的规律，常常不需要求解微分方程，而可以利用微分方程稳定性理论，直接研究平衡状态的稳定性就行了。

4.1 常微分方程建模

在研究实际问题时，我们常常不能直接得出变量之间的关系，但却能容易得出包含变量导数在内的关系式，这就是常微分方程。

4.1.1 几个简单实例

（1）冷却问题

17 世纪末 18 世纪初，牛顿发现在较小的温度范围内，物体的冷却速率正比于该物体与环境温度差值，即冷却定律（冷却模型）。

$$\begin{cases}\mathrm{d}T/\mathrm{d}t=-k(T-C)\\T(0)=T_0\end{cases}$$

式中，T 为物体 t 时刻的温度；C 为环境温度；k 为正常数；T_0 为 $t=0$ 时的温度。

现将温度为 $T_0=150$℃的物体放在温度为 24℃的空气中冷却，经 10min 后，物体温度降为 $T=100$℃，问 $t=20$min 时，物体的温度是多少？

【解】 设物体的温度 T 随时间 t 的变化规律为 $T=T(t)$，则由冷却定律及条件可得，

$$\begin{cases}\mathrm{d}T/\mathrm{d}t=-k(T-24)\\T(0)=150\end{cases}$$

式中，$k>0$ 为比例常数；负号表示温度是下降的。这就是所要建立的数学模型。由于这个模型是一阶线性微分方程，很容易求出其特解为 $T=126e^{-kt}+24$。由 $T(10)=100$，可得出 $k\approx0.05$，所以 $T=126e^{-0.05t}+24$。当 $t=20$ 时，有

$$T(20)=126e^{-0.05\times20}+24\approx46℃$$

所以，20min 后，物体的温度为 46℃。

(2) 碳定年代法

考古、地质学等方面的专家常用 ^{14}C 测定法（通常称碳定年代法）来估计文物或化石的年代。^{14}C 是一种由宇宙射线不断轰击大气层，使大气层产生中子，中子与氮气作用生成的具有放射性的物质。这种放射性碳可氧化成二氧化碳，二氧化碳被植物所吸收，而植物又作为动物的食物，于是放射性碳被带到各种动植物体内。^{14}C 是放射性的，无论在空气中还是在生物体内都在不断蜕变，这种蜕变规律我们可以求出来。通常假定其蜕变速度与该时刻的存余量成正比。

假设在时刻 t(年)，生物体中 ^{14}C 的存量为 $x(t)$，生物体的死亡时间记为 $t_0=0$，此时 ^{14}C 含量为 x_0，由假设，可得

$$x'=-kx \tag{4.1}$$

的解为 $x(t)=x_0e^{-kt}$，其中 k 为常数，k 前面的符号表示 ^{14}C 的存量是递减的。方程(4.1)的解表明 ^{14}C 是按指数递减的，而常数 k 可由半衰期确定。

若 ^{14}C 的半衰期为 T，则有

$$x(T)=x_0/2 \tag{4.2}$$

将式(4.2)代入方程(4.1)的解中，得 $k=\frac{\ln2}{T}$，即有

$$x(t)=x_0e^{-\frac{\ln2}{T}t} \tag{4.3}$$

碳定年代法的根据是活着的生物通过新陈代谢不断摄取 ^{14}C，因而它们体内的 ^{14}C 与空气中的 ^{14}C 含量相同，而生物死亡之后，停止摄取 ^{14}C，因而尸体内的 ^{14}C 由于不断蜕变而不断减少。碳定年代法就是根据生物体死亡之后体内 ^{14}C 蜕变减少量的变化情况来判断生物的死亡时间的。

碳定年代法的计算可由式(4.3)解得

$$t=\frac{T}{\ln2}\ln\frac{x_0}{x(t)} \tag{4.4}$$

由于 $x(0)$ 和 $x(t)$ 不便于测量，我们可把式(4.4)进行修改，对方程(4.1)的解两边求导数，得

$$x'(t)=-x_0ke^{-kt}=-kx(t) \tag{4.5}$$

而

$$x'(0)=-kx(0)=-kx_0 \tag{4.6}$$

式(4.5)和式(4.6)两式相除，得 $x'(0)/x'(t)=x_0/x(t)$，将此式代入式(4.4)，得

$$t=\frac{T}{\ln2}\ln\frac{x'(0)}{x'(t)} \tag{4.7}$$

这样由式(4.7)可知，只要知道生物体在死亡时体内 ^{14}C 的蜕变速度 $x'(0)$ 和现在时刻 t 的蜕变速度 $x'(t)$，就可以求得生物体的死亡时间了，在实际计算上，都假定现代生物体中 ^{14}C 的蜕变速度与生物体死亡时代生物体中 ^{14}C 的蜕变速度相同。

马王堆一号墓于 1972 年 8 月出土，其时测得出土的木炭标本的 ^{14}C 平均原子蜕变数为 29.78/s，而新砍伐木头烧成的木炭中 ^{14}C 平均原子蜕变数为 38.37/s，又知 ^{14}C 的半衰期为

5568 年，这样，我们可以把 $x'(0)=38.37/\text{s}$，$x'(t)=29.78/\text{s}$，$T=5568$ 年代入式(4.7)，得 $t\approx 2036$。这样就估算出马王堆一号墓大约是在 2000 多年前。

但是碳定年代法有不足之处，现在，^{14}C 年代测定法已受到怀疑，在 2500～10000 年前这段时间中与其他断代法的结果有差异。1966 年，耶鲁实验室的 Minze Stuiver 和加利福尼亚大学圣地亚哥分校的 Hans E. Suess 在一份报告中指出了这一时期使 ^{14}C 年代测定产生误差的根本原因。在那个年代，宇宙射线的放射强度减弱了，偏差的峰值发生在大约 6000 年以前。这两位研究人员的结论出自对 Brist/econe 松树所作的 ^{14}C 年代测定的结果，因为这种松树同时还提供了精确的年轮断代。他们提出了一个很成功的误差公式，用来校正根据 ^{14}C 断代定出的 2300～6000 年前这期间的年代：

$$\text{真正的年代}={}^{14}C\text{年}\times 1.4-900$$

4.1.2 传染病模型

传染病一直以来威胁人类的健康与生命，历史上传染病和寄生虫病曾给人类生存和国计民生带来巨大的灾难。早在公元 2 世纪时，Antonine 瘟疫就曾在罗马帝国流行，给当地人们带来的巨大损失，引起了人口的急剧下降和经济的恶化，最终导致了罗马帝国的崩溃。发生在公元 1519～1530 年间麻疹等传染病的流行，曾使墨西哥的印第安人的数量从 3000 万下降到 300 万，一度造成哀鸿遍野、人迹罕见的情形。使人闻之色变的黑死病（淋巴腺鼠疫）曾四次在欧洲大陆大规模流行，造成了大批人员的死亡，给人类带来了深重的灾难。20 世纪 80 年代艾滋病毒开始肆虐全球；2003 年春的 SARS 病毒，2004 年的禽流感病毒，还有 2014 年在非洲蔓延的埃博拉病毒，给人们的生命财产带来极大的损失。长期以来，建立反映传染病流行规律的数学模型，研究其发生、发展与传播的规律，了解疾病的发展过程，揭示发展规律并预测其变化趋势，已经成为传染病学和数学相结合的一个重要的具有理论和现实意义的研究课题，它有助于对传染病将来的发展趋势进行预测，有利于传染病的预防与控制，以便为相关部门制订防治策略提供科学依据，使人们能更好地抵御疾病，这一工作至关重要。

传染病是由某种特殊的病原体（如细菌、病毒、寄生虫等）所引起的、具有传染性的疾病。传染病与其他疾病不同。其主要特征是：具有特异的病原体；有传染性；有流行性、季节性、地方性，如乙型脑炎多发生于夏末秋初，流行性脑脊髓膜炎多发生于冬春季节。在一定条件影响下，传染病可在易感人群中造成程度不等的流行，从散发以致造成大规模爆发，如流行性感冒可能造成世界性的大规模爆发；有一定潜伏期；有特殊的临床表现，绝大多数传染病在病程中体温升高，有皮疹、毒血症和肝脾肿大等症状。

(1) 传染病动力学模型的基本形式

传染率是指单位时间内一个染病者与他人接触的次数乘于每次接触后被传染的概率。

根据不同的传染率、不同的人口动力学以及有无因病死亡等因素可以建立不同的传染病模型，最基本的传染病模型大致有以下几类。

① 不考虑出生与自然死亡等种群动力学因素，此类模型适用于描述病程较短的传染病，从而在疾病流行期内，种群的出生和自然死亡因素可以忽略不计的一些疾病。

首先考虑无疾病潜伏期。

a. SI 模型，患病后难以治愈。

模型假设如下。

(ⅰ) 人群分为易感者（Susceptibles）人群和染病者（Infectives）人群两类，t 时刻这两类人的数量分别记为 $S(t)$ 和 $I(t)$。

（ⅱ）一个染病者一旦与易感者接触就必然具有一定的感染力。设 t 时刻单位时间内一个染病者传染易感者的数目与此时刻易感者的数量 $S(t)$ 成正比，比例系数为 β。从而 t 时刻单位时间内被所有病人所传染的成员数，即新染病者数为 $\beta S(t)I(t)$。

模型框图如图 4.1 所示。

相应的模型为

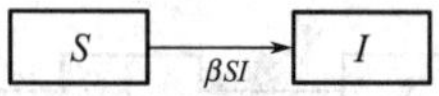

图 4.1　SI 模型的传染机制

$$\begin{cases} S'(t)=-\beta SI \\ I'(t)=\beta SI \end{cases}$$

b. SIS 模型，通过细菌传染的疾病如伤风、痢疾、脑炎、淋病等，患者康复后不具有免疫力，可能再次被感染。这类传染病的传播过程则可使用 SIS 传染病模型来描述。

SIS 模型假设条件（ⅰ）、（ⅱ）与 SI 模型的假设条件相同，增加的条件为：

（ⅲ）t 时刻单位时间内从染病者类治愈的成员数与此时刻的患者数量成正比，比例系数为 γ。从而 t 时刻单位时间内治愈的患者数为 $\gamma I(t)$，且假设病人治愈后仍具有再次被感染的可能。

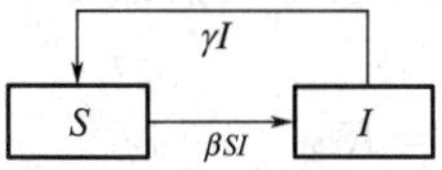

图 4.2　SIS 模型的传染机制

模型框图如图 4.2 所示。

此时相应的模型为

$$\begin{cases} S'(t)=-\beta SI+\gamma I \\ I'(t)=\beta SI-\gamma I \end{cases} \tag{4.8}$$

c. SIR 模型，患病治愈后获得了终身免疫力。通过病毒传播的疾病如天花、肝炎、流感、麻疹、水痘等，染病者康复后对原病毒具有免疫力；也可用于研究某种较严重的传染病如狂犬病、艾滋病等，得病者极少被治愈。这类传染病的传播过程则可使用 SIR 传染病模型来描述。

模型假设如下。

（ⅰ）人群分为易感者（Susceptibles）、染病者（Infectives）和移出者（Removed）三类，t 时刻这三类人的数量分别记为 $S(t)$、$I(t)$ 和 $R(t)$。不考虑人口的出生和死亡因素，且环境封闭（没有流入和流出）。从而成员总数始终保持常数 N，即 $S(t)+I(t)+R(t)=N$。

（ⅱ）与 SI 模型的假设条件（ⅱ）相同。

（ⅲ）t 时刻单位时间内从染病者类移出（康复）的成员数与此时刻的患者数量成正比，比例系数为 γ。从而 t 时刻单位时间内康复的患者数为 $\gamma I(t)$，$1/\gamma$ 为平均患病期，且假设康复者具有永久免疫力，不会再次被此疾病感染。

在以上三个假设下，易感者从患病到康复的过程用图 4.3 表示如下。

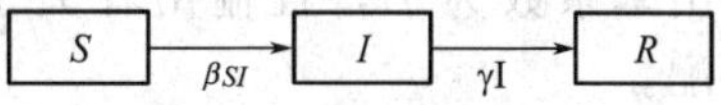

图 4.3　具有终身免疫力 SIR 模型的传染机制

基于模型假设，此时相应的模型为

$$\begin{cases} dS/dt=-\beta SI \\ dI/dt=\beta SI-\gamma I \\ dR/dt=\gamma I \\ S(t)+I(t)+R(t)=N \end{cases} \tag{4.9}$$

由于传染病的基本模型有很多，我们将以 SIR 模型为例作详细的讲解。

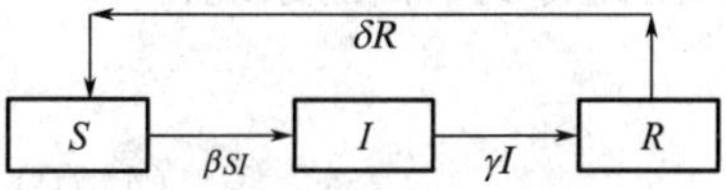

图 4.4　具有暂时免疫力的 SIRS 模型的传染机制

d. SIRS 模型，病人康复后只有暂时免疫力，单位时间内将有 δR 的康复者丧失免疫而可能再次被感染。模型框图如图 4.4 所示。

其次考虑有疾病潜伏期，即在被感染后成为患病者 $I(t)$ 之前有一段病菌潜伏期，且在潜伏期内没有传染力。

设 t 时刻潜伏期的人数为 $E(t)$，疾病的平均潜伏期为 $1/w$。

a. SEIR 模型，病人康复后具有永久免疫力。模型框图如图 4.5 所示。

b. SEIRS 模型，病人康复后仅有暂时免疫力。模型框图如图 4.6 所示。

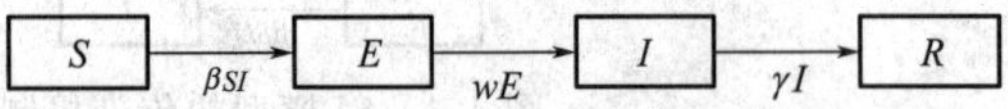

图 4.5　SEIR 模型的传染机制

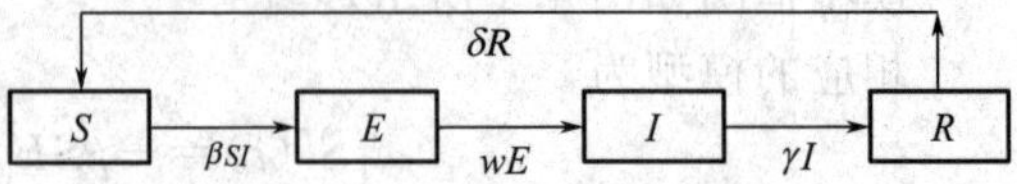

图 4.6　SEIRS 模型的传染机制

② 添加种群动力学因素。首先考虑总人口恒定，即在疾病流行期间内，考虑成员的出生与自然死亡等变化，但假定出生率系数（即单位时间内出生者数量在总成员数中的比例）与自然死亡率系数相等，且不考虑人口输入与输出以及因病死亡等因素。从而总成员数始终保持为一常数 K。

a. SIR 无垂直传染模型。即母亲的疾病不会先天传给新生儿，故新生儿均为易感者。模型框图如图 4.7 所示。

这里假定出生率系数与自然死亡率系数均为 b，$S(I)+I(t)+R(t)=K$。

b. SIR（有垂直传染且康复者的新生儿不具免疫力）模型。模型框图如图 4.8 所示。

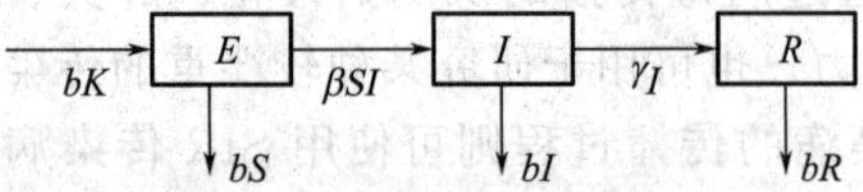

图 4.7　无垂直传染的 SIR 模型的传染机制

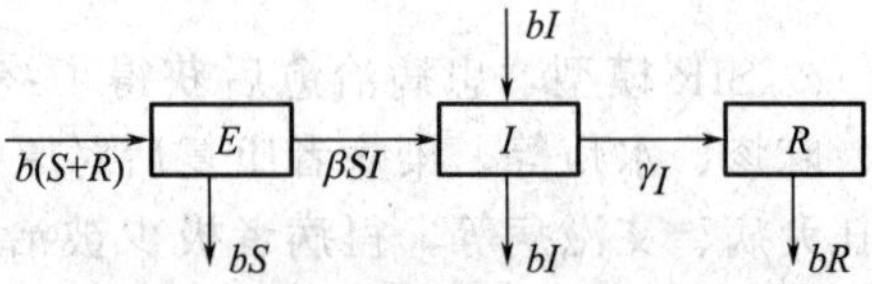

图 4.8　有垂直传染且康复者的新生儿不具免疫力的 SIR 模型的传染机制

其次考虑总成员数变动，即考虑因病死亡、成员的输入和输出、出生率系数与死亡率系数不相等，密度制约等因素［从而总成员数为时间 t 的函数 $N(t)$］。

a. SIS（有垂直传染且有输入输出）模型。模型框图如图 4.9 所示。

这里假定出生率系数为 b，自然死亡率系数为 d，因病死亡率系数为 α，对种群的输入率为 A，且均为易感者，输出率系数为 B，且输出者关于易感者和患病者平均分配。

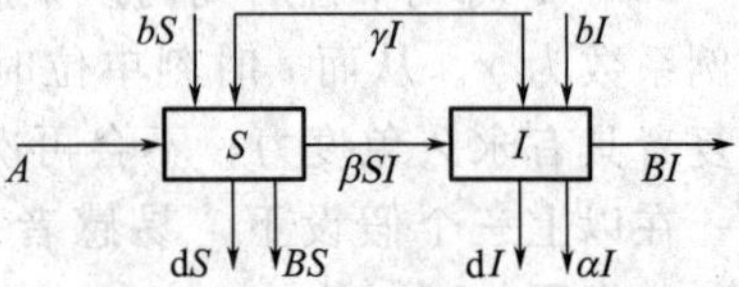

图 4.9　有垂直传染且有输入输出的 SIS 模型的传染机制

b. MSEIR（有先天免役无垂直传染）模型，即由于母体抗体对胎儿的作用，使部分新生儿具有暂时的先天免疫力。

以上就是传染病动力学的一些最基本模式。其他的传染病模型是在这些模式基础上添加影响传染病的某些因素，例如疫苗接种、隔离以及密度制约、年龄结构等因素，建立更复杂的传染病模型。

(2) SIR 模型

对于系统式(4.9)，取变换 $s=S/N$，$i=I/N$，$r=R/N$，因此得到下面的系统：

$$\begin{cases} \mathrm{d}s/\mathrm{d}t=-\beta si \\ \mathrm{d}i/\mathrm{d}t=\beta si-\gamma i \\ \mathrm{d}r/\mathrm{d}t=\gamma i \\ s+i+r=1 \end{cases} \tag{4.10}$$

其中，s，i，r 分别表示易感者、感染者和移除者占总人口的比例。

我们可以观察到变量 r 不仅可以用微分方程 $r'=\gamma i$ 表示，也可以用代数方程 $r=1-s-i$ 表示，而变量 r 没有出现在系统式(4.10) 的前两个方程中，因此 SIR 模型可写作为

$$\begin{cases} ds/dt=-\beta si \\ di/dt=\beta si-\gamma i \end{cases} \tag{4.11}$$

记初始时刻的易感者和感染者的人口比例分别是 s_0 和 i_0，即 $s(0)=s_0$，$i(0)=i_0$。方程组(4.11) 无法求出 $s(t)$ 和 $i(t)$ 的解析解，我们转到相平面 $s-i$ 上来讨论解的性质。相轨线的定义域 $(s, i)\in D$ 应为 $D=\{(s, i) \mid s\geqslant 0, i\geqslant 0, s+i\leqslant 1\}$。

当 $t\to\infty$ 时，$s(t)$，$i(t)$ 和 $r(t)$ 的极限分别记为 s_∞，i_∞ 和 r_∞。

由于 $\dot{s}=-\beta si<0$，$s(t)$ 单调递减且有下界，故极限 s_∞ 存在，对于系统 (4.11) 消去 dt，有

$$di/ds=-1+\rho/s \tag{4.12}$$

其中，$\rho=\gamma/\beta$。由式(4.12) 可知，当 $s=\rho$ 时，i 达到极大值。并解微分方程，有

$$i(s)=(s_0+i_0)-s+\rho\ln(s/s_0) \tag{4.13}$$

在定义域 D 内，式(4.13) 表示曲线即为相轨线，如图 4.10所示，其中箭头表示随着时间 t 的增加 $s(t)$ 和 $i(t)$的变化趋向。

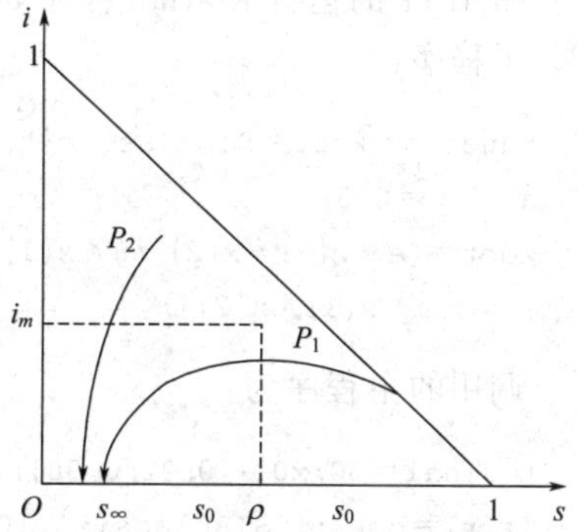

图 4.10 SIR 模型的相轨线

由式(4.10) 知，$dr/dt=\gamma I>0$，而 $r(t)\leqslant 1$，故 r_∞ 存在，再由 $s+i+r=1$，知 i_∞ 存在。假设 $i_\infty=\varepsilon>0$，则由 $dr/dt=\gamma i>0$ 知，当 $t\to\infty$ 时，有 $dr/dt=\gamma\varepsilon/2>0$，这将导致 $i_\infty=\infty$，与 i_∞ 存在相矛盾。所以 $i_\infty=0$。从图 4.10 可看出，不论相轨线从 P_1 或 P_2 点出发，它终将与 s 轴相交。由此可看出，不论初始条件 s_0 和 i_0 如何，病人终将消失。

当初始时刻易感者百分比 $s_0>\rho$ 时，随着时间的增长，染病者 $i(t)$ 将先单调增加到最大值，然后再逐渐减少而最终消亡，表明疾病就会流行；当初始时刻易感者百分比 $s_0<\rho$ 时，随着时间的增长，染病者 $i(t)$ 单调减少最终消亡，表明疾病就不会流行。记 $R_0=s_0/\rho=1$ 是区分疾病流行与否的**阈值**。

因此 ρ 是一个非常重要的参数，ρ 可由实际数据估计，当 $t\to\infty$ 时，$i(t)\to 0$，$s(t)\to s_\infty$ 代入式(4.13) 得：

$K-s_\infty+\rho\ln(s_\infty/s_0)=0$，其中 $K=s_0+i_0$。解得

$$\rho=(K-s_\infty)/(\ln s_0-\ln s_\infty)$$

综上所述，SIR 模型指出了传染病的以下特征。

① 当人群中有人得了某种传染病时，此疾病并不一定流行，仅当超过阈值 R_0 时，疾病才会流行起来。

② 疾病并非因缺少易感染者而停止传播，相反，是因为缺少传播者才停止传播的（否则将导致所有人得病）。

③ 种群不可能因为某种传染病而绝灭。

数值仿真：取方程(4.11) 中的参数为 $\beta=1$，$\gamma=0.3$，初始条件为 $i_0=0.02$，$s_0=0.98$，用 Matlab 软件计算作 $i(t)$，和 $s(t)$ 时间相应图及 s-i 的相图，如图 4.11 所示。

与上述讨论结果相符。

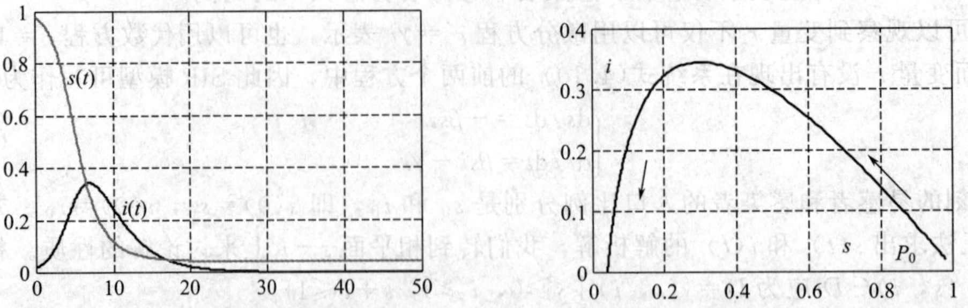

(a) $s(t)$和$i(t)$时间相应图

(b) s-i相图

图 4.11　$s(t)$和 $i(t)$时间相应图及 s-i 相图

为了制止传染病蔓延，由上述讨论可知传染病不蔓延的条件 $s_0<\rho$，因此我们一方面可通过提高阈值 $\rho=\gamma/\beta$，这就要提高治愈率 γ，降低传染率 β，即要提高该地区的医疗卫生保健水平；另一方面降低易感者百分比 s_0，也就是提高移出者的百分比 r_0，即对群体进行免疫。

图 4.11 的运行 Matlab 程序如下。

子程序：

```
function xdot=SIRclassic(t,x)
a=1;u=0.3;
xdot=[a*x(1)*x(2)-u*x(1);
    -a*x(1)*x(2)];
```

调用的主程序为：

```
t_final=50;x0=[0.02;0.98];
[t,x]=ode45('SIRclassic',[0,t_final],x0);
plot(t,x(:,1),t,x(:,2)),grid;
figure;plot(x(:,2),x(:,1)),axis([0,1,0,0.4]),grid;
```

4.1.3　药物在体内的分布与排除

在用微分方程研究实际问题时，人们常常会采用一种叫“房室系统”的观点来考察问题。根据研究对象的特征或研究的不同精度要求，我们把研究对象看成一个整体（单房室系统）或将其剖分成若干个相互存在着某种联系的部分（多房室系统）。房室具有以下特征：它由考察对象均匀分布而成（注，考察对象一般并非均匀分布，这里采用了一种简化方法，被称为**集中参数法**）；房室中考察对象的数量或浓度（密度）的变化率与外部环境有关，这种关系被称为“交换”，交换满足着总量守衡。

我们将用房室系统的方法来研究药物在体内的分布。药物进入机体后，在随血液输送到各个器官和组织的过程中，不断地被吸收、分布、代谢，最终排出体外。药物在血液中的浓度称为**血药浓度**（单位体积血液的药物量）血药浓度随着时间和空间（机体的各部分）而变化，而血药浓度的大小直接影响到药物的疗效，浓度太低不能达到预期的效果，浓度太高又可能导致药物中毒、副作用太强或造成浪费。研究药物在体内吸收、分布和排出的动态过程，对新药研制、药物的使用剂量和时间间隔的确定具有指导意义。这个学科分支称为药物动力学。

建立房室模型是药物动力学研究上述动态过程的基本步骤之一。所谓房室是指机体的一部分，药物在一个房室内均匀分布（血药浓度为常数），在房室间按一定规律转移。一个机体分为几个房室，要看不同药物的吸收、分布和排出过程的具体情况，以及研究对象所要求的精度而定。

本节讨论二室模型即中心室（心、肺、肾等）和周边室（四肢、肌肉等）。药物的动态过程在每个房室内是一致的，转移只在两个房室之间以及某个房室与体外之间进行。论二室模型的建立和求解方法可推广到多室模型。将一个机体划分为若干房室是人们为了研究所做的简化，这种简化在一定条件下已由临床试验证明是正确的，为医学界和药理学界所接受。

模型假设如下。

（ⅰ）机体分为中心室（Ⅰ室）和周边室（Ⅱ室），两个室的容积（血液容积或药物容积）不变。$c_i(t)$，$x_i(t)$ 和 V_i 分别表示第 i 室（$i=1, 2$）的血药浓度、药量和容积。

（ⅱ）药物从体外进入中心室，在二室间相互转移，从中心室排出体外。与转移和排除的数量相比，药物的吸收可以忽略。

（ⅲ）药物在房室间转移速率及向体外排除速率与该室血药浓度成正比。k_{12} 和 k_{21} 是两室之间药物转移速率系数，k_{13} 是药物从Ⅰ室想体外排除的速率系数，速率系数 k_{ij} 为常数。$f_0(t)$ 是给药速率，由给药方式和剂量确定（下面将详细讨论）。

基于上面的假设，二室模型示意图如图 4.12所示。

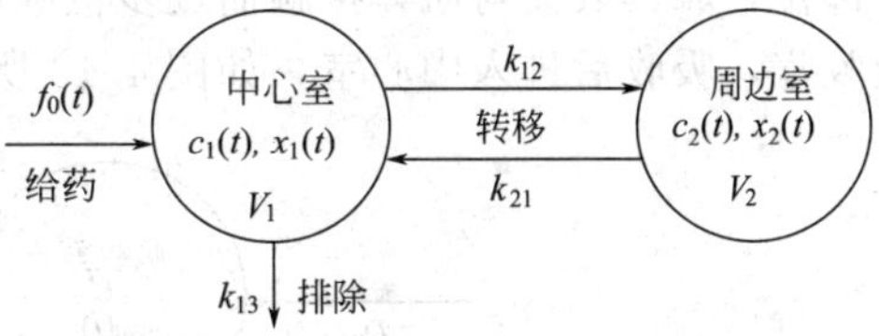

图 4.12　常用的一种二室模型

(1) 建模

根据假设条件和图 4.12，可得到两个房室中的药量 $x_1(t)$，$x_2(t)$ 满足的微分方程

$$\begin{cases} x_1'(t)=-k_{12}x_1-k_{13}x_1+k_{21}x_2+f_0(t) \\ x_2'(t)=k_{12}x_1-k_{21}x_2 \end{cases} \tag{4.14}$$

$x_i(t)$ 与血药浓度 $c_i(t)$、房室容积 V_i 之间的关系式为

$$x_i(t)=V_i c_i(t), i=1,2 \tag{4.15}$$

将式(4.15) 代入式(4.14) 可得

$$\begin{cases} c_1'(t)=-(k_{12}+k_{13})c_1+k_{21}c_2V_2/V_1+f_0(t)/V_1 \\ c_2'(t)=k_{12}c_1V_1/V_2-k_{21}c_2 \end{cases} \tag{4.16}$$

方程(4.16) 为线性常系数非齐次方程，其对应齐次方程通解为

$$\begin{cases} \bar{c}_1(t)=A_1\mathrm{e}^{-\alpha t}+B_1\mathrm{e}^{-\beta t} \\ \bar{c}_2(t)=A_2\mathrm{e}^{-\alpha t}+B_2\mathrm{e}^{-\beta t} \end{cases}$$

其中，

$$\begin{cases} \alpha+\beta=k_{12}+k_{21}+k_{13} \\ \alpha\beta=k_{21}k_{13} \end{cases} \tag{4.17}$$

为了求解式(4.16) 需要设定给药速率 $f_0(t)$ 和初始条件，考虑几种常见的给药方式。

① 情况 1（快速静脉注射）。这种注射可简化为 $t=0$ 瞬时注射剂量 D_0 的药物进入中心室，血药浓度立即为 D_0/V_1，于是 $f_0(t)$ 和初始条件为

$$f_0(t)=0,\ c_1(0)=D_0/V_1,\ c_2(0)=0 \tag{4.18}$$

方程(4.16) 在条件(4.18) 下的解为

$$\begin{cases} c_1(t)=A\mathrm{e}^{-\alpha t}+B\mathrm{e}^{-\beta t} \\ c_2(t)=D_0k_{12}(\mathrm{e}^{-\alpha t}-\mathrm{e}^{-\beta t})/V_2(\beta-\alpha) \end{cases} \tag{4.19}$$

其中，$A=D_0(k_{21}-\alpha)/V_1(\beta-\alpha)$，$B=D_0(\beta-k_{21})/V_1(\beta-\alpha)$，$\alpha$，$\beta$ 由式(4.17) 确

定。当 $t\to\infty$ 时，$c_1(t)\to 0$，$c_2(t)\to 0$。

② 情况 2（恒速静脉点滴）。在这种情况下，药物以恒速点滴方式进入体内，速率 K_0 $(0\leqslant t\leqslant T)$，于是 $f_0(t)$ 和初始条件为

$$f_0(t)=k_0,\ c_1(0)=0,\ c_2(0)=0 \tag{4.20}$$

方程(4.16) 在条件(4.20) 下的解为

$$\begin{cases}c_1(t)=A_1\mathrm{e}^{-\alpha t}+B_1\mathrm{e}^{-\beta t}+k_0/k_{13}V_1, & 0\leqslant t\leqslant T\\ c_2(t)=A_2\mathrm{e}^{-\alpha t}+B_2\mathrm{e}^{-\beta t}+k_{12}k_0/k_{21}k_{13}V_2, & 0\leqslant t\leqslant T\end{cases} \tag{4.21}$$

其中，$A_2=V_1(k_{12}+k_{13}-\alpha)A_1/k_{21}V_2$，$B_2=V_1(k_{12}+k_{13}-\beta)B_1/k_{21}V_2$，常数 A_1，B_1 由初始条件 $c_1(0)=0$，$c_2(0)=0$ 确定。

当 t 充分大时，$c_1(t)$，$c_2(t)$ 将趋向于式(4.21) 右端第三项表示的常值。但实际上在 $t=T$ 后停止滴注，那么 $c_1(t)$，$c_2(t)$ 在 $t>T$ 以后将按指数规律衰减并趋于零。

③ 情况 3（口服药或肌注）。口服药或肌肉注射时，药物的吸收方式常常与点滴时不同（注：吸收方式与药物的性态有关）。药物虽然瞬间进入了体内，但它一般都集中与身体的某一部位，靠其表面与肌体接触而逐步被吸收。这种给药方式相当于药物（剂量 D_0）先进入吸收室，吸收后进入中心室，如图 4.13 所示。

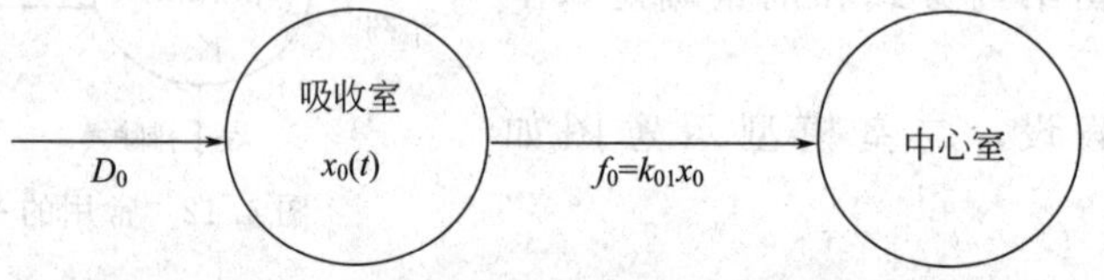

图 4.13　药物经吸收室进入中心室

设 $x_0(t)$ 为吸收室的药量，药物被吸收的速率与存量药物的数量成正比，比例系数为 k_{01}，于是 $x_0(t)$ 满足

$$\begin{cases}x_0'=-k_{01}x_0\\ x_0(0)=D_0\end{cases} \tag{4.22}$$

而药物进入中心室的速率为 $f_0(t)=k_{01}x_0(t)$。将方程(4.22) 的解 $x_0(t)=D_0\mathrm{e}^{-k_{01}t}$ 代入其中，有

$$f_0(t)=k_{01}x_0(t)=D_0k_{01}\mathrm{e}^{-k_{01}t}$$

此时，方程(4.16) 的解 $c_1(t)$ 的一般形式为 $c_1(t)=A\mathrm{e}^{-\alpha t}+B\mathrm{e}^{-\beta t}+E\mathrm{e}^{-k_{01}t}$，其中，系数 A，B，E 由初始条件 $c_1(0)=0$，$c_2(0)=0$ 确定。

从以上的讨论可以看出，中心室的血药浓度 $c_1(t)$ 取决于转移速率系数 k_{12}，k_{21}，k_{13}，房室容积 V_1，V_2 以及输入参数 D_0，k_0 等因素，而房室模型的用途恰是通过对 $c_1(t)$ 的量测，确定对于药理学和临床医学最为重要的参数，如转移速率系数，特别是从中心室向体外排除的速率系数 k_{13}，显然这是微分方程的反问题。下面介绍在快速静脉注射给药方式下估计诸参数的方法。

(2) 参数估计

在 $t=0$ 瞬时快速静脉注射剂量为 D_0，注射药物之后在一系列时刻在 t_i $(i=1,2,\cdots,n)$ 从中心室采取血样并测得血药浓度 $c_1(t_i)$，根据这些数据利用方程(4.19) 的第一个式子和式(4.17) 估计参数 k_{12}，k_{21}，k_{13}。

不妨设 $\alpha<\beta$，当 t 充分大时，式(4.19) 近似为 $c_1(t)=A\mathrm{e}^{-\alpha t}$，对于较大的 t_i 和 $c_1(t_i)$，用最小二乘法估计出 α 和 A。由 $\tilde{c}_1(t)=c_1(t)-A\mathrm{e}^{-\alpha t}=B\mathrm{e}^{-\beta t}$，对于较小的 t_i 和

$\widetilde{c}_1(t_i)$，仍用最小二乘法估计出 β 和 B。

由于当 $t\to\infty$ 时，$c_1(t)\to 0$，$c_2(t)\to 0$，进入中心室的药物全部排除，则有

$$D_0=k_{13}V_1\int_0^{\infty}c_1(t)\mathrm{d}t \tag{4.23}$$

把方程(4.19) 的第一个式子代入式(4.23) 有

$$D_0=k_{13}V_1(A/\alpha+B/\beta) \tag{4.24}$$

又因为

$$c_1(0)=D_0/V_1=A+B \tag{4.25}$$

结合式(4.24) 和式(4.25) 解出 $k_{13}=\alpha\beta(A+B)/(\alpha B+\beta A)$，再利用式(4.17) 得到 $k_{21}=\alpha\beta/k_{13}$，$k_{12}=\alpha+\beta-k_{13}-k_{21}$。

建立房室模型，研究体内血药浓度变化过程，确定转移速率、排除速率等参数，为制订给药方案提供依据。图 4.14 给出了上述三种情况下体内血药浓度的变化曲线。容易看出，快速静脉注射能使血药浓度立即达到峰值，常用于急救等紧急情况；口服、肌注与点滴也有一定的差异，主要表现在血药浓度的峰值出现在不同的时刻，血药的有效浓度保持时间也不尽相同（注：为达到治疗目的，血药浓度应达到某一有效浓度，并使之维持一特定的时间长度）。我们已求得三种常见给药方式下的血药浓度，当然也容易求得血药浓度的峰值及出现峰值的时间。因而，也不难根据不同疾病的治疗要求找出最佳治疗方案。

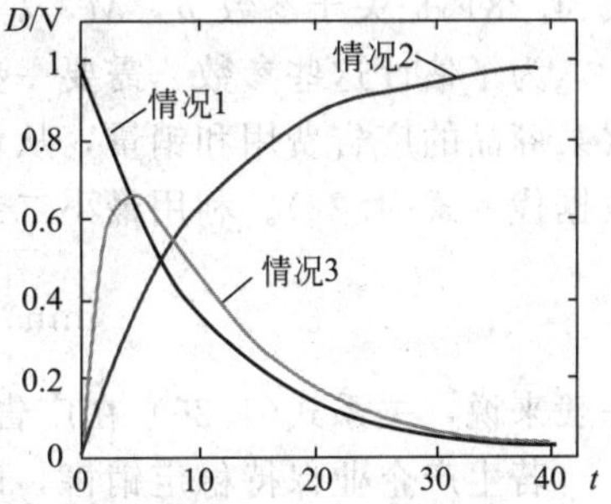

图 4.14　体内血药浓度的变化曲线

4.1.4　广告问题

信息社会使广告成为促进商品销售的强有力手段，广告与销售之间有什么内在联系？如何评价不同时期的广告效果？这个问题对于生产企业，对于那些为推销商品做广告的企业更为重要。

(1) 独家销售的广告模型

① 模型假设。

(ⅰ) 商品的销售速度会因做广告而增加，但增加量是有一定限度的。当商品在市场上趋于饱和时，销售速度将趋于极限值。这时无论采用哪种形式的广告都不能阻止销售速度的下降。

(ⅱ) 商品销售速度随商品的销售率增加而减少。

(ⅲ) 设 $s(t)$ 为 t 时刻商品销售速度，M 为销售饱和水平，即市场对商品的最大容纳能力，它表示销售速度的上限，λ 为衰减因子，表示广告作用随时间增加而自然衰减的速度，其为大于 0 的常数，$A(t)$ 为 t 时刻的广告水平（以费用表示）。

② 建模。由假设有

$$s'=pA(t)[1-s/M]-\lambda s \tag{4.26}$$

式中，p 为响应系数，即 $A(t)$ 对 $s(t)$ 的影响力，p 为常数。

由式(4.26) 可看出，当 $s=M$ 或 $A(t)=0$ 时，都有 $s'=-\lambda s$。假设选择如下广告策略

$$A(t)=\begin{cases}A, & 0<t<c\\ 0, & t\geqslant c\end{cases} \tag{4.27}$$

若在 $(0, c)$ 时间内，用于广告花费为 a，则 $A=a/c$。将其代入式(4.26) 有

$$s'+(\lambda+pa/Mc)s=pa/c$$

若令 $s(0)=s_0$，则其解为 $s(t)=s_0\mathrm{e}^{-bt}+k(1-\mathrm{e}^{-bt})/b$，其中，$k=pa/c$，$b=\lambda+pa/Mc$。

当 $t\geqslant c$ 时，根据式(4.27)，式(4.26) 可记为 $s'=-\lambda s$，其特解为 $s(t)=s(c)\mathrm{e}^{\lambda(c-t)}$，从而得到

$$s(t)=\begin{cases}k(1-\mathrm{e}^{-bt})/b+s_0\mathrm{e}^{-bt}, & 0<t<c\\ s(c)\mathrm{e}^{\lambda(c-t)}, & t\geqslant c\end{cases}$$

这就是独家销售与广告的关系式，可以对商品的销售量作出预测。

③ 模型参数估计与检验。为了便于参数估计，将式(4.26) 利用差分法化为差分方程。将其离散化

$$f(i)=s(i+1)-s(i)=pA(i)[1-s(i)/M]-\lambda s(i)+\varepsilon_i=g(i)+\varepsilon_i \tag{4.28}$$

式(4.28) 是关于参数 p，M，λ 的方程。

为了估计这些参数，需要一些调查数据，比如在某一城市，从年初到年底，每月调查一次某商品的广告费用和销量，从而得到数据 $A(i)$ 和 $s(i)$ $(i=1, 2, \cdots, 12)$。然后把这些数据代入式(4.28)。利用最小二乘法可以得到参数 p，M，λ，使

$$\min\delta=\sum_{i=1}^{12}\varepsilon_i^2=\sum_{i=1}^{12}[f(i)-g(i)]^2$$

一般来说，关系式(4.26) 在广告策略(4.27) 的作用下，用于短时间预测还是有效的。

若生产企业保持稳定销售，即 $s'=0$，那么由式(4.26) 有

$$A(t)=\frac{\lambda s}{p\left(1-\dfrac{s}{M}\right)}=\frac{a}{c}$$

从而可估计商品的销售速度。

在销售水平比较低的情况下，由式(4.26) 可得，每增加单位广告产生的效果比 s 接近 M 的水平时，增加广告所取得的效果更显著。

生产企业为扩大销售，对每种产品究竟应投入多少广告费用？一般可采用最优控制方法来确定。

(2) 公司竞争销售的广告模型

① 模型假设。

(ⅰ) 两家公司销售同一商品，而市场容量 $M(t)$ 有限。

(ⅱ) 每一公司增加的销售量与可获得的市场成比例，比例常数为 C_i，$i=1, 2$。

(ⅲ) 设 $s_i(t)$ 是销售量，$i=1, 2$，$N(t)$ 是可获得的市场，即

$$N(t)=M(t)-s_1(t)-s_2(t) \tag{4.29}$$

② 建模。由模型假设 (ⅱ)，有

$$s_1'=C_1N,\ s_2'=C_2N \tag{4.30}$$

由于 $s_1(t)$ 与 $s_2(t)$ 的解依赖于 $M(t)$，假设市场容量 $M(t)=\alpha(1-\mathrm{e}^{-\beta t})$，$\alpha$ 和 β 是常数，由式(4.30) 可得

$$s_2'=C_3s_1' \tag{4.31}$$

其中 $C_3=C_2/C_1$。对式(4.31) 积分，有

$$s_2(t)=C_3s_1(t)+C_4 \tag{4.32}$$

把式(4.32) 和 $M(t)$ 代入式(4.29)，有

$$N(t)=\alpha(1-\mathrm{e}^{-\beta t})-(1+C_3)s_1-C_4 \tag{4.33}$$

再将式(4.33) 代入 $\mathrm{d}s_1/\mathrm{d}t=C_1N$，则有

$$s_1' + As_1 = Be^{-\beta t} + C \tag{4.34}$$

其中，$A=C_1(1+C_3)$，$B=-C_1\alpha$，$C=C_1(\alpha-C_4)$。因此式(4.34) 的通解为

$$s_1(t)=k_1 e^{-At}+k_2 e^{-\beta t}+k_3$$

同理，可解出 $s_2(t)$。

4.1.5 经济增长模型

一个国家或地区要发展经济、增加生产有三个重要的因素：增加投资；增加劳动力；提高技术。我们要适当调节投资增长和劳动力增长的关系，使增加的产量不致被劳动力的增长抵消，劳动生产率才能不断提高。我们建立产值与资金、劳动力之间的关系。研究资金与劳动力的最佳分配，使投资效益最大；调节资金与劳动力的增长率，使经济（生产率）增长。首先介绍一下道格拉斯（Douglas）生产函数。

(1) 道格拉斯（Douglas）生产函数

设某一地区、部门或企业在 t 时刻的产值、劳动力、资金和技术，分别用 $Q(t)$、$L(t)$、$K(t)$ 和 $f(t)$ 来表示。并假设技术函数为常数 f_0，则产值为

$$Q(t)=f_0 F(K(t),\ L(t))$$

式中，F 为待定函数。

假设每个劳动力的产值为 $z=Q/L$，每个劳动力的投资为 $y=K/L$；z 随着 y 的增加而增长，但增长速度递减。

由假设有 $z=Q/L=f_0 g(y)$，其中，$g(y)=y^{\alpha}$，$0<\alpha<1$。则产值函数为 $Q=f_0L(K/L)^{\alpha}$，即

$$Q(K,L)=f_0K^{\alpha}L^{1-\alpha} \tag{4.35}$$

式(4.35) 被称为为道格拉斯（Douglas）生产函数。

令 $\partial Q/\partial K=Q_K$，$\partial Q/\partial L=Q_L$，它们分别表示单位资金创造的产值和单位劳动力创造的产值，则可以得到

$$KQ_K/Q=\alpha,\ LQ_L/Q=1-\alpha \tag{4.36}$$

式中，α 表示资金在产值中的份额；$1-\alpha$ 表示劳动力在产值中的份额。因此有 $KQ_K+LQ_L=Q$。

更一般地，道格拉斯（Douglas）生产函数为

$$Q(K,\ L)=f_0K^{\alpha}L^{\beta},\ 0<\alpha,\ \beta<1,\ f_0>0$$

(2) 资金与劳动力的最佳分配（静态模型）

一般来说，企业的资金来自贷款，设银行的利率为 r，付给劳动力的工资为 w，则资金和劳动力创造的效益为

$$S=Q-rK-wL$$

下面要求资金与劳动力的分配比例 K/L（每个劳动力占有的资金）如何，可使效益 S 最大。

令 $\partial S/\partial K=0$，$\partial S/\partial L=0$，可以得到 $Q_K/Q_L=r/w$。由式(4.36) 知

$$Q_K/Q_L=L\alpha/K(1-\alpha)$$

因此有

$$K/L=\alpha w/r(1-\alpha) \tag{4.37}$$

由式(4.37) 可知，当付给劳动力的工资增加、资金在产值中的份额增加或者银行的利率 r 下降会导致资金与劳动力的分配比例 K/L 增加。

(3) 经济增长的条件经济（生产率）增长的条件（动态模型）

下面我们要分别讨论要使产值 $Q(t)$ 或每个劳动力的产值 $z=Q/L$ 增长，$K(t)$ 和 $L(t)$ 应满足的条件。

① 产值 $Q(t)$ 增长。

模型假设如下。

（ⅰ）投资增长率与产值成正比（用一定比例扩大再生产），比例系数为 $\lambda>0$。

（ⅱ）劳动力相对增长率为常数 μ。

（ⅲ）$L(0)=L_0$，$K(0)=K_0$，$Q(0)=Q_0=f_0K_0^{\alpha}L_0^{1-\alpha}$，$y_0=K_0/L_0$。

由模型假设（ⅰ），得

$$K'=\lambda Q \tag{4.38}$$

由模型假设（ⅱ），得

$$L'=\mu L \tag{4.39}$$

方程(4.39) 的解为 $L(t)=L_0\mathrm{e}^{\mu t}$。

又因 $Q=f_0Lg(y)$，$g(y)=y^{\alpha}$ 代入式(4.38)，有

$$K'=\lambda f_0Ly^{\alpha} \tag{4.40}$$

由 $y=K/L$，可得 $K=Ly$，两边同时对 t 求导，再由式(4.39)，故有

$$K'=Ly'+\mu Ly \tag{4.41}$$

由式(4.40) 和式(4.41)，有

$$y'+\mu y=f_0\lambda y^{\alpha} \tag{4.42}$$

式(4.42) 为 Bernoulli 方程，其解为

$$y(t)=\left(\frac{f_0\lambda}{\mu}+\left(y_0^{1-\alpha}-\frac{f_0\lambda}{\mu}\right)\mathrm{e}^{-(1-\alpha)\mu t}\right)^{\frac{1}{1-\alpha}}$$

由模型假设（ⅲ）和 $K_0'=\lambda Q_0$，可得 $y_0^{1-\alpha}=f_0\lambda K_0/K_0'$，故方程(4.42) 的解为

$$y(t)=\left\{\frac{f_0\lambda}{\mu}\left[1-\left(1-\mu\frac{K_0}{K_0'}\right)\mathrm{e}^{-(1-\alpha)\mu t}\right]\right\}^{\frac{1}{1-\alpha}}$$

产值 $Q(t)$ 增加的充分必要条件是 $Q'>0$，又因 $Q=f_0Lg(y)$，$g(y)=y^{\alpha}$，有

$$\begin{aligned}Q'&=f_0Lg'(y)y'+f_0g(y)L'\\&=f_0Ly^{2\alpha-1}[f_0\alpha\lambda+\mu(1-\alpha)y^{1-\alpha}]\end{aligned}$$

当 $Q'>0$ 时，有

$$(1-\mu/(K_0'/K_0))\mathrm{e}^{-(1-\alpha)\mu t}<1/(1-\alpha)$$

若 $\mu>0$ 时，则有 $Q'>0$；若 $\mu<0$，当

$$t<\ln(1-\alpha)(1-\mu/(K_0'/K_0))/(1-\alpha)\mu$$

时，有 $Q'>0$。

② 每个劳动力的产值 $z=Q/L$ 增长。

每个劳动力的产值 $z=Q/L$ 增加的充分必要条件是 $z'>0$。

因 $z(t)=f_0Ly^{\alpha}/L=f_0y^{\alpha}=f_0(K/L)^{\alpha}$，故有 $z'=f_0\alpha y^{\alpha-1}y'$。当 $z'>0$ 时，可得 $y'>0$，从而有

$$[1-\mu/(K_0'/K_0)]\mathrm{e}^{-(1-\alpha)\mu t}>0$$

若 $\mu<0$，则有 $z'>0$；若 $\mu>0$，当 $\mu/(K'_0/K_0)<1$，时，即劳动力增长率小于初始投资增长率时，有 $z'>0$。

4.1.6 人口的预测

人口增长问题是当今世界上最受关注的问题之一。一个国家或地区的人口出生率过高或偏低都会严重威胁人的正常生活。有些发达国家的自然增长率趋近于零，甚至变为负值，造成劳动力短缺。我国在20世纪50～60年代人口政策方面的失误，不仅造成人口总数增长过快，而且年龄结构也不合理，使得在80年代执行的计划生育政策，对人口增长的严格控制导致人口老龄化严重，目前有些省份人口的自然增长率变为负值。因此在首先保证人口有限增长的前提下适当控制人口老化，把年龄结构调整到合适的水平，是一项长期而又艰巨的任务。

建立数学模型对人口发展过程进行描述、分析和预测，并进而研究控制人口增长和老化的生育策略，已引起各方面的极大关注和兴趣，是数学在社会发展中的重要应用领域。

1625～1999年世界人口增长概况和1908～2000年中国人口增长概况分别见表4.1和表4.2。

表4.1 世界人口增长概况

年份	1625	1830	1930	1960	1974	1987	1999
人口/亿	5	10	20	30	40	50	60

表4.2 中国人口增长概况

年份	1908	1933	1953	1964	1982	1990	1995	2000
人口/亿	3.0	4.7	6.0	7.2	10.3	11.3	12.0	13.0

若记今年人口数量 x_0，k 年后人口数量为 x_k，年增长率 r 是常数，则人口常用的预报公式为

$$x_k = x_0(1+r)^k \tag{4.43}$$

这与19世纪以前欧洲一些地区人口统计数据吻合。此公式可用于短期人口增长预测。

下面介绍两个最简单最基本的人口预测模型。

(1) 马尔萨斯模型

17世纪末，英国神父马尔萨斯（Malthus）发现，人口出生率和死亡率几乎都可以看成常数，因而两者之差 r 也几乎是常数，这就是说，人口增长率与当时的人口数量成正比，比例常数 $r>0$ 被称为人口自然增长率，（它可以通过人口统计数据得到），这就是著名的马尔萨斯模型：

$$x' = rx(t) \tag{4.44}$$

这里假设 $x(t_0)=x_0$，即 x_0 为初始时刻 t_0 时的人口数。此模型也称指数增长模型。

方程(4.44) 显然是变量可分离的，很容易求解，其解为

$$x(t) = x_0 e^{r(t-t_0)} \tag{4.45}$$

这说明随着时间增加，人口将以指数函数的速度无限增长。在实际应用时人们常以年为单位来考察人口的变化情况，例如，取 $t-t_0=0, 1, 2, 3, \cdots$，这样就得到了以后各年的人口数为 x_0，x_0e^r，x_0e^{2r}，…。这表明，按照马尔萨斯模型，人口将以公比为 e^r 的等比级数的速度增长。因为 r 为人口自然增长率，通常 $r \ll 1$，所以可用近似关系 $e^r \doteq x_0(1+r)^t$ 将式(4.45) 写为

$$x(t) \doteq x_0(1+r)^t \tag{4.46}$$

比较式(4.43) 与式(4.46) 可知，人口常用的预报公式(4.43) 不过是指数增长模型离散形式的近似表示。

但是，马尔萨斯模型不符合19世纪后多数地区人口增长规律，因为19世纪之后人口增长率 r 不是常数（逐渐下降）。也不能预测较长期的人口增长过程。

（2）Logistic 模型

人们发现在人口稀少从而资源相对较为丰富时，人口增长得较快，在短期内增长率基本上是一个常数。但当人口数量发展到一定水平后，会产生许多新问题，如食物短缺、居住和交通拥挤等；此外，随着人口密度的增加，传染病会增多，死亡率将上升，所有这些都会导致人口增长率的减少。根据统计规律，这时我们可以假设人口增长率函数为

$$r(x)=r(1-x/K) \tag{4.47}$$

式中，r 为人口的内禀增长率；K 为环境可容纳的人口最大数量。

式(4.47) 能较好地反映了人口增长率随着人口数量的增加而减少的现象。按照这个的假设，就得到人口增长的 Logistic 模型：

$$x'=rx(1-x/K) \tag{4.48}$$

假设 x_0 为初始时刻 t_0 时的人口数，此模型也称为阻滞增长模型，方程(4.48) 是可分离变量的微分方程，求解可得

$$x(t)=\frac{K}{1+(K/x_0-1)\mathrm{e}^{-r(t-t_0)}}$$

从上述解的表达式中，我们可以得出如下结论。

① $\lim\limits_{t\to\infty}x(t)=K$。它的实际意义是：不管开始时人口处于什么状态，随着时间的增长，人口总数最终都将趋于其环境的最大容纳量。

② 当 $x>K$ 时，$x'<0$；当 $x<K$ 时，$x'>0$。它的实际意义是：当人口数量超过环境容纳量时，人口将减少，当人口数量小于环境容纳量时，人口数量将增加。

（3）参数估计、检验和预测

用马尔萨斯模型或 Logistic 模型分别作人口预测，必须先估计模型参数 r 或 r，K。

对于马尔萨斯模型式(4.44)，取 $t_0=0$，则其解为 $x(t)=x_0\mathrm{e}^{rt}$。令 $y=\ln x$，$a=\ln x_0$，故有 $y=rt+a$。对于 Logistic 模型式(4.48)，取 $t_0=0$，令

$$y=\frac{\mathrm{d}x/\mathrm{d}t}{\mathrm{x}}\approx\frac{\Delta x}{x\Delta t},\quad s=\frac{r}{K}$$

故有 $y=r-sx$。

以美国人口数据为例，由统计数据用线性最小二乘法作参数估计，得到马尔萨斯模型 $r=0.2022/10$ 年，$x_0=6.0450$，Logistic 模型 $r=0.2557/10$ 年，$K=392.0886$。表 4.4 列出了美国从1790～1990年的人口统计数据与按两种模型计算的人口比较结果。我们发现，利用马尔萨斯模型预报的结果与实际人口偏差过大。用两种模型预报的人口数量与实际人口数量的比较图，如图 4.15 所示。

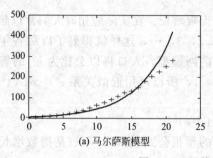

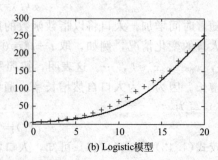

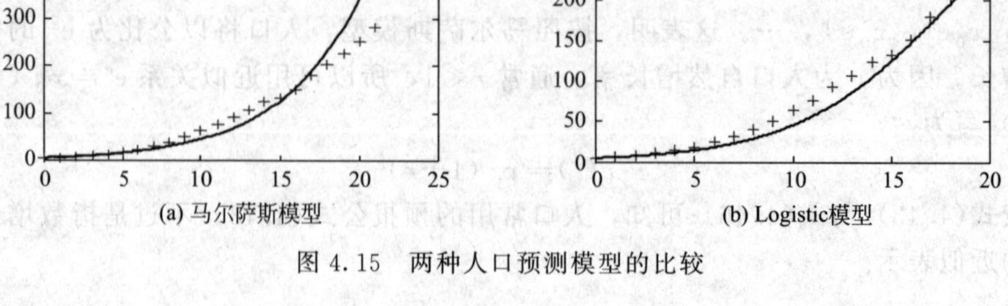

图 4.15　两种人口预测模型的比较

现利用 Logistic 模型，预测 2000 年的人口数量，在参数估计时未用 2000 年实际数据，用该模型计算 2000 年美国人口数量：

$$x(2000)=x(1990)+\Delta x=x(1990)+rx(1990)[1-x(1990)/K]=274.5(\text{百万})$$

与 2000 年美国人口实际数据 2.814 亿比较，误差约为 2.5%。为了预报美国 2010 年人口数量，加入 2000 年数据重估模型参数，$r=0.2490$，$K=434.0$，经计算 $x(2010)=306.0$（百万），据美国人口普查局 2010 年 12 月 21 日公布：截止到 2010 年 4 月 1 日美国总人口为 3.087 亿，预报误差不到 1%（表 4.3）。

表 4.3 美国的实际人口与按两种模型计算的人口的比较

年	实际人口/百万人	计算人口/百万人(马尔萨斯模型)	计算人口/百万人(Logistic 模型)
1790	3.9	6.0	3.9
1800	5.3	7.3	5.0
1810	7.2	9.0	7.3
1820	9.6	11.0	9.7
1830	12.9	13.5	13.0
1840	17.1	16.6	17.4
1850	23.2	20.3	23.0
1860	31.4	24.8	30.2
1870	38.6	30.4	38.1
1880	50.2	37.3	49.9
1890	62.9	45.6	62.4
1900	76.0	55.8	76.5
1910	92.0	68.4	91.6
1920	106.5	83.7	107.0
1930	123.2	102.5	122.0
1940	131.7	125.5	135.9
1950	150.7	153.6	148.2
1960	179.3	188.0	171.3
1970	204.0	230.1	196.2
1980	226.5	281.7	221.2
1990	251.4	344.8	245.3
2000		422.1	

Logistic 模型的用途很广，如种群数量模型（鱼塘中的鱼群、森林中的树木）、经济领域中的增长规律（耐用消费品的售量）等。

4.1.7 减肥计划安排问题

随着社会的进步和发展，人们的生活水平不断提高，饮食营养摄入量的改善和变化、生活方式的改变，使得肥胖成了社会关注的一个问题，为此，世界卫生组织曾颁布人体体重指数（简记 BMI）：体重（单位：kg）除以身高（单位：m）的平方。规定 BMI 在 18.5～25

为正常，大于 25 为超重，超过 30 则为肥胖。据悉我国有关机构针对东方人的特点，拟将上述规定中的 25 改为 24，30 改为 29。无论从健康的角度还是从审美的角度，人们越来越重视减肥，大量的减肥机构和商品出现。不少自感肥胖的人加入了减肥的行列，盲目减肥，使得人们感到效果并不理想。如何对待减肥问题，不妨通过组建模型，从数学的角度对有关的规律作一些探讨和分析。

我们知道任何人通过饮食摄取的能量不能低于维持人体正常生理功能所需要的能量，因此减肥效果指标一定存在一个下限 ω_1，当人们的减肥效果指标小于 ω_1 时，表明能量的摄入低于人体正常生理功能的所需，这时减肥所得到的结果不能认为是有效的，它将危及人的身体健康，我们把 ω_1 称为是减肥的临界指标。另外，研究发现，减肥所采取的各种体力运动对能量的消耗 R 也有一个所能承受的范围，记为 $0<R<R_1$。当能量的摄取量高于体重 ω_0 时所需的摄入量，这时体重不会从 ω_0 减少，所以可以看到单一的措施达不到减肥效果。

现有 5 个人，身高、体重和 BMI 指数分别如表 4.4 所示，体重长期不变，试为他们按照以下方式制订减肥计划，使其体重减至自己的理想目标，并维持下去。

表 4.4　5 个人的身高、体重、BMI 指数和理想目标

人	1	2	3	4	5
身高/m	1.7	1.68	1.64	1.72	1.71
体重/kg	100	112	113	114	124
BMI	34.6	33.5	35.2	34.8	35.6
理想体重/kg	75	80	80	85	90

现讨论：① 在基本不运动的情况下安排计划，每天吸收的热量保持下限，减肥达到目标。

② 若是加快进程，增加运动，重新安排计划，各项运动每小时每千克体重的消耗的热量如表 4.5 所示。

表 4.5　各项运动每小时每千克体重的消耗的热量

运动	跑步	跳舞	乒乓	自行车(中速)	游泳/(50m/min)
热量消耗/kcal	7.0	3.0	4.4	2.5	7.9

③ 给出达到目标后维持体重的方案。

(1) 模型假设

（ⅰ）人体的脂肪是能量的主要储存和提供方式，也是减肥的主要目标，因为对于一个成年人来说体重主要由四部分组成，包括骨骼、肌肉、水和脂肪。骨骼、肌肉和水大体上可以认为是不变的，所以不妨以人体的脂肪的重量作为体重的标志。若脂肪的转化率为 100%，每千克的脂肪可以转化为 8000kcal 的能量（kcal 为非国际单位制单位）。

（ⅱ）忽略个体间的差异（年龄、性别、健康状况等）对减肥的影响，人体的体重仅仅看成时间 t 的函数 $\omega(t)$。

（ⅲ）由于体重的增加或减少都是一个渐变的过程，所以 $\omega(t)$ 是连续而且是光滑的。

（ⅳ）运动引起的体重减少正比于体重。

（ⅴ）正常代谢引起的减少正比于体重，每人每千克体重消耗热量一般为 28.75～45.71kcal，且因人而异。

（ⅵ）人体每天摄入量是一定的，为了安全和健康，每天吸收热量不要小于 1429kcal。

符号说明见表 4.6。

表 4.6　与模型假设相关的符号说明

D	脂肪的能量转化系数
$\omega(t)$	人体的体重关于时间的 t 的函数
r	每千克体重每小时运动所消耗的能量(kcal/kg)/h
b	每千克体重每小时所消耗的能量(kcal/kg)/h
A_0	每天摄入的能量
W_1	5 个人理想的体重目标向量
A	5 个人每天分别摄入的能量
W	5 个人减肥前的体重
B	每人每天每千克体重基础代谢的能量消耗

(2) 建模

如果以 1 天为时间的计量单位，于是每天基础代谢的能量消耗量应为 $B=24b$(kcal/d)，由于人的某种运动一般不会是全天候的，不妨假设每天运动 h 小时，则每天由于运动所消耗的能量应为 $R=rh$(kcal/d)，在时间段 $(t, t+\Delta t)$ 内能量的变化基本规律为：

$$[\omega(t+\Delta t)-\omega(t)]D=[A-(B+R)\omega(t)]\Delta t$$

取 $\Delta t\to 0$，可得

$$\begin{cases}\mathrm{d}\omega/\mathrm{d}t=a-d\omega \\ \omega(0)=\omega_0\end{cases} \tag{4.49}$$

其中，$a=A/D$，$d=(B+R)/D$，$t=0$（模型开始考察时刻），即减肥问题的数学模型。

方程(4.49) 的解为

$$\omega(t)=\omega_0\mathrm{e}^{-dt}+a(1-\mathrm{e}^{-dt})/d \tag{4.50}$$

利用此方法可求解出每个人达到自己的理想体重所需的天数。

首先确定此人每天每千克体重基础代谢的能量消耗 B，因为没有运动，所以有 $R=0$，根据式(4.50)，得 $B=A/W$，从而得到每人每天每千克体重基础代谢的能量消耗。

从模型假设（Ⅴ）可知，这些人普遍属于代谢消耗相当弱的人，加上吃得比较多，又没有运动，所以会长胖。进一步，由 W_1（5 人的理想体重），W（5 人减肥前的体重），$D=8000$kcal/kg（脂肪的能量转换系数），根据式(4.50) 有

$$t=-\frac{1}{d}\ln\frac{\omega-a/d}{\omega_0-a/d}=-\frac{D}{B}\ln\frac{\omega B-A}{\omega_0 B-A}$$

将 A（5 个人每天分别摄入的能量）的值代入上式时，就会得出 5 个人要达到自己的理想体重时的天数，如表 4.7 所示。

表 4.7　5 个人要达到自己的理想体重时的天数

人	1	2	3	4	5
天数/d	194	372	313	266	298

为加快进程，增加运动，结合调查资料得到以下各项运动每小时每千克体重消耗的热量，如表 4.6 所示。

由模型假设（ⅳ）可知，表中热量消耗为 r，取 $h=1$h，$R=rh=r$，根据式(4.50) 有

$$t=-\frac{1}{d}\ln\frac{\omega-a/d}{\omega_0-a/d}=-\frac{D}{B+R}\ln\frac{\omega(B+R)-A}{\omega_0(B+R)-A}$$

将 A（5 个人每天分别摄入的能量）的值代入时，取不同的 r，得到一组数据，在运动

的情况下，我们选取的是一个小时（1h），得到了每个人在不同运动强度下，要达到自己的理想目标所需的天数，如表 4.8 所示。

表 4.8　每个人在不同运动强度下达到自己的理想目标所需天数

运动	跑步	跳舞	乒乓	自行车	游泳
时间/d	122	155	141	160	116
	187	261	229	274	176
	173	232	207	243	164
	148	198	177	206	140
	163	220	196	230	154

要使体重稳定在一个定值，则有 $\omega^*=A/(B+R)$。根据自己的不同理想目标和 B（每人每天每千克体重基础代谢的能量消耗），在不同小时下的能量消耗表（表 4.9、表 4.10）。

表 4.9　在 $h=1$ 时运动所消耗的能量

运动	跑步	跳舞	乒乓	自行车	游泳
消耗能量/kcal	2667.00	2367.800	2472.800	2330.200	2735.300
	2376.400	2056.400	2168.400	2016.400	2448.400
	2495.600	2175.600	2287.600	2135.600	2567.600
	2600.000	2260.000	2379.000	2217.500	2676.500
	2644.800	2284.800	2410.800	2239.800	2725.800

表 4.10　在 $h=2$ 时运动所消耗的能量

运动	跑步	跳舞	乒乓	自行车	游泳
消耗能量/kcal	3198.00	2592.800	2802.800	2517.700	3327.800
	2936.400	2296.400	2520.400	2216.400	3080.400
	3055.600	2415.600	2639.600	2335.600	3199.600
	3195.000	2515.000	2753.000	2430.000	3348.000
	3274.800	2554.800	2806.800	2464.800	3436.800

从表 4.8～表 4.10 可知，普遍观察得出结论，游泳是减肥的最佳方法，无论是在长时间还是短时间内，从结果来看，游泳消耗的能量是最多的，也是达到快速减肥的最佳方法，也可从图 4.16 可知，图 4.16 表示每个人的能量消耗图，都是离散的，并且都是递增的，表明了游泳时能量消耗最快的，选此方法减肥是最合理有效的。

在式(4.50) 中假设 $a=0$，即假设停止进食，无任何能量摄入。于是有

$$\omega(t)=\omega_0\mathrm{e}^{-dt}\text{或}\,\omega(t)/\omega_0=\mathrm{e}^{-dt}$$

这表明在 t 时刻保存的体重占初始体重的百分率由 e^{-dt} 给出，称为（0，t）时间内的体重保存率，特别当 $t=1$ 时，e^{-d} 给出了单位时间内体重的消耗率，它表明在（0，t）时间内体重的消耗率，也即在（0，t）内体重减少的百分率。可见这种情况下体重的变化完全是体内脂肪的消耗而产生的，如此继续下去，由当 $t\to\infty$ 时，$\omega(t)\to 0$，即体重（脂肪）将消耗殆尽。由此可知，不进食的节食减肥方法是危险的。

a/d 是模型中的一个重要的参数，由于 $a=A/D$ 表示由于能量的摄入而增加的体重，而 $d=(B+R)/D$ 表示由于能量的消耗而失掉的体重，于是 a/d 就表示摄取能量而获得的

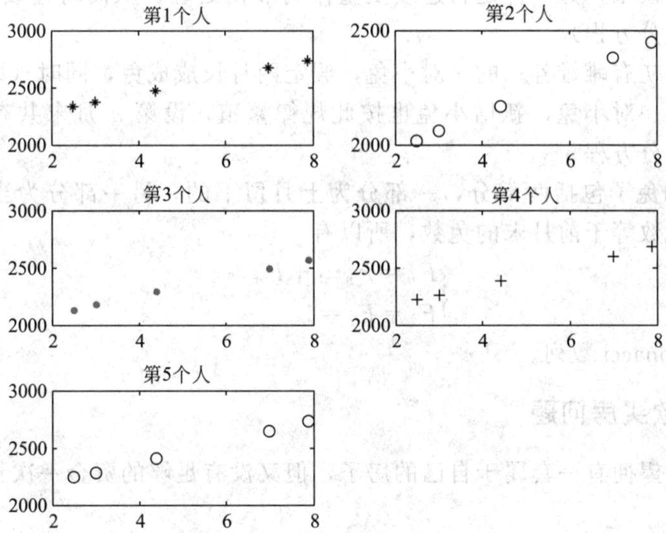

图 4.16　每个人游泳消耗的能量图

补充量。综合以上的分析可知，t 时刻的体重由两部分构成，一部分是初始体重中由于能量消耗而被保存下来的部分，另一部分是摄取能量而获得的补充部分。这一解释从直观上理解也是合理的。

由式(4.49) 知 $d\omega/dt<0$ 即 $a/d<\omega$，体重从 ω_0 递减，这是减肥产生效果，另外由式(4.50)可以看到 $t\to\infty$时，

$$\omega(t)\to\omega^*=a/d=A/(B+R)$$

也就是说式(4.49) 的解渐近稳定于 $\omega^*=a/d$，它给出了减肥过程的最终结果，因此不妨称 ω^* 为减肥效果指标。由 $\omega^*=A/(B+R)$，因为 B 是基础代谢的能量消耗，它不能作为减肥的措施随着每个人的意愿进行改变，对于每个人可以认为它是一个常数（非常数，即通过调整新陈代谢的方法来减肥）。

于是就有如下结论：减肥的效果主要是由两个因素控制的，包括由于进食而摄入的能量以及由于运动消耗的能量，从而减肥的两个重要措施就是控制饮食和增加运动量，这恰是人们对减肥的认识。

人体体重的变化时有规律可循的，减肥也应科学化、定量化，这个模型虽然只是揭示了饮食和锻炼这两个主要因素与减肥的关系，但它们对人们走出盲目减肥的误区进行正确减肥有一定的参考价值。

4.2　差分方程建模

在现实世界里有些对象涉及的变量本身就是离散的，自然可以用离散模型描述其数量关系，如一个国家或地区人口数量的变化、动物种群数量的变化、银行定期存款所设定的时间等间隔计息的变化等。有些对象虽然涉及的变量是连续的，但是从建模的目的考虑，把连续变量离散化更为合适。

描述各离散变量之间关系的方程称为离散型方程，即差分方程。对一数列，把数列中的 a_n 和前面的 $a_i(0\leqslant i<n)$ 关联起来的方程叫做差分方程，差分方程也叫做递推关系。

差分方程就是一种离散型的数学模型。建立系统的差分方程的途径大体有两种：一种直

接模型、状态变量模型；另一种是将连续变量作离散化处理，从而将连续模型（微分方程）化为离散模型（差分方程）。

例如设第一月初有雌雄各一的一对小兔，假定两月长成成兔，同时（即第三月）开始每月初产雌雄各一的一对小兔，新增小兔也按此规律繁殖，设第 n 月末共有对兔子，试建立关于小兔数量的差分方程。

因第 n 月末的兔子包括两部分，一部分为上月留下的，另一部分为当月新生的，而由题设当月生的小兔数等于前月末的兔数，所以有

$$\begin{cases} F_n = F_{n-1} + F_{n-2} \\ F_1 = F_2 = 1 \end{cases}$$

此数列被称为 Fibonacci 数列。

4.2.1 抵押贷款买房问题

每户人家都希望拥有一套属于自己的房子，但又没有足够的资金一次买下。这就产生了贷款买房问题。

某新婚夫妇急需一套属于自己的住房，他们看到一则理想的房产广告："保利花园住宅公寓，供工薪阶层选择。一次性付款优惠价 40.2 万。若不能一次付款也没有关系，只付首期款 15 万，其余每月 1977.04 元等额偿还，15 年还清（假设公积金贷款月利息为 0.3675%）"。问：公寓原来价格为多少？每月等额付款的额度是如何算出来的？

在整个还款过程中，采用月等额还本息方式，每月还款数是固定的，而待还款数是变化的，找出这个变量的变化率是解决问题的关键。

模型假设如下。

（ⅰ）贷款期限内利率不变。

（ⅱ）银行利息按复利计算。

设 A 元为贷款额（本金），n（月）为贷款期限，r 为月利率，B 元为月均还款额，C_k 为第 k 个月还款后的欠款。

关于离散变量 C_k，考虑差分关系

$$C_k = (1+r)C_{k-1} - B,\ k = 0,1,2,\cdots \tag{4.51}$$

已知

$$C_0 = A,\ C_n = 0 \tag{4.52}$$

$$C_k = (1+r)^k C_0 + B[1 + (1+r) + \cdots + (1+r)^{k-1}]$$

$$C_k = A\,(1+r)^k - B[(1+r)^k - 1]/r,\ k = 0,1,2,\cdots \tag{4.53}$$

式(4.53) 就是差分方程(4.51) 的解。

由式(4.53) 与式(4.52) 得

$$B = \frac{(1+r)^n r}{(1+r)^n - 1} A$$

代入 $n = 180$，$r = 0.003675$，$B = 1977.04$ 或直接利用数学软件求解式(4.53) 与式(4.52)得 $A = 26$ 万元，从而公寓原价为 41 万元，一次性优惠价 9.8 折。当然，还可以计算还款总额与利息负担总额。

4.2.2 连续模型的差分方法

虽然由于问题对象涉及的变量是连续的，从而建立了微分方程，但有时为了求解的需要，把连续变量离散化更为合适。将连续变量作离散化处理，可以将连续模型（微分方程）化为离散模型（差分方程）问题。

(1) 差分概念

① 向前差分。

设函数 $f(x)$ 在一串点（节点）x_0，x_0+h，…，x_0+nh 上的函数值为 f_0，f_1，…，f_n，其中 h 为非负实数，称为步长，把上式相邻两个数相减得 f_1-f_0，f_2-f_1，…，f_n-f_{n-1}，简记为 Δf_0，Δf_1，…，Δf_{n-1}，称为函数 $f(x)$ 在点 x_0，x_1，…，x_{n-1}（$x_i=x_0+ih$）处关于步长 h 的一阶向前差分。类似地，$\Delta^2 f_i=\Delta f_{i+1}-\Delta f_i$ 为 $f(x)$ 在点 x_i 处二阶向前差分，$\Delta^k f_i=\Delta^{k-1} f_{i+1}-\Delta^{k-1} f_i$ 为 k 阶向前差分。类似地可定义向后差分、中心差分等概念。

② 向后差分。

$\nabla f_i=f_i-f_{i-1}$ 为函数 $f(x)$ 在点 x_i 处关于步长 h 的一阶向后差分；

$\nabla^k f_i=\nabla^{k-1} f_i-\nabla^{k-1} f_{i-1}$ 为函数 $f(x)$ 在点 x_i 处关于步长 h 的 k 阶向后差分。

③ 中心差分。

$\delta f_i=f_{i+\frac{1}{2}}-f_{i-\frac{1}{2}}$ 为函数 $f(x)$ 在点 x_i 处关于步长 h 的一阶中心差分，其中

$$f_{i+\frac{1}{2}}=f(i+h/2)$$

$\delta^k f_i=\delta^{k-1} f_{i+\frac{1}{2}}-\delta^{k-1} f_{i-\frac{1}{2}}$ 为函数 $f(x)$ 在点 x_i 处关于步长 h 的 k 阶中心差分。

(2) 微分方程化为差分方程

以二阶常微分方程边值问题为例。

$$\begin{cases} y''-q(x)y=f(x), & a<x<b \\ y(a)=d_1, y(b)=d_2, & q(x)\geqslant 0 \end{cases}$$

当 $q(x)$，$f(x)\in C[a,b]$，$q(x)>0$ 时，理论上可证此二阶微分方程边值问题有连续解，但在区间内精确解一般很难得到。为此，先把 $[a,b]$ 分成 n 段，令 $h=(b-a)/n$，$x_i=a+ih$，x_i 称为节点。

记 y_i 为 $y(x_i)$，得 $y_0=d_1$，$y_n=d_2$，$y''(x_i)-q(x_i)y(x_i)-f(x_i)=0$，以 $(y_{i+1}-2y_i+y_{i-1})/h^2$ 二阶中心差分代替 $y''(x_i)$，得

$$y_{i+1}-(2+h^2q_i)y_i+y_{i-1}=h^2 f_i \tag{4.54}$$

方程(4.54) 为二阶常系数线性差分方程。

4.2.3 差分形式阻滞增长模型

考虑连续形式的阻滞增长模型（Logistic 模型）

$$x'(t)=rx(1-x/N) \tag{4.55}$$

其中，$x(t)$ 表示某种群在 t 时刻的数量（人口）。当 $t\to\infty$ 时，$x\to N$，$x=N$ 是稳定平衡点（与 r 大小无关）。

将式(4.55) 转化为差分形式，

$$y_{k+1}-y_k=ry_k(1-y_k/N),\ k=1,2,\cdots \tag{4.56}$$

其中，y_k 表示某种群第 k 代的数量（人口）。若 $y_k=N$，则 $y_{k+1}=y_{k+2}=\cdots=N$。$y^*=N$ 是不动点。请读者讨论不动点的稳定性。

将式(4.56) 转化为

$$y_{k+1}=(r+1)y_k[1-ry_k/(r+1)N] \tag{4.57}$$

作变量代换 $x_k=ry_k/(r+1)N$，并记 $b=r+1$，则式(4.57) 可写成

$$x_{k+1}=bx_k(1-x_k) \tag{4.58}$$

式(4.58) 是一阶（非线性）差分方程。易求得式(4.58) 的不动点为

$$x_1^* = r/(r+1) = 1 - 1/b, x_2^* = 0$$

应用 4.3.2 节中有关差分方程的稳定性方法分别讨论不动点的稳定性。

记 $f(x) = bx(1-x)$，则有 $f'(x) = b(1-2x)$，故

$$f'(x_1^*) = b(1-2x_1^*) = 2-b, \quad f'(x_2^*) = f'(0) = b > 1$$

容易知不动点 x_2^* 是不稳定的。当 $1<b<3$ 时，有 $|f'(x_1^*)|<1$，则 x_1^* 是稳定的；当 $b>3$ 时，有 $|f'(x^*)|>1$，则 x_1^* 是不稳定的。

当 $1<b<3$ 时，x_k 收敛于 $x_1^* = 1-1/b$ 的状况可以通过方程(4.58) 的图解法清晰地表示出来。在 xOy 平面上画出 $y=x$ 和 $y=f(x)$ 的图形，见图 4.17。由于 $f'(x_1^*) = 2-b$。因此，当 $1<b<2$ 时，基本上是单调递增地收敛于 x_1^*，参见图 4.17(a)；当 $2<b<3$ 时，x_k 基本上是衰减振荡的收敛于 x_1^*，参见图 4.17(b)。

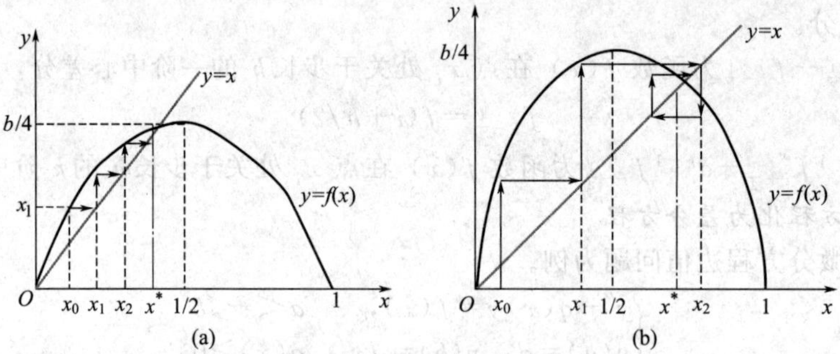

图 4.17　方程(4.58) 的图解法 ($x_k \to x_1^*$)

当 $b>3$ 时，仍可形式地求解，但 x_1^* 不稳定，其图解法如图 4.18 所示。

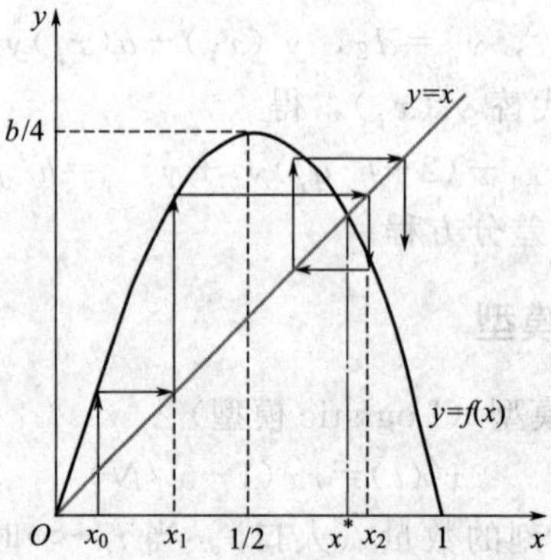

图 4.18　方程(4.58) 的图解法 ($x_k \not\to x_1^*$)

通过数值计算，对方程(4.58)，取 $x_0 = 0.2$，见表 4.11。

表 4.11　方程(4.58) 的数值计算结果

k	$b=1.7$	$b=2.6$	$b=3.3$	$b=3.45$	$b=3.55$
0	0.2000	0.2000	0.2000	0.2000	0.2000
1	0.2720	0.4160	0.5280	0.5520	0.5680
2	0.3366	0.6317	0.8224	0.8532	0.8711
3	0.3796	0.6049	0.4820	0.4322	0.3987
⋮	⋮	⋮	⋮	⋮	⋮

续表

k	$b=1.7$	$b=2.6$	$b=3.3$	$b=3.45$	$b=3.55$
91	0.4118	0.6154	0.4794	0.4327	0.3548
92	0.4118	0.6154	0.8236	0.8469	0.8127
93	0.4118	0.6154	0.4794	0.4474	0.5405
94	0.4118	0.6154	0.8236	0.8530	0.8817
95	0.4118	0.6154	0.4794	0.4327	0.3703
96	0.4118	0.6154	0.8236	0.8469	0.8278
97	0.4118	0.6154	0.4794	0.4474	0.5060
98	0.4118	0.6154	0.8236	0.8530	0.8874
99	0.4118	0.6154	0.4794	0.4327	0.3548
100	0.4118	0.6154	0.8236	0.8469	0.8127

由数值计算结果可看出，当 $1<b<3$ 时，$x\to x_1^*=1-1/b$；当 $b=3.3$ 时，$x\to$ 两个极限点；$b=3.45$ 时，$x\to 4$ 个极限点；当 $b=3.55$ 时，$x\to 8$ 个极限点。

由方程(4.58) 迭代一次可得：

$$x_{k+2}=f(x_{k+1})=f(f(x_k))=f^{(2)}(x_k) \tag{4.59}$$

方程(4.59) 虽然是二阶非线性差分方程，但缺少 x_{k+1}，相当于一阶差分方程。解代数方程，$x=b\cdot bx(1-x)[1-bx(1-x)]$，得到方程(4.59) 式的 4 个不动点，除了方程(4.58) 式的 2 个不动点 0，$1-1/b$ 之外，另外两个不动点为：

$$x_{3,4}^*=(b+1\mp\sqrt{b^2-2b-3})/2b$$

可以验证（根据一阶差分方程的判别方法），在条件 $b>3$ 下，不动点 0，$1-1/b$ 是不稳定的，而 $x_{3,4}^*$ 是稳定的条件是 $b<1+\sqrt{6}\doteq 3.449$。这就是说，当 $3<b<3.449$ 时，虽然 $\{x_k\}$ 不收敛，但它的两个子序列 $\{x_{2k}\}$ 和 $\{x_{2k+1}\}$ 都是收敛的，即，$x_{2k}\to x_3^*$，$x_{2k+1}\to x_4^*$（参见图 4.19）。它的生物学意义是，当固有增长率 $2<r<2.449$ 时，从一个繁殖周期的角度看，其数量增长是稳定的，这就是所谓的 2 倍周期收敛。

当 $b>3.449$ 时，$x_{3,4}^*$ 不再是稳定的，即方程(4.59) 不存在稳定的不动点，从而对于方程(4.58) 来说，2 倍周期也不收敛了，但是将方程(4.59) 迭代一次或者将方程(4.58) 迭代 4 次，得：

$$x_{k+4}=f^{(4)}(x_k) \tag{4.60}$$

方程(4.60) 有 8 个不动点，其中 4 个也是方程(4.59) 的不动点，在条件 $b>3.449$ 下不稳定，另外 4 个当 $3.449<b<3.544$ 时是稳定的。

按照这样的规律，我们可以对模型 (4.58) 的增长序列 $\{x_k\}$ 讨论 2^k 倍周期收敛问题，收敛性完全由参数 b 的取值确定。若记 b_k 为使 2^k 倍周期收敛的 b 的上界，那么，$b_0=3$，$b_1=3.499$，$b_2=3.544$（参见图 4.18）。更深入的研究表明，当 $k\to\infty$ 时，$b_k\to 3.5699$，而当 $b>3.5699$ 时就不存在任何 2^k 倍周期收敛，x_k 的趋势呈现一片混乱（参见图 4.20），这就是所谓的**混沌现象** (Chaose)。混沌现象的一个典型特征是对初始条件的敏感性。图 4.21 为方程(4.58) 在 $b=3.65$ 时的时间响应图。

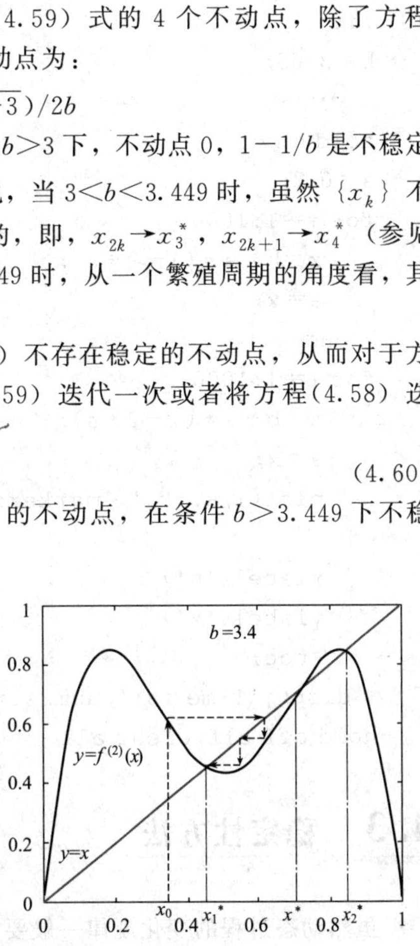

图 4.19 方程(4.59) 的图解法

图 4.20 的 Matlab 运行程序如下：

```
%Progran Logistic bifurcation 2.m
x=0.2;
u=2.5:0.001:4;
for j=1:300
    x=u.*(x-x.^2);
end
for i=1:2000
    x=u.*(x-x.^2);
  if i>=1900
    plot(u,x,'k.','markersize',1);
    hold on;
    end
end
```

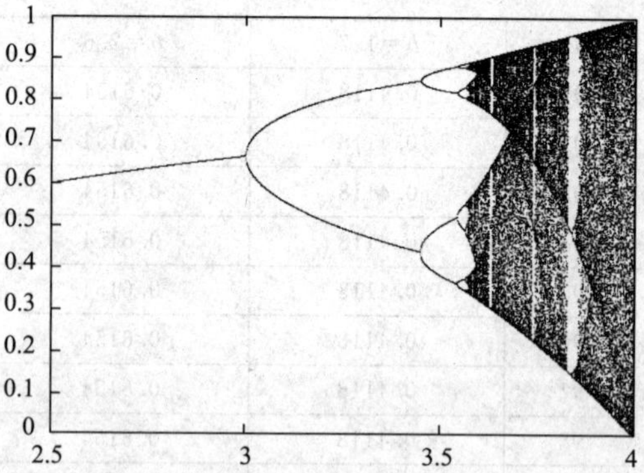

图 4.20　方程(4.58) 的分岔图

图 4.21 的 Matlab 运行程序如下：

```
  clf,clear all
tic;
b=3.65;
tic;
hold on
a=0.2;
for i=1:1000
    x=b*a*(1-2*a);
    a=x;
  end
for i=1:1000
    x=b*a*(1-2*a);
    a=x;
    plot(i,a,'k.','markersize',1)
end
    xlabel('n')
    ylabel('x')
  t=toc;
  disp(['Time is:',num2str(t)])
hold off clf,clear all
```

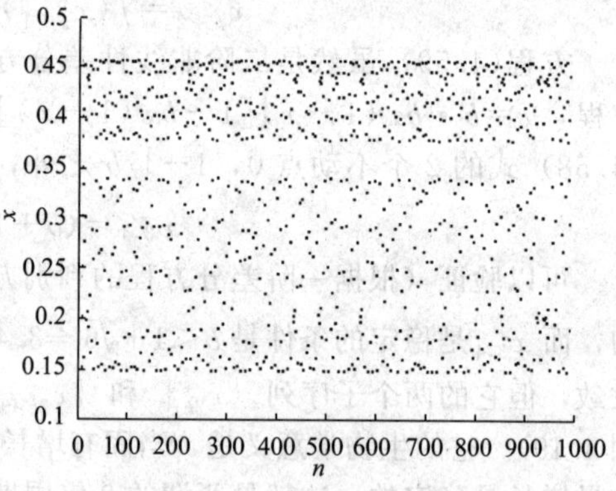

图 4.21　方程(4.58) 在 $b=3.65$ 时的时间响应图

4.3 稳定性方法

虽然动态过程的变化规律一般要用微分方程建立动态模型来描述，但是对于某些实际问题，建模的主要目的并不是要寻求动态过程每个瞬时的性态，而是研究某种意义下稳定状态的特征，特别是当时间充分长以后动态过程的变化趋势。如在什么条件下描述过程的变量会越来越接近某些确定的数值。为了分析这种稳定与不稳定的规律常常不需要求解微分方程，而可以利用微分方程稳定性理论，直接研究平衡状态的稳定性就可以了。

4.3.1 微分方程的平衡点与稳定性

（1）一维微分方程的平衡点及稳定性

设有微分方程

$$x'=f(x) \tag{4.61}$$

定义 4.1 代数方程 $f(x)=0$ 的实根 $x=x_0$ 称为方程(4.61) 的**平衡点**（或奇点），它也是方程(4.61) 的解（奇解）。

定义 4.2 如果从所有可能的初始条件出发，方程(4.61) 的解 $x(t)$ 都满足

$$\lim_{t\to\infty}x(t)=x_0 \tag{4.62}$$

则称平衡点 x_0 是**稳定**的（稳定性理论中称**渐近稳定**）；否则，称 x_0 是**不稳定**的（**不渐近稳定**）。

判断平衡点 x_0 是否稳定通常有两种方法，利用定义即式(4.62) 称间接法，不求方程(4.61) 的解 $x(t)$，因而不利用式(4.62) 的方法称直接法，下面介绍直接法。

将 $f(x)$ 在 x_0 作泰勒展开，只取一次项，则方程(4.61) 近似为：

$$x'=f'(x)(x-x_0) \tag{4.63}$$

方程(4.63) 称为方程(4.61) 的近似线性方程。x_0 也是方程(4.63) 的平衡点。关于平衡点 x_0 的稳定性有如下的结论：

① 若 $f'(x_0)<0$，则 x_0 是方程(4.61)、方程(4.63) 的稳定的平衡点；

② 若 $f'(x_0)>0$，则 x_0 不是方程(4.61)、方程(4.63) 的稳定的平衡点。

x_0 对于方程(4.63) 的稳定性很容易由定义式(4.62) 证明，因为方程(4.63) 的一般解是

$$x(t)=c\mathrm{e}^{f'(x_0)t}+x_0$$

式中，c 是由初始条件决定的常数。

（2）二阶（平面）方程的平衡点和稳定性

方程的一般形式可用两个一阶方程表示为

$$\begin{cases}x'=f(x,y)\\y'=g(x,y)\end{cases} \tag{4.64}$$

定义 4.3 方程组(4.64) 的右端不显含 t，代数方程组

$$\begin{cases}f(x,y)=0\\g(x,y)=0\end{cases}$$

的实根 $(x_0,\ y_0)$ 称为方程(4.64) 的**平衡点**，记为 $P_0(x_0,\ y_0)$。

定义 4.4 如果从所有可能的初始条件出发，方程(4.64) 的解 x，y 都满足

$$\lim_{t\to\infty}x=x_0,\lim_{t\to\infty}y=y_0 \tag{4.65}$$

则称平衡点 $P_0(x_0,\ y_0)$ 是（**渐近**）**稳定的**；否则，称 $P_0(x_0,\ y_0)$ 是不稳定的（不渐近稳定）。

为了用直接法讨论方法方程(4.64) 的平衡点的稳定性，先看方程组(4.64) 在平衡点 $P_0(x_0,\ y_0)$ 的雅克比矩阵为

$$J_{P_0}=\begin{bmatrix} f_x & f_y \\ g_x & g_y \end{bmatrix}_{P_0}$$

平衡点 $P_0(x_0, y_0)$ 的稳定性由雅克比矩阵的特征方程 $\det(J_{P_0}-\lambda E)=0$ 的根 λ（特征根）决定，将特征方程可写成 $\lambda^2+p\lambda+q=0$，其中 $p=-\mathrm{tr}(J_{P_0})$，$q=\det J_{P_0}$。

将特征根记作 λ_1，λ_2，则

$$\lambda_1, \lambda_2=\frac{1}{2}(-p\pm\sqrt{p^2-4q})$$

微分方程稳定性理论将平衡点分为结点、焦点、鞍点、中心等类型，完全由特征根 λ_1，λ_2 或相应的 p，q 取值决定，表 4.12 简明地给出了这些结果，表中最后一列指按照定义式(4.65)得到关于稳定性的结论。

表 4.12　由特征方程决定的平衡点的类型和稳定性

λ_1,λ_2	p,q	平衡点类型	稳定性
$\lambda_1<\lambda_2<0$	$p>0,q>0,p^2>4q$	稳定结点	稳定
$\lambda_1>\lambda_2>0$	$p>0,q>0,p^2>4q$	不稳定结点	不稳定
$\lambda_1<0<\lambda_2$	$q<0$	鞍点	不稳定
$\lambda_1=\lambda_2<0$	$p>0,q>0,p^2=4q$	稳定退化结点	稳定
$\lambda_1=\lambda_2>0$	$p<0,q>0,p^2=4q$	不稳定退化结点	不稳定
$\lambda_{1,2}=\alpha\pm i\beta,\alpha<0$	$p>0,q>0,p^2<4q$	稳定焦点	稳定
$\lambda_{1,2}=\alpha\pm i\beta,\alpha>0$	$p<0,q>0,p^2<4q$	不稳定焦点	不稳定
$\lambda_{1,2}=\alpha\pm i\beta,\alpha=0$	$p=0,q>0$	中心	不稳定

由表 4.12 可以看出，根据特征方程的系数 p，q 的正负很容易判断平衡点的稳定性，判断准则：当 $p>0$ 且 $q>0$ 时，平衡点 $P_0(x_0, y_0)$ 是稳定的；当 $p<0$ 或 $q<0$ 时，平衡点 $P_0(x_0, y_0)$ 是不稳定的。

4.3.2　差分方程的不动点与稳定性

(1) 一阶线性方程的平衡点及稳定性

一阶线性常系数分方程

$$x_{k+1}+ax_k=b, k=0,1,2,\cdots \tag{4.66}$$

由代数方程 $x+ax=b$ 解得的 $x^*=b/(1+a)$ 称为**不动点**。若当 $k\to\infty$，$x_k\to x^*$，则不动点 x^* 是稳定的，否则是不稳定的。

容易看出，可以用变量代换方法将方程(4.66)的不动点的稳定性问题转换为

$$x_{k+1}+ax_k=0, k=0,1,2,\cdots \tag{4.67}$$

的不动点 $x^*=0$ 的稳定性问题，而对于方程(4.67)，因为其解可表为

$$x_k=(-a)^k x_0, k=1,2,\cdots$$

所以当且仅当 $|a|<1$ 时，方程(4.67)的不动点［从而方程(4.66)的不动点］才是稳定的。

对于 n 维向量 $\boldsymbol{x}(k)$ 和 $n\times n$ 常数矩阵 $\boldsymbol{A}$ 构成的方程组

$$\boldsymbol{x}(k+1)-\boldsymbol{A}\boldsymbol{x}(k)=0 \tag{4.68}$$

其不动点稳定的条件是 $\boldsymbol{A}$ 的特征根 λ_i，$i=1, 2, \cdots$均有 $|\lambda_i|<1$，即均在复平面上的单位圆内。

(2) 一阶非线性差分方程

考察一阶非线性差分方程

$$x_{k+1}=f(x_k) \tag{4.69}$$

的不动点的稳定性。其不动点 x^* 由代数方程 $x=f(x)$ 解出。现分析 x^* 的稳定性，将方程(4.68) 的右端在 x^* 点作泰勒展开，只取一次项，式(4.68) 近似为

$$x_{k+1}=f'(x^*)(x_k-x^*)+f(x^*) \tag{4.70}$$

式(4.70) 是式(4.69) 的近似线性方程，x^* 也是式(4.70) 的不动点。线性方程(4.70) 的不动点的讨论与式(4.66) 相同，而当 $|f'(x^*)|\neq 1$ 时方程(4.69) 与方程(4.70) 不动点的稳定性相同。于是得到：当 $|f'(x^*)|<1$ 时，对于方程 (4.69)，x^* 是稳定的；当 $|f'(x^*)|>1$ 时，对于方程(4.69)，x^* 是不稳定的。

(3) 二阶线性差分方程的不动点及稳定性

考察二阶线性差分方程

$$x_{k+2}+a_1x_{k+1}+a_2x_k=0 \tag{4.71}$$

的不动点 ($x^*=0$) 的稳定性。为求式(4.71) 的通解，写出它的特征方程 $\lambda^2+a_1\lambda+a_2=0$，记它的根为 λ_1，λ_2，式(4.71) 的通解可表示为

$$x_k=c_1\lambda_1^k+c_2\lambda_2^k \tag{4.72}$$

其中，常数 c_1，c_2 由初始条件 x_0，x_1 确定。由式(4.72) 立即得到，当且仅当 $|\lambda_1|<1$，$|\lambda_2|<1$ 时方程(4.71) 的不动点才是稳定的。

与一阶线性方程一样，非齐次方程

$$x_{k+2}+a_1x_{k+1}+a_2x_k=b$$

的不动点的稳定性和方程(4.71) 相同。

二阶方程的上述结果可以推广到 n 阶线性方程，即稳定平衡的条件是特征方程 n 次代数方程的根 $\lambda_i(i=1, 2\cdots)$ 均有 $|\lambda_i|<1$。考虑到高阶方程和方程组的相互转化，这个条件与方程(4.68) 给出的结论完全一致的。

(4) 二阶非线性差分方程组的不动点及稳定性

考虑二阶非线性差分方程组

$$\begin{cases}x_{n+1}=f(x_n,y_n)\\ y_{n+1}=g(x_n,y_n)\end{cases} \tag{4.73}$$

定义 4.5 代数方程组

$$\begin{cases}f(x,y)=x\\ g(x,y)=y\end{cases}$$

的实根 (x_0，y_0) 称为方程(4.73) 的**不动点**，记为 $P_0(x_0, y_0)$。

方程(4.73) 在不动点 $P_0(x_0, y_0)$ 的雅克比矩阵为

$$\boldsymbol{J}_{P_0}=\begin{bmatrix}f_x & f_y\\ g_x & g_y\end{bmatrix}_{P_0}$$

对应的雅克比矩阵 $\boldsymbol{J}_{P_0}$ 的特征方程为

$$\lambda^2-\mathrm{tr}(\boldsymbol{J}_{P_0})\lambda+\det(\boldsymbol{J}_{P_0})=0 \tag{4.74}$$

令 λ_1 和 λ_2 是特征方程(4.74) 的特征根，则差分方程(4.73) 的不动点 $P_0(x_0, y_0)$ 稳定性结论如下：

当 $|\lambda_1|<1$ 且 $|\lambda_2|<1$，不动点 $P_0(x_0, y_0)$ 是局部渐近稳定的；

当 $|\lambda_1|>1$ 且 $|\lambda_2|>1$，不动点 $P_0(x_0, y_0)$ 是局部不稳定的；

当$|\lambda_1|<1$且$|\lambda_2|>1$（$|\lambda_1|>1$且$|\lambda_2|<1$），不动点$P_0(x_0, y_0)$是不稳定的鞍点；

当$|\lambda_1|=1$且$|\lambda_2|=1$，不动点$P_0(x_0, y_0)$是非双曲的。

4.3.3 捕鱼业的持续收获

考察一个渔场，其中的鱼量在天然环境下按一定的规律增长，如果使捕捞量等于自然增长量，渔场、鱼量将保持不变，这个捕捞量就可以持续。

建立在捕捞的情况下，渔场遵从的方程，分析鱼量稳定的条件，且在稳定的前提下讨论如何控制捕捞使持续产量或经济效益达到最大。

(1) 产量模型

① 模型假设。具体内容如下。

（ⅰ）设t时刻渔场鱼量$x(t)$，在无捕捞时鱼量的自然增长服从 Logistic 规律。

$$x'(t)=f(x)=rx(1-x/N)$$

式中，r为固有增长率；N为环境允许的最大鱼量；$f(x)$表示单位时间鱼的自然增长率。

（ⅱ）单位时间捕捞量$h(x)$与渔场鱼量$x(t)$成正比，比例系数为E，E称为捕捞强度，即$h(x)=Ex(t)$。

② 建模。记$F(x)=f(x)-h(x)$，则$F(x)$表示该渔场鱼量的净增长率。

在有捕捞的情况下渔场鱼量满足

$$x'(t)=F(x)=rx(1-x/N)-Ex \tag{4.75}$$

我们不需要求方程(4.75)的解$x(t)$，只需知道$x(t)$的趋向，并由此确定最大持续产量。即求方程(4.75)的平衡点并分析其稳定性。

先求方程(4.75)的平衡点，令$F(x)=0(x\geqslant 0)$，解得两个平衡点为$x_0=N(1-E/r)$，$x_1=0$，因$x_0\geqslant 0$，可得$0\leqslant E\leqslant r$。

再分析平衡点的稳定性

$$F'(x_0)=E-r，F'(x_1)=r-E$$

若$E<r$，则$F'(x_0)<0$，$F'(x_1)>0$，故x_0是稳定的，x_1是不稳定的；

若$E=r$，则$x_0=x_1=0$，$x(t)=N/(rt+c)$，其中c为常数。因此

$$\lim_{t\to\infty}x(t)=N\left(1-\frac{E}{r}\right)，0\leqslant E\leqslant r \tag{4.76}$$

考虑在稳定的条件下，捕捞强度E为多大时，捕捞量$h(x)$达到最大？

由式(4.76)可知，在稳定条件下，要使$h(x)=Ex(t)$达到最大，则E应满足$0<E<r$，当t充分大时，$x\approx x_0$，此时$h(x_0)=Ex_0=EN(1-E/r)$，把其视为自变量为E的函数，记为$G(E)$。对$G(E)$进行求导，有

$$dG/dE=2N(r/2-E)/r$$

令$dG/dE=0$，得到$G(E)$的驻点为$E^*=r/2$，此时$d^2G/dE^2=-2N/r<0$，故$E^*=r/2$时，$G(E)$最大，即$h(x_0)$最大，此时$x^*=N/2$，$h(x^*)=E^*x^*=rN/4$。

说明控制渔场鱼量为最大鱼量的一半时，可获得最大的持续产量。

(2) 效益模型

从经济利益的角度分析，我们不应追求单位时间产量最大，而应追求单位时间获利最大，现考虑在捕捞量稳定的条件下，控制捕捞强度使效益最大。

假设鱼的销售价格为p，单位捕捞强度费用为c，单位时间所获利润为$R(E)$。

我们知道收入$T=ph(x)=pEx$，支出$S=cE$，则单位时间利润为$R=T-S$。在稳定

的条件下，$x \approx x_0 = N(1-E/r)$，则

$$R(E)=T(E)-S(E)=pNE(1-E/r)-cE \tag{4.77}$$

现求 E 使 $R(E)$ 最大。

对式(4.77) 进行求导，得到 $\mathrm{d}R/\mathrm{d}E = pN-c-2pNE/r$。令 $\mathrm{d}R/\mathrm{d}E=0$，得到驻点为 $E_R = r(1-c/pN)/2$。又因 $\mathrm{d}^2R/\mathrm{d}E^2 = -2pN/r < 0$，故 $R(E)$ 有最大值。此时渔场鱼量为

$$x_R = N(1-E_R/r) = (N+c/p)/2$$

单位时间产量为

$$h(x_R) = E_R x_R = rN(1-c^2/p^2N^2)/4$$

与产量模型比较 $E_R < E^*$，$x_R > x^*$，$h(x_R) < h(x^*)$，即 E_R 较小，x_R 较大，$h(x_R)$ 较小。这是符合实际情况的，这时单位时间最大利润为

$$R(E_R) = pE_R x_R - cE_R = rpN\,(1-c/pN)^2/4$$

(3) 捕捞过度

效益模型是以计划捕捞的（封闭式捕捞）为基础的，即渔场由单独经营者有计划地捕捞，可以追求最大利润。如果渔场向众多的盲目的经营者开放，那么即使只有微薄的利润，经营者也会去捕捞，这种情况称为盲目捕捞（开放式捕捞）。这种捕捞将导致过度捕捞，捕捞率的临界值如何？

由式(4.77)，令 $R(E)=0$，即捕捞率的临界值

$$E_S = r(1-c/pN)$$

当 $E < E_S$ 时利润 $R(E) > 0$，盲目经营者们会加大捕捞强度；若 $E > E_S$ 时利润 $R(E) < 0$，他们无利可图，当然要减少强度。E_S 是盲目捕捞下的临界强度。

$R(E)=0$ 时的捕捞强度 $E_S = 2E_R$，即临界捕捞率比效益模型的最佳捕捞率增加了一倍。在临界强度下的渔场鱼量为

$$x_S = N(1-E_S/r) = c/p$$

x_S 由成本与价格比决定。当成本下降或价格上涨时，鱼量会迅速减少，就会出现捕捞过度的情况。

在产量模中型 $E^* = r/2$，在效益模型中 $E_R = r(1-c/pN)/2$，在捕捞过度时 $E_S = r(1-c/pN)$。我们可以得到

当 $c/N < p < 2c/N$ 时，$E_R < E_S \leqslant E^*$，此时称为经济学捕捞过度。

当 $p > 2c/N$ 时，$E_R < E^* \leqslant E_S$，此时称为生态学捕捞过度。

4.3.4 种群的生存

当某个自然环境中只有一种生物的群体（生态学上称为种群）生存时，人们常用 Logistic 模型来描述这个群数量的演变过程，即 $x' = rx(1-x/N)$。其中，$x(t)$ 是种群在时刻 t 的数量，r 是固有增长率，N 是环境资源容许的种群最大数量，在前面我们曾应用过这种模型，由此方程可以直接得到，$x_0 = N$ 是稳定平衡点，即 $t \to \infty$ 时，$x(t) \to N$。从模型本身的意义看，这是明显的结果。

如果一个自然环境中有两个或两个以上种群生存，那么它们之间就要存在着或是相互竞争，或是相互依存，或是弱肉强食（食饵与捕食者）的关系。这里将从稳定状态的角度分别讨论这些关系。

(1) 种群的相互竞争

当两个种群为了争夺有限的食物来源和生活空间而进行生存竞争时，最常见的结局是竞争力较弱的种群灭绝，竞争力较强的种群达到环境容许的最大数量。人们今天可

以看到自然界长期演变成的这样的结局，例如一个小岛上虽然有四种燕子栖息，但是它们的食物来源各不相同，一种只在陆地上觅食，另两种分别在浅水的海滩上和离岸稍远的海中捕鱼，第四种则飞越宽阔的海面到远方攫取海味，每一种燕子在其各自生存环境中的竞争力明显地强于其他几种。这里我们建立一个模型解释类似的现象，并分析产生这种结局的条件。

模型假设如下。

有甲乙两个种群，当它们独自在一个自然环境中生存时，数量的演变均遵从 Logistic 规律，记 $x_1(t)$ 和 $x_2(t)$ 是两个种群的数量，r_1 和 r_2 是它们的固有增长率，N_1 和 N_2 是它们的最大容量。

于是对于种群甲有 $x_1'=rx_1(1-x_1/N_1)$，其中，因子 $1-x_1/N_1$ 反映由于甲方有限资源的消耗导致的对它本身增长的阻滞作用，x_1/N_1 可解释为相对于 N_1 而言单位数量的甲消耗的供养甲的食物量（设食物总量为 1）。

当两个种群在同一自然环境中生存时，考察由于乙消耗同一种有限资源对甲的增长产生的影响，可以合理地在因子 $1-x_1/N_1$ 中再减去一项，该项与种群乙的数量 x_2（相对于 N_2 而言）成正比，得到种群甲方增长的方程

$$x_1'=r_1x_1(1-x_1/N_1-\sigma_1x_2/N_2) \tag{4.78}$$

这里 σ_1 的意义是，单位数量乙（相对 N_2 而言）消耗的供养甲的食物量为单位数量甲（相对 N_1）消耗的供养甲的食物量的 σ_1 倍。

类似地，甲的存在也影响了乙的增长，种群乙的方程应该是

$$x_2'=r_2x_2(1-x_1\sigma_2/N_1-x_2/N_2) \tag{4.79}$$

对 σ_2 可作相应的解释。

在两种群的相互竞争中 σ_1、σ_2 是两个关键指标。从上面对它们的解释可知：$\sigma_1>1$ 表示在消耗供养甲的资源中，乙的消耗多于甲，因而对甲增长的阻滞作用乙大于甲，即乙的竞争力强于甲；对 $\sigma_2>1$ 可作相应的理解。

一般地说，σ_1 与 σ_2 之间没有确定的关系，但是可以把下面这种特殊情况作为较常见的一类实际情况的典型代表，即两个种群在消耗资源中对甲增长的阻作用对乙增长的阻滞作用相同，具体地说，因为单位数量的甲和乙消耗的供养甲方食物量之比是 $1:\sigma_1$，消耗的供养甲方食物量之比是 $\sigma_2:1$，所谓阻滞作用相同，即 $1:\sigma_1=\sigma_2:1$，所以这种特殊情形可以定量地表示为

$$\sigma_1\sigma_2=1 \tag{4.80}$$

即 σ_1、σ_2 互为倒数，可以简单地理解为，如果一个乙消耗的食物是一个甲的 $\sigma_1=k$ 倍，则一个甲消耗的食物是一个乙的 $\sigma_2=1/k$。

下面我们仍然讨论 σ_1、σ_2 相互独立的一般情况，而将条件(4.80) 下对问题的分析留给读者讨论。

为了研究两个种群相互竞争的结局，即 $t\to\infty$ 时 $x_1(t)$，$x_2(t)$ 的趋向，不必要解方程(4.78)、方程(4.79)，只需对它的平衡点进行稳定性分析。

首先根据微分方程(4.78) 和方程(4.79) 解代数方程组

$$\begin{cases}f(x_1,x_2)=r_1x_1(1-x_1/N_1-\sigma_1x_2/N_2)=0\\g(x_1,x_2)=r_2x_2(1-x_1\sigma_2/N_1-x_2/N_2)=0\end{cases} \tag{4.81}$$

得到 4 个平衡点：

$$P_1(N_1,0),\ P_2(0,N_2),\ P_3\left(\frac{N_1(1-\sigma_1)}{1-\sigma_1\sigma_2},\ \frac{N_2(1-\sigma_2)}{1-\sigma_1\sigma_2}\right),\ P_4(0,0)$$

因为仅当平衡点于平面坐标系的第一象限时（x_1，$x_2 \geqslant 0$）才有实际意义，所以对 P_3 而言要求 σ_1、σ_2 同时小于 1，或同时大于 1。

按照判断平衡点稳定性的方法计算

$$J=\begin{bmatrix} f_{x_1} & f_{x_2} \\ g_{x_1} & g_{x_2} \end{bmatrix}=\begin{bmatrix} r_1\left(1-\dfrac{2x_1}{N_1}-\dfrac{\sigma_1 x_2}{N_2}\right) & -\dfrac{r_1\sigma_1 x_1}{N_2} \\ -\dfrac{r_2\sigma_2 x_2}{N_1} & r_2\left(1-\dfrac{\sigma_2 x_1}{N_1}-\dfrac{2x_2}{N_2}\right) \end{bmatrix}$$

$$p=-(f_{x_1}+g_{x_2})|_{P_i},q=\det \boldsymbol{J}|_{P_i},i=1,2,3,4$$

将 4 个平衡点 p 和 q 的结果及稳定条件列入表 4.13。

表 4.13 种群竞争模型的平衡点及稳定性

平衡点	p	q	稳定条件
$P_1(N_1,0)$	$r_1-r_2(1-\sigma_2)$	$-r_1r_2(1-\sigma_2)$	$\sigma_1<1,\sigma_2>1$
$P_2(0,N_2)$	$-r_1(1-\sigma_1)+r_2$	$-r_1r_2(1-\sigma_1)$	$\sigma_1>1,\sigma_2<1$
$P_3\left(\dfrac{N_1(1-\sigma_1)}{1-\sigma_1\sigma_2},\dfrac{N_2(1-\sigma_2)}{1-\sigma_1\sigma_2}\right)$	$\dfrac{r_1(1-\sigma_1)+r_2(1-\sigma_2)}{1-\sigma_1\sigma_2}$	$\dfrac{r_1r_2(1-\sigma_1)(1-\sigma_2)}{1-\sigma_1\sigma_2}$	$\sigma_1<1,\sigma_2<1$
$P_4(0,0)$	$-(r_1+r_2)$	r_1r_2	不稳定

注意：表 4.13 中最后一列“稳定条件”除了要求 $p>0$，$q>0$ 以外，还有其他原因，见下面的具体分析。

P_1，P_2 是一个种群存活而另一个灭绝的平衡点，P_3 是两个种群共存的平衡点。

为了便于对平衡点 P_1，P_2，P_3 的稳定条件进行分析，在相平面上讨论它们。

在代数方程组(4.81) 中记

$$\varphi(x_1,x_2)=1-x_1/N_1-\sigma_1x_2/N_2=0,\psi(x_1,x_2)=1-\sigma_2x_1/N_1-x_2/N_2=0$$

对于 σ_1，σ_2 的不同取值范围，直线 $\varphi=0=0$ 和 $\psi=0$ 在相平面上的相对位置不同，下面给出它们的 4 种情况，并对这 4 种情况进行分析。

① $\sigma_1<1$，$\sigma_2>1$。由表 4.13 知对于 P_1（N_1，0）有 $p>0$，$q<0$，P_1 稳定；P_1 的稳定性还可以从 $t\to\infty$ 时相轨线的趋向来分析。图 4.22(a) 中，$\varphi=0$ 和 $\psi=0$ 两条直线将相平面（$x_1\geqslant 0$，$x_2\geqslant 0$）划分为 3 个区域：

$$S_1: x_1'>0,\ x_2'>0;\ S_2: x_1'>0,\ x_2'<0;\ S_3: x_1'<0,\ x_2'<0。$$

可以证明，不论轨线从哪个区域出发，$t\to\infty$ 时都将趋向 P_1（N_1，0）。

若轨线从区域 S_1 出发，可知随着 t 的增加轨线向右上方运动，必然进入 S_2。

若轨线从区域 S_2 出发，可知轨线向右下方运动，那么它或者趋向 P_1 点，或者进入区域 S_3。但是进入区域 S_3 是不可能的，因为，如果设轨线在某时刻 t_1 经直线 $\varphi=0$ 进入区域 S_3，则 $\mathrm{d}x_1(t_1)/\mathrm{d}t=0$。由方程(4.78) 不难算出

$$x_1''=-r_1\sigma_1x_1x_2'/N_2$$

在区域 S_2 和 S_3 中，$x_2'<0$，故 $x_1''>0$，表明 $x_1(t)$ 在 t_1 达到极小值，而这是不可能的，因为在区域 S_2 中，$x_1'>0$，即 $x_1(t)$ 一直是增加的；

若轨线从区域 S_3 出发，可知轨线向左下方运动，那么它或者趋向 P_1 点，或者进入区域 S_2，而进入区域 S_2 后，根据上面的分析最终也将趋向 P_1。

综上分析可以画出轨线示意图为图 4.22(a)，因为直线 $\varphi=0$ 上 $\mathrm{d}x_1=0$，所以在 $\varphi=0$ 上轨线方向垂直于 x_1 轴；在 $\psi=0$ 上 $\mathrm{d}x_2=0$，轨线方向平行于 x_1 轴。

② $\sigma_1>1$，$\sigma_2<1$，类似的分析可知 $P_2(0, N_2)$ 稳定。

③ $\sigma_1<1$，$\sigma_2<1$，由表 4.12 知对于 P_3 点 $p>0$，$q>0$，故 P_3 稳定，对轨线趋势的分析见图 4.22(c)。

④ $\sigma_1>1$，$\sigma_2>1$，由表 4.12 知对于 P_3 点 $q<0$，故 P_3 不稳定（鞍点），轨线或者趋向 P_1，或者趋向 P_2，由轨线的初始位置决定，示意图见图 4.22(d)，在这种情况下 P_1 和 P_2 都不能说是稳定的，正因为这样，所以 P_1 稳定（与初始条件无关）的条件需要加上 $\sigma_1<1$，P_2 稳定的条件加上 $\sigma_2<1$。

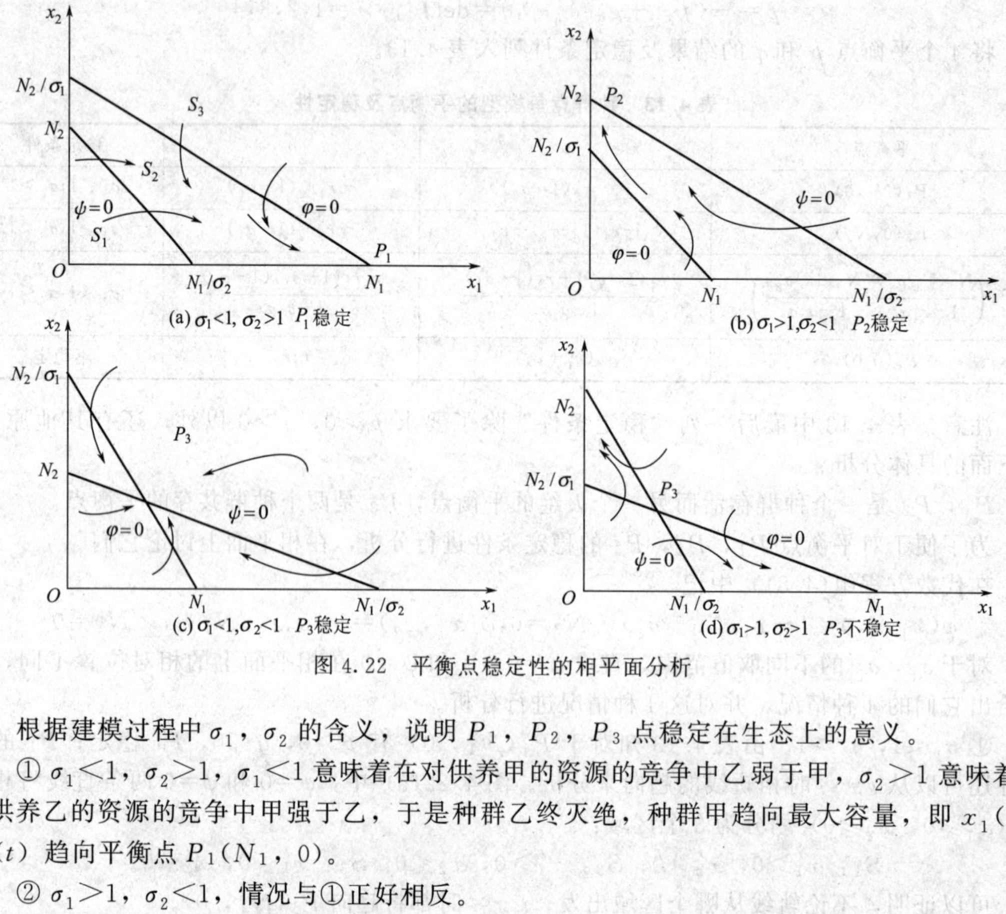

图 4.22 平衡点稳定性的相平面分析

根据建模过程中 σ_1，σ_2 的含义，说明 P_1，P_2，P_3 点稳定在生态上的意义。

① $\sigma_1<1$，$\sigma_2>1$，$\sigma_1<1$ 意味着在对供养甲的资源的竞争中乙弱于甲，$\sigma_2>1$ 意味着在对供养乙的资源的竞争中甲强于乙，于是种群乙终灭绝，种群甲趋向最大容量，即 $x_1(t)$，$x_2(t)$ 趋向平衡点 $P_1(N_1, 0)$。

② $\sigma_1>1$，$\sigma_2<1$，情况与①正好相反。

③ $\sigma_1<1$，$\sigma_2<1$，因为在竞争甲的资源中乙较弱，而在竞争乙的资源中甲较弱，于是可以达到一个双方共存的稳定的平衡状态 P_3。这是种群竞争中很少出现的情况。

④ $\sigma_1>1$，$\sigma_2>1$，请读者作出解释。

生态学中有一个**竞争排斥原理**，其内容是：若两个种群的单个成员消耗的资源差不多相同，而环境能承受的种群甲的最大容量比种群乙大，那么种群乙终将灭亡。用本节的模型很容解释这个原理。

将方程(4.78)、方程(4.79) 改写为

$$x_1'=r_1x_1\left(1-\frac{x_1+\sigma_1x_2N_1/N_2}{N_1}\right),\quad x_2'=r_2x_2\left(1-\frac{x_2+\sigma_2x_1N_2/N_1}{N_2}\right)$$

原理的两个条件相当于

$$\sigma_1N_1/N_2=1,\ \sigma_2N_2/N_1=1,\ N_1>N_2$$

从这 3 个式子显然可得 $\sigma_1<1$，$\sigma_2>1$，这正是 P_1 稳定，即种群乙灭绝的条件。

(2) *种群的相互依存*

自然界中处于同一环境下两个种群相互依存而共生的现象是很普遍的，植物可以独立生存。昆虫的授粉作用又可以提高植物的增长率，而以花粉为食物的昆虫却不能离开植物单独存活，人类与人工饲养的牲畜之间也有类似的关系，这种共生现象可以描述如下。

假设种群甲可以独立存在，按 Logistic 规律增长，种群乙为甲提供食物，有助于甲的增长，类似于前面的方程(4.78)，种群甲的数量演变规律可以写作（r_1、N_1、N_2 的意义同前）

$$x_1'=r_1x_1(1-x_1/N_1+\sigma_1x_2/N_2) \tag{4.82}$$

σ_1 前面的一号这里变成＋号，表示乙不是消耗甲的资源而是为甲提供食物。σ_1 的含义是：单位数量乙（相对于 N_2）提供的供养甲的食物量为单位数量甲（相对于 N_1）消耗的供养甲食物量的 σ_1 倍。

种群乙没有甲的存在会灭亡，设其死亡率为 r_2，则乙单独存在时有

$$x_2'=-r_2x_2 \tag{4.83}$$

甲为乙提供食物，于是式(4.83) 右端应加上甲对乙增长的促进作用，有

$$x_2'=-r_2x_2(1-\sigma_2x_1/N_1) \tag{4.84}$$

显然仅当 $\sigma_2x_1/N_1>1$ 时种群乙的数量才会增长，与此相同乙的增长又会受到自身的阻滞作用，所以式(4.84) 右端还要添加 Logistic 项，方程变为

$$x_2'=-r_2x_2(1-\sigma_2x_1/N_1+x_2/N_2) \tag{4.85}$$

方程(4.82)、式(4.85) 构成相互依存现象的数学模型，下面利用平衡点的稳定性分析，讨论时间足够长以后两个种群的变化趋向。

类似于前面的做法将方程(4.82)、式(4.85) 的平衡点及其稳定性分析的结果列入表 4.14。

表 4.14 种群依存模型的平衡点及稳定性

平衡点	p	q	稳定条件
$P_1(N_1,0)$	$r_1-r_2(\sigma_2-1)$	$-r_1r_2(\sigma_2-1)$	$\sigma_2<1$， $\sigma_1\sigma_2<1$
$P_2\left(\dfrac{N_1(1-\sigma_1)}{1-\sigma_1\sigma_2},\dfrac{N_2(\sigma_2-1)}{1-\sigma_1\sigma_2}\right)$	$\dfrac{r_1(1-\sigma_1)+r_2(\sigma_2-1)}{1-\sigma_1\sigma_2}$	$\dfrac{r_1r_2(1-\sigma_1)(\sigma_2-1)}{1-\sigma_1\sigma_2}$	$\sigma_1<1$， $\sigma_2>1$， $\sigma_1\sigma_2<1$
$P_3(0,0)$	$-r_1+r_2$	$-r_1r_2$	不稳定

显然，P_2 点稳定才表明两个种群在同一环境里相互依存而共生，我们着重分析 P_2 稳定的条件。

由 P_2 的表达式容易看出，要使平衡点 P_2 有实际意义，即位于相平面第一象限（x_1，$x_2\geqslant0$），必须满足下面两个条件中的一个。

$$A_1：\sigma_1<1，\sigma_2>1，\sigma_1\sigma_2<1。A_2：\sigma_1>1，\sigma_2<1，\sigma_1\sigma_2>1。$$

而由表 4.13 中 P_2 点的 p、q 可知，仅在条件 A_1 下 P_2 才是稳定的（而在 A_2 下 P_2 是鞍点，不稳定)，图 4.23 画出了条件 A_1 下相轨线的示意图，其中

$$\varphi=1-x_1/N_1+\sigma_1x_2/N_2，\psi=-1+\sigma_2x_1/N_1-x_2/N_2$$

直线 $\varphi=0$ 和 $\psi=0$ 将相平面（$x_1\geqslant0$，$x_2\geqslant0$）划分为 4 个区域。

$S_1: x_1' > 0, x_2' < 0$；$S_2: x_1' > 0, x_2' > 0$；$S_3: x_1' < 0, x_2' > 0$；$S_4: x_1' < 0, x_2' < 0$。

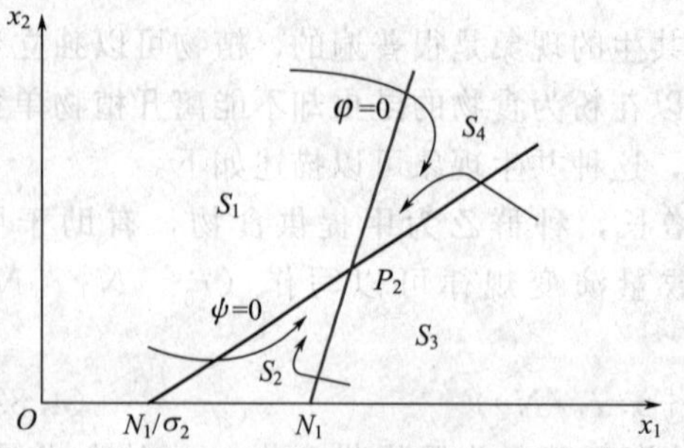

图 4.23　P_2 稳定的相轨线

从这 4 个区域中 x_1'，x_2'的正负不难看出其相轨线的趋向如图 4.23 所示。

分析条件 A_1 的实际意义，其关键部分是 $\sigma_2 > 1$，考虑到 σ_2 的含义，这表示种群甲要为乙提供足够的食物维持其生长，而 $\sigma_1\sigma_2 < 1$ 则是在 $\sigma_2 > 1$ 条件下为 P_2 位于相平面第一象限所必需的，当然这要求 σ_1 很小（$\sigma_1 < 1$ 是必要条件），注意到 σ_1 的含义，这实际上是对乙向甲提供食物加以限制，以防止甲的过分增长。

在种群依存模型(4.82)、式(4.85) 中如果平衡点 $P_1(N_1, 0)$ 稳定，那么种群乙灭绝，没有种群的共存，请读者分析导致 $P_1(N_1, 0)$ 稳定的条件及在生态学上的意义。

模型(4.82) 和式(4.85) 是种群相互依存的一种类型，即种群甲可独立生存，而种群乙不能，依存模型还有其他类型，如两种群均能独立生存，及均不能独立生存的情况，这些情况的稳态结果如何，读者可以类似讨论。

(3) 食饵-捕食者模型

种群甲靠丰富的天然资源生存，种群乙靠捕食甲为生，形成食饵-捕食者系统，如食用鱼和鲨鱼、美洲兔和山猫、阿尔卑斯山中的落叶松与蚜虫。

意大利生物学家 D. Ancona 曾致力于鱼类种群相互制约关系的研究，他在一次世界大战期间地中海各港口捕获的几种鱼类占捕获总量百分比的资料中，发现鲨鱼的比例明显增加。我们知道食饵增加，以此为食物的鲨鱼也会随之增加，但是战争期间捕获量（食用鱼和鲨鱼同时捕捞）中，为什么鲨鱼的比例会增加呢？他无法解释这一现象，于是求助于著名的意大利数学家 V. Volterra，希望建立一个数学模型，定量地回答这个问题。食饵-捕食者模型(Volterra) 由此产生。

模型假设如下。

(ⅰ) 食饵（甲）和捕食者（乙）在时刻 t 的数量分别记为 $x(t)$和 $y(t)$。

(ⅱ) 食饵独立生存，其增长率为 r，按指数规律增长，即 $x' = rx$。

(ⅲ) 捕食者的存在使食饵的增长率减小，减小量与 y 成正比，比例系数 a 表示捕食者掠取食饵的能力。

(ⅳ) 捕食者离开食饵无法生存，设独立生存的死亡率为 d，即 $y' = -dy$。

(ⅴ) 食饵为捕食者提供食物的作用相当于使捕食者的死亡率减小，减小量与 x 成正比，比例系数 b 表示食饵供养捕食者能力。

根据模型假设可以得到

$$\begin{cases} x' = (r - ay)x = rx - axy \\ y' = -(d - bx)y = -dy + bxy \end{cases} \tag{4.86}$$

系统方程(4.86) 是在没有人工捕获情况下自然环境中食饵与捕食者之间的制约关系，这就是著名的 Volterra 模型。但这个模型没有考虑自身的阻滞作用，即为引入 Logistic 项。

容易得到系统方程(4.86) 的平衡点为

$$P_1(d/b, r/a)，P_2(0,0) \tag{4.87}$$

类似于前面的做法将系统式(4.86) 的平衡点及其稳定性分析的结果列入表 4.15。

表 4.15 种群依存模型的平衡点及稳定性

平衡点	p	q	平衡点及稳定性
$P_1(d/b,r/a)$	0	$dr>0$	中心不稳定
$P_2(0,0)$	$d-r$	$-dr<0$	不稳定

由表 4.15 看出平衡点 $P_1(d/b,\ r/a)$ 处于临界状态，不能用 4.3.1 节中的稳定性理论判断，要讨论平衡点 $P_1(d/b,\ r/a)$ 的稳定性，用相轨线的方法解决。

由系统(4.86) 消去 dt，得到

$$\mathrm{d}x/\mathrm{d}y=x(r-ay)/[y(-d+bx)]$$

此方程为分离变量方程，变量分离后，有

$$\frac{-d+bx}{x}\mathrm{d}x=\frac{r-ay}{y}\mathrm{d}y$$

两边积分，得到 $-d\ln x+bx=r\ln y-ay+c_1$，此式还可以写成

$$(x^d\mathrm{e}^{-bx})(y^r\mathrm{e}^{-ay})=c \tag{4.88}$$

其中，c 由初始条件确定。

设 $f(x)=x^d\mathrm{e}^{-bx}$，$g(y)=y^r\mathrm{e}^{-ay}$，则式(4.87) 可写成 $f(x)g(y)=c$。

利用数学分析的方法可以作出 $f(x)$ 和 $g(y)$ 的图形，如图 4.24 所示，它们的最大值分别记为 f_m 和 g_m，则有

$$f(0)=f(\infty)=0,f(x_0)=f_m,x_0=d/b \tag{4.89}$$

$$g(0)=g(\infty)=0,g(y_0)=g_m,y_0=r/a \tag{4.90}$$

显然仅当式(4.87) 右端 $c\leqslant f_mg_m$ 时相轨线才有定义。

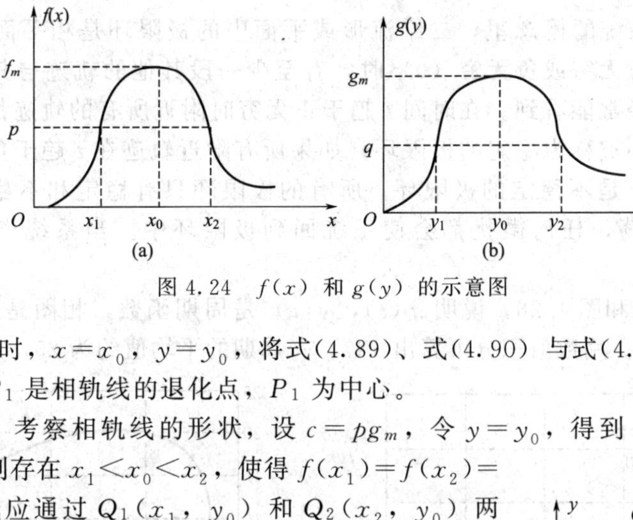

图 4.24 $f(x)$ 和 $g(y)$ 的示意图

当 $c=f_mg_m$ 时，$x=x_0$，$y=y_0$，将式(4.89)、式(4.90) 与式(4.88) 比较，知 $(x_0,\ y_0)$ 是平衡点，P_1 是相轨线的退化点，P_1 为中心。

当 $c<f_mg_m$，考察相轨线的形状，设 $c=pg_m$，令 $y=y_0$，得到 $g(y)=g_m$，所以有 $f(x)=p<f_m$，则存在 $x_1<x_0<x_2$，使得 $f(x_1)=f(x_2)=p$，于是这条轨线应通过 $Q_1(x_1,\ y_0)$ 和 $Q_2(x_2,\ y_0)$ 两点。下面我们考察 $x\in[x_1,\ x_2]$，因 $f(x)g(y)=pg_m$，$f(x)>p$，$g(y)=q<g_m$，则存在 $y_1<y_0<y_2$，使得 $g(y_1)=g(y_2)=q$，于是这条轨线应通过 $Q_3(x,\ y_1)$ 和 $Q_4(x,\ y_2)$。因 x 是 $[x_1,\ x_2]$ 内任意点，故相轨线是封闭曲线族，如图 4.25 所示。因此 $x(t)$ 和 $y(t)$ 是周期函数，周期记为 T。

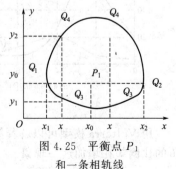

图 4.25 平衡点 P_1 和一条相轨线

下面求 $x(t)$ 和 $y(t)$ 在一周期的平均值 $\bar{x}$，$\bar{y}$。

由方程 $y'=(-d+bx)y$，可解得 $x=(y'/y+d)/b$，$x(t)$ 在 T 内的平均值为

$$\overline{x}=\frac{1}{T}\int_0^T x(t)\mathrm{d}t=\frac{1}{T}\int_0^T \frac{1}{b}\left(\frac{y'}{y}+d\right)\mathrm{d}t=\frac{1}{T}\left(\frac{\ln y(T)-\ln y(0)}{b}+\frac{\mathrm{d}T}{b}\right)=\frac{d}{b}$$

类似可得到 $\overline{y}=r/a$。

这表明食饵和捕食者在平衡点 P_1 的值正好代表了它们的平均数量，即

$$\overline{x}=x_0=d/b,\overline{y}=y_0=r/a \tag{4.91}$$

利用 Matlab 软件求系统方程(4.86) 的数值解，验证分析的正确性。取值见下表。

t	$x(t)$	$y(t)$
0	20.0000	4.0000
0.1000	21.2406	3.9651
0.2000	22.5649	3.9405
0.3000	23.9763	3.9269
…	…	…
5.1000	9.6162	16.7235
5.2000	9.0173	16.2064
⋮	⋮	⋮
9.5000	18.4750	4.0447
9.6000	19.6136	3.9587
9.7000	20.8311	3.9587

在数学中动态系统的概念里，二维流形或平面中的极限环是相平面中的一段闭合的轨迹。当时间趋于正无穷或负无穷（0）时，有至少一段其他的轨迹与其旋转相交。极限环在非线性系统中经常能看到。在时间 t 趋于正无穷时附近所有的轨迹都逐渐靠近极限环的时候，这种极限环被称为稳定的极限环。如果所有附近轨迹在 t 趋于负无穷时逐渐靠近极限环，这个极限环是不稳定的极限环。所有的极限环只有稳定和不稳定两类。稳定的极限环含有自激振荡，任何微扰都会使系统回到极限环中。当系统产生极限环，也称 Hopf 分岔。

通过计算的结果和图 4.26，说明 $x(t)$，$y(t)$ 是周期函数，相图是封闭曲线，$x(t)$，$y(t)$的周期约为 9.6。用数值积分可算出 $x(t)$ 一周期的平均值约为 25，$y(t)$ 约为 10。

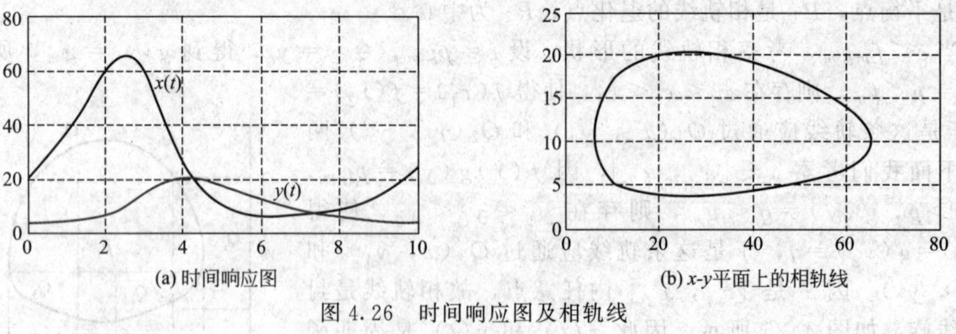

图 4.26 时间响应图及相轨线

用 Volterra 模型可以解释第一次世界大战期间地中海渔业的捕捞量下降，但是其中鲨鱼的比例却在增加这一现象。

在自然环境中，系统的平衡点是 $P(\overline{x},\overline{y})$，其中，$\overline{x}=d/b$，$\overline{y}=r/a$。

设表示捕获能力的系数为 ε_1，这样食饵的自然增长率由 r 降为 $r-\varepsilon_1$，捕食者的死亡率由 d 增为 $d+\varepsilon_1$。用 $\overline{x}_1$，$\overline{y}_1$ 分别表示在这种情况下食饵和捕食者的数量，利用式(4.91)，因此有 $\overline{x}_1>\overline{x}$，$\overline{y}_1<\overline{y}$，即平衡点 $P\to\overline{P}$。

但在战争时期捕获能力由 ε_1 下降为 ε_2，即 $\varepsilon_1>\varepsilon_2$，用 $\overline{x}_2$，$\overline{y}_2$ 分别表示在这种情况下食饵和捕食者的数量，因此有 $\overline{x}_2<\overline{x}_1$，$\overline{y}_2>\overline{y}_1$，即平衡点 $P\to\widetilde{P}$。这说明食饵（鱼）减少，捕食者（鲨鱼）增加。

Volterra 模型还可以对使用杀虫剂的影响作出解释。自然界里不少以农作物为主的害虫都有它们的天敌——益虫，益虫不吃农作物只吃害虫，是捕食者，害虫是它们的食饵。于是构成了一个食饵-捕食者系统。如果某种杀虫剂不仅杀死害虫，也能杀死益虫，那么就会使害虫增加，益虫减少。详见图 4.27。

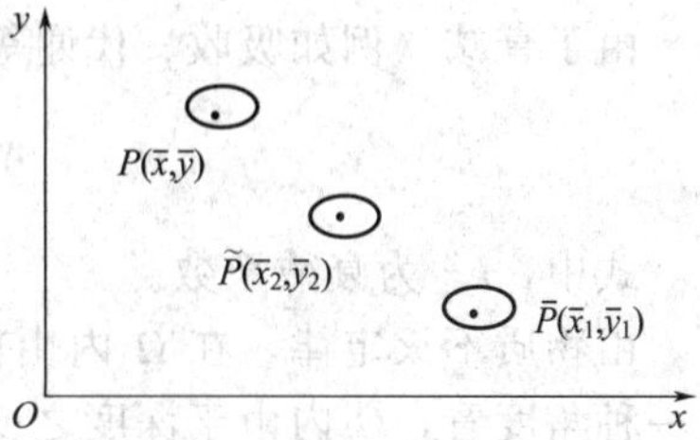

图 4.27 捕获系数的改变对食饵、捕食者数量的影响

在 Volterra 模型中没有考虑自身的阻滞作用，即为引入 Logistic 项，读者可自行分析。

4.4 偏微分方程建模

从 18 世纪初开始，人们就开始结合物理中的力学问题来研究偏微分方程，最早研究的几个方程是弦振动方程、热传导方程及调和方程，这部分理论已经被彻底地研究了，而且近乎完备，把它们称为偏微分方程的古典理论。

下面介绍利用偏微分方程建立的数学模型。

4.4.1 扩散问题的偏微分方程模型

物质的扩散问题，在石油开采、环境污染、疾病流行、化学反应、新闻传播、煤矿瓦斯爆炸、农田墒情、水利工程、生态问题、房屋基建、神经传导、药物在人体内分布以及超导、液晶、燃烧等诸多自然科学与工程技术领域，十分普遍地存在着。显然，对这些问题的研究是十分必要的，其中的数学含量极大。事实上，凡与反应扩散有关的现象，大都能由线性或非线性抛物型偏微分方程作为数学模型来定量或定性地加以解决。

MCM 的试题来自实际，是“真问题⊕数学建模⊕计算机处理”的“三合一”准科研性质的一种竞赛，对上述这种有普遍意义和数学含量高，必须用计算机处理才能得到数值解的扩散问题，当然成为试题的重要来源，例如，AMCM-90A，就是这类试题；AMCM-90A 要研究治疗帕金森症的多巴胺（dopamine）在人脑中的分布，此药液注射后在脑子里经历的是扩散衰减过程，可以由线性抛物型方程这一数学模型来刻画。AMCM-90A 要研究单层住宅混凝土地板中的温度变化，也属扩散（热传导）问题，其数学模型与 AMCM-90A 一样，也是线性抛物型方程。

本节讨论扩散问题建模的思路以及如何推导出相应的抛物型方程，如何利用积分变换求解、如何确定方程与解的表达式中的参数等关键数学过程，且以 AMCM-90A 题为例，显示一个较细致的分析、建模、求解过程。

(1) 抛物型方程的导出

设 $u(x,y,z,t)$ 是 t 时刻点 (x,y,z) 处一种物质的浓度．任取一个闭曲面 S，

它所围的区域是 Ω，由于扩散，从 t 到 $t+\Delta t$ 时刻这段时间内，通过 S 流入 Ω 的质量为

$$M_1=d\int_t^{t+\Delta t}\iint\limits_S\left(a^2\frac{\partial u}{\partial x}\cos\alpha+b^2\frac{\partial u}{\partial y}\cos\beta+c^2\frac{\partial u}{\partial z}\cos\gamma\right)\mathrm{d}S\,\mathrm{d}t$$

由高斯公式得

$$M_1=\int_t^{t+\Delta t}\iiint\limits_\Omega\left(a^2\frac{\partial^2 u}{\partial x^2}+b^2\frac{\partial^2 u}{\partial y^2}+c^2\frac{\partial^2 u}{\partial z^2}\right)\mathrm{d}x\,\mathrm{d}y\,\mathrm{d}z\,\mathrm{d}t$$

式中，a^2，b^2，c^2 分别为沿 x，y，z 方向的扩散系数。

由于衰减（例如吸收、代谢等），Ω 内的质量减少为

$$M_2=\int_t^{t+\Delta t}\iiint\limits_\Omega k^2u\,\mathrm{d}x\,\mathrm{d}y\,\mathrm{d}z\,\mathrm{d}t$$

式中，k^2 为衰减系数。

由物质不灭定律，在 Ω 内由于扩散与衰减的合作用，积存于 Ω 内的质量为 M_1-M_2。换一种角度看，Ω 内由于深度之变化引起的质量增加为

$$M_3=\iiint\limits_\Omega[u(x,y,z,t+\Delta t)-u(x,y,z,t)]\mathrm{d}x\,\mathrm{d}y\,\mathrm{d}z=\int_t^{t+\Delta t}\iiint\limits_\Omega\frac{\partial u}{\partial t}\mathrm{d}x\,\mathrm{d}y\,\mathrm{d}z\,\mathrm{d}t$$

显然 $M_3=M_1-M_2$，即

$$\int_t^{t+\Delta t}\iiint\limits_\Omega\frac{\partial u}{\partial t}\mathrm{d}x\,\mathrm{d}y\,\mathrm{d}z\,\mathrm{d}t=\int_t^{t+\Delta t}\iiint\limits_\Omega\left(a^2\frac{\partial^2 u}{\partial x^2}+b^2\frac{\partial^2 u}{\partial y^2}+c^2\frac{\partial^2 u}{\partial z^2}-k^2u\right)\mathrm{d}x\,\mathrm{d}y\,\mathrm{d}z\,\mathrm{d}t$$

由 Δt，t，Ω 之任意性得

$$\frac{\partial u}{\partial t}=a^2\frac{\partial^2 u}{\partial x^2}+b^2\frac{\partial^2 u}{\partial y^2}+c^2\frac{\partial^2 u}{\partial z^2}-k^2u \tag{4.92}$$

方程(4.92) 是常系数线性抛物型方程，它就是有衰减的扩散过程的数学模型，对于具体问题，尚需与相应的定解条件（初始条件与边界条件等）匹配才能求得确定情况下的解。

(2) Dirac 函数

物理学家 Dirac 为了物理模型之需要，硬是引入了一个当时颇遭质疑的，使得数学与物理学传统密切关系出现裂痕的“怪”函数：

$$\delta(x)=\begin{cases}0, & x\neq 0,\\ \infty, & x=0,\end{cases}\quad\int_{-\infty}^{+\infty}\delta(x)\mathrm{d}x=1$$

它的背景是清晰的。以一条无穷长的杆子为例，沿杆建立了一维坐标系，点的坐标为 x，杆的线密度是 $\rho(x)$，在 $(-\infty, x]$ 段，杆子质量为 $m(x)$，则有

$$\mathrm{d}[m(x)]/\mathrm{d}x=\rho(x),\int_{-\infty}^{x}\rho(x)\mathrm{d}x=m(x) \tag{4.93}$$

设此无穷长的杆子总质量为 1，质量集中在 $x=x_0$ 点，则应有 $m(x)=H(x-x_0)$，其中 $H(x)$为

$$H(x)=\begin{cases}1, & x>0\\ 0, & x<0\end{cases}$$

如果沿用式(4.93) 中的算法，则在质量集中分布的这种情形有

$$\rho(x)=\begin{cases}0, & x\neq x_0\\ \infty, & x=0\end{cases}$$

且 $\int_{-\infty}^{x}\rho(x)\mathrm{d}x=H(x-x_0)$，于是得

$$\int_{-\infty}^{+\infty} \rho(x)\mathrm{d}x = 1 \tag{4.94}$$

但是，从传统数学观点看，若一个函数除某点处处为零，则不论哪种意义下的积分，都必定为零，式(4.94) 岂能成立！但是，δ 函数对于物理学而言是如此之有用，以致物理学家正当地拒绝放弃它。尽管当时数学家们大都嘲笑这种函数，但 Dirac 及其追随者们在物理领域却收获颇丰，Dirac 于 1933 年获诺贝尔物理奖。当然 Dirac 也意识到 $\delta(x)$ 不是一个通常的函数，至于找一种什么办法来阐明 $\delta(x)$ 这一符号的合法性，那就是数学家的任务了。1940 年，法国数学家许瓦兹（L. Schwartz）严格证明了应用 $\delta(x)$ 的正确性，把 δ 函数置于坚实的数学基础上；1950 年，L. Schwartz 获国际数学界最高奖 Fields 奖。

δ 函数的重要性质有如下几项。

① $\int_{-\infty}^{+\infty} \delta(x-x_0)\mathrm{d}x = 1$

② $\int_{-\infty}^{+\infty} \delta(x-x_0)f(x)\mathrm{d}x = f(x_0)$

其中 $f(x)\in C(-\infty, +\infty)$，即 $\delta(x-x_0)$ 摘出了 $f(x)$ 在 $x=x_0$ 的值。

③ $\mathrm{d}[H(x-x_0)]/\mathrm{d}x=\delta(x-x_0)$

④ $\delta(x)$ 的导数是存在的，不过要到积分号下去理解：

$$\int_{-\infty}^{+\infty} \delta'(x-x_0)f(x)\mathrm{d}x = -f'(x_0), \int_{-\infty}^{+\infty} \delta^{(n)}(x-x_0)f(x)\mathrm{d}x = (-1)^n f^{(n)}(x_0)$$

事实上，由于 $\delta(x-x_0)$ 在 $+\infty$，$-\infty$ 处为零，则形式地用分部积分公式

$$\delta(x-x_0)f(x)\Big|_{-\infty}^{+\infty} - \int_{-\infty}^{+\infty} \delta(x-x_0)f'(x)\mathrm{d}x = \int_{-\infty}^{+\infty} \delta'(x-x_0)f(x)\mathrm{d}x$$

其中，$f(x)\in C^n(-\infty, +\infty)$。

⑤ 对于 $\varphi(x)\in C(-\infty, +\infty)$，有 $\varphi(x)\delta(x-x_0)=\varphi(x_0)\delta(x-x_0)$

⑥ $\delta(bx)=\delta(x)/|b|\ (b\neq 0)$

⑦ $\delta(x-x_0, y-y_0, z-z_0)=\delta(x-x_0)\delta(y-y_0)\delta(z-z_0)$

⑧ 傅里叶变换：

$$F[\delta(y-y_0)]=\mathrm{e}^{-\mathrm{i}\lambda x_0}, F[\delta(x)]=1$$

$$F[C_1\delta(x-x_1)+C_2\delta(x-x_2)]=C_1F[\delta(x-x_1)]+C_2F[\delta(x-x_2)]$$

⑨ 拉普拉斯变换：

$$L[\delta(x-x_0)]=\mathrm{e}^{-\delta x_0}, L[\delta(x)]=1$$

$$L[C_1\delta(x-x_1)+C_2\delta(x-x_2)]=C_1L[\delta(x-x_1)+C_2L[\delta(x-x_2)]$$

从上面的定义与性质看出，Delta 函数 $\delta(x)$ 与一般可微函数还是有重大区别的，我们说它是“广义函数”。

(3) Cauchy 问题的解

设扩散源在点 (x_0, y_0, z_0) 处，则此扩散问题满足柯西问题

$$\frac{\partial u}{\partial t}=a^2\frac{\partial^2 u}{\partial x^2}+b^2\frac{\partial^2 u}{\partial y^2}+c^2\frac{\partial^2 u}{\partial z^2}-k^2u \tag{4.95}$$

$$u(x,y,z,0)=M\delta(x-x_0)\delta(y-y_0)\delta(z-z_0) \tag{4.96}$$

对式(4.95) 和式(4.96) 进行傅里叶变换，且令 $\lambda=(\lambda_1, \lambda_2, \lambda_3)$，$\hat{u}(t, \lambda)=F[u(x, y, z, t)]$，由于

$$F\left[\frac{\partial^2 u}{\partial x^2}\right]=-\lambda_1^2\hat{u}, F\left[\frac{\partial^2 u}{\partial y^2}\right]=-\lambda_2^2\hat{u}, F\left[\frac{\partial^2 u}{\partial z^2}\right]=-\lambda_3^2\hat{u}$$

$$F[u(x, y, z, 0)]=MF[\delta(x-x_0)]F[\delta(y-y_0)]F[\delta(z-z_0)]$$
$$=M\mathrm{e}^{-\mathrm{i}(\lambda_1 x_0+\lambda_2 y_0+\lambda_3 z_0)}$$

故得常微分方程柯西问题

$$\begin{cases}u'+(a^2\lambda_1^2+b^2\lambda_2^2+c^2\lambda_3^2+k^2)\hat{u}=0\\ \hat{u}(0, \lambda)=M\mathrm{e}^{-\mathrm{i}(\lambda_1 x_0+\lambda_2 y_0+\lambda_3 z_0)}\end{cases}$$

得唯一解

$$\hat{u}(t,\lambda)=M\mathrm{e}^{-(a^2\lambda_1^2+b^2\lambda_2^2+c^2\lambda_3^2+k^2)t-\mathrm{i}(\lambda_1 x_0+\lambda_2 y_0+\lambda_3 z_0)} \tag{4.97}$$

对式(4.97) 求逆变换 F^{-1}，由于

$$F^{-1}[\mathrm{e}^{-\frac{\lambda_1^2}{4a^2}}]=\frac{\alpha}{\sqrt{\pi}}\mathrm{e}^{-a^2x^2},\ F^{-1}[\mathrm{e}^{-\frac{\lambda_1^2}{4a^2}}\mathrm{e}^{-\mathrm{i}\lambda_1 x_0}]=\frac{\alpha}{\sqrt{\pi}}\mathrm{e}^{-a^2(x-x_0)^2}$$

故得

$$u(x,y,z,t)=F^{-1}[\hat{u}]$$
$$=\frac{M}{(2\sqrt{\pi t})^3\sqrt{a^2b^2c^2}}\mathrm{e}\left[-\frac{(x-x_0)^2}{4a^2t}-\frac{(y-y_0)^2}{4b^2t}-\frac{(z-z_0)^2}{4c^2t}-k^2t\right] \tag{4.98}$$
$$=\frac{M}{8\pi tabc\sqrt{\pi t}}\mathrm{e}\left[-\frac{(x-x_0)^2}{4a^2t}-\frac{(y-y_0)^2}{4b^2t}-\frac{(z-z_0)^2}{4c^2t}-k^2t\right]$$

如果认为经过了相当长时间后，扩散已经终止，物质分布处于平衡状态，则方程(4.92)中的 $\partial u/\partial t=0$，于是有线性椭圆型方程的边值问题

$$\begin{cases}a^2\dfrac{\partial^2 u}{\partial x^2}+b^2\dfrac{\partial^2 u}{\partial y^2}+c^2\dfrac{\partial^2 u}{\partial z^2}-k^2u=0,\ (x, y, z)\in D\\ u(x, y, z)|_{\partial D}=\varphi(x, y, z)\end{cases}$$

也可以用傅里叶变换求解。当然，根据实际情况，还可以考虑第二边条件 $\partial u/\partial n_{\partial D}=\Psi(x, y, z)$ 或第三边条件 $[\alpha\partial u/\partial n+\beta u]_{\partial D}=\rho(x, y, z)$ 等，其中 ∂D 是区域 D 的边界，n 是外法线方向，α，β 是实常数。

(4) 参数估计

在柯西问题式(4.95)、式(4.96) 的解式(4.97) 中，有四个未知的参数 a，b，c，k，它们分别是扩散与衰减过程中的扩散系数与衰减系数的算术平方根。至于点源的质量与位置 M，(x_0, y_0, z_0) 是已知的。设观测取样为：(x_1, y_1, z_1, m_1)，(x_2, y_2, z_2, m_2)，…，(x_n, y_n, z_n, m_n)，取样时刻为 $t=1$ [不然设 $t=t_0\tau$，t_0 是取样时间，则式(4.95) 变成 $U_t=t_0a^2U_{xx}+t_0b^2U_{yy}+t_0c^2U_{zz}-t_0k^2U$，对 τ 而言，取样时间为 1，而方程形状与式(4.95) 一致]，把在 (x_i, y_i, z_i) 点观测到的物质密度 m_i 与式(4.98) 都取对数，令 $t=1$，则

$$W=\ln u(x, y, z, 1)=\alpha X+\beta Y+\gamma Z+\varepsilon$$

其中，$X=(x-x_0)^2/4$，$Y=(y-y_0)^2/4$，$Z=(z-z_0)^2/4$，$\alpha=-1/a^2$，$\beta=-1/b^2$，$\gamma=-1/c^2$，$\varepsilon=\ln[M/(2\sqrt{\pi})^3]-\ln abc-k^2$。

而我们已观测得 $(X_i, Y_i, Z_i, W_i)\ i=1, 2, \cdots, n$ 的数据，用三元回归分析方法求出 α，β，γ，ε 的估计值如下：

$$\hat{\varepsilon}=\overline{W}-(\hat{\alpha}\overline{X}+\hat{\beta}\overline{Y}+\hat{\gamma}\overline{Z}) \tag{4.99}$$

其中，$\overline{W}=\dfrac{1}{n}\sum\limits_{k=1}^{n}W_k$，$\overline{X}=\dfrac{1}{n}\sum\limits_{k=1}^{n}X_i$，$\overline{Y}=\dfrac{1}{n}\sum\limits_{k=1}^{n}Y_i$，$\overline{Z}=\dfrac{1}{n}\sum\limits_{k=1}^{n}Z_i$。

$\hat{\alpha}$，$\hat{\beta}$，$\hat{\gamma}$ 满足方程组

$$\begin{cases} l_{11}\hat{\alpha}, +l_{12}\hat{\beta}+l_{13}\hat{\gamma}=l_{10} \\ l_{21}\hat{\alpha}, +l_{22}\hat{\beta}+l_{23}\hat{\gamma}=l_{20} \\ l_{31}\hat{\alpha}, +l_{32}\hat{\beta}+l_{33}\hat{\gamma}=l_{30} \end{cases}$$

其中

$$l_{10}=\sum_{k=1}^{n}(W_k-\overline{X})(W_k-\overline{W}),\ l_{20}=\sum_{k=1}^{n}(Y_k-\overline{Y})(W_k-\overline{W}),\ l_{11}=\sum_{k=1}^{n}(X_k-\overline{X})^2$$

$$l_{30}=\sum_{k=1}^{n}(Z_k-\overline{Z})(W_k-\overline{W}),\ l_{22}=\sum_{k=1}^{n}(Y_k-\overline{Y})^2,\ l_{33}=\sum_{k=1}^{n}(Z_k-\overline{Z})^2$$

$$l_{12}=\sum_{k=1}^{n}(X_k-\overline{X})(Y_k-\overline{Y}),\ l_{13}=\sum_{k=1}^{n}(X_k-\overline{X})(Z_k-\overline{Z})$$

$$l_{23}=\sum_{k=1}^{n}(Y_k-\overline{Y})(Z_k-\overline{Z}),\ l_{21}=l_{12},\ l_{31}=l_{13},\ l_{32}=l_{23}$$

由 $\hat{\alpha}$，$\hat{\beta}$，$\hat{\gamma}$ 可求得 a^2，b^2，c^2 的估计值，即 $\hat{a}^2=-1/\hat{\alpha}$，$\hat{b}^2=-1/\hat{\beta}$，$\hat{c}^2=-1/\hat{\gamma}$。又由于

$$k^2=\varepsilon+\ln abc-\ln[M/(2\sqrt{\pi})^3] \tag{4.100}$$

由式(4.99) 可得 $\hat{\varepsilon}$，再把 $\hat{a}$，$\hat{b}$，$\hat{c}$ 代入式(4.100) 得

$$\hat{k}^2=\hat{\varepsilon}+\ln\hat{a}\hat{b}\hat{c}-\ln[M/(2\sqrt{\pi})^3]$$

至此得到参数 a^2，b^2，c^2，k^2 的估计值 $\hat{a}^2$，$\hat{b}^2$，$\hat{c}^2$，$\hat{k}^2$，把它们代入式(4.98) 分别替代 a^2，b^2，c^2，k^2，则得不含未知参数的解 $u(x, y, z, t)$ 的近似表达式。

(5) 竞赛试题分析

AMCM-90A：该试题是由东华盛顿大学数学系 Yves Nievergelt 提供，要求研究药物在脑中的分布。题目内容："研究脑功能失调的人员欲测试新的药物的效果，例如治疗帕金森症往脑部注射多巴胺（Dopamine）的效果，为了精确估计药物影响到的脑部区域，必须估计注射后药物在脑内空间分布区域的大小和形状。研究数据包括 50 个圆柱体组织样本的每个样本药物含量的测定值（如表 4.16 和表 4.17），每个圆柱体长 0.76mm，直径 0.66mm，这些互相平行的圆柱体样本的中心位于网格距为 1mm×0.76×mm×1mm 的格点上，所以圆柱体互相间在底面上接触，侧面互不接触。注射是在最高计数的那个圆柱体的中心附近进行的。自然在圆柱体之间以及由圆柱体样本的覆盖的区域外也有药物。试估计受到药物影响的区域中药物的分布。"一个单位表示一个闪烁微粒的计数，或多巴胺的 4.753×10^{-18} 克分子量，例如表 4.16 和表 4.17 指出位于后排当中那个圆柱体的含药量是 28353 个单位。

表 4.16 后方垂直截面

164	442	1320	414	188
480	7022	14411	5158	352
2091	23027	28353	13138	681
789	21260	20921	11731	727
213	1303	3765	1715	453

表 4.17 前方垂直截面

163	324	432	243	166
712	1055	6098	1048	232
2137	15531	19742	4785	330
444	11431	14960	3182	301
294	2061	1036	258	188

数学模型只是实际问题的近似，要建立数学模型，一般首先要对所研究的实际问题进行必要和允许的简化与假设，而且，不同的简化与假设，又可能导致不同的数学模型，例如抛物型方程模型、椭圆方程模型等。

模型假设如下。

（ⅰ）注射前大脑中的多巴胺含量可以忽略不计。

（ⅱ）大脑中多巴胺注射液经历着扩散与衰减的过程，且沿 x，y，z 三个方向的扩散系数分别是常数，衰减使质量之减少与深度成正比。

（ⅲ）注射点在后排中央那个圆柱中心，即注射点的坐标（x_0，y_0，z_0）已知，注射量有医疗记录可查，是已知的。

（ⅳ）注射瞬间完成，可视为点源 delta 函数。

（ⅴ）取样也是瞬间完成，取样时间已知为 $t=1$。

（ⅵ）样本区域与整个大脑相比可以忽略，样本组织远离脑之边界，不受大脑边界面的影响。

在以上假设之下，显然可以用前面讲过的思路来建模，于是得 AMCM-90A 的数学模型为柯西问题式(4.95) 和式(4.96)，解的表达式为式(4.98)，且用三元回归分析来估出参数 a，b，c，k，于是可以求得任意位置任意时刻药物的深度。

如果所给数据被认为是在平衡状态测得的，药物注射进脑后，从高深度处向低深度处扩散，与扩散同时，一部分药物进入脑细胞被吸收固定，扩散系数与吸收系数都是常数，但过一段时间，所有药物都被脑细胞所固定，达到了平衡态。在这种假设下，给出了下述的分析、建模、求解过程。

设 $v(x, y, z, t)$ 是 t 时刻在 (x, y, z) 点处游离的药物浓度，$w(x, y, z, t)$ 是 t 时刻 (x, y, z) 点处吸收固定的药物浓度，$u(x, y, z)$ 是达到平衡态时 (x, y, z) 点处吸收固定的药物浓度。又设游离药物在各方向上有相同的扩散系数 k，吸收系数为 h，于是有

$$\partial v/\partial t=k\Delta v-hv \tag{4.101}$$

又 $\partial w/\partial t=hv$，即吸收速度与游离的浓度成正比，代入式(4.101) 得

$$\frac{\partial v}{\partial t}=\frac{k}{h}\frac{\partial}{\partial t}(\Delta w)-\frac{\partial w}{\partial t} \tag{4.102}$$

对式(4.102) 关于 t 从 0 到 $+\infty$ 积分得

$$v\Big|_{t=0}^{+\infty}=\frac{k}{h}\Delta w\Big|_{t=0}^{+\infty}-w\Big|_{t=0}^{+\infty} \tag{4.103}$$

由于最后无游离药物，故 $v(x, y, z, +\infty)=0$，又开始时（$t=0$）无被吸收的药物，故 $w(x, y, z, 0)=0$，$\Delta w(x, y, z, 0)=0$；平衡状态在 $t=+\infty$ 时达到，这时 $u(x, y, z)=w(x, y, z, +\infty)$，于是由式(4.103) 得

$$-k\Delta u/h+u=v(x, y, z, 0)$$

其中 $v(x, y, z, 0)$ 是开始时的浓度分布，近似于注射点的点源脉冲函数。把此注射点取为坐标原点（0，0，0），则 $v(x, y, z, 0)=L\delta(x, y, z)$，$L$ 是注射量，于是（记 $\sigma^2=k/h$）

$$-\sigma^2\Delta u+u=L\delta(x, y, z)$$

作傅里叶变换得 $\sigma^2(\xi^2+\eta^2+s^2)\hat{u}+\hat{u}=L$，$\hat{u}=L/[1+\sigma^2(\xi^2+\eta^2+s^2)]$，再作反变换得

$$u=LC\frac{1}{\sqrt{x^2+y^2+z^2}}e^{\{-\sigma^{-1}\sqrt{x^2+y^2+z^2}\}}$$

其中，C 是可计算常数。

如果考虑各向不同性，设 x，y，z 方向上扩散系数分别为 a^2，b^2，c^2，注射点在 (x_0, y_0, z_0)，则

$$-\left(a^2\frac{\partial^2 u}{\partial x^2}+b^2\frac{\partial^2 u}{\partial y^2}+c^2\frac{\partial^2 u}{\partial z^2}\right)+u=L\delta(x-x_0)\delta(y-y_0)\delta(z-z_0)$$

于是解为

$$u(x,y,z)=\frac{DL}{\sqrt{\frac{1}{a^2}(x-x_0)^2+\frac{1}{b^2}(y-y_0)^2+\frac{1}{c^2}(z-z_0)^2}}e^{\left[1-\sqrt{\frac{1}{a^2}(x-x_0)^2+\frac{1}{b^2}(y-y_0)^2+\frac{1}{c^2}(z-z_0)^2}\right]} \tag{4.104}$$

式(4.104) 中的 D 可计算常数。

用前面类似的方法可以进行参数估计。

在建模过程中，点源函数的使用显然与实况有差别；尤其是认为扩散系数与吸收系数都是常数。对于人脑这种有复杂结构的区域，这种假设与实际不会完全符合：夜间与白天（睡与醒）对这些系数有无影响？脑中各点这些系数是否有变？除时间位置应考虑外，可能还与药液浓度有关。如此看来，脑内药液分布的数学模型很可能不是常系数线性偏微分方程，而是函数系数的线性微分方程甚至是非线性偏微分方程。这时，其解不再能用封闭公式来表达，求解过程会变得极为复杂，所以也可以考虑是否试用其他数学模型来解，例如在平衡态的假设下，用回归分析方法建立药液的模拟分布 $u=f(x, y, z)$。

对一个实际问题，其数学模型未必唯一，各模型间孰优孰劣，没有一般的判别法，须经实践来检验。

4.4.2 期权定价模型

期权（Option）是一种选择权，期权交易实质上是一种权利的买卖。期权的买方在向卖方支付一定数额的货币后，即拥有在一定的时间内以一定价格向对方购买或出售一定数量的某种商品或有价证券的权利，而不负必须买进或卖出的义务。按期权所包含的选择权的不同，期权可分为看涨期权和看跌期权；按期权合约对执行时间的限制，期权可分为欧式期权和美式期权。

期权的交易由来已久，但金融期权到 20 世纪 70 年代才创立，并在 80 年代得到广泛应用。1973 年 4 月 26 日美国率先成立了芝加哥期权交易所，使期权合约在交割数额、交割月份以及交易程序等方面实现了标准化。在标准化的期权合约中，只有期权的价格是唯一的变量，是交易双方在交易所内用公开竞价方式决定出来的。而其余项目都是事先规定的。因此，我们的问题就是如何确定期权的合理价格。目前，两个经典的期权定价模型是 Black-Scholes 期权定价模型和 Cox-Ross-Rubinstein 二项式期权定价公式。尽管它们是针对不同状态而言的，但二者在本质上是完全一致的。

在讨论期权定价模型之前，我们先对金融价格行为进行分析。

(1) 金融价格行为

资产价格的随机行为是金融经济学领域中的一个重要内容。价格波动的合理解释在决定资产本身的均衡价格及衍生定价中起着重要的作用。资产价格波动的经典假设，也是被广泛应用的一个假设是资产价格遵循一扩散过程，称其为几何布朗运动，即

$$dS(t)=\alpha S(t)dt+\sigma S(t)dB(t) \tag{4.105}$$

式中，$S(t)$ 为 t 时刻的资产价格；μ 为飘移率；σ 为资产价格的波动率；$B(t)$ 遵循一标准的维纳过程。

为说明问题的方便，下面我们引入 Itô 引理。

设 $F(S, t)$ 是关于 S 两次连续可微，关于 t 一次可微的函数，$S(t)$ 是满足随机微分方程式(4.105) 的扩散过程，则有以下随机变量函数的 Itô 微分公式

$$dF(S,t)=F_t dt+F_S dS+\frac{1}{2}\sigma^2 F_{SS} dt \tag{4.106}$$

Black-Scholes 期权定价模型的一个重要假设是资产价格遵循对数正态分布，即 $F(S, t)=\ln S(t)$。将该式与式(4.105) 同时代入式(4.106)，有

$$d\ln S(t)=\left(\alpha-\frac{1}{2}\sigma^2\right)dt+\sigma dB(t)$$

从而有

$$R_t=\ln[S(t)/S(t-1)]=\mu+\sigma Z_t$$

式中，$\mu=\alpha-\sigma^2/2$；R_t 为资产在 t 期的收益率；$Z_t=B(t)-B(t-1)\overset{iid}{\sim}N(0, 1)$。

在此过程下，$R_t\sim N(\mu, \sigma^2)$，且对不同的时间是独立的。令 $S(0)$ 为 0 时刻的资产价格，有

$$\ln[S(t)/S(0)]=\mu+\sigma Z_t\sim N(\mu t,\sigma^2 t)$$

此刻 $Z_t\sim N(0, t)$。

(2) Black-Scholes 模型

任何金融资产的合理价格是其预期价值，同样的原理适用于期权。下面我们首先介绍 Black-Scholes 模型的基本假设。

(ⅰ) 没有交易费用和税负且无风险利率是常数。

(ⅱ) 市场连续运作，股价是连续的，即不存在股价跳空。

(ⅲ) 股票不派发现金股息。

(ⅳ) 期权为欧式期权。

(ⅴ) 股票可以卖空且不受惩罚，而且卖空者得到交易中的全部利益。

(ⅵ) 市场不存在无风险套利机会。

在上述假设条件下，Black 和 Scholes 推导出了看涨期权的定价模型，以股票为基础资产。

对看涨期权而言，其在到期日的价值为

$$C_T=\max(S_T-X, 0)=\begin{cases}0, & S_T\leqslant X\\ S_T-X, & S_T>X\end{cases}$$

式中，S_T 代表对应资产到期日的价格；X 代表期权的交割价格。

$$E(C_T)=\int_{-\infty}^{X}0\cdot f(S_T)dS_T+\int_{X}^{\infty}(S_T-X)f(S_T)dS_T=A-XB$$

其中，$A=\int_X^{\infty} S_T f(S_T)\mathrm{d}S_T$，$B=\int_X^{\infty} f(S_T)\mathrm{d}S_T$。

令 $Y=\ln(S_T/S_0)$，可知 $Y\sim N(\mu t,\ \sigma^2 t)$，$S_T=S_0\mathrm{e}^Y$，从而有

$$\begin{aligned} A&=\int_X^{\infty} S_T f(S_T)\mathrm{d}S_T=\int_{\ln(X/S_0)}^{\infty} S_0\mathrm{e}^Y f(Y)(\partial S_T/\partial Y)^{-1}S_0\mathrm{e}^Y\mathrm{d}Y\\ &=\int_{\ln(X/S_0)}^{\infty} S_0\mathrm{e}^Y\mathrm{e}^{-\delta}/\sqrt{2\pi t}\sigma\mathrm{d}Y=\int_{\ln(X/S_0)}^{\infty} S_0\mathrm{e}^{\theta}\mathrm{e}^{-\xi^2/2}/\sqrt{2\pi t}\sigma\mathrm{d}Y\\ &=S_0\mathrm{e}^{\theta}\int_v^{\infty}\mathrm{e}^{-\xi^2/2}/\sqrt{2\pi t}\sigma\mathrm{d}Y=S_0\mathrm{e}^{rt}N(d_1) \end{aligned}$$

其中 $\delta=(Y-\mu t)^2/2\sigma^2 t$，$\theta=\mu t+\sigma^2 t/2$，$\xi=(Y-\mu t-\sigma^2 t)/\sigma\sqrt{t}$

$v=[\ln(X/S_0)-\mu t-\sigma^2 t]/\sigma\sqrt{t}$，$r=\mu+\sigma^2/2$

$d_1=\{\ln(S_0/X)+(r+\sigma^2/2)t\}/\sigma\sqrt{t}$

而 $B=\int_X^{\infty} f(S_T)\mathrm{d}S_T=\int_{\ln(X/S_0)}^{\infty} f(Y)\mathrm{d}Y=\mathrm{Prob}\{Y>\ln(X/S_0)\}$

$=\mathrm{Prob}\{(Y-\mu t)/\sigma\sqrt{t}>[\ln(X/S_0)-\mu t]/\sigma\sqrt{t}\}$

$=\mathrm{Prob}\{(Y-\mu t)/\sigma\sqrt{t}<-[\ln(X/S_0)-\mu t]/\sigma\sqrt{t}\}=N(d_2)$

其中，$d_2=\{\ln(S_0/X)+(r-\frac{1}{2}\sigma^2)t\}/\sigma\sqrt{t}$。从而有期权的预期价值为

$$E(C_T)=A-XB=S_0\mathrm{e}^{rt}N(d_1)-XN(d_2)$$

将其贴现为现值即得期权的合理价格

$$C=E(C_T)\mathrm{e}^{-rt}=S_0N(d_1)-X\mathrm{e}^{-rt}N(d_2)$$

需要说明的是，r 不仅是 $\mu+\sigma^2/2$ 的简单表达式，它实际上是连续的复合零风险利率。这并不奇怪，因为期权价值的确定并不依赖于投资者的偏好，即风险中性。而风险中性的本质含义就是要求资产的终值要以该项资产的收益率为折现率计算现值。因此以何种利率推导期权定价模型是无关紧要的，这里之所以选择无风险利率是因为较方便而已。这样，自然要求有 $E(S_T/S_0)=\mathrm{e}^{(\mu+\frac{1}{2}\sigma^2)t}=\mathrm{e}^{rt}$，即 $r=\mu+\sigma^2/2$。

(3) 期权定价模型与无套利定价

期权定价均衡模型基于对冲证券组合的思想。投资者可建立期权与其标的股票的组合来保证确定报酬。在均衡时，此确定报酬必须得到无风险利率。期权的这一定价思想与无套利定价的思想是一致的。所谓无套利定价就是说任何零投入的投资只能得到零回报，任何非零投入的投资，只能得到与该项投资的风险所对应的平均回报，而不能获得超额回报（超过与风险相当的报酬的利润）。从 Black-Scholes 期权定价模型的推导中，不难看出期权定价本质上就是无套利定价。

习 题 4

1. 某天晚上 11：00 时，在一住宅内发现一受害者的尸体，法医于 11：35 分赶到现场，立刻测量死者的体温为 30.8℃，一小时后再次测量体温为 29.1℃，法医还注意到当时室温为 28℃。试估计受害者的死亡时间。

2. 1666 年英格兰 Sheffield 附近的 Eyam 村庄突然遭受淋巴腺鼠疫的侵袭，350 人中仅有 83 人幸免于难。根据保存的详细资料，从 1666 年 5 月中旬到 10 月中旬为第一次流行期，最初染病人数为 7 人，易感者人数为 254 人，最后剩下 83 人。求疾病流行高峰时的病人数

（此病患病期为 11 天，视因病死亡者归入移出者类）。

3. 世界医学协会日前宣布，其新的药物可以阻止埃博拉病毒和治愈得病的患者，使病情不会进一步地发展。因此，建立一个现实的、合理的数学模型，考虑疾病的传播、药物的所需要的数量、可能可行的运输系统（送药到所需的地方）、运输位置（给药地点）、制造的疫苗或药物的速度，但也可以是你的团队认为任何有必要的对模型有作用的其他关键因素，以便优化消灭埃博拉病毒或者至少缓解其目前治疗的压力。(2015 年美国数学建模试题 A 题)

4. 极限环若存在于传染病模型中会有什么现象？

5. 两个国家由于相互不信任和各种矛盾的存在，不断增强自己的军事力量，防御对方可能发动的战争。试建立一个数学模型描述这种军备竞赛过程，从定性和定量的角度对双方军备竞赛的结局作出解释或预测。这里作以下假设：

(1) 由于相互不信任，一方军备越大，另一方军备增加越快；

(2) 由于经济实力限制，一方军备越大，对自己军备增长的制约越大；

(3) 由于相互敌视或领土争端，每一方都存在增加军备的潜力。

为了简化问题，再假设 (1)、(2) 的作用为线性的，(3) 的作用为常数。

第5章 优化问题及其求解

本章首先对优化模型的一般形式、优化模型的解和模型的分类做了简要的介绍，然后针对可以用优化模型求解的各种实际问题进行了详细的介绍，具体的问题包括运输问题、转运问题、选址问题、指派问题、最短路问题、最大流问题、最小费用最大流问题、最小生成树问题和旅行商问题。针对每一个问题，均按照数学建模的过程来解决问题，包括问题的描述、问题的分析、模型的建立和模型的求解等部分。最后详细介绍了交巡警服务平台的合理调度问题。

5.1 优化模型简介

本节首先介绍了优化模型的三个基本要素，即决策变量、目标函数和约束条件；其次，介绍了优化模型的解，包括可行解、局部最优解、全局最优解等；再次，根据决策变量取值的不同、目标函数和约束条件形式的不同，对优化模型进行了分类；最后列举了近年全国大学生数学建模竞赛中可以通过建立优化模型来求解的赛题。

5.1.1 优化问题的一般形式

优化模型是数学模型中的一种，优化建模方法是一种特殊的数学建模方法，优化模型一般有以下三个要素。

(1) 决策变量（Decision Variable） 决策变量通常是指实际问题要求解的那些未知量，一般用一个向量表示 $\boldsymbol{x}=(x_1,\ x_2,\ \cdots,\ x_n)$。

(2) 目标函数（Objective Function） 目标函数通常是指实际问题要优化（最大化或者最小化）的那个目标的函数表达式，它是决策变量 $\boldsymbol{x}$ 的函数，一般记为 $f(\boldsymbol{x})$。

(3) 约束条件（Constraints） 由实际问题本身对于决策变量的限制，限制条件可以是等式，即 $h_i(\boldsymbol{x})=0$，$i=1,\ 2,\ \cdots,\ m$，称其为等式约束；限制条件也可以是不等式，即 $g_j(\boldsymbol{x})\leqslant 0$，$j=1,\ 2,\ \cdots,\ l$，称之为不等式约束。

优化模型的一般形式为：

$$\text{opt}\quad f(\boldsymbol{x}) \tag{5.1}$$

$$\text{s.t.}\quad h_i(\boldsymbol{x})=0,\ i=1,2,\cdots,m \tag{5.2}$$

$$g_j(\boldsymbol{x})\leqslant 0,\ j=1,2,\cdots,l \tag{5.3}$$

其中：opt 是“optimize”的缩写，表示“最优化”，可以是 min（求极小）或者 max（求极大），s. t. 是“subject to”的缩写，表示“受约束于”。

5.1.2 可行解和最优解

(1) 可行解 同时满足式(5.2) 和式(5.3) 的解称为可行解（Feasible Solution）。

(2) 可行域　所有可行解所构成的集合称为可行域（Feasible Region），记为 Ω。

(3) 不可行解　不满足式(5.2) 或者式(5.3) 的解称为不可行解（Infeasible Solution）。

(4) 最优解　满足式(5.1) 的可行解 $\boldsymbol{x}^*$ 称为最优解（Optimal Solution），也就是使得目标函数达到最优的可行解。

(5) 最优值　最优解 $\boldsymbol{x}^*$ 所对应的目标函数值 $f(\boldsymbol{x}^*)$ 称为最优值（Optimal Value）。

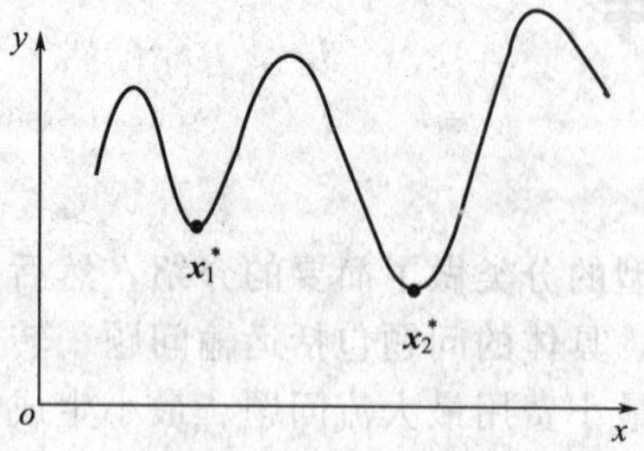

图 5.1　全局最优解和局部最优解

(6) 局部最优解　如果在某个可行解 $\boldsymbol{x}_1^*$ 的某个邻域内，$\boldsymbol{x}_1^*$ 使目标函数达到最优，但 $\boldsymbol{x}_1^*$ 不一定是整个可行域 Ω 上的最优，则 $\boldsymbol{x}_1^*$ 称为一个局部最优解（Local Optimal Solution）。

(7) 全局最优解　整个可行域上的最优解称为全局最优解（Global Optimal Solution）。

对于极小化问题，图 5.1 中的 $\boldsymbol{x}_1^*$ 和 $\boldsymbol{x}_2^*$ 均是局部最优解，但只有 $\boldsymbol{x}_2^*$ 是全局最优解，对于大多数优化问题，求解全局最优解是很困难的，所以很多优化软件只能得到局部最优解。

5.1.3　模型的基本类型

根据不同的分类标准，优化模型有不同的分类。

(1) 连续优化和离散优化

若优化模型中决策变量 $\boldsymbol{x}$ 中所有的分量 x_i（$i=1, 2, \cdots, n$）取值为实数，此优化模型称为连续优化模型。若决策变量 $\boldsymbol{x}$ 中的某一个或者某几个分量取的是整数，此优化模型称为离散优化模型。

(2) 线性规划和非线性规划

若优化模型中 f，h_i，g_j 都是线性函数，此优化模型称为线性规划（Linear Programming，LP）。若优化模型中 f，h_i，g_j 至少有一个非线性函数，此优化模型称为非线性规划（Noninear Programming，NLP）。特别地，若 f 为二次函数，h_i，g_j 为线性函数，此优化问题称为二次规划（Quadratic Programming，QP），它是一种特殊的非线性规划。

(3) 整数规划

若优化模型中的决策变量 $\boldsymbol{x}$ 中的某一个或者某多个分量取的是整数，此优化模型称为整数规划（Integer Programming，IP）。进一步，若决策变量 $\boldsymbol{x}$ 中所有的分量均为整数，此优化模型称为纯整数规划（Pure Integer Programming，PIP），若决策变量 $\boldsymbol{x}$ 中有的变量取整数，有的变量取实数，此模型称为混合整数规划（Mixed Integer Programming，MIP）。若决策变量 $\boldsymbol{x}$ 中所有的分量只取 0 或者 1，此优化模型称为 0-1 规划（Zero-One Programming，ZOP），它是一种特殊的纯整数规划。如果再结合线性规划和非线规划，整数规划还可以分为整数线性规划（Integer Linear Programming，ILP）和整数非线性规划（Integer Nonlinear Programming，INLP）。

(4) 其他分类

根据优化模型中参数或者决策变量是否具有随机性，优化模型可以分为确定性规划和不确定性规划（随机规划、模糊规划、不确定规划）。根据优化模型中目标函数的多少，优化模型可以分为单目标规划和多目标规划。

5.1.4 近年国赛中的优化模型

在历年全国大学生数学建模竞赛中，很多问题都是通过建立优化模型来解决的，以下列举了近年竞赛中可以通过优化模型求解的本科组竞赛题目。

2009 年全国大学生数学建模竞赛 B 题：眼科病床的合理安排。

2011 年全国大学生数学建模竞赛 B 题：交巡警服务平台的设置与调度。

2012 年全国大学生数学建模竞赛 B 题：太阳能小屋的设计。

2013 年全国大学生数学建模竞赛 B 题：碎纸片的拼接复原。

5.2 运输问题

运输问题是指将某些生产基地的某种物资（煤、钢铁、粮食等）通过已有的交通网运送到某些消费地的问题，要达到的目标是制定一个可以使总运费最小的调运方案。在经济建设中的很多实际问题都可以归结成运输问题，它是图论和网络中的一个重要问题，也是一种典型的线性规划问题。

5.2.1 问题描述

设有某种物资需要从 m 个生产地（记为 A_1，A_2，…，A_m）运到 n 个销售地（记为 B_1，B_2，…，B_n），每个生产地的生产量分别为 a_1，a_2，…，a_m，每个销售地的需求量分别为 b_1，b_2，…，b_n。设从生产地 A_i 到销售地 B_j 的运费单价为 c_{ij}（$i=1$，2，…，m；$j=1$，2，…，n）。问：如何调运可使总运费最少？（假设各个生产地的产量总和大于各个销售地的需求量总和）

5.2.2 问题分析

根据问题的描述，每个生产地生产的物资可以运往任何一个销售地，每个销售地的物资可以由任何一个生产地运来，因此，包含 m 个生产地和 n 个销售地的运输问题如图 5.2 所示。

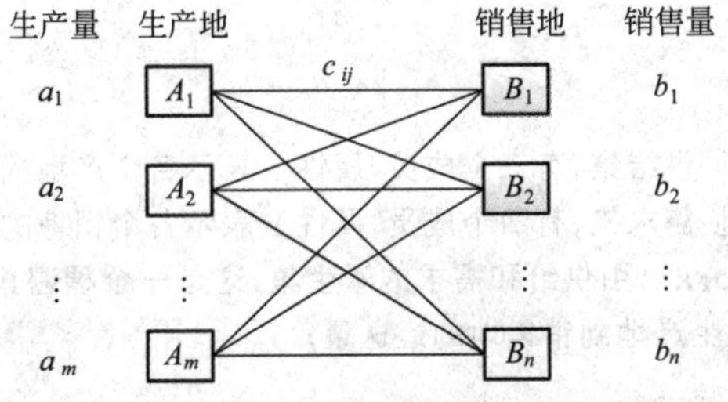

图 5.2 m 个生产地和 n 个销售地的运输问题

问题中所求的总运费是各条运输线路上的运输费用的总和，而每条运输线路上的运费由两个因素决定：运费单价和运输量。因此，可以设生产地 A_i 到销售地 B_j 的运输量为 x_{ij}，进而总运费的表达式为 $\sum_{i=1}^{m}\sum_{j=1}^{n}c_{ij}x_{ij}$，其中生产地 A_i 到销售地 B_j 的运输量为 x_{ij} 是本优化模型的决策变量，是一个非负的变量，同时这个运输量也要受生产地生产量和销售地销售量的限制。

生产地生产量的限制：第 i 个生产地的运出量应小于等于该产地的生产量，即 $\sum_{j=1}^{n} x_{ij} \leqslant a_i$ $(i=1, 2, \cdots, m)$。

销售地销售量的限制：第 j 个销售地的运入量等于该地的销售量，即：$\sum_{i=1}^{m} x_{ij} = b_j (j=1, 2, \cdots, n)$。

5.2.3 模型建立

运输问题数学模型的一般形式为：

$$\min \quad \sum_{i=1}^{m}\sum_{j=1}^{n} c_{ij} x_{ij}$$

$$\text{s.t.} \quad \sum_{j=1}^{n} x_{ij} \leqslant a_i, \quad i=1,2,\cdots,m; \quad \sum_{i=1}^{m} x_{ij} = b_j, \quad j=1,2,\cdots,n$$

$$x_{ij} \geqslant 0, i=1,2,\cdots,m; j=1,2,\cdots,n$$

【例 5.1】 有 3 个生产地和 4 个销售地的运输问题，其生产量、销售量及单位运费如表 5.1 所示。试求总运费最少的运输方案以及总运费。

表 5.1 3 个生产地和 4 个销售地的运输问题数据表

产地 \ 销售地	B_1	B_2	B_3	B_4	生产量 a_i
A_1	6	2	6	7	30
A_2	4	9	5	3	25
A_3	8	8	1	5	21
销售量 b_j	15	17	22	12	

5.2.4 模型求解

利用 LINGO 编程求解，LINGO 代码如下。

```
model:
sets:!集合段;
supply/1..3/:a;!生产地-供给集,有三个成员,属性 a 表示各个产地的产量;
demand/1..4/:b;!销售地-需求集,有四个成员,属性 b 表示各个销地的需求量;
link(supply,demand):c,x;!由供给和需求的派生集,这是一个稠密集,有两个属性,c 表示从生产地到销售地的单位运费,x 表示从生产地到销售地的运送量;
endsets
data:!数据段;
a=30,25,21;
b=15,17,22,12;
c=6,2,6,7,
  4,9,5,3,
  8,8,1,5;
enddata
min=@sum(link(i,j):c(i,j)*x(i,j));!目标函数;
```

```
!以下为约束条件段;
@for(supply(i):@sum(demand(j):x(i,j))<=a(i));!每个产地向各个销地运送量的总和要小于该地产量;
@for(demand(j):@sum(supply(i):x(i,j))= b(j));!每一个销地的需求量必须达到该地指定的需求量;
end
```

点击 LINGO 工具条上的运行按钮，得到运行结果如下。

```
Global optimal solution found.
Objective value:                      161.0000
Model Class:                                LP

                  Variable           Value        Reduced Cost
                      A(1)        30.00000            0.000000
                      A(2)        25.00000            0.000000
                      A(3)        21.00000            0.000000
                      B(1)        15.00000            0.000000
                      B(2)        17.00000            0.000000
                      B(3)        22.00000            0.000000
                      B(4)        12.00000            0.000000
                    C(1,1)        6.000000            0.000000
                    C(1,2)        2.000000            0.000000
                    C(1,3)        6.000000            0.000000
                    C(1,4)        7.000000            0.000000
                    C(2,1)        4.000000            0.000000
                    C(2,2)        9.000000            0.000000
                    C(2,3)        5.000000            0.000000
                    C(2,4)        3.000000            0.000000
                    C(3,1)        8.000000            0.000000
                    C(3,2)        8.000000            0.000000
                    C(3,3)        1.000000            0.000000
                    C(3,4)        5.000000            0.000000
                    X(1,1)        2.000000            0.000000
                    X(1,2)        17.00000            0.000000
                    X(1,3)        1.000000            0.000000
                    X(1,4)        0.000000            2.000000
                    X(2,1)        13.00000            0.000000
                    X(2,2)        0.000000            9.000000
                    X(2,3)        0.000000            1.000000
                    X(2,4)        12.00000            0.000000
                    X(3,1)        0.000000            7.000000
                    X(3,2)        0.000000            11.00000
                    X(3,3)        21.00000            0.000000
                    X(3,4)        0.000000            5.000000
```

运行结果中除得到了本题的最优运输方案［非零的 X(i, j)］和最小运费外，还包括已知的数据和大量的无用运输方案［取值为零的 X(i, j)］。对于一个小规模的运输问题，可以一一观察找出最优运输方案，但是对于一个大规模的运输方案，运行结果就显得非常繁琐，LINGO 中为使用者提供了一个变量筛选功能，具体的操作：首先正常运行一次 LINGO 程序，然后点击菜单上的“LINGO->Solution”，得到界面如图 5.3 所示。

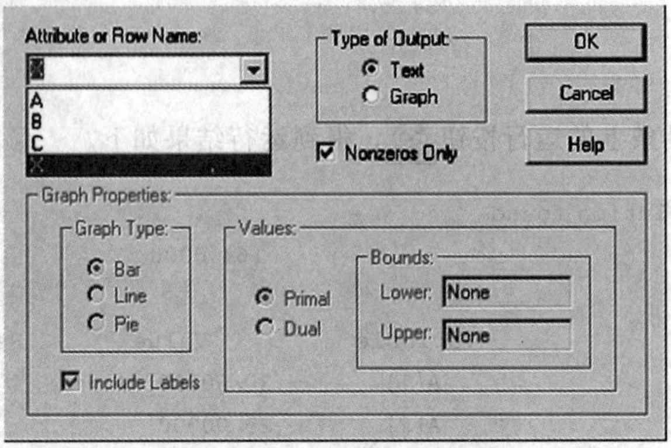

图 5.3　变量非零取值筛选

在“Attribute or Row Name”中选择要筛选的变量，此处选择决策变量 X，由于本题只关心非零的 X，所以勾选界面中的“Nonzeros Only”，然后点击“OK”，得到如下运行结果。

```
Global optimal solution found.
Objective value:                       161.0000
                        Variable        Value          Reduced Cost
                          X(1,1)        2.000000        0.000000
                          X(1,2)        17.00000        0.000000
                          X(1,3)        1.000000        0.000000
                          X(2,1)        13.00000        0.000000
                          X(2,4)        12.00000        0.000000
                          X(3,3)        21.00000        0.000000
```

从运行结果中可以看出，最优运输方案为：从第 1 个生产地向第 1 个销售地运送 2 个单位物资，向第 2 个销售地运送 17 个单位物资，向第 3 个销售地运送 1 个单位物资；从第 2 个生产地向第 1 个销售地运送 13 个单位物资，向第 4 个销售地运送 12 个单位物资；从第 3 个生产地向第 3 个销售地运送 21 个单位物资。此运输方案满足生产地生产量和销售地销售量的限制，而且运费最少，运费为 161 个单位。

5.3　转运问题

转运问题是运输问题的推广，本质上仍是一种运输问题。在运输问题中物资由生产地直接运送至消费地，而在转运问题中，物资首先由生产地运送至中转地，再由中转地运送至消费地。转运问题也是一个线性规划问题。

5.3.1　问题描述

所谓转运问题是运输问题推广，生产地生产出的物资不是直接运输到销售地，而是要经过某些中间环节（如仓库、配送中心等）再到销售地。包含 m 个生产地，l 个配送中心和 n

个销售地的转运问题如图 5.4 所示。

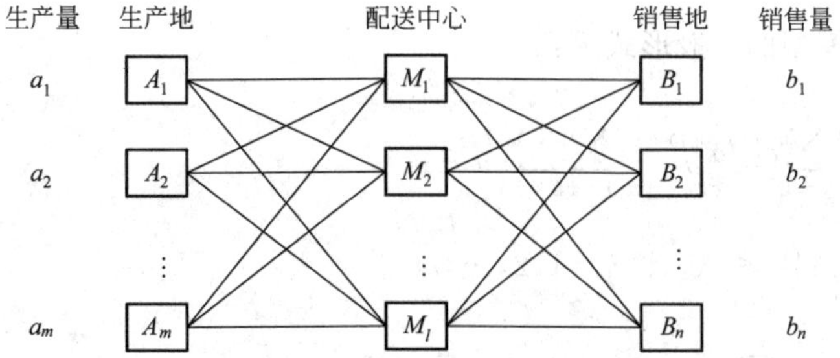

图 5.4　m 个生产地，l 个配送中心和 n 个销售地的转运问题

设有某种物资需要从 m 个生产地（记为 A_1，A_2，…，A_m）经由 l 个配送中心（记为 M_1，M_2，…，M_l）转运到 n 个销售地（记为 B_1，B_2，…，B_n），每个生产地的生产量分别为 a_1，a_2，…a_m，每个销售地的需求量分别为 b_1，b_2，…，b_n。设从生产地 A_i 到配送中心 M_j 的运费单价为 $c_{ij}^{(1)}$（$i=1$，2，…，m；$j=1$，2，…，l），配送中心 M_j 到销售地 B_k 的运费单价为 $c_{jk}^{(2)}$（$j=1$，2，…，l；$k=1$，2，…，n）。问：如何调运可使总运费最少？（假设各个生产地的产量总和大于各个销售地的需求量总和，配送中心只做运输中转，不存放物资。）

5.3.2　问题分析

本问题的目标是求总运费最小，而总运费由两部分组成，第一部分是生产地到配送中心的运费，第二部分是配送中心到销售地的运费。第一部分需引入决策变量 $x_{ij}^{(1)}$，它表示第 i 个生产地到第 j 个配送中心的运输量；第二部分需引入决策变量 $x_{jk}^{(2)}$，它表示第 j 个配送中心到第 k 个销售地的运输量。因此总费用为

$$\sum_{i=1}^{m}\sum_{j=1}^{l}c_{ij}^{(1)}x_{ij}^{(1)}+\sum_{j=1}^{l}\sum_{k=1}^{n}c_{jk}^{(2)}x_{jk}^{(2)}$$

本问题的约束条件主要有三方面的约束：一是对于生产地生产量的限制，即第 i 个生产地的运出量应小于等于该产地的生产量；二是对于配送中心的限制，由于配送中心只做运输中转，不存放物资，因此配送中心的运入量等于运出量；三是对于销售地销售量的限制，即第 j 个销售地的运入量等于该地的销售量。因此有如下三个约束条件。

生产地生产量的限制：　$\sum_{j=1}^{l}x_{ij}^{(1)}\leqslant a_i,\quad i=1,2,\cdots,m$

配送中心的限制：

$$\sum_{i=1}^{m}x_{ij}^{(1)}=\sum_{k=1}^{n}x_{jk}^{(2)},\quad j=1,2,\cdots,l$$

销售地销售量的限制：

$$\sum_{j=1}^{l}x_{jk}^{(2)}=b_k,\quad k=1,2,\cdots,n$$

另外，对于决策变量 $x_{ij}^{(1)}$ 和 $x_{jk}^{(2)}$，由于其表示的是运输量，其取值应该是非负的，因此有

$$x_{ij}^{(1)}\geqslant 0,\ x_{jk}^{(2)}\geqslant 0,\ i=1,2,\cdots,m;\ j=1,2,\cdots l;\ k=1,2,\cdots,n$$

5.3.3 模型建立

转运问题数学模型的一般形式为：

$$\min \sum_{i=1}^{m}\sum_{j=1}^{l} c_{ij}^{(1)} x_{ij}^{(1)} + \sum_{j=1}^{l}\sum_{k=1}^{n} c_{jk}^{(2)} x_{jk}^{(2)}$$

$$\text{s.t.} \sum_{j=1}^{l} x_{ij}^{(1)} \leqslant a_i,\quad i=1,2,\cdots,m$$

$$\sum_{i=1}^{m} x_{ij}^{(1)} = \sum_{k=1}^{n} x_{jk}^{(2)},\quad j=1,2,\cdots t,\quad \sum_{j=1}^{l} x_{jk}^{(2)} = b_j,\quad k=1,2,\cdots,n$$

$$x_{ij}^{(1)} \geqslant 0,\ x_{jk}^{(2)} \geqslant 0,\ i=1,2,\cdots,m;\ j=1,2,\cdots,l;\ k=1,2,\cdots,n$$

【例 5.2】 设有两个工厂 A 和 B，其产量分别为 9 个单位和 8 个单位，四个顾客 1，2，3，4，其需求量分别为 3 单位，5 单位，4 单位，5 单位，三个仓库 x，y 和 z。其中工厂到仓库、仓库到顾客的运费单价如表 5.2 所示。试求总运费最少的运输方案以及总运费。

表 5.2 两个工厂、三个仓库和四个客户的转运问题数据表

仓库	A	B	1	2	3	4
x	1	3	5	7	—	—
y	2	1	9	6	7	—
z	—	2	—	8	7	4

注：表中的“—”表示两个地点之间没有运输途径。

5.3.4 模型求解

利用 LINGO 编程求解，LINGO 代码如下。

```
model:
sets:
supply/A,B/:a;!工厂集合 A 和 B,一个属性是产量;
middle/x..z/;!仓库集合 x,y,z,没有属性;
demand/1..4/:b;!顾客集合 1,2,3,4,一个属性是需求量;
Link1(supply,middle): c1,x1;!工厂到仓库之间的运输;
Link2(middle,demand): c2,x2;!仓库到顾客之间的运输;
endsets
data:
a=9,8;
b=3,5,4,5;
c1=1,2,100,3,1,2;
c2=5,7,100,100,9,6,7,100,100,8,7,4;
enddata
min=@sum(Link1:c1*x1)+@sum(Link2:c2*x2);!目标函数是两部分运输费用的总和;
@for(supply(i):@sum(link1(i,j):x1(i,j))< =a(i));!工厂的运出量要小于工厂的产量;
@for(middle(j):@sum(link1(i,j):x1(i,j))=@sum(link2(j,k):x2(j,k)));!仓库作为中转,
运入量等于运出量;
@for(demand(k):@sum(link2(j,k):x2(j,k))=b(k));!顾客的需求量必须得到满足;
```

程序中有一点需要说明，上述程序中 link1 和 link2 集合均采用稠密集，对于没有运输途径的两个地点，为这两个地点之间赋予一个足够大的单位运价（本程序中取为 100）以保证最优解中不包含这条路径。另外一种处理方式是在用稀疏集表示 link1 和 link2 集合，将上述程序中的集合段和数据段做如下修改即可。

```
sets:
supply/A,B/:a;!工厂集合 A 和 B,一个属性是产量;
middle/x..z/;!仓库集合 x,y,z,没有属性;
demand/1..4/:b;!顾客集合 1,2,3,4,一个属性是需求量;
Link1(supply,middle)/A,xA,yB,xB,yB,z/:c1,x1;!工厂到仓库之间的运输;
Link2(middle,demand)/x,1x,2y,1y,2y,3z,2z,3z,4/:c2,x2;!仓库到顾客之间的运输;
endsets
data:
a=9,8;
b=3,5,4,5;
c1=1,2,3,1,2;
c2=5,7,9,6,7,8,7,4;
enddata
```

程序的主要运行结果如下。

```
Global optimal solution found.
Objective value:                              121.0000
Model Class:                                      LP
                        Variable           Value        Reduced Cost
                         X1(A,X)        8.000000            0.000000
                         X1(A,Y)        1.000000            0.000000
                         X1(B,Y)        3.000000            0.000000
                         X1(B,Z)        5.000000            0.000000
                         X2(X,1)        3.000000            0.000000
                         X2(X,2)        5.000000            0.000000
                         X2(Y,3)        4.000000            0.000000
                         X2(Z,4)        5.000000            0.000000
```

与程序运行结果相对应的转运结果如图 5.5 所示。

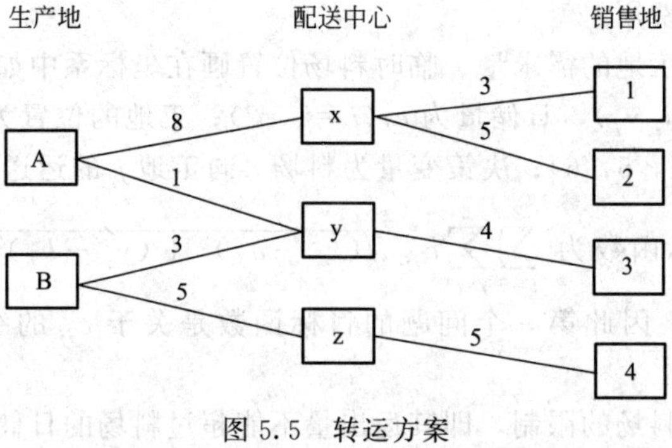

图 5.5 转运方案

本节所介绍的转运问题可以推广出多种不同的情况，例如，允许配送中心存储一定数量的产品或者销售地允许一定数量的缺货等。对于这些变形，读者可以通过修改相应的约束条件来建立新的模型并求解。

5.4 选址问题

选址问题是运筹学中经典的问题之一。选址问题在生产生活、物流甚至军事中都有着非常广泛的应用，如工厂、仓库、急救中心、消防站、垃圾处理中心、物流中心的选址等。选址的好坏直接影响到利润和市场竞争力，因此，选址问题的研究有着重大的经济和社会意义。

5.4.1 问题描述

设某公司有6个建筑工地要开工，每个工地的位置［用平面坐标（a，b）表示，距离单位：km］及水泥的日用量d（单位：t）由表5.3给出。目前有两个临时料场位于$P(5, 1)$，$Q(2, 7)$，日储量各有20t。

表5.3　工地位置（a，b）及水泥日用量d

工地	1	2	3	4	5	6
a	1.25	8.75	0.5	5.75	3	7.25
b	1.25	0.75	4.75	5	6.5	7.75
d	3	5	4	7	6	11

请回答以下两个问题。

① 假设从料场到工地之间均有直线道路相连，试制订每天的供应计划，即从P，Q两料场分别向各个工地运送多少吨水泥，使总的吨公里数（t×km）最小。

② 为了进一步减少吨公里数，打算舍弃目前的两个临时料场，改建两个新的料场，日储量仍各为20t。问：新料场应建在何处？与目前相比，节省的吨公里数有多大？

5.4.2 问题分析

第一个问题实际上可以看成一个运输问题，将两个临时料场看作是产地，将6个工地看作是销售地，临时两场到工地的运费单价可以看作是二者之间的距离，本题中吨公里数对应的就是运输问题中的总费用。

将各工地位置、各工地的需求量、临时料场位置画在坐标系中如图5.6所示。

记料场位置为（x_i，y_i），日储量为$e_i(i=1, 2)$；工地的位置为（a_j，b_j），水泥使用量为$d_j(j=1, 2, 3, 4, 5, 6)$；决策变量为料场i向工地j的运送量为c_{ij}。

第一个问题的目标函数为$\sum_{i=1}^{2}\sum_{j=1}^{6}c_{ij}\sqrt{(x_i-a_j)^2+(y_i-b_j)^2}$，其中（$x_i$，$y_i$）和（$a_j$，$b_j$）均是已知的，因此第一个问题的目标函数是关于$c_{ij}$的线性函数。约束条件有两个。

第一个是对于临时料场的限制，即其运出量不能超过料场的日储量，因此有

$$\sum_{j=1}^{6}c_{ij}\leqslant e_i \quad (i=1,2)$$

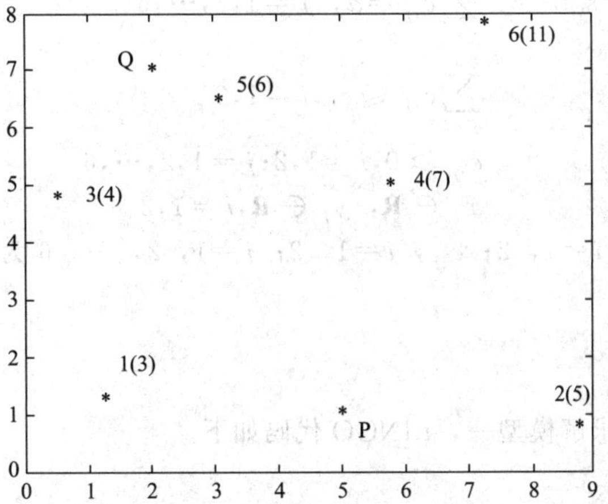

图 5.6　临时料场和建筑工地坐标图

第二个约束是对于工厂的需求量，即每个工地水泥的运输量必须满足工厂的需求，因此有

$$\sum_{i=1}^{2} c_{ij} = d_j\ (j=1,2,\cdots,6)$$

第一个问题的约束条件也都是线性的，因此第一个问题所对应的模型是一个线性规划模型。

第二个问题与第一个问题不同，第一个问题中料场的位置（x_i，y_i）是已知的、固定的，而第二个问题中料场的位置（x_i，y_i）是未知的，是决策变量，因此虽然第二个问题的目标函数和约束条件都是相同的，但是决策变量不同，因此第二个问题所对应的数学模型是一个非线性规划，求解的难度大大增加。

5.4.3　模型建立

第一个问题所对应的数学模型可以表示为

$$\min \quad \sum_{i=1}^{2}\sum_{j=1}^{6} c_{ij}\sqrt{(x_i-a_j)^2+(y_i-b_j)^2}$$

$$\text{s.t.} \quad \sum_{i=1}^{2} c_{ij} = d_j,\ j=1,2,\cdots,6$$

$$\sum_{j=1}^{6} c_{ij} \leqslant e_i,\ i=1,2$$

$$c_{ij} \geqslant 0\ ,i=1,2;j=1,2,\cdots 6$$

其中，c_{ij}（$i=1$，2；$j=1$，2，…，6）为所求决策变量，此模型是一个线性规划。

第二个问题所对应的数学模型可以表示为

$$\min \quad \sum_{i=1}^{2}\sum_{j=1}^{6} c_{ij}\sqrt{(x_i-a_j)^2+(y_i-b_j)^2}$$

$$\text{s.t.}\quad \sum_{i=1}^{2} c_{ij} = d_j, j=1,2,\cdots,6$$

$$\sum_{j=1}^{6} c_{ij} \leqslant e_i, i=1,2$$

$$c_{ij} \geqslant 0, i=1,2; j=1,2,\cdots,6$$

$$x_i \in \mathbf{R},\ y_i \in \mathbf{R}, i=1,2$$

其中，(x_i, y_i)，$i=1, 2$；c_{ij}，$i=1, 2$；$j=1, 2, \cdots, 6$ 为所求决策变量，此模型是一个非线性规划。

5.4.4 模型求解

利用 LINGO 编程求解模型一，LINGO 代码如下。

```
model:!模型开始;
sets:!集合段开始;
demand/1..6/:a,b,d;!基本集:六个工地,a 表示各工地的横坐标;b 表示各工地的纵坐标;d 为各工地的需求量;
supply/1..2/:x,y,e;!基本集:两个料场,x 为料场的横坐标,y 为料场的横坐标,e 为料场的日储量;
link(supply,demand):c;!这是由 demand 与 supply 两个基本集生成的派生集;
endsets!集合段结束;
!以下为数据段;
data:
!以下是六个工地的横坐标、纵坐标、需求量的值;
a=1.25,8.75,0.5,5.75,3,7.25;
b=1.25,0.75,4.75,5,6.5,7.75;
d=3,5,4,7,6,11;
!以下是两个料场的横坐标、纵坐标、日储量值;
x=5,2;
y=1,7;
e=20,20;
enddata
!目标函数段;
min=@sum(link(i,j):c(i,j)*((x(i)-a(j))^2+(y(i)-b(j))^2)^(1/2));
!约束条件段;
@for(supply(i):@sum(demand(j):c(i,j))<=e(i));!满足料场日储量的要求;
@for(demand(i):@sum(supply(j):c(j,i))=d(i));!满足工地的需求;
end!模型结束
```

模型一，LINGO 程序的主要运行结果如下。

```
Global optimal solution found.
Objective value:                    136.2275
Total solver iterations:                   1
Model Class:                              LP
                    Variable        Value      Reduced Cost
                    C(1,1)       3.000000         0.000000
                    C(1,2)       5.000000         0.000000
                    C(1,4)       7.000000         0.000000
```

```
C(1,6)                1.000000            0.000000
C(2,3)                4.000000            0.000000
C(2,5)                6.000000            0.000000
C(2,6)                10.00000            0.000000
```

结果表明最优值为 136.2275，即总的吨公里数，而且此解为全局最优解。

最优运输方案是由第一个料场 P 向 1，2，4，6 工地分别发送 3t，5t，7t，1t；由第二个料场 Q 向 3，5，6 工地分别发送 4t，6t，10t，结果如图 5.7 所示。

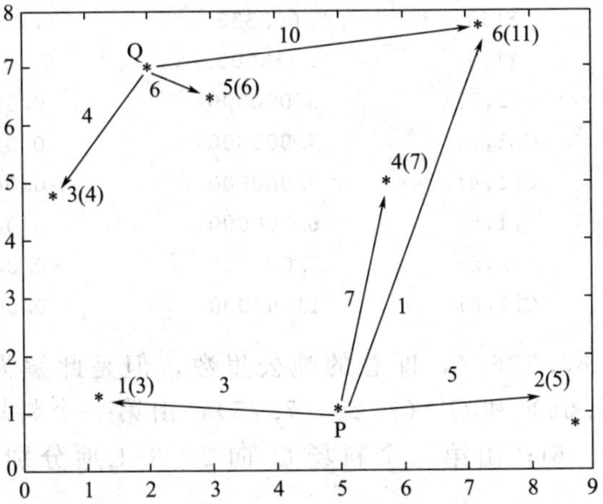

图 5.7　料场固定选址问题结果图

利用 LINGO 编程求解模型二，LINGO 代码如下。

```
model:!模型开始;
sets:!集合段开始;
demand/1..6/:a,b,d;!基本集:需求——六个工地,a 表示各工地的横坐标;b 表示各工地的纵坐标;d 为各工地的需求量;
supply/1..2/:x,y,e;!基本集:供应——两个料场,x 为料场的横坐标,y 为料场的横坐标,e 为料场的日储量;
link(supply,demand):c;!这是由 demand 与 supply 两个基本集生成的派生集;
endsets!集合段结束;
data:!数据段开始;
!以下是六个工地的横坐标、纵坐标、需求量的值;
a=1.25,8.75,0.5,5.75,3,7.25;
b=1.25,0.75,4.75,5,6.5,7.75;
d=3,5,4,7,6,11;
!以下是两个料场的日储量值;
e=20,20;
enddata!数据段结束;
!目标与约束段;
min=@sum(link(i,j):c(i,j)*((x(i)-a(j))^2+(y(i)-b(j))^2)^(1/2));!目标函数;
@for(demand(i):@sum(supply(j):c(j,i))=d(i));!满足工地的需求;
@for(supply(i):@sum(demand(j):c(i,j))<=e(i));!满足料场日储量的要求;
@for(supply(i):@free(x);@free(y));!取消 x,y 非负的限制,因为 x,y 为坐标值,可以为负;
end!模型结束
```

模型二，LINGO 程序的主要运行结果如下。

```
  Local optimal solution found.
  Objective value:                                     85.26604
  Total solver iterations:                                68
Model Class:                                              NLP
                    Variable           Value          Reduced Cost
                        X(1)        3.254883           0.000000
                        X(2)        7.250000          -0.1853513E-05
                        Y(1)        5.652332           0.000000
                        Y(2)        7.750000          -0.1114154E-05
                      C(1,1)        3.000000           0.000000
                      C(1,3)        4.000000           0.000000
                      C(1,4)        7.000000           0.000000
                      C(1,5)        6.000000           0.000000
                      C(2,2)        5.000000           0.000000
                      C(2,6)        11.00000           0.000000
```

结果表明最优值为 85.22604，即总的吨公里数，但是此解为局部最优解。新的料场坐标为 P'（3.25，5.65）和 Q'（7.25，7.75），由第一个料场 P'向 1，3，4，5 工地分别发送 3t，4t，7t，6t；由第二个料场 Q'向 2，6 工地分别发送 5t，11t。结果如图 5.8 所示。

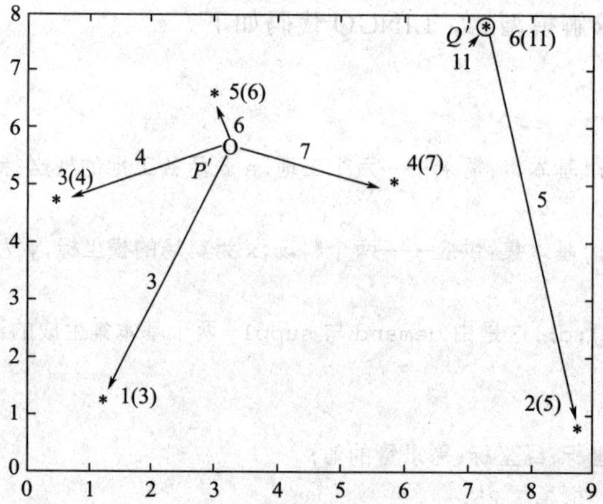

图 5.8 料场地址未知情况下的选址问题结果

但是我们都希望能够得到优化问题的全局最优解，因此可以通过 LINGO 菜单命令 "LINGO->Options->Global Solver->Use Global Solver" 前打钩，然后再运行。

另外，为了节省运行时间，可以对（x_i，y_i），（$i=1$，2）给出一个限制，由图 5.8 可知，$0.5\leqslant x_i\leqslant 8.75$，$0.75\leqslant y_i\leqslant 7.75$（$i=1$，2）；修改上面的程序代码后，再运行，由于是非线性规划问题，求解的时间可能会很长。由于非线性优化问题是通过迭代逐步寻找最优解，因此，一般情况下，当程序运行超过一定的时间或者超过一定的迭代步数，即可认为相应的局部最优解就是全局最优解。

5.5 指派问题

指派问题（Assignment Problem）是图论中的重要问题之一，简单描述一下就是“派合适的人去做合适的事，以达到成本最小或者利润最大的目的”。从问题的形式上来看，指派问题是运输问题的特殊情形，可以通过建立 0-1 线性规划求解。

5.5.1 问题描述

一个标准的指派问题可以描述如下。

设某公司领导计划指派 n 个人去做 n 项工作，第 i 个人去做第 j 项工作的收益（或者时间）为 c_{ij}，领导要求每个人只能做一项工作，同时一个工作只能由一个人来完成，现求一种指派方式使总收益最大（或者总时间最短）。

5.5.2 问题分析

指派问题的目标函数为总收益函数或者是总时间函数，而总收益或者总时间又由指派方式有关，因此需要引入一个 0-1 决策变量 x_{ij} 来判断第 i 个人是否去完成第 j 项工作。如果 $x_{ij}=1$，说明第 i 个人是否去完成第 j 项工作；如果 $x_{ij}=0$，说明第 i 个人不去完成第 j 项工作。

目标函数可以用 c_{ij} 和 x_{ij} 表示为 $\sum_{i=1}^{n}\sum_{j=1}^{n}c_{ij}x_{ij}$ 。而约束条件有两个：一是每个人只能做一项工作，对应的约束表达式为 $\sum_{j=1}^{n}x_{ij}=1$ ，$i=1$，2，…，n。

二是每项工作只能由一个人来完成，对应的约束表达式为 $\sum_{i=1}^{n}x_{ij}=1$ ，$j=1$，2，…，n。

5.5.3 模型建立

指派 n 个人去完成 n 项工作的标准指派问题数学模型可以表示为

$$\max(\min)\sum_{i=1}^{n}\sum_{j=1}^{n}c_{ij}x_{ij};$$

$$\sum_{j=1}^{n}x_{ij}=1,i=1,2,\cdots,n$$

$$\sum_{i=1}^{n}x_{ij}=1,j=1,2,\cdots,n$$

$$x_{ij}=0\text{ 或 }1,i,j=1,2,\cdots,n$$

【例 5.3】 让六个人去完成六项工作，要求一个人只能完成一个工作，一个工作只能由一个人来完成，表 5.4 中给出了每个人完成各个工作的收益。求：如何分配这六个人，使得总收益最大？

表 5.4　六个人完成六项工作的指派问题的收益表

人＼工作	1	2	3	4	5	6
1	20	15	16	5	4	7
2	17	15	33	12	8	6
3	9	12	18	16	30	13
4	12	8	11	27	19	14
5	3	7	10	21	10	32
6	2	5	9	6	11	13

5.5.4　模型求解

利用 LINGO 编程求解，LINGO 代码如下。

```
model:
sets:!集合段;
people/1..6/;!人的集合,没有属性;
work/1..6/;!工作集合,没有属性;
link(people,work):c,x;!人与工作之间的联系;
endsets
data:
c=20  15  16  5  4  7
  17  15  33  12  8  6
   9  12  18  16  30  13
  12   8  11  27  19  14
   3   7  10  21  10  32
   2   5   9   6  11  13;
enddata
max=@sum(link(i,j):c(i,j)*x(i,j));!目标函数;
@for(people(i):@sum(link(i,j):x(i,j))=1);!每个人只能完成一项工作;
@for(work(i):@sum(link(i,j):x(j,i))=1);!每个工作只能由一人完成;
@for(link(i,j):@bin(x(i,j)));!x(i,j)为 0-1 变量;
End
```

运行结果如下。

```
Global optimal solution found.
Objective value:                          147.0000
Model Class:                                PILP              Variable
                   Value      Reduced Cost
                   X(1,1)      1.000000        -20.00000
                   X(2,3)      1.000000        -33.00000
                   X(3,5)      1.000000        -30.00000
                   X(4,4)      1.000000        -27.00000
                   X(5,6)      1.000000        -32.00000
                   X(6,2)      1.000000        -5.000000
```

从运行结果中可以看出，此模型是纯整数线性规划，全局最优值（总收益最大值）为147，对应的最优解为 $x_{11}=1$，$x_{23}=1$，$x_{35}=1$，$x_{44}=1$，$x_{56}=1$，$x_{62}=1$，即第1个人完成第1项工作，第2个人完成第3项工作，第3个人完成第5项工作，第4个人完成第4项工作，第5个人完成第6项工作，第6个人完成第2项工作。

值得注意的是，由于 x_{ij} 是0-1变量，因此程序中利用“@for(link(i,j)):@bin(x(i,j));”对 x_{ij} 进行了限制，但是实际上，对于指派问题，在理论上已经保证了 x_{ij} 肯定为一个0-1变量，即使不加上述命令，同样可以求出相同的全局最优解。

本节所介绍的指派问题是标准的指派问题，可以对其进行推广，从而得到非标准的指派问题。例如：m 个人去做 n 项工作（$m>n$），每人只能完成一项工作，每项工作只能由一人完成；或者每个人可以参与两项工作；或者某个人无法去完成某项工作等。对于非标准的指派问题，可以通过修改相应的约束条件来完成。

5.6 最短路问题

最短路问题（Shortest Path Problem）是图论中的一个经典问题。寻找最短路径就是在指定图中两节点间找一条距离最短的路径。最短路不仅仅指一般地理意义上的距离最短，还可以引申到其他的度量，如时间、费用、线路容量等。最短路问题可以利用图论中的Dijkstra算法来求解，也可以通过建立0-1线性规划来求解，本节对二者进行了详细的介绍。

5.6.1 问题描述

【例5.4】 现有 S，A_1，A_2，A_3，B_1，B_2，C_1，C_2，T 九个城市，点与点之间的连线表示城市间有道路相连，如图5.9所示，连线旁的数字表示道路的长度。现计划从城市 S 到城市 T 铺设一条天然气管道，请求出 S 到 T 点的最短路径及其铺设长度。

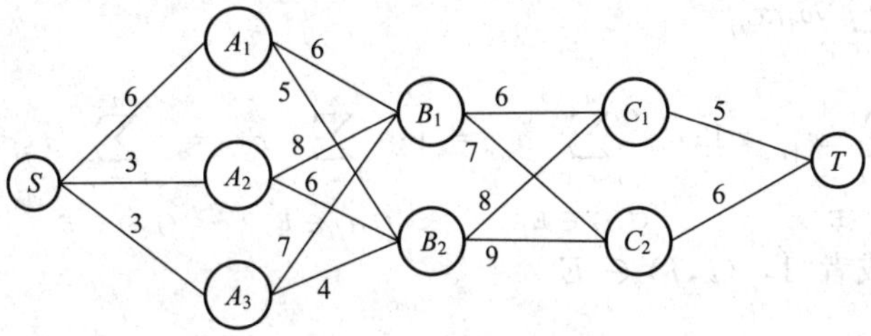

图5.9　九个城市的连线图

5.6.2 问题分析

在求解图上节点间最短路径的方法中，目前国内外一致公认的较好算法是Dijkstra算法。这种算法利用图的节点间邻接矩阵记录点间的关联信息，在进行图的遍历以搜索最短路径时，以该矩阵为基础不断进行目标值的最小性判别，直到获得最后的优化路径。

Dijkstra算法是图论中确定最短路的基本方法，也是其他算法的基础。其基本思想是若 P 在 S 到 T 的最短路上，则 S 到 P 的最短路径必定包含在 S 到 T 的最短路径上（P 到 T 的最短路径也必定包含在 S 到 T 的最短路径上）。

根据Dijkstra算法的基本思想，可以按照如下步骤来求解上题。设 $L(P)$ 表示 S 到 P 的最短距离，则

① $L(A_1)=6,\quad L(A_2)=3,\quad L(A_3)=3$；

② $L(B_1)=\min\{L(A_1)+A_1B_1, L(A_2)+A_2B_1, L(A_3)+A_3B_1\}=10$，

$L(B_2)=\min\{L(A_1)+A_1B_2, L(A_2)+A_2B_2, L(A_3)+A_3B_2\}=7$；

③ $L(C_1)=\min\{L(B_1)+B_1C_1, L(B_2)+B_2C_1\}=15$，

$L(C_2)=\min\{L(B_1)+B_1C_2, L(B_2)+B_2C_2\}=16$；

④ $L(T)=\min\{L(C_1)+C_1T, L(C_2)+C_2T\}=20$。

根据上述结果，从后往前分析，得出最短路径为：$S\to A_3\to B_2\to C_1\to T$。最短路径长度为 20。

最短路问题也可以用另一种方法来解决。设顶点 S 为 1 号顶点，顶点 T 为 n 号顶点，引入 0-1 决策变量为 x_{ij}，当 $x_{ij}=1$，说明边（i，j）位于顶点 S 到顶点 T 的路径上；否则 $x_{ij}=0$。设 ω_{ij} 为边（i，j）的长度，则目标函数（路径长度）可以表示为 $\sum\limits_{(i,\ j)\in E}\omega_{ij}x_{ij}$，其中 E 为图中所有边所构成的集合。

对于顶点 S 到顶点 T 的每一条路径，满足三个约束条件。

① 对于顶点 S，它只有一条边与之相连，可以看作是一条出边，即 $\sum\limits_{j=1,\ (1,\ j)\in E}^{n} x_{1j}=1$；

② 对于顶点 T，它也只有一条边与之相连，可以看作是一条入边，即 $\sum\limits_{i=1,\ (i,\ n)\in E}^{n} x_{in}=1$；

③ 对于其他的中间节点，有两条边与之相连，可以看作是一条入边和一条出边，即 $\sum\limits_{j=1,\ (i,\ j)\in E}^{n} x_{ij}=\sum\limits_{j=1,\ (j,\ i)\in E}^{n} x_{ji}$，$i\neq 1$，$n$。

5.6.3 模型建立

第二种解法所对应的优化模型为

$$\min \sum_{(i,j)\in E}\omega_{ij}x_{ij}$$

$$\text{s.t.}\quad \sum_{\substack{j=1\\(i,j)\in E}}^{n} x_{1j}=1;\quad \sum_{\substack{i=1\\(i,j)\in E}}^{n} x_{in}=1;\quad \sum_{\substack{j=1\\(i,j)\in E}}^{n} x_{ij}=\sum_{\substack{j=1\\(j,i)\in E}}^{n} x_{ji},\ i\neq 1,n$$

$$x_{ij}=0 \text{ 或者 } 1,\ (i,j)\in E$$

5.6.4 模型求解

第一种解法（Dijkstra 算法）的 LINGO 程序如下。

```
model:
SETS:
CITIES/S,A1,A2,A3,B1,B2,C1,C2,T/:L;!属性 L(i)表示城市 S 到城市 i 的最优路径的长度;
ROADS(CITIES,CITIES)/!派生集合 ROADS 表示的是图中的道路(边);
S,A1  S,A2  S,A3!由于并非所有城市间都有道路直接连接,所以采用稀疏集;
A1,B1  A1,B2  A2,B1  A2,B2  A3,B1  A3,B2
B1,C1  B1,C2  B2,C1  B2,C2
C1,T  C2,T/:D;!属性 D(i,j)是城市 i 到 j 的直接距离;
ENDSETS
DATA:
```

```
  D= 6  3  3
     6  5  8  6  7  4
     6  7  8  9
     5  6;
  L=0,,,,,,,,;!因为 L(S)=0;
ENDDATA
@FOR(CITIES(i)|I#GT#@index(S):!这行中"@index(S)"可以直接写成"1";
L(i)=@MIN(ROADS(j,i):L(j)+D(j,i)););!这就是前面写出的最短路关系式;
end
```

程序运行结果如下。

```
  Feasible solution found.
                                          Variable          Value
                                              L(S)       0.000000
                                             L(A1)       6.000000
                                             L(A2)       3.000000
                                             L(A3)       3.000000
                                             L(B1)       10.00000
                                             L(B2)       7.000000
                                             L(C1)       15.00000
                                             L(C2)       16.00000
                                              L(T)       20.00000
```

从运行结果中可以看出 S 到 T 的最短路径程度为 20，但是无法直接看出最优路径，但是可以通过倒推的方法找出最优路径。从结果中可以看出 $L(T)=20$，而 $L(C_1)=15$，$L(C_2)=16$，同时已知 $C_1T=5$，$C_2T=6$，如果要使 $L(T)=20$，只能是 $L(C_1)+C_1T$，所以最优路径一定是经过 C_1 然后到 T。以此类推，可以得到最优路径为 $S \to A_3 \to B_2 \to C_1 \to T$。

第二种解法的 LINGO 程序如下。

```
model:
SETS:
CITIES/S,A1,A2,A3,B1,B2,C1,C2,T/;!城市集合,没有属性;
ROADS(CITIES,CITIES)/
  S,A1  S,A2  S,A3
  A1,B1  A1,B2  A2,B1  A2,B2  A3,B1  A3,B2
  B1,C1  B1,C2  B2,C1  B2,C2
 C1,T  C2,T/:w,x;!边集合,有两个属性,一个是节点间距离,一个是是否选中此边;
ENDSETS
DATA:
 w= 6  3  3
     6  5  8  6  7  4
     6  7  8  9
     5  6;
ENDDATA
n=@size(cities);
min=@sum(roads: w*x);!目标函数;
```

```
@sum(roads(i,j)|i#eq#1:x(i,j))=1;!对于节点 S 的约束;
@sum(roads(i,j)|j#eq#n:x(i,j))=1;!对于节点 T 的约束;
@for(cities(i)|i#ne#1#and#i#ne#n:
@sum(roads(i,j):x(i,j))=@sum(roads(j,i):x(j,i)));
!对于中间节点的约束;
@for(roads(i,j):@bin(x(i,j)));!决策变量 x 为 0-1 变量;
end
```

程序运行结果如下。

```
Global optimal solution found.
Objective value:                                20.00000
Model Class:                                    PILP
                Variable           Value            Reduced Cost
               X(S,A3)          1.000000            3.000000
               X(A3,B2)         1.000000            4.000000
              X(B2,C1)          1.000000            8.000000
               X(C1,T)          1.000000            5.000000
```

从运行结果中可以看出最优路径的长度是 20，最优路径为 $S \to A_3 \to B_2 \to C_1 \to T$。与第一种解法相比，第二种解法的运行结果更加直接，但是结果并无差异。

5.7 最大流问题

许多系统都包含着流量问题，例如交通系统中的车辆流、供水系统中的水流、计算机网络中的信息流等。最大流问题（Maximum Flow Problem）就是在现有系统传输条件的约束下如何让尽可能多的流量通过，也可以通过构建一个线性规划模型来求解。

5.7.1 问题描述

现需要将城市 S 的石油通过管道运送到城市 T。中间有 4 个中转站 v_1，v_2，v_3，v_4，城市与中转站的连接以及管道的额定容量如图 5.10 所示（石油只能按照箭头方向运送），求在现有管道连接方式和管道额定容量下从城市 S 到城市 T 的最大流量。

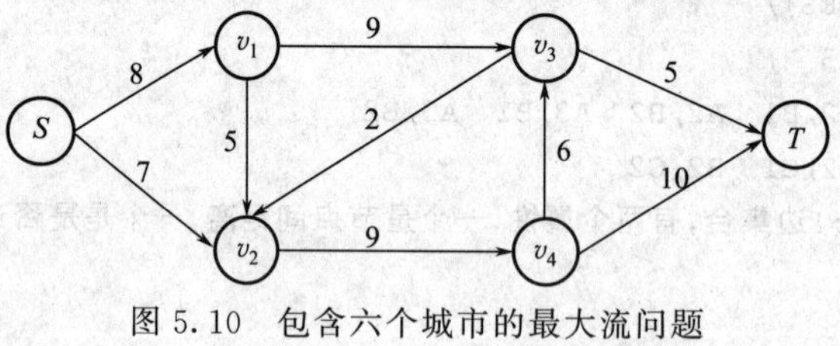

图 5.10 包含六个城市的最大流问题

5.7.2 问题分析

最大流问题是图论中的一个经典问题，首先介绍几个基本概念。

设 $G(V, E)$ 为一个有向图，如果在 V 中有两个不同的顶点集 S 和 T，而在边集上定义一个非负权值 c，则称 G 为一个网络（Network），称 S 中的顶点为源（Source），T 中的顶点为汇（Sink），既非源又非汇的顶点称为中间顶点，称 c 为 G 的容量函数，容量函数在边（u，v）上的值称为边（u，v）的容量（Capacity），记为 $c(u,v)$。对于边（u，v）还有一个通过边的流（Flow），记为 $f(u,v)$。

显然，边（u，v）上的流量 $f(u,v)$ 不会超过该边上的额定容量 $c(u,v)$，即 $0 \leqslant f(u,v) \leqslant c(u,v)$。对于所有中间顶点 u，流入的总量应等于流出的总量，即：$\sum_{v \in V} f(u,v) = \sum_{v \in V} f(v,u)$。一个网络 G 的流量值（Value of flow）$V(f)$ 定义为从源 S 流出的总流量，即 $V(f) = \sum_{v \in V} f(s,v)$。由中间顶点的流入总量应等于流出总量，因此有 $V(f) = \sum_{v \in V} f(v,t)$。

上述三个式子可以归纳为

$$\sum_{v \in V} f(u,v) - \sum_{v \in V} f(v,u) = \begin{cases} V(f), & u = s, \\ 0, & u \in V, v \neq s, v \neq t \\ -V(f), & u = t \end{cases}$$

5.7.3 模型建立

通过上述分析，最大流问题可以写成如下优化模型：

$$\max v_f$$

$$\text{s. t.} \sum_{\substack{j \in V \\ (i,j) \in E}} f_{ij} - \sum_{\substack{j \in V \\ (j,i) \in E}} f_{ji} = \begin{cases} v_f, i = s \\ 0, i \neq s, t \\ -v_f, i = t \end{cases}$$

$$0 \leqslant f_{ij} \leqslant c_{ij}, (i,j) \in E$$

5.7.4 模型求解

利用 LINGO 编程求解，LINGO 代码如下。

```
model:
sets:
points/s,v1,v2,v3,v4,t/;!顶点集;
edge(points,points)
/s,v1 s,v2 v1,v2 v1,v3
v2,v4 v3,v2 v3,t v4,v3
v4,t/:c,f;!边集;
endsets
data:
c=8 7 5 9 9 2 5 6 10;
enddata
max=vf;!目标函数为最大流;
!以下为约束条件;
@for(points(i)|i#ne#@index(s)#and# i#ne#@index(t):!中间顶点约束;
    @sum(edge(i,j):f(i,j))-@sum(edge(j,i):f(j,i))=0;);
@sum(edge(i,j)|i#eq#@index(s):f(i,j))=vf;!源的约束;
@sum(edge(j,i)|i#eq#@index(t):f(j,i))=vf;!汇的约束;
@for(edge(i,j):@bnd(0,f(i,j),c(i,j)));!边流量的约束;
end
```

程序的主要运行结果如下。

```
Global optimal solution found.
Objective value:                              14.00000
Infeasibilities:                              0.000000
Total solver iterations:                             4
Model Class:                                        LP
                     Variable           Value        Reduced Cost
                           VF        14.00000            0.000000
                     F(S,V1)        8.000000            0.000000
                     F(S,V2)        6.000000            0.000000
                    F(V1,V2)        3.000000            0.000000
                    F(V1,V3)        5.000000            0.000000
                    F(V2,V4)        9.000000           -1.000000
                     F(V3,T)        5.000000           -1.000000
                     F(V4,T)        9.000000            0.000000
```

从运行结果中看出此网络的最大流量为 14 个单位，各条边上通过的流量也可以从流量函数 F 的取值中得到，实际的流量（图中括号中的数值）如图 5.11 所示。

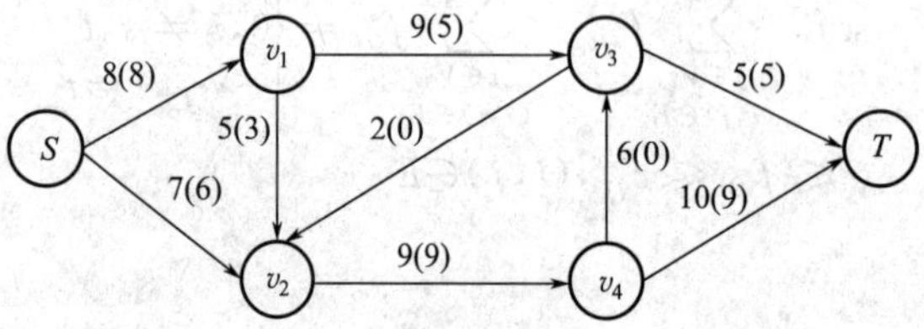

图 5.11　最大流问题结果图

需要说明的是 LINGO 只能给出了一个最优解，但不能够说明最优解是否唯一，例如下面的流量图（图 5.12），流量仍然是 14 个单位，但是有的条边上通过的流量与图 5.11 不同。

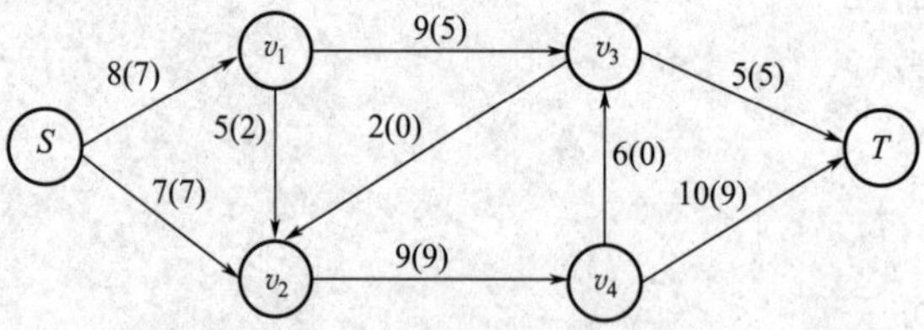

图 5.12　最大流问题另一结果图

5.8　最小费用最大流问题

最小费用最大流问题（Minimum-Cost Maximum Flow Problem）是网络理论中的典型问题之一，它是最大流问题的延伸。最小费用最大流问题以最大流问题为基础，在系统达到最大流的条件下，要求系统的其他指标达到最优（输送最大流的费用最少等）。最小费用最大流问题是一个线性规划问题。

5.8.1 问题描述

最小费用最大流问题是最大流问题的延伸。将 5.7 节中的例子作如下补充：由于输油管道的长短不一，或地质等原因，使每条管道上运输费用也不相同，因此，除考虑输油管道的最大流外，还需要考虑输油管道输送最大流的最小费用，如图 5.13 所示是带有运输费的网络，其中第 1 个数字是网络的容量，第 2 个数字是网络的单位运费。试求出输送最大流的最小费用及输送方案。

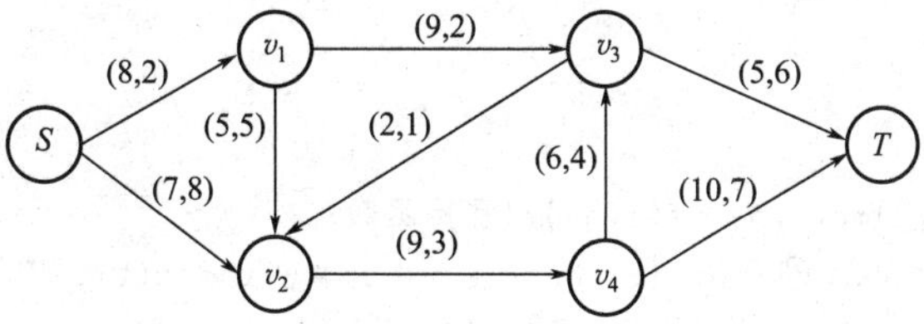

图 5.13 最小费用最大流节点与流向图

5.8.2 问题分析

最小费用最大流问题是考虑网络在最大流情况下的最小费用。基本的解决思路是先利用 5.7 节中的方法求出网络的最大流量，记为 v_f，再构建费用函数，在最大流约束下求解费用函数的最小值。

设 f_{ij} 为边（i，j）上的流量，c_{ij} 为边（i，j）上的单位运费，u_{ij} 为边（i，j）上的额定容量，则费用函数为 $\sum\limits_{(i,j)\in E} c_{ij} f_{ij}$，约束条件与最大流问题中的约束条件相同，即

$$\sum_{\substack{j\in V\\(i,j)\in E}} f_{ij} - \sum_{\substack{j\in V\\(j,i)\in E}} f_{ji} = \begin{cases} v_f, & i=s \\ -v_f, & i=t \\ 0, & i\neq s,t \end{cases}$$

$$0\leqslant f_{ij}\leqslant u_{ij},(i,j)\in E$$

需要注意的是上式中的 v_f 不再是决策变量，而是根据最大流问题求得的已知量（本例中 $v_f=14$）。

5.8.3 模型建立

根据上节的分析，最小费用最大流的数学规划表达式为：

$$\min \sum_{(i,j)\in E} c_{ij} f_{ij}$$

$$\text{s.t.} \sum_{\substack{j\in V\\(i,j)\in E}} f_{ij} - \sum_{\substack{j\in V\\(j,i)\in E}} f_{ji} = \begin{cases} v_f, & i=s \\ -v_f, & i=t \\ 0, & i\neq s,t \end{cases}$$

$$0\leqslant f_{ij}\leqslant u_{ij},(i,j)\in E$$

5.8.4 模型求解

利用 LINGO 编程求解，LINGO 代码如下。

```
model:
sets:
points/s,v1,v2,v3,v4,t/;!顶点集;
edge(points,points)
/s,v1 s,v2 v1,v2 v1,v3
v2,v4 v3,v2 v3,t v4,v3
v4,t/:u,c,f;!边集;
endsets
data:
u=8 7 5 9 9 2 5 6 10;
c=2 8 5 2 3 1 6 4 7;
vf=14;
enddata
min=@sum(edge(i,j):c(i,j) * f(i,j));!费用函数;
@for(points(i)|i#ne#@index(s)#and# i#ne#@index(t):!中间顶点约束;
   @sum(edge(i,j):f(i,j))-@sum(edge(j,i):f(j,i))=0;
);
@sum(edge(i,j)|i#eq#@index(s):f(i,j))=vf;!源的约束;
@sum(edge(j,i)|i#eq#@index(t):f(j,i))=vf;!汇的约束;
@for(edge(i,j):@bnd(0,f(i,j),u(i,j)));!边流量的约束;
```

程序的主要运行结果如下。

```
Global optimal solution found.
Objective value:                              205.0000
Model Class:                                  LP
                Variable           Value        Reduced Cost
                F(S,V1)         8.000000          -1.000000
                F(S,V2)         6.000000           0.000000
               F(V1,V2)         1.000000           0.000000
               F(V1,V3)         7.000000           0.000000
               F(V2,V4)         9.000000           0.000000
               F(V3,V2)         2.000000          -2.000000
                F(V3,T)         5.000000          -7.000000
                F(V4,T)         9.000000           0.000000
```

从结果中可以看出，在最大流为 14 的情况下，最小费用为 205 个单位，各条边上通过的流量可以从流量函数 F 的取值中得到，实际的流量（图 5.14 中括号中第 3 个数值）如图 5.14 所示。

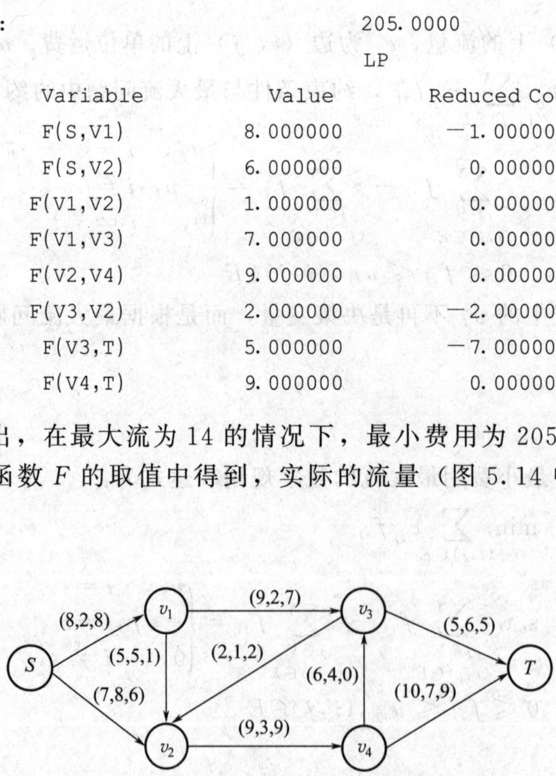

图 5.14　最小费用最大流问题的实际流量图

5.9 最小生成树问题

最小生成树问题（Minimum Spanning Tree，MST）是图论中的一个经典问题，它在高速公路的修建、自来水和燃气管道的铺设中有着重要的应用。最小生成树可以利用图论中的 Kruskal 算法来求解，也可以通过建立一个 0-1 线性规划来求解，本节主要详细介绍后者。

5.9.1 问题描述

我国西部某地区由 1 个城市（标记为 1）和 9 个乡镇（标记为 2～10）组成，该地区不久将用上天然气，其中城市中含有井源。现要设计一供气系统，使得从城市到每个乡镇都有一条管道相连（可以直接相连，也可以通过其他乡镇相连），并且铺设的管子的量尽量少。图 5.15 给出了该地区的地理位置图，表 5.5 给出了城镇之间的距离。

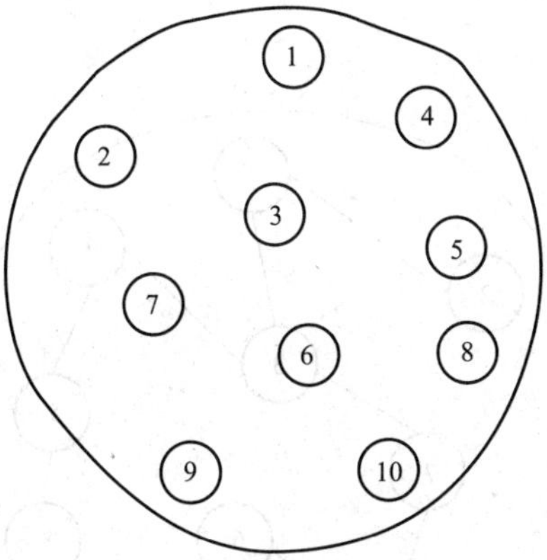

图 5.15 我国西部某地区图

表 5.5 城市乡镇间距离图　　单位：km

城镇	1	2	3	4	5	6	7	8	9	10
1	0	8	5	9	12	14	12	16	17	22
2		0	9	15	17	8	11	18	14	22
3			0	7	9	11	7	12	12	17
4				0	3	17	10	7	15	18
5					0	8	10	6	15	15
6						0	9	14	8	16
7							0	8	6	11
8								0	11	11
9									0	10
10										0

5.9.2 问题分析

本题是图论中的一个经典问题——最小生成树问题。图论中的树是指不包含任何圈的连通图，生成树是指包含图中所有顶点的树，最小生成树是指具有最小边权和的生成树。

最小生成树的经典求解方法之一是 Kruskal 算法，Kruskal 在 1956 年给出这个算法，具体步骤如下。

① 选择边 e_1，使得边 e_1 的长度尽可能小。

② 若已选定边 e_1，e_2，…，e_i，则从余下的边 $E\backslash\{e_1,e_2,\cdots,e_i\}$ 中选取 e_{i+1}，使得（ⅰ）$G[\{e_1,e_2,\cdots,e_{i+1}\}]$ 为无圈图；（ⅱ）边 e_{i+1} 为满足（ⅰ）的长度尽可能小的边。

③ 当②不能继续执行时，停止。

现将图 5.15 看作是一个赋权完全图（即任何两个顶点之间都有边相连），根据 Kruskal 算法，可以很快得到本题的解决方案。图 5.15 所对应的最小生成树如图 5.16 所示，最小管道的长度为 60km。

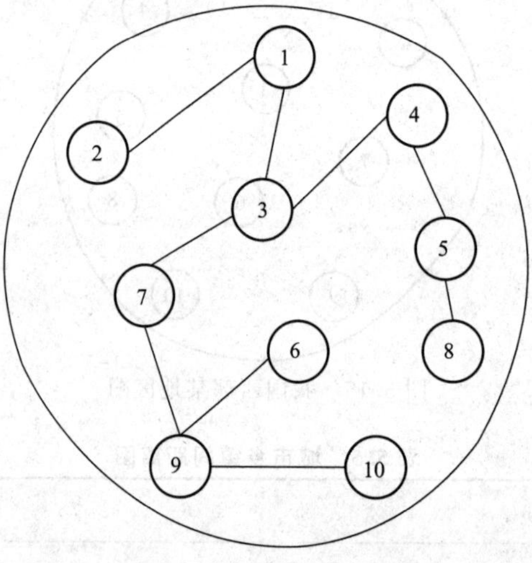

图 5.16 最小生成树图

本题的另一种求解方法是将最小生成树问题写成数学规划的形式，但是需要一定的技巧。将最小生成树问题写成数学规划的形式还需要一定的技巧。

将上例中的无向赋权图看作是双向赋权图，设 d_{ij} 是顶点 i 到顶点 j 之间的距离，由于将无向赋权图看作是双向赋权图，所以 $d_{ij}=d_{ji}$。引入 0-1 决策变量 x_{ij}，若 $x_{ij}=1$ 表示顶点 i 到顶点 j 有连接，$x_{ij}=0$ 表示顶点 i 到顶点 j 不连接。目标函数是生成树的长度，其表达式为 $\sum\limits_{(i,\ j)\in E} d_{ij}x_{ij}$，但是要保证 $x_{ij}=1$ 的边构成生成树，其约束条件有三个。

① 对于顶点 1 的约束，顶点 1 至少有一条边连接到其他顶点，即 $\sum\limits_{j\in V} x_{1j}\geqslant 1$；

② 对于其他顶点的约束，除了顶点 1 以外的每个顶点都只有一条边进入，即 $\sum\limits_{j\in V} x_{ji}=1,\ i\neq 1$；

③ 生成树要求各个边不能构成圈，不构成圈的约束条件为：

$$u_i - u_j \leqslant (n-1) - n x_{ij}$$

$$u_i \geqslant 0, u_j \geqslant 0, i, j = 1, 2, \cdots, n$$

此条件是各个边不构成圈的充分条件之一，读者可以自行证明。

5.9.3 模型建立

通过上述分析，最小生成树问题的数学规划模型为

$$\min \sum_{(i,j)\in E} d_{ij} x_{ij}$$

$$\text{s.t.} \sum_{j\in V} x_{1j} \geqslant 1, \sum_{j\in V} x_{ji} = 1, i \neq 1$$

$$u_i - u_j \leqslant (n-1) - n x_{ij}, (u_i \geqslant 0, u_j \geqslant 0$$

$$i, j = 1, 2, \cdots, n;) x_{ij} = 0 \text{ 或 } 1$$

5.9.4 模型求解

利用 LINGO 编程求解，LINGO 代码如下。

```
model:
sets:
cities/1..10/:u;!图中的顶点集;
link(cities,cities): d,x;!图中的边集;
endsets
data:!距离矩阵;
d＝ 0   8   5   9   12  14  12  16  17  22
    8   0   9   15  16  8   11  18  14  22
    5   9   0   7   9   11  7   12  12  17
    9   15  7   0   3   17  10  7   15  15
    12  16  9   3   0   8   10  6   15  15
    14  8   11  17  8   0   9   14  8   16
    12  11  7   10  10  9   0   8   6   11
    16  18  12  7   6   14  8   0   11  11
    17  14  12  15  15  8   6   11  0   10
    22  22  17  15  15  16  11  11  10  0;
enddata
n＝@size(cities);!获取顶点数;
min＝@sum(link(i,j): d(i,j) * x(i,j));!目标函数;
@sum(cities(i)|i #gt# 1: x(1,i))> ＝1;!对于顶点 1 的约束;
@for(cities(i)| i #gt# 1 :
@sum(cities(j)| j #ne# i: x(j,i))＝1;
);!对于其他顶点的约束;
@for(link(i,j):u(i)－u(j)< ＝n－1－n * x(i,j));!破圈操作;
@for(link(i,j): @bin(x(i,j)));!0－1 变量;
End
```

程序的主要运行结果如下。

```
Global optimal solution found.
```

```
Objective value:                           60.00000
Model Class:                                    ILP
                  Variable          Value           Reduced Cost
                  X(1,2)          1.000000          8.000000
                  X(1,3)          1.000000          5.000000
                  X(3,4)          1.000000          7.000000
                  X(3,7)          1.000000          7.000000
                  X(4,5)          1.000000          3.000000
                  X(5,6)          1.000000          8.000000
                  X(5,8)          1.000000          6.000000
                  X(7,9)          1.000000          6.000000
                 X(9,10)          1.000000          10.00000
```

从运行结果中可以看出这是一个整数线性规划，最小生成树的长度为60，最小生成树中所包含的边可以根据取值为1的 $X(i, j)$ 来确定，具体的结果见图5.17。

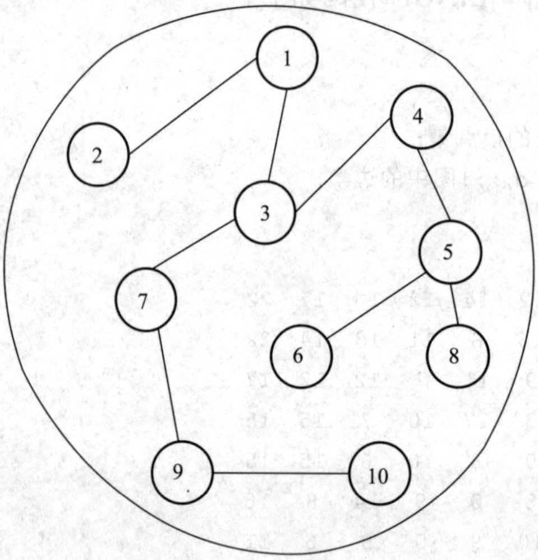

图5.17　整数线性规划求解出的最小生成树

从结果中看出，用LINGO求解出的最小生成树与用Kruskal算法得到的最小生成树不同，因为最小生成树可能不唯一，LINGO程序和Kruskal算法求出的都是其中一个。读者可以考虑如何求出一个图中所有的最小生成树。

5.10　旅行商问题

旅行商问题（Traveling Salesman Problem，TSP）又称为旅行推销员问题、货郎担问题，该问题是在寻求旅行者由起点出发，不重复地通过所有给定的点之后，最后再回到原点的最小路径成本。最早的旅行商问题的数学规划是由Dantzig（1959）等人提出，本节只针对小规模的旅行商问题进行建模并利用LINGO编程求解。

5.10.1 问题描述

周游先生居住在 A 市（记为城市 1），他今年刚退休，计划进行一次长途旅行，他想旅游的地点有 B 市、C 市、D 市、E 市、F 市、G 市、H 市、I 市、J 市（依次记为城市 2～10），这些城市分别记为城市 2 到城市 10，如图 5.18 所示。假设周游先生采用航班作为交通工具，每两个城市之间的航班距离如表 5.6 所示（注：航班距离包含了无法直达需要转机的情况）。

① 假设周游先生从 A 市出发，经过每个旅游地一次，最后要去 J 市他女儿的家里，不再返回 A 市。求一条最优的旅游线路，使得总的航班距离和最短。

② 假设周游先生从 A 市出发，经过每个旅游地一次，最后回到 A 市，求一条最优的旅游线路，使得总的航班距离和最短。

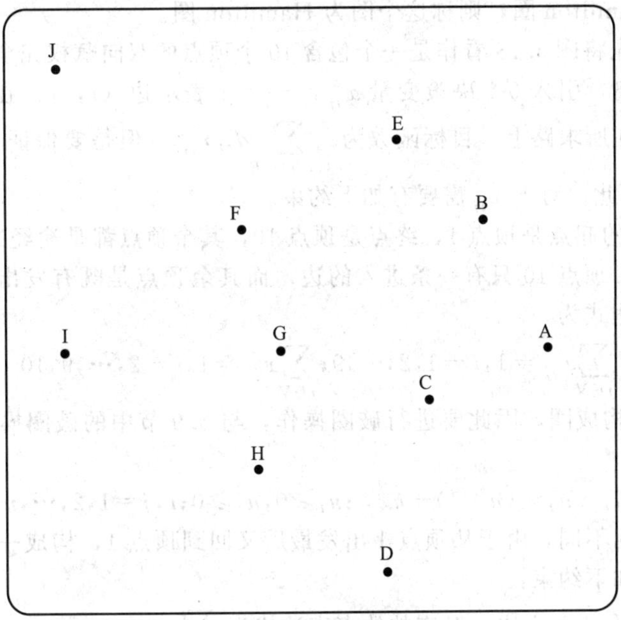

图 5.18 旅游城市图

表 5.6 各城市之间的距离

城市	1	2	3	4	5	6	7	8	9	10
1	0	20	20	25	37	48	40	46	71	82
2		0	28	50	18	35	35	49	64	66
3			0	26	37	36	23	27	53	71
4				0	60	52	35	25	56	86
5					0	26	34	51	57	50
6						0	18	34	30	35
7							0	18	31	51

续表

城市	1	2	3	4	5	6	7	8	9	10
8								0	32	64
9									0	40
10										0

5.10.2 问题分析

本例是旅行商问题，对应图论中的 Hamilton 路（第一问）和 Hamilton 圈（第二问）问题。Hamilton 路是指包含图中所有顶点的路，Hamilton 圈是指包含图中所有顶点的圈，一个图如果包含 Hamilton 圈，则称这个图为 Hamilton 图。

对于第一问，先将图 5.18 看作是一个包含 10 个顶点的双向赋权完全图，设 d_{ij} 为顶点 i 到顶点 j 的航班距离，引入 0-1 决策变量 x_{ij}，$x_{ij}=1$ 表示边（i，j）在所求路上，$x_{ij}=0$ 表示边（i，j）不在所求路上。目标函数为 $\sum\limits_{(i,\ j)\in E} d_{ij}x_{ij}$，但是要保证 $x_{ij}=1$ 的边构成一个 Hamilton 路，因此，对于 x_{ij} 需要有如下约束。

① 由于第一问的起点是顶点 1，终点是顶点 10，其余顶点都是途经的顶点，因此顶点 1 只有一条发出的边，顶点 10 只有一条进入的边，而其余顶点是既有发出的边，又有进入的边，因此有约束表达式为

$$\sum_{j\in V} x_{ij}=1, i=1,2,\cdots,9; \sum_{j\in V} x_{ji}=1, i=2,\cdots,9,10$$

② 各条边不能构成圈，因此要进行破圈操作，与 5.9 节中的破圈操作相同，其约束表达式为

$$u_i-u_j\leqslant(n-1)-nx_{ij}; u_i\geqslant 0, u_j\geqslant 0; i,j=1,2,\cdots,n$$

第二问与第一问不同，由于从顶点 1 出发最后又回到顶点 1，构成一个圈且只能构成一个圈，因此，需要如下约束：

① 每个顶点都有一条入边，对应的约束表达式为 $\sum\limits_{j\in V} x_{ij}=1$，$i=1$，⋯，10；

② 每个顶点也都有一条出边，对应的约束表达式为 $\sum\limits_{j\in V} x_{ji}=1$，$i=1$，⋯，10；

③ 最后还要构成唯一一个圈，因此破圈操作时，要排除一个顶点，不妨排除顶点 1，对应的约束表达式为

$$u_i-u_j\leqslant(n-1)-nx_{ij}; u_i\geqslant 0, u_j\geqslant 0; i,j=2,3,\cdots,n$$

5.10.3 模型建立

根据上节的分析，第一问（Hamilton 路）所对应的优化模型为

$$\begin{aligned}
&\min \sum_{(i,j)\in E} d_{ij}x_{ij} \\
&\text{s.t.} \sum_{j\in V} x_{ij}=1,\ i=1,2,\cdots,9; \\
&\qquad \sum_{j\in V} x_{ji}=1,\ i=2,\cdots,9,10 \\
&\qquad u_i-u_j\leqslant(n-1)-nx_{ij}; u_i\geqslant 0; u_j\geqslant 0
\end{aligned}$$

$$i,j=1,2,\cdots,n$$

第二问（Hamilton 圈）所对应的优化模型为

$$\min \sum_{(i,j)\in E} d_{ij}x_{ij}$$

$$\text{s. t.} \sum_{j\in V} x_{ij}=1,\ i=1,\cdots,10;\sum_{j\in V} x_{ji}=1,\ i=1,\cdots,10$$

$$u_i-u_j \leqslant (n-1)-nx_{ij};u_i\geqslant 0;u_j\geqslant 0$$

$$i,j=2,3,\cdots,n$$

5.10.4 模型求解

利用 LINGO 编程求解模型一，LINGO 代码如下。

```
model:
sets:
cities/1..10/:u;!顶点集;
link(cities,cities): d,x;!边集;
endsets
data:
d = 0   20  20  25  37  48  40  46  71  82
    20  0   28  50  18  35  35  49  64  66
    20  28  0   26  37  36  23  27  53  71
    25  50  26  0   60  52  35  25  56  86
    37  18  37  60  0   26  34  51  57  50
    48  35  36  52  26  0   18  34  30  35
    40  35  23  35  34  18  0   18  31  51
    46  49  27  25  51  34  18  0   32  64
    71  64  53  56  57  30  31  32  0   40
    82  66  71  86  50  35  51  64  40  0 ;
enddata
n=@size(cities); !获取顶点数;
min=@sum(link(i,j): d(i,j) * x(i,j));!目标函数;
@for(cities(i)|i #ne# 1: @sum(cities(j): x(j,i))=1;);!入边约束;
@for(cities(i)|i #ne# n: @sum(cities(j): x(i,j))=1;);!出边约束;
@for(link(i,j):u(i)-u(j)< =n-1-n*x(i,j));!破圈;
@for(link(i,j): @bin(x(i,j)));!0-1 变量;
end
```

运行结果如下。

```
Global optimal solution found.
Objective value:                          228.0000
Model Class:                                 ILP
                        Variable         Value        Reduced Cost
                          X(1,2)        1.000000         20.00000
                          X(2,5)        1.000000         18.00000
                          X(3,4)        1.000000         26.00000
                          X(4,8)        1.000000         25.00000
```

```
X(5,6)          1.000000        26.00000
X(6,7)          1.000000        18.00000
X(7,3)          1.000000        23.00000
X(8,9)          1.000000        32.00000
X(9,10)         1.000000        40.00000
```

从运行结果中可以看出，此模型是一个整数线性规划模型，总的航班距离和最短为228个单位，最优旅游线路可以根据取值为1的$X(i,\ j)$来确定，其结果如图5.19所示。

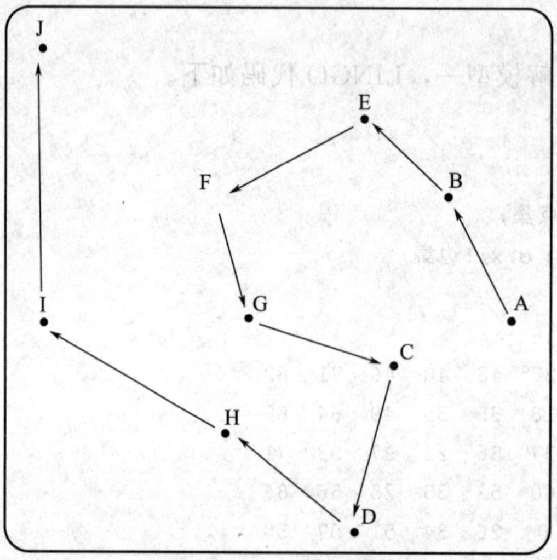

图5.19 周游先生的旅游线路图（一）

利用LINGO编程求解模型二，LINGO代码如下。

```
model:
sets:
cities/1..10/:u;
link(cities,cities): d,x;
endsets
data:
d = 0   20  20  25  37  48  40  46  71  82
    20  0   28  50  18  35  35  49  64  66
    20  28  0   26  37  36  23  27  53  71
    25  50  26  0   60  52  35  25  56  86
    37  18  37  60  0   26  34  51  57  50
    48  35  36  52  26  0   18  34  30  35
    40  35  23  35  34  18  0   18  31  51
    46  49  27  25  51  34  18  0   32  64
    71  64  53  56  57  30  31  32  0   40
    82  66  71  86  50  35  51  64  40  0 ;
enddata
n=@size(cities);
min=@sum(link(i,j): d(i,j) * x(i,j));
@for(cities(i):  @sum(cities(j)|j#ne#i: x(j,i))=1;
```

```
        @sum(cities(j)|j#ne#i: x(i,j))=1;);
@for(link(i,j)|i#ne#1 #and# j#ne#1:u(i)-u(j)< =n-1-n*x(i,j));
@for(link : @bin(x));
end
```

运行结果如下。

```
Global optimal solution found.
  Objective value:                          259.0000
  Class Model:                                  ILP
                 Variable        Value       Reduced Cost
                 X(1,3)        1.000000        20.00000
                 X(2,1)        1.000000        20.00000
                 X(3,4)        1.000000        26.00000
                 X(4,8)        1.000000        25.00000
                 X(5,2)        1.000000        18.00000
                 X(6,5)        1.000000        26.00000
                 X(7,9)        1.000000        31.00000
                 X(8,7)        1.000000        18.00000
                 X(9,10)       1.000000        40.00000
                 X(10,6)       1.000000        35.00000
```

从运行结果中可以看出，此模型是一个整数线性规划模型，总的航班距离和最短为 259 个单位，最优旅游线路可以根据取值为 1 的 $X(i,\ j)$ 来确定，其结果如图 5.20 所示。

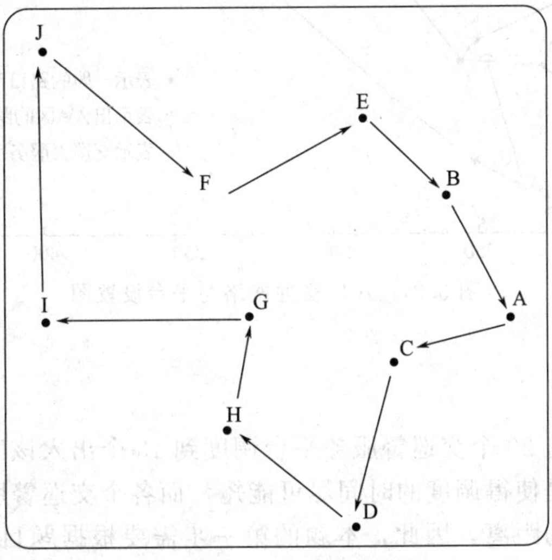

图 5.20　周游先生的旅游线路图（二）

5.11　交巡警服务平台的合理调度研究

本节以 2011 年“高教社”杯全国大学生数学建模竞赛中的 B 题中数据为基础，研究了重庆市交巡警服务平台的合理调度问题，将标准的指派问题进行推广，建立了非标准的指派模型，利用 LINGO 编程求解，得到了用时最省并且移动距离最短的调度方案。

5.11.1 问题描述

本题选自2011年“高教社”杯全国大学生数学建模竞赛中的B题的第一问。

警察肩负着刑事执法、治安管理、交通管理、服务群众四大职能。为了有效地贯彻实施这些职能，需要在市区的一些交通要道和重要部位设置交巡警服务平台。每个交巡警服务平台的职能和警力配备基本相同。由于警务资源是有限的，如何根据城市的实际情况与需求合理地设置交巡警服务平台、分配各平台的管辖范围、调度警务资源是警务部门面临的一个实际课题。

图5.21给出了某市中心城区A的交通网络和现有的20个交巡警服务平台的设置情况示意图，如图5.21所示相关的数据见全国大学生数学建模竞赛官网。对于重大突发事件，需要调度全区20个交巡警服务平台的警力资源，对进出该区的13条交通要道实现快速全封锁。实际工作中，一个平台的警力最多封锁一个路口。请给出该区交巡警服务平台警力合理的调度方案。

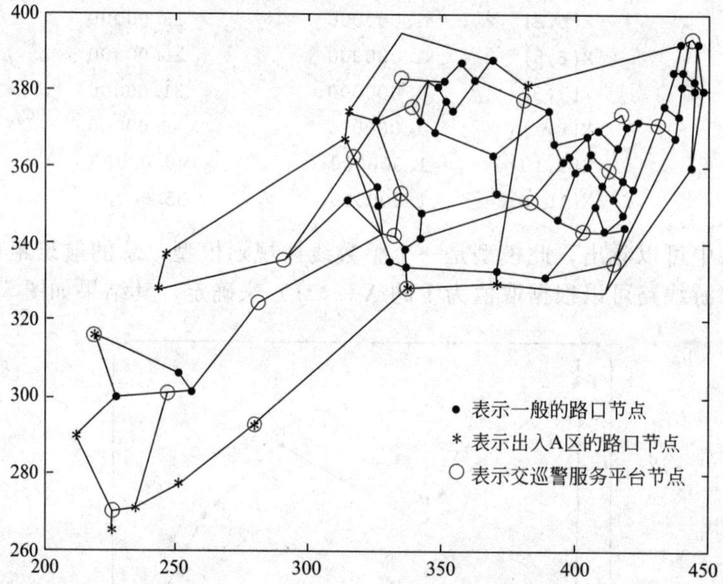

图5.21　A区交通网络与平台设置图

5.11.2 问题分析

本题的目标是如何将20个交巡警服务平台调度到13个出入该区的路口节点，是一个非标准的指派问题，目标是使得调度的时间尽可能短，而各个交巡警服务平台到各路口节点的时间是依赖于两者之间的距离，因此，本题的第一步需要根据题目中给出的A区所有路口节点坐标计算A区各节点间的直接距离矩阵。

其次，由于有的节点间没有直接相连，此时可以通过其他中间节点相连，此时没有直接相连的节点间可能存在多条线路，考虑到要寻求最短距离，因此可以根据直接距离矩阵，利用图论中的Floyd算法，计算出第i个交巡警服务平台到第j个出入口节点的最短距离c_{ij}及其最短路径，进而得到交巡警服务平台到出入口节点的最短距离矩阵。

再次，以完成整个调度的时间（交巡警服务平台中最后到达指定出入A区路口节点的时间）最短为原则，引入0-1变量，建立非标准的指派模型（模型一），并利用LINGO编程进行求解。

最后，是对于模型的优化，将各交巡警服务平台向各出入 A 区路口节点移动时间的总和考虑进去，对模型进行了修改，得到了模型二，最终求解出了完成调度的最短时间和最优调度方案。

5.11.3 符号说明

V：A 区所有路口节点所构成的集合，$V=\{1,2,\cdots,92\}$。

P：交警服务平台节点所构成的集合，$P=\{1,2,\cdots,20\}$。

E：出入 A 区路口节点所构成的集合，$E=\{12,14,16,21,22,23,24,28,29,30,38,48,62\}$。

v_k：A 区的第 k 个节点，$k\in V$。

d_{ij}：节点 i 到节点 j 的距离，i，$j\in V$；若节点 i 与节点 j 相同，则 $d_{ij}=0$；若节点 i 与节点 j 不相邻，则 d_{ij} 设为 $+\infty$。

$\boldsymbol{D}=(d_{ij})_{92\times 92}$：各节点之间的距离矩阵。

c_{ij}：第 i 个交巡警服务平台到第 j 个出入节点的最短距离，$i\in P$，$j\in E$。

$\boldsymbol{C}=(c_{ij})_{20\times 13}$：交警服务平台到出入 A 区节点的最短距离矩阵。

5.11.4 模型一的建立与求解

根据以上的分析，引入如下 0-1 变量，

$$x_{ij}=\begin{cases}1,\text{第 } i \text{ 个交巡警服务平台向第 } j \text{ 个出入口节点移动}\\0,\text{第 } i \text{ 个交巡警服务平台不向 } j \text{ 个出入口节点移动}\end{cases},i\in P,j\in E$$

建立模型一如下：

$$\min \quad \max_{i\in P,j\in E}(c_{ij}x_{ij})$$

$$\text{s. t.}\begin{cases}\sum\limits_{j\in E}x_{ij}\leqslant 1,\quad i\in P\\\sum\limits_{i\in P}x_{ij}=1,\quad j\in E\\x_{ij}=0\text{ 或 }1,\quad i\in P,j\in E\end{cases}$$

这是一个 0-1 非线性优化模型，利用 LINGO 编程求解，LINGO 程序如下。

```
model:
sets:
police/1..20/;
city/12,14,16,21,22,23,24,28,29,30,38,48,62/;
link(police,city):c,x;
endsets
data:
c=222.36 160.28 92.87 192.93 210.96 225.02 228.93 190.01 ……;
!由于篇幅所限,此处只列出部分交巡警服务平台到各路口节点的最短距离数据;
enddata
min=@max(link(i,j):c(i,j)*x(i,j));
@for(police(i):@sum(city(j):x(i,j))< =1);
@for(city(i):@sum(police(j):x(j,i))=1);
@for(link(i,j):@bin(x(i,j)));
end
```

运行结果如下。

```
Global optimal solution found.
Objective value:                          80.15000
Total solver iterations:                    401273
Model Class:                                  PINLP
Variables
Total:                                          260
Nonlinear:                                      257
Integers:                                       260
                  Variable        Value       Reduced Cost
                  X(2,38)      1.000000         0.000000
                  X(4,48)      1.000000         0.000000
                  X(6,30)      1.000000         0.000000
                  X(7,29)      1.000000         80.15000
                  X(9,16)      1.000000         0.000000
                 X(10,22)      1.000000         0.000000
                 X(11,24)      1.000000         0.000000
                 X(12,23)      1.000000         0.000000
                 X(13,12)      1.000000         0.000000
                 X(14,21)      1.000000         0.000000
                 X(15,28)      1.000000         0.000000
                 X(16,14)      1.000000         0.000000
                 X(17,62)      1.000000         0.000000
```

根据运行结果，可以看出此模型是一个纯整数非线性规划，利用全局求解器，通过401273次迭代，计算出优化问题的最优值为80.15，根据警车的时速（60km/h）和图中的比例尺（1∶100000）可以计算出完成A区全面封锁的最短时间为$\frac{80.15\times100}{60\times1000}\times60=8.015$(min)，同时根据$x_{ij}$的取值和交巡警服务平台到出入口节点的最短路径可以得到模型一的一个最优的调度方案，如表5.7所示。

表5.7 模型一的一个最优调度方案

取值为1的变量	调度线路距离	调度线路
$x_{2,38}$	39.82	2→40→39→38
$x_{4,48}$	73.96	4→57→58→59→51→50→5→47→48
$x_{6,30}$	32.14	6→47→48→30
$x_{7,29}$	80.15	7→30→29
$x_{9,16}$	15.33	9→35→36→16
$x_{10,22}$	77.08	10→26→11→22
$x_{11,24}$	38.05	11→25→24
$x_{12,23}$	64.77	12→25→24→13→23
$x_{13,12}$	59.77	13→24→25→12
$x_{14,21}$	32.65	14→21
$x_{15,28}$	47.52	15→28
$x_{16,14}$	67.42	16→14
$x_{17,62}$	78.21	17→42→43→70→69→68→67→66→65→64→63→4→62
调度距离总和	706.87	

5.11.5 模型二的建立及求解

从模型一的结果中可以看出调度线路距离的最大值为 80.15，也就是在 8.015min 完成调度，但是模型一只考虑最大调度距离尽可能短，没有考虑到方案中调度线路距离的总和。根据表 5.7 中的数据知此方案调度线路距离的总和为 706.87，可能有部分调度线路有舍近而求远的情况，所以对模型一进行了修改得到了模型二，模型二是在最大调度线路距离为 80.15 的约束条件下求调度线路距离总和的最小值。

$$\min \sum_{i\in P,j\in E} c_{ij}x_{ij}$$

$$\text{s.t.}\begin{cases}\max\limits_{i\in P,j\in E}(c_{ij}x_{ij})=80.15\\ \sum\limits_{j\in E}x_{ij}\leqslant 1,\quad i\in P\\ \sum\limits_{i\in P}x_{ij}=1,\quad j\in E\\ x_{ij}=0\text{ 或 }1,\quad i\in P,j\in E\end{cases}$$

利用 LINGO 编程求解，LINGO 程序如下。

```
model:
sets:
police/1..20/;
city/12,14,16,21,22,23,24,28,29,30,38,48,62/;
link(police,city):c,x;
endsets
data:
c=222.36 160.28 92.87 192.93 210.96 225.02 228.93 190.01 ……;
!由于篇幅所限,此处只列出部分交巡警服务平台到各路口节点的最短距离数据;
enddata
min=@sum(link(i,j):c(i,j)*x(i,j));
@max(link(i,j):c(i,j)*x(i,j))=80.15;
@for(police(i):@sum(city(j):x(i,j))<=1);
@for(city(i):@sum(police(j):x(j,i))=1);
@for(link(i,j):@bin(x(i,j)));
end
```

运行结果如下。

```
Global optimal solution found.
Objective value:                              461.8900
Total solver iterations:                            73
Model Class:                                     PINLP
                 Variable           Value        Reduced Cost
                 X(2,38)         1.000000          -7.440000
                 X(4,62)         1.000000           0.000000
                 X(5,48)         1.000000         -0.3000000
                 X(7,29)         1.000000           0.000000
                 X(8,30)         1.000000           0.000000
```

```
         X(9,16)            1.000000      0.1000000E-01
        X(10,22)            1.000000           0.000000
        X(11,24)            1.000000     -0.1000000E-01
        X(12,12)            1.000000           0.000000
        X(13,23)            1.000000          -18.11000
        X(14,21)            1.000000           0.000000
        X(15,28)            1.000000          -50.24000
        X(16,14)            1.000000           0.000000
```

从运行结果中可以看出，模型二的最优值为 461.89，即调度线路距离的总和为 461.89。发现比模型一中方案的调度线路距离的总和（706.87）小了很多，模型二的一个最优调度方案如表 5.8 所示。

表 5.8　模型二的一个最优调度方案

取值为 1 的变量	调度线路距离	调度线路
$x_{2,38}$	39.82	2→40→39→38
$x_{4,62}$	3.50	4→62
$x_{5,48}$	24.76	5→47→48
$x_{7,29}$	80.15	7→30→29
$x_{8,30}$	30.61	8→33→32→7→30
$x_{9,16}$	15.33	9→35→36→16
$x_{10,22}$	77.08	10→26→11→22
$x_{11,24}$	38.05	11→25→24
$x_{12,12}$	0.00	12
$x_{13,23}$	5.00	13→23
$x_{14,21}$	32.65	14→21
$x_{15,28}$	47.52	15→28
$x_{16,14}$	67.42	16→14
调度距离总和	461.89	

习　题　5

1. 旅行商问题的延伸

（1）如果周游先生于 2016 年 5 月 1 日从 A 市出发，想游遍 5.10 节中的 10 个城市（包括 A 市），他除了可以选择飞机以外还可以选择火车，同时周游先生想在每个城市待 3 天，请设计最经济的互联网订票方案。

（2）要综合考虑省钱和省时两个方面，设定你的评价标准，修订你的订票方案。

（3）如果想游遍全国所有的省会城市、直辖市及香港、澳门和台北，请重新回答问题（1）和问题（2）。

2. 交巡警服务平台问题拓展

（1）以 5.11 节中的数据为基础，请为各交巡警服务平台分配管辖范围，使其在所管辖的范围内出现突发事件时，尽量能在 3min 内有交巡警（警车的时速为 60km/h）到达事发地。

（2）根据现有交巡警服务平台的工作量不均衡和有些地方出警时间过长的实际情况，拟在该区内再增加 2～5 个平台，请确定需要增加平台的具体个数和位置。

（3）如果该区黑点处发生了重大刑事案件，在案发 3min 后接到报警，犯罪嫌疑人已驾车逃跑。为了快速搜捕嫌疑犯，请给出调度全市交巡警服务平台警力资源的最佳围堵方案。详见图 5.22。

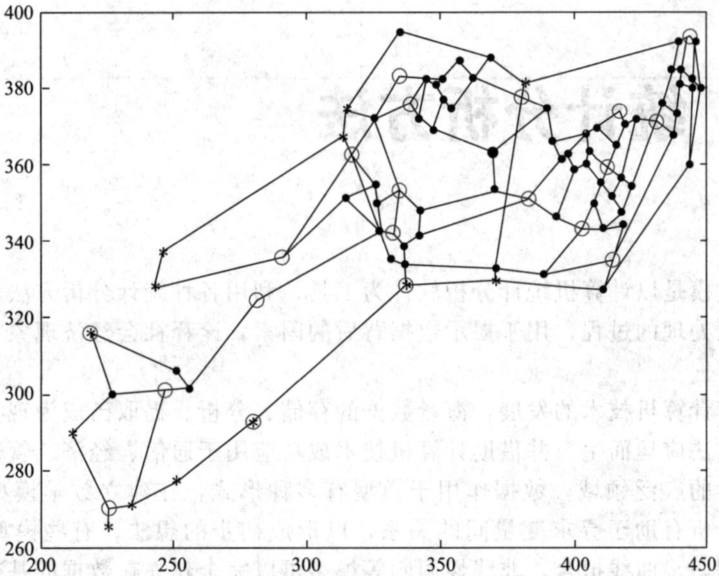

图 5.22　围堵问题图

第6章 统计分析方法

统计分析建模是以计算机统计分析软件为工具，利用各种统计分析方法对批量数据建立统计模型和探索处理的过程，用于揭示数据背后的因素，诠释社会经济现象，对实际问题作出预测和判断。

近年来随着计算机技术的发展，海量数据的存储、分析、提取已成为现实，基于数据的各类统计建模方法应运而生，并借助计算机技术成功应用于通信、经济、管理、工业等自然科学和社会科学的广泛领域。数据作用于模型有多种形式，在建立数学模型的初始研究阶段，对数据的分析有助于寻求变量间的关系，以形成初步的想法，有些模型如一元线性回归、多元线性回归、曲线拟合、非线性回归等模型可以完全建立在数据的基础上，同时可以利用数据估计模型中的参数值，并对模型进行检验，用实际数据与模型计算出的拟合值作比较分析等。统计分析方法在数学建模的过程中起着重要的作用，统计分析的理论与方法较多，本章融统计分析模型、案例分析和 SPSS 软件应用为一体，对应用面广、具有较大实用价值的统计分析建模方法主要包括回归分析方法和常用的多元统计分析方法进行理论介绍，并将这些方法在计算机上如何应用 SPSS 软件实现通过案例进行详细操作说明和结果的解释分析。

6.1 一元线性回归分析

回归分析是确定两个或两个以上变量间相互依赖的定量关系的一种统计分析方法。对于具有相关关系的变量，虽然不能找到它们之间的精确表达式，但是通过大量的观测数据，可以发现它们之间存在一定的统计规律性，数理统计中研究变量之间相关关系的一种有效方法就是回归分析。回归分析有以下几个任务：首先从一组样本数据出发，确定变量之间的数学关系式；其次对这些关系式的可信程度进行各种统计检验，并从影响某一特定变量的诸多变量中找出哪些变量的影响显著、哪些不显著；最后利用所求的关系式，根据一个或几个变量的取值来预测或控制另一个特定变量的取值，并给出这种预测或控制的精确程度。回归分析按照涉及的自变量的多少，可分为一元回归分析和多元回归分析；按照自变量和因变量之间的关系类型，可分为线性回归分析和非线性回归分析。如果在回归分析中，只包括一个自变量和一个因变量，且二者的关系可用一条直线近似表示，这种回归分析称为一元线性回归分析。如果回归分析中包括两个或两个以上的自变量，且因变量和自变量之间是线性关系，则称为多元线性回归分析。

6.1.1 一元线性回归模型的一般形式

一般地，当随机变量 Y 与普通变量 x 之间有线性关系时，可设

$$Y=\beta_0+\beta_1 x+\varepsilon \tag{6.1}$$

式中，$\varepsilon \sim N(0, \sigma^2)$；$\beta_0$，$\beta_1$ 为待定系数。

一元线性回归模型（6.1）的经典假设如下。

① ε 满足“正态性”的假设，误差项是服从正态分布的随机变量。

② ε 满足“无偏性”的假设，ε 的均值为零，即 $E(\varepsilon)=0$。

③ ε 满足“共方差性”的假设，ε 的方差对于所有的 x 的取值都相等。这就是说，所有的 ε 分布的方差都为 σ^2。

④ ε 满足“独立性”的假设，各自 ε 间相互独立，无自相关性。

⑤ ε 与 x 之间是不相关的，即 $\mathrm{cov}(x, \varepsilon)=0$。

对于模型（6.1），易知，$\varepsilon \sim N(0, \sigma^2)$，当 x 取固定值时，$Y \sim N(\beta_0+\beta_1 x, \sigma^2)$。

设 (x_1, Y_1)，(x_2, Y_2)，…，(x_n, Y_n) 是取自总体 (x, Y) 的一组样本，而 (x_1, y_1)，(x_2, y_2)，…，(x_n, y_n) 是该样本的观察值，在样本和它的观察值中的 x_1，x_2，…，x_n 是取定的不完全相同的数值，而样本中的 Y_1，Y_2，…，Y_n 在试验前为随机变量，在试验或观测后是具体的数值，一次抽样的结果可以取得 n 对数据 (x_1, y_1)，(x_2, y_2)，…，(x_n, y_n)，则有 $y_i=\beta_0+\beta_1 x_i+\varepsilon_i$，$i=1, 2, \cdots, n$。其中 ε_1，ε_2，…，ε_n 相互独立。在线性模型中，由假设知 $Y \sim N(\beta_0+\beta_1 x, \sigma^2)$，$E(Y)=\beta_0+\beta_1 x$，回归分析就是根据样本观察值寻求 β_0，β_1 的估计 $\hat{\beta}_0$，$\hat{\beta}_1$。

对于给定的 x 值，取 $\hat{Y}=\hat{\beta}_0+\hat{\beta}_1 x$ 作为 $E(Y)=\beta_0+\beta_1 x$ 的估计，并称为 Y 关于 x 的线性回归方程或经验公式，其图像称为回归直线，$\hat{\beta}_1$ 称为回归系数。

6.1.2 回归参数 $\boldsymbol{\beta_0}$，$\boldsymbol{\beta_1}$ 的最小二乘估计

对样本的一组观察值 (x_1, y_1)，(x_2, y_2)，…，(x_n, y_n)，对每个 x_i，由线性回归方程 $\hat{Y}=\hat{\beta}_0+\hat{\beta}_1 x$ 可以确定一回归值，即 $\hat{y}_i=\hat{\beta}_0+\hat{\beta}_1 x_i$，这个回归值 $\hat{y}_i$ 与实际观察值 y_i 之差，即 $y_i-\hat{y}_i=y_i-\hat{\beta}_0-\hat{\beta}_1 x_i$ 刻画了 y_i 与回归直线 $\hat{y}=\hat{\beta}_0+\hat{\beta}_1 x$ 的偏离程度，一个自然的想法就是对所有的 x_i 若 y_i 与 $\hat{y}_i$ 的偏离越小，则认为直线与所有试验点拟合得越好。令 $Q(\beta_0, \beta_1)=\sum\limits_{i=1}^{n}(y_i-\beta_0-\beta_1 x_i)^2$，表示所有观察值 y_i 与回归直线 $\hat{y}_i$ 的偏离平方和，刻画了所有观察值与回归直线的偏离程度。最小二乘法就是寻求 β_0，β_1 的估计 $\hat{\beta}_0$，$\hat{\beta}_1$，使 $Q(\hat{\beta}_0, \hat{\beta}_1)=\min Q(\beta_0, \beta_1)$。利用微分的方法，求 Q 关于 β_0，β_1 的偏导数，并令其为零，得

$$\begin{cases}\dfrac{\partial Q}{\partial \beta_0}=-2\sum\limits_{i=1}^{n}(y_i-\beta_0-\beta_1 x_i)=0\\[2ex] \dfrac{\partial Q}{\partial \beta_1}=-2\sum\limits_{i=1}^{n}(y_i-\beta_0-\beta_1 x_i)x_i=0\end{cases}$$

整理得

$$\begin{cases}n\beta_0+\left(\sum\limits_{i=1}^{n}x_i\right)\beta_1=\sum\limits_{i=1}^{n}y_i\\[2ex] \left(\sum\limits_{i=1}^{n}x_i\right)\beta_0+\left(\sum\limits_{i=1}^{n}x_i^2\right)\beta_1=\sum\limits_{i=1}^{n}x_i y_i\end{cases}$$

称此为正规方程组，解正规方程组得

$$\begin{cases}\hat{\beta}_0=\overline{y}-\overline{x}\hat{\beta}_1\\ \hat{\beta}_1=\left(\sum\limits_{i=1}^{n}x_iy_i-n\overline{x}\,\overline{y}\right)/\left(\sum\limits_{i=1}^{n}x_i^2-n\overline{x}^2\right)\end{cases}$$

式中，$\overline{x}=\dfrac{1}{n}\sum\limits_{i=1}^{n}x_i$；$\overline{y}=\dfrac{1}{n}\sum\limits_{i=1}^{n}y_i$。

若记 $L_{xy}=\sum\limits_{i=1}^{n}(x_i-\overline{x})(y_i-\overline{y})=\sum\limits_{i=1}^{n}x_iy_i-n\overline{x}\overline{y}$，$L_{xx}=\sum\limits_{i=1}^{n}(x_i-\overline{x})^2=\sum\limits_{i=1}^{n}x_i^2-n\overline{x}^2$，则

$$\begin{cases}\hat{\beta}_0=\overline{y}-\overline{x}\hat{\beta}_1\\ \hat{\beta}_1=L_{xy}/L_{xx}\end{cases}\tag{6.2}$$

式(6.2) 称为 β_0，β_1 的最小二乘估计。而 $\hat{Y}=\hat{\beta}_0+\hat{\beta}_1x$ 为 Y 关于 X 的一元经验回归方程。

定理 6.1 若 $\hat{\beta}_0$，$\hat{\beta}_1$ 为 β_0，β_1 的最小二乘估计，则 $\hat{\beta}_0$，$\hat{\beta}_1$ 分别是 β_0，β_1 的无偏估计，且

$$\hat{\beta}_0\sim N\left(\beta_0,\sigma^2\left(\frac{1}{n}+\frac{\overline{x}^2}{L_{xx}}\right)\right),\hat{\beta}_1\sim N\left(\beta_1,\frac{\sigma^2}{L_{xx}}\right)$$

6.1.3 回归模型的检验

回归分析是要通过样本所估计的参数来代替总体的真实参数，或者说是用样本回归线代替总体回归线。尽管从统计性质上已知如果有足够多的重复抽样，参数的估计值的期望就等于其总体的参数真值，但在一次抽样中，估计值不一定就等于该真值。那么在一次抽样中，参数的估计值与真值的差异有多大、是否显著就需要进一步进行检验。回归模型的检验主要包括理论意义的检验、拟合优度检验、回归方程及变量的显著性检验、残差检验等。

(1) 理论意义的检验

前面关于线性回归方程 $\hat{Y}=\hat{\beta}_0+\hat{\beta}_1x$ 的讨论是在线性假设 $Y=\beta_0+\beta_1x+\varepsilon$，$\varepsilon\sim N(0,\sigma^2)$ 下进行的。这个线性回归方程是否有实用价值，首先要根据有关专业知识和实践来做理论意义的检验。理论意义的检验主要检查参数估计值的符号和取值区间的合理性，如果它们与实质性科学的理论以及人们的实践经验不相符，则说明模型不能很好地解释现实的现象。

(2) 拟合优度检验

拟合优度检验是检验模型对样本观测值的拟合程度。拟合程度是指样本观测值聚集在样本回归线周围的紧密程度，检验的方法是构造一个可以表征拟合程度的指标，即检验统计量，从检验对象中计算出该统计量的数值，然后与某一标准进行比较得出检验结论。为了进行拟合优度检验，先分析对样本观察值 y_1，y_2，…，y_n 的差异，它可以用总的离差平方和来度量，记为 $\text{SST}=\sum\limits_{i=1}^{n}(y_i-\overline{y})^2$，由正规方程组，有

$$\begin{aligned}\text{SST}&=\sum_{i=1}^{n}(y_i-\hat{y}_i+\hat{y}_i-\overline{y})^2\\&=\sum_{i=1}^{n}(y_i-\hat{y}_i)^2+2\sum_{i=1}^{n}(y_i-\hat{y}_i)(\hat{y}_i-\overline{y})+\sum_{i=1}^{n}(\hat{y}_i-\overline{y})^2\end{aligned}$$

$$=\sum_{i=1}^{n}(y_i-\hat{y}_i)^2+\sum_{i=1}^{n}(\hat{y}_i-\overline{y})^2$$

令 $\mathrm{SSR}=\sum_{i=1}^{n}(\hat{y}_i-\overline{y})^2$，$\mathrm{SSE}=\sum_{i=1}^{n}(y_i-\hat{y}_i)^2$，则有

$$\mathrm{SST}=\mathrm{SSE}+\mathrm{SSR} \tag{6.3}$$

式(6.3)称为总离差平方和分解公式。SSR称为回归平方和，它是由普通变量 x 的变化引起的，它的大小（与误差相比）反映了变量 x 的重要程度；SSE称为剩余平方和或残差平方和，它是由试验误差以及其他未加控制因素引起的，它的大小反映了试验误差及其他因素对试验结果的影响。下面给出SST、SSR、SSE的计算方法如下：

$$\mathrm{SST}=\sum_{i=1}^{n}(y_i-\overline{y})^2=\sum_{i=1}^{n}y_i^2-n\overline{y}^2=L_{yy},\ \mathrm{SSR}=\hat{\beta}_1{}^2L_{xx}=\hat{\beta}_1L_{xy},\mathrm{SSE}=L_{yy}-\hat{\beta}_1L_{xy}.$$

关于SSR和SSE，有下面的性质。

定理6.2 在线性模型假设下，当 H_0 成立时，$\hat{\beta}_1$ 与SSE相互独立，且 $\mathrm{SSE}/\sigma^2\sim\chi^2(n-2)$，$\mathrm{SSR}/\sigma^2\sim\chi^2(1)$。

定义：可决系数 R^2 与修正的可决系数 $\overline{R^2}$ 分别为 $R^2=\frac{\mathrm{SSR}}{\mathrm{SST}}=1-\frac{\mathrm{SSE}}{\mathrm{SST}}$，$\overline{R^2}=1-\frac{\mathrm{SSE}/n-2}{\mathrm{SST}/n-1}$。可决系数的取值在［0，1］内，$R^2$ 大小表明了在 Y 的总变差中由自由变量 x 所引起的回归变差所占的比例，它是评价两个变量之间相关关系强弱的一个重要指标。R^2 的值越接近于1，表明回归方程对实际观测值的拟合效果越好，R^2 的值越接近于0，表明回归方程对实际观测值的拟合效果越差。

对于一元线性回归分析，可决系数就是两个变量之间的相关系数的平方。相关系数的大小可以表示两个随机变量线性相关的密切程度，对于线性回归中的变量 x 和 Y，其样本的相关系数为

$$\rho=\frac{\sum_{i=1}^{n}(x_i-\overline{x})(Y_i-\overline{Y})}{\sqrt{\sum_{i=1}^{n}(x_i-\overline{x})^2\sum_{i=1}^{n}(Y_i-\overline{Y})^2}}=\frac{\sqrt{L_{xy}}}{\sqrt{L_{xx}}\sqrt{L_{yy}}}$$

它反映了普通变量 x 与随机变量 Y 之间的线性相关程度。

(3) 回归方程显著性的 F 检验与 P 值检验

回归方程显著性的 F 检验需要检验如下假设：

$$H_0:\beta_1=0,H_1:\beta_1\neq 0$$

由线性回归模型 $Y=\beta_0+\beta_1x+\varepsilon$，$\varepsilon\sim N(0,\sigma^2)$ 可知，当 $\beta_1=0$ 时，就认为 Y 与 x 之间不存在线性回归关系。在实际应用中，不显著的回归方程是不应该采用的。

由定理6.2知，当 H_0 为真时，取统计量 $F=\frac{\mathrm{SSR}/1}{\mathrm{SSE}/n-2}\sim F(1,n-2)$。由给定的显著性水平 α，查表得 $F_\alpha(1,n-2)$，根据试验数据 (x_1,y_1)，(x_2,y_2)，…，(x_n,y_n) 计算 F 的值，若 $F>F_\alpha(1,n-2)$，拒绝 H_0，表明回归效果显著；若 $F\leqslant F_\alpha(1,n-2)$，接受 H_0，此时回归效果不显著。

在SPSS软件中通常借助方差分析表来进行 F 检验。方差分析表见表6.1。

表 6.1　一元线性回归方差分析

离差名称	平方和	自由度	均方差	F
回归平方和	SSR	1	SSR/1	$\dfrac{\text{SSR}/1}{\text{SSE}/n-2}$
残差平方和	SSE	$n-2$	SSE/$n-2$	
总离差平方和	SST	$n-1$		

如果回归方程显著，意味着 SSE 应该比较小，所以 F 的值应该比较大，所以当 $F>F_\alpha(1, n-2)$ 时，拒绝原假设，认为回归方程显著。

很多科学计算软件采用 F 统计量的 P 值来检验一元线性回归模型的显著性。设随机变量 ξ 服从 $F(1, n-2)$，则定义 F 统计量对应的 P 值为 $P=P(\xi>F)$，给定显著性水平 α（默认值为 $\alpha=0.05$），如果 $P<\alpha$，则拒绝原假设 H_0：$\beta_1=0$，而采纳备择假设 H_1：$\beta_1\neq 0$。可见 P 值越小，即 F 统计量越大，回归方程就越显著。

（4）自变量显著性的 t 检验

对于一元线性回归模型（6.1），如果能由样本数据推断出拒绝原假设 H_0：$\beta_1=0$，而采纳备择假设 H_1：$\beta_1\neq 0$，则可以认为在一元线性回归模型中，自变量 x 对因变量 Y 的影响是显著的，也就是说，因变量 Y 的观测值的平均值与自变量 x 存在线性关系，反之，如果由样本数据推断出接受原假设 H_0：$\beta_1=0$，则可以认为在一元线性回归模型中，自变量 x 对因变量 Y 的影响是不显著的，也就是说，因变量 Y 的观测值的平均值与自变量 x 不存在线性关系，此时，一元线性回归模型不适用于该样本数据。

由定理 6.1 知 $(\hat{\beta}_1-\beta_1)/(\sigma/\sqrt{L_{xx}})\sim N(0,1)$，若令 $\hat{\sigma}^2=\text{SSE}/(n-2)$，则由定理 6.2 知，$\hat{\sigma}^2$ 为 σ^2 的无偏估计，$(n-2)\hat{\sigma}^2/\sigma^2=\text{SSE}/\sigma^2\sim\chi^2(n-2)$，且 $(\hat{\beta}_1-\beta_1)/(\sigma/\sqrt{L_{xx}})$ 与 $(n-2)\hat{\sigma}^2/\sigma^2$ 独立，故取检验统计量为 $T=\dfrac{\hat{\beta}_1}{\hat{\sigma}}\sqrt{L_{xx}}\sim t(n-2)$。

由给定的显著性水平 α，查表得 $t_{\alpha/2}(n-2)$，根据试验数据 (x_1, y_1)，(x_2, y_2)，…，(x_n, y_n) 计算 T 的值 t，当 $|t|>t_{\alpha/2}(n-2)$ 时，拒绝 H_0，这时回归效果显著；当 $|t|\leqslant t_{\alpha/2}(n-2)$ 时，接受 H_0，此时回归效果不显著。

在一元线性回归模型中，对原假设 H_1：$\beta_1\neq 0$ 和备择假设 H_1：$\beta_1\neq 0$ 的 t 检验和 F 检验是等价的，所以回归变量显著性的 t 检验与回归方程显著性的 F 检验是等价的。

（5）残差分析

一元线性回归模型（6.1）假设随机误差 $\varepsilon\sim N(0, \sigma^2)$ 相互独立、同方差。残差分析就是根据样本数据 (x_1, y_1)，(x_2, y_2)，…，(x_n, y_n) 检验回归模型和样本数据是否符合随机误差的正态性假设。在 SPSS 软件中可以通过选择标准化残差的直方图，同时绘制正态分布曲线，观察残差是否符合正态分布来进行残差的正态性检验，也可以选择绘制标准化残差的正态概率图来判断残差是否符合正态分布。由正态分布的性质可知，应有 95% 左右的标准化残差落在 -2 和 $+2$ 之间，若有超过 5% 的标准化残差值落在区间之外，便可以否定模型的假设。残差分析同时可以检验出数据中可能包含的异常值，即是指数据集中过大或过小的观测值，异常值的存在对于回归方程的拟合、可决系数及显著性检验结果有很大的影响。如果标准化残差或学生化残差小于 -2 或大于 $+2$，就可以将其所对应的观测值识别为异常值。

6.1.4　回归模型的预测

在回归问题中，若回归方程经检验效果显著，这时回归值与实际值就拟合较好，因而可

以利用它对因变量 Y 的新观察值 y_0 进行点预测或区间预测。对于给定的 x_0，由回归方程可得到回归值 $\hat{y}_0=\hat{\beta}_0+\hat{\beta}_1 x_0$，称 $\hat{y}_0$ 为 Y 在 x_0 的预测值，Y 的观察值 y_0 与预测值 $\hat{y}_0$ 之差称为预测误差。在实际问题中预测的真正意义就是在一定的显著性水平 α 下，寻找一个正数 $\delta(x_0)$，使得实际观察值 y_0 以 $1-\alpha$ 的概率落入区间 $(\hat{y}_0-\delta(x_0),\hat{y}_0+\delta(x_0))$ 内，即 $P\{|Y_0-\hat{y}_0|<\delta(x_0)\}=1-\alpha$，由定理 6.1 知 $Y_0-\hat{y}_0\sim N\left(0,\left[1+\frac{1}{n}+\frac{(x-\overline{x})^2}{L_{xx}}\right]\sigma^2\right)$，又因 $Y_0-\hat{y}_0$ 与$\hat{\sigma}^2$ 相互独立，且$\frac{(n-2)\hat{\sigma}^2}{\sigma^2}\sim\chi^2(n-2)$，所以 $T=(Y_0-\hat{y}_0)\Big/\left[\hat{\sigma}\sqrt{1+\frac{1}{n}+\frac{(x_0-\overline{x})^2}{L_{xx}}}\right]\sim t(n-2)$，故对给定的显著性水平 α，求得 $\delta(x_0)=t_{\alpha/2}(n-1)\hat{\sigma}\sqrt{1+\frac{1}{n}+\frac{(x_0-\overline{x})^2}{L_{xx}}}$，故得 y_0 的置信水平为 $1-\alpha$，其预测区间为 $(\hat{y}_0-\delta(x_0),\hat{y}_0+\delta(x_0))$。

显而易见，y_0 的预测区间长度为 $2\delta(x_0)$，对给定的 α，x_0 越靠近样本均值 $\overline{x}$，$\delta(x_0)$ 越小，预测区间长度越小，效果越好。当 n 很大，并且 x_0 较接近 $\overline{x}$ 时，有 $\sqrt{1+\frac{1}{n}+\frac{(x_0-\overline{x})^2}{L_{xx}}}\approx 1$，$t_{\alpha/2}(n-2)\approx u_{\alpha/2}$，则预测区间近似为 $(\hat{y}_0-u_{\alpha/2}\hat{\sigma},\hat{y}_0+u_{\alpha/2}\hat{\sigma})$。

一元线性回归分析在 SPSS 软件下可选择菜单栏中的【Analyze（分析）】→【Regression（回归）】→【Linear（线性）】命令来进行操作。

6.1.5 案例分析

【例 6.1】 表 6.2 中的数据是 7 大名牌饮料的广告支出与箱销售量的数据，试分析广告支出与箱销售量的关系。

表 6.2 广告支出与箱销售量

品牌	广告支出/百万美元	箱销售量/百万箱
A	131.3	1929.2
B	92.4	1384.6
C	60.4	811.4
D	55.7	541.5
E	40.2	536.9
F	29	535.6
G	11.6	219.5

(1) 问题分析

现在厂商要研究投入的广告支出与箱销售量之间的关系，则可以先绘制散点图观察数据分布特点，再建立回归模型来探讨它们之间的关系。

(2) 符号说明

y：箱销售量；　　　　　　　x：广告支出

(3) 模型建立

首先应用 SPSS 软件绘制这两组变量的散点图。选择菜单栏中的【Graphs（图形）】→【Legacy Dialogs（旧对话框）】→【Scatterplot（散点图）】，选择“Simple Scatter（简单分布）”，并单击“Define（定义）”按钮，进入散点图对话框，选中变量 y 到 Y 轴（Y Axis）选项栏中，选中变量 x 到 X 轴（X Axis）选项栏中，到此单击“OK”按钮即可绘制散点图。散点图结果如图 6.1 所示。

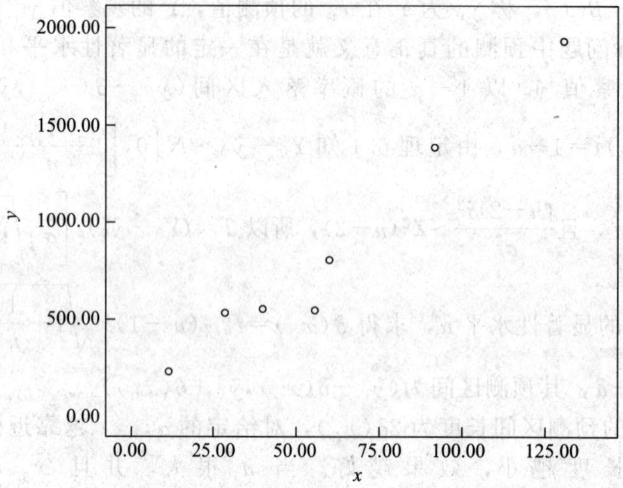

图 6.1　广告支出与箱销售量的散点图

从图 6.1 可以发现两变量之间呈线性关系，则图中的直线可以用如下方程 $y=\beta_0+\beta_1 x+\varepsilon$ 进行拟合。因此建立如下的一元线性回归模型：

$$y=\beta_0+\beta_1 x+\varepsilon$$

式中，$\varepsilon \sim N(0,\sigma^2)$；$\beta_0$，$\beta_1$ 为待定系数。

应用 SPSS 软件打开数据文件，应用菜单栏中的【Analyze】→【Regression】→【Linear】命令来进行拟合回归方程。在左侧的候选变量列表框中将 y 变量设置为因变量，将其添加至【Dependent（因变量）】列表框中，将 x 变量设置为自变量，将其添加至【Independent（自变量）】列表框中，单击“OK”按钮完成操作。

（4）模型结果分析

表 6.3 是对模型的汇总，即对方程拟合情况的描述。通过汇总结果可知相关系数为 0.978，两变量相关性较高，可决系数为 0.957，说明自变量能解释的方差在总方差中占的百分比为 95.7%，修正的可决系数为 0.948，与 1 接近，说明模型拟合效果较好。回归系数估计的标准误差为 136.21405。

表 6.4 是对一元线性回归模型进行方差分析的检验结果，主要用于分析模型整体的显著性。F 检验统计量的值为 110.420，检验的 P 值为 0.000，小于显著性水平 $\alpha=0.05$，所以拒绝原假设 H_0：$\beta_1=0$，而采纳备择假设 H_1：$\beta_1\neq 0$，该回归模型是有统计学意义的，即广告支出和箱销售量之间的线性关系是显著的。

表 6.3　模型汇总

模型	R	R^2	调整 R^2	标准估计的误差
1	0.978	0.957	0.948	136.21405

表 6.4　一元线性回归模型的方差分析

模型		平方和	df	均方	F	Sig.
1	回归	2048759.078	1	2048759.078	110.420	0.000
	残差	92771.339	5	18554.268		
	总计	2141530.417	6			

表 6.5 是对一元线性回归模型的回归系数估计结果和回归变量的显著性检验结果。回归系数 $\hat{\beta}_0=-15.420$，$\hat{\beta}_1=14.424$，故回归方程为 $y=-15.420+14.424x$，这表明广告支出每增加 1 个单位，箱销售量平均增加 14.424 个单位，说明了广告支出这种促销方式的有效性。对回归变量显著性的 t 检验中，对常数项 β_0 的 t 检验是其是否显著为 0，但在回归分析问题中一般是没有实际意义的，因此不用加以关心。回归系数 β_1 的 t 检验统计量值为 10.508，检验 P 值为 0.000，小于显著性水平 $\alpha=0.05$，所以应该拒绝原假设，认为 β_1 显著不为 0。

表 6.5 回归系数

模型		非标准化估计系数		标准化估计系数	t	Sig.
		β	标准误差	试用版		
1	（常量）	−15.420	97.226		−0.159	0.880
	x	14.424	1.373	0.978	10.508	0.000

残差分析结果如图 6.2、图 6.3。图 6.2 是回归模型标准化残差的直方图，且同时绘制了正态分布曲线，可以看到残差基本符合正态分布，且无异常值。图 6.3 给出的是回归模型标准化残差的正态概率图（PP 图），将标准化残差与正态分布进行比较可知，残差基本符合正态分布。从以上的残差分析来看回归模型的正态性假设成立。

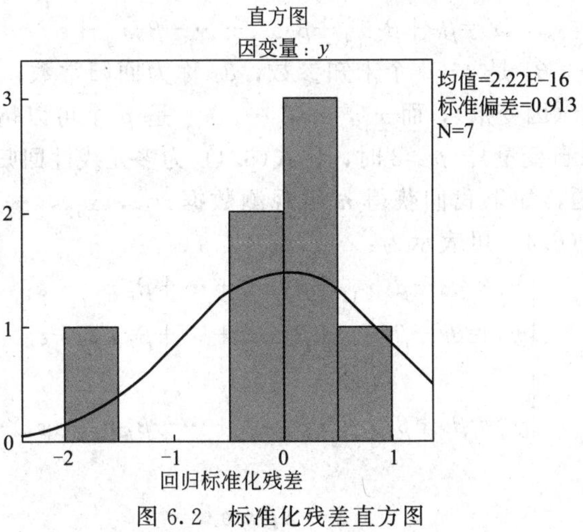

图 6.2 标准化残差直方图

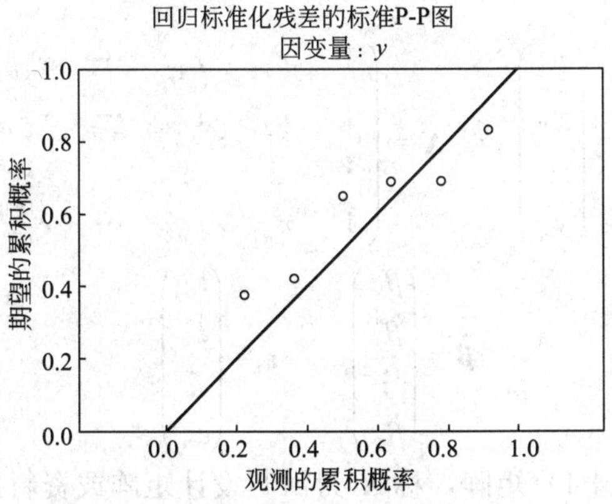

图 6.3 回归残差散点图

从以上结果分析可知广告支出与箱销售量之间的回归方程 $y=-15.420+14.424x$ 是显著的，方程拟合效果较好，残差基本服从正态分布。该回归方程可以描述广告支出与箱销售量之间的关系，并可以用于对箱销售量的预测。

6.2 多元线性回归分析

一元线性回归模型研究的是某一个因变量和一个自变量之间的关系问题，但在实际中因变量的变化常常受到不止一个自变量的影响，可能同时有两个或两个以上的自变量对因变量的变化产生影响。例如，植物生长速度就可能受温度、光照、水分、营养等许多因素的影响；家庭消费支出除了受人们的收入的影响外，还可能会受以往消费和以往收入水平的影响；汽车的需求量除了受人们的收入影响外，还会受汽车价格等的影响。在这种情况下，如果不全面考虑影响因素和只考虑一个因素是不合适的。这种研究某一个因变量和多个自变量之间的相互关系的理论和方法就是多元线性回归分析方法，它是一元线性回归模型的拓展，其基本原理与一元线性回归分析类似。本节学习多元线性回归分析。

6.2.1 多元线性回归模型的一般形式

设随机变量 Y 与一般变量 x_1，x_2，…，x_p 的线性回归模型为：

$$Y=\beta_0+\beta_1 x_1+\beta_2 x_2+\cdots+\beta_p x_p+\varepsilon \tag{6.4}$$

式中，β_0，β_1，…，β_p 是 $p+1$ 个未知参数；β_0 称为回归常数；β_1，…，β_p 称为回归系数；Y 称为被解释变量（因变量），而 x_1，x_2，…，x_p 是 p 个可以精确测量并可控制的一般变量，称为解释变量（自变量）。$p\geqslant 2$ 时，称式(6.4) 为多元线性回归模型。ε 是随机误差项。

对于一个实际问题，如果我们获得 n 组观测数据 x_{i1}，x_{i2}，…，x_{ip}，$y_i(i=1,2,\cdots,n)$，则线性回归模型（6.4）可表示为：

$$\begin{cases} y_1=\beta_0+\beta_1 x_{11}+\beta_2 x_{12}+\cdots+\beta_p x_{1p}+\varepsilon_1 \\ y_2=\beta_0+\beta_1 x_{21}+\beta_2 x_{22}+\cdots+\beta_p x_{2p}+\varepsilon_2 \\ \qquad\vdots \\ y_n=\beta_0+\beta_1 x_{n1}+\beta_2 x_{n2}+\cdots+\beta_p x_{np}+\varepsilon_n \end{cases} \tag{6.5}$$

写成矩阵形式为：

$$\boldsymbol{Y}=\boldsymbol{X\beta}+\boldsymbol{\varepsilon} \tag{6.6}$$

其中：

$$\boldsymbol{Y}=\begin{pmatrix} y_1 \\ y_2 \\ \vdots \\ y_n \end{pmatrix} \qquad \boldsymbol{X}=\begin{pmatrix} 1 & x_{11} & x_{12} & \cdots & x_{1p} \\ 1 & x_{21} & x_{22} & \cdots & x_{2p} \\ \vdots & \vdots & \vdots & & \vdots \\ 1 & x_{n1} & x_{n2} & \cdots & x_{np} \end{pmatrix}$$

$$\boldsymbol{\beta}=\begin{pmatrix} \beta_0 \\ \beta_1 \\ \vdots \\ \beta_p \end{pmatrix} \qquad \boldsymbol{\varepsilon}=\begin{pmatrix} \varepsilon_1 \\ \varepsilon_2 \\ \vdots \\ \varepsilon_n \end{pmatrix}$$

矩阵 $\boldsymbol{X}$ 是一个 $n\times(p+1)$ 矩阵，称 $\boldsymbol{X}$ 为回归设计矩阵或资料矩阵。在实验设计中，$\boldsymbol{X}$ 的元素是预先设定并可以控制的，人的主观因素可作用其中，因而称 $\boldsymbol{X}$ 为设计矩阵。

为了使参数估计量具有良好的统计性质，对多元线性回归模型可作出如下基本假设。

① 零均值假定　即 $E(\varepsilon_i)=0,(i=1,2,\cdots,n)$ 或者 $E(\varepsilon)=0$。

② 正态性假定　即 $\varepsilon_i \sim N(0,\sigma^2),(i=1,2,\cdots,n)$；

③ 同方差和无自相关假定　即

$$\mathrm{cov}(\varepsilon_i,\varepsilon_j)=E\left[(\varepsilon_i-E\varepsilon_i)(\varepsilon_j-E\varepsilon_j)\right]=E(\varepsilon_i\varepsilon_j)=\begin{cases}\sigma^2,i=j\\0,i\neq j\end{cases}(i,j=1,2,\cdots,n);$$

④ 无序列相关假定（随机误差项与解释变量不相关）　即

$$\mathrm{cov}(x_{ij},\varepsilon_i)=0,(j=1,2,\cdots,p)$$

⑤ 无多重共线性假定　解释变量 x_{i1}，x_{i2}，…，x_{ip} 是确定性变量，不是随机变量，且秩 $\mathrm{Rank}(X)=p+1<n$ 为列满秩矩阵，即表明矩阵 $\boldsymbol{X}$ 中的自变量列向量之间互不相关，那么样本容量就应大于自变量个数。

6.2.2　多元线性回归模型的参数估计

(1) 普通最小二乘估计

所谓最小二乘法，就是寻找参数 β_0，β_1，…，β_p 的估计值 $\hat{\beta}_0$，$\hat{\beta}_1$，$\hat{\beta}_2$，…，$\hat{\beta}_p$ 满足：

$$Q(\hat{\beta}_0,\hat{\beta}_1,\hat{\beta}_2,\cdots,\hat{\beta}_p)=\sum_{i=1}^{n}(y_i-\hat{\beta}_0-\hat{\beta}_1x_{i1}-\hat{\beta}_2x_{i2}-\cdots-\hat{\beta}_px_{ip})^2$$

$$=\min_{\beta_0,\beta_1,\cdots,\beta_p}\sum_{i=1}^{n}(y_i-\beta_0-\beta_1x_{i1}-\beta_2x_{i2}-\cdots-\beta_px_{ip})^2$$

依照上式求出的 $\hat{\beta}_0$，$\hat{\beta}_1$，$\hat{\beta}_2$，…，$\hat{\beta}_p$ 称为回归参数 β_0，β_1，…，β_p 的最小二乘估计。由微积分知识可知，只需求 Q 关于待估参数 $\hat{\beta}_j(j=0,1,2,\cdots,p)$ 的偏导数，并令其值为零，就可得到待估参数估计值的正规方程组：

$$\begin{cases}\sum(\hat{\beta}_0+\hat{\beta}_1x_{i1}+\hat{\beta}_2x_{i2}+\cdots+\hat{\beta}_px_{ip})=\sum y_i\\ \sum(\hat{\beta}_0+\hat{\beta}_1x_{i1}+\hat{\beta}_2x_{i2}+\cdots+\hat{\beta}_px_{ip})x_{i1}=\sum y_ix_{i1}\\ \sum(\hat{\beta}_0+\hat{\beta}_1x_{i1}+\hat{\beta}_2x_{i2}+\cdots+\hat{\beta}_px_{ip})x_{i2}=\sum y_ix_{i2}\\ \vdots\\ \sum(\hat{\beta}_0+\hat{\beta}_1x_{i1}+\hat{\beta}_2x_{i2}+\cdots+\hat{\beta}_px_{ip})x_{ip}=\sum y_ix_{ip}\end{cases}$$

解这 $p+1$ 个方程组成的线性代数方程组，即可得到 $p+1$ 个待估参数的估计值 $\hat{\beta}_j(j=0,1,2,\cdots,p)$。

用矩阵形式表示的正规方程组

$$(\boldsymbol{X}'\boldsymbol{X})\hat{\boldsymbol{\beta}}=\boldsymbol{X}'\boldsymbol{Y}$$

当 $(\boldsymbol{X}'\boldsymbol{X})^{-1}$ 存在时，即得回归参数的最小二乘估计为：

$$\hat{\boldsymbol{\beta}}=(\boldsymbol{X}'\boldsymbol{X})^{-1}\boldsymbol{X}'\boldsymbol{Y}\tag{6.7}$$

(2) 最大似然估计

对于多元线性回归模型式(6.4)，由于 $\varepsilon_i \sim N(0,\sigma^2)$，所以 $y_i \sim N(\boldsymbol{X}_i\boldsymbol{\beta},\sigma^2)$，其中 $\boldsymbol{X}_i=(1\quad x_{i1}\quad x_{i2}\quad\cdots\quad x_{ip})$。$\boldsymbol{Y}$ 的随机抽取的 n 组样本观测值的联合概率为

$$L(\boldsymbol{\beta},\sigma^2)=P(y_1,y_2,\cdots,y_n)$$
$$=\frac{1}{(2\pi)^{\frac{n}{2}}\sigma^n}\mathrm{e}^{-\frac{1}{2\sigma^2}\sum[y_i-(\beta_0+\beta_1x_{i1}+\beta_2x_{i2}+\cdots+\beta_px_{ip})]^2}$$
$$=\frac{1}{(2\pi)^{\frac{n}{2}}\sigma^n}\mathrm{e}^{-\frac{1}{2\sigma^2}(\boldsymbol{Y}-\boldsymbol{X\beta})'(\boldsymbol{Y}-\boldsymbol{X\beta})}$$

这就是变量$\boldsymbol{Y}$的似然函数。对数似然函数为

$$L^*=\ln L=-n\ln(\sqrt{2\pi}\sigma)-\frac{1}{2\sigma^2}(\boldsymbol{Y}-\boldsymbol{X\beta})'(\boldsymbol{Y}-\boldsymbol{X\beta})$$

对似然函数求极大值，即对对数似然函数求极大值也就是对$(\boldsymbol{Y}-\boldsymbol{X\beta})'(\boldsymbol{Y}-\boldsymbol{X\beta})$求极小值，就可以得到一组参数估计量$\hat{\boldsymbol{\beta}}$，即为参数的最大似然估计

$$\hat{\boldsymbol{\beta}}=(\boldsymbol{X}'\boldsymbol{X})^{-1}\boldsymbol{X}'\boldsymbol{Y} \tag{6.8}$$

显然，其结果与参数的普通最小二乘估计是相同的。

6.2.3 多元线性回归模型的检验

(1) 拟合优度检验

在一元线性回归模型中，使用可决系数R^2来衡量样本回归线对样本观测值的拟合优度。在多元线性回归模型中，也可用该统计量来衡量样本回归线对样本观测值的拟合优度。

总离差平方和： $\mathrm{SST}=\sum(y_i-\overline{y})^2$

回归平方和： $\mathrm{SSR}=\sum(\hat{y}_i-\overline{y})^2$

残差平方和： $\mathrm{SSE}=\sum(y_i-\hat{y}_i)^2$

则

$$\mathrm{SST}=\sum(y_i-\overline{y})^2=\sum[(y_i-\hat{y}_i)+(\hat{y}_i-\overline{y})]^2$$
$$=\sum(y_i-\hat{y}_i)^2+2\sum(y_i-\hat{y}_i)(\hat{y}_i-\overline{y})+\sum(\hat{y}_i-\overline{y})^2$$

由于

$$\sum(y_i-\hat{y}_i)(\hat{y}_i-\overline{y})=\sum e_i(\hat{y}_i-\overline{y})$$
$$=\hat{\beta}_0\sum e_i+\hat{\beta}_1\sum e_ix_{1i}+\cdots+\hat{\beta}_p\sum e_ix_{pi}+\overline{y}\sum e_i=0$$

所以有

$$\mathrm{SST}=\sum(\hat{y}_i-\overline{y})^2+\sum(y_i-\hat{y}_i)^2=\mathrm{SSR}+\mathrm{SSE}$$

因此在多元线性回归中，定义可决系数为回归平方和与总离差平方和的比值，即

$$R^2=\frac{\mathrm{SSR}}{\mathrm{SST}}=1-\frac{\mathrm{SSE}}{\mathrm{SST}}$$

样本可决系数R^2的取值在［0,1］区间内，R^2越接近1，表明回归方程拟合的效果越好；R^2越接近0，表明回归方程拟合的效果越差。

在应用过程中发现，如果在模型中增加一个解释变量，R^2往往增大。这是因为残差平方和往往随着解释变量个数的增加而减少，至少不会增加。但是，现实情况往往是由增加解释变量个数引起的R^2增大与拟合好坏无关，因此在多元回归模型之间比较拟合优度，R^2就不是一个合适的指标，必须加以调整。

在样本容量一定的情况下，增加解释变量必定使得自由度减少，所以调整的思路是将残差平方和与总离差平方和分别除以各自的自由度，以剔除变量个数对拟合优度的影响。记

$\overline{R}^2$ 为调整的可决系数，则有

$$\overline{R}^2=1-\frac{\mathrm{SSR}/(n-p-1)}{\mathrm{SST}/(n-1)}$$

在实际应用中，$\overline{R}^2$ 达到多大才算模型通过了检验没有绝对的标准，要看具体情况而定，模型的拟合优度并不是判断模型质量的唯一标准，有时甚至为了追求模型的经济意义，可以牺牲一点拟合优度。

(2) 回归方程显著性的 F 检验

对多元线性回归方程显著性的 F 检验就是要检验模型自变量 x_1，x_2，…，x_p 从整体上对随机变量 Y 是否有显著影响。为此提出原假设和备择假设

$$H_0:\beta_1=\beta_2=\cdots=\beta_p=0 \qquad H_1:\beta_1,\beta_2,\cdots,\beta_p \text{ 不全为零}$$

如果 H_0 没有被拒绝，则表明随机变量 Y 与 x_1，x_2，…，x_p 之间的关系由线性回归模型表示不合适。为了建立对 H_0 进行检验的 F 统计量，仍然利用总离差平方和的分解式，即

$$\mathrm{SST}=\mathrm{SSR}+\mathrm{SSE}$$

构造 F 检验统计量如下：

$$F=\frac{\mathrm{SSR}/p}{\mathrm{SSE}/(n-p-1)}$$

在正态假设下，当原假设 $H_0:\beta_1=\beta_2=\cdots=\beta_p=0$ 成立时，$F\sim F(p,\ n-p)$ 分布。于是，可以利用 F 统计量对回归方程的总体进行显著性检验。给定显著性水平 α，查 F 分布表，得到临界值 $F_\alpha(p,\ n-p)$，若 $F>F_\alpha(p,\ n-p)$，拒绝 H_0，表明回归效果显著；若 $F\leqslant F_\alpha(p,\ n-p)$，接受 H_0，此时回归效果不显著。方差分析表见表 6.6。

在 SPSS 软件中通常借助方差分析表来进行 F 检验。

表 6.6　多元线性回归方差分析

离差名称	平方和	自由度	均方差	F
回归平方和	SSR	p	SSR/p	$\frac{\mathrm{SSR}/p}{\mathrm{SSE}/n-p-1}$
残差平方和	SSE	$n-p-1$	$\mathrm{SSE}/n-p-1$	
总离差平方和	SST	$n-1$		

如果回归方程显著，意味着 SSE 应该比较小，所以 F 的值应该比较大，所以当 $F>F_\alpha(p,\ n-p)$ 时，拒绝原假设，认为回归方程显著。P 值检验与一元线性回归一样，如果 $P<\alpha$，则拒绝原假设 H_0，而采纳备择假设 H_1。可见 P 值越小，即 F 统计量越大，回归方程就越显著。

(3) 回归系数的显著性 t 检验

在多元线性回归中，回归方程显著并不意味着每个自变量对 Y 的影响都显著，因此就需要我们对每个自变量进行显著性检验。显然，如果某个自变量 x_j 对 Y 的作用不显著，那么在回归模型中，它的系数 β_j 就取值为零。为此提出假设

$$H_{0j}:\beta_j=0 \quad H_{1j}:\beta_j\neq 0,\quad j=1,2,\cdots,p$$

如果不拒绝原假设 H_{0j}，则 x_j 不显著；如果拒绝原假设 H_{0j}，则 x_j 是显著的。

因为

$$\hat{\boldsymbol{\beta}}\sim N(\boldsymbol{\beta},\sigma^2(\boldsymbol{X}'\boldsymbol{X})^{-1})$$

记

$$(\boldsymbol{X}'\boldsymbol{X})^{-1}=(c_{ij}),\quad i,j=0,1,2,\cdots,p$$

于是有

$$E(\hat{\beta}_j)=\beta_j \qquad \operatorname{var}(\hat{\beta}_j)=c_{jj}\sigma^2$$

$$\hat{\beta}_j\sim N(\beta_j,c_{jj}\sigma^2),\ j=0,1,2,\cdots,p$$

据此可以构造 t 统计量

$$t_j=\frac{\hat{\beta}_j}{\sqrt{c_{jj}}\hat{\sigma}}$$

式中，$\hat{\sigma}=\sqrt{\mathrm{SSE}/(n-p-1)}$是回归标准差。

当原假设 H_{0j}：$\beta_j=0$ 成立时，t 统计量 t_j 服从自由度为 $n-p-1$ 的 t 分布。给定显著性水平 α，查出双侧检验的临界值 $t_{\alpha/2}$。当$|t_j|\geqslant t_{\alpha/2}$时拒绝原假设 H_{0j}：$\beta_j=0$，认为 β_j 显著不为零，自变量 x_j 对因变量 Y 的线性效果显著；当$|t_j|<t_{\alpha/2}$时，不拒绝原假设 H_{0j}：$\beta_j=0$，认为 β_j 为零，自变量 x_j 对因变量 Y 的线性效果不显著。

(4) 残差分析

一个估计回归方程可能有较高的可决系数，也可能顺利通过显著性检验，但并不能因此认为它就是一个好的模型，因为无论是估计方程的得出，还是可决系数的计算，以及显著性检验，都是建立在模型假定基础之上的，如果最初几个模型假定中的任意一个是不真实的，就有理由怀疑这个估计回归方程的适用性。因此，需要回到最初的起点，来设法验证模型假定的真实性。残差分析就是证实模型假定的基本方法。进行残差分析有两个目的：一是证实关于模型中误差项随机变量 ε_i 的正态性假定；二是检验数据集中可能包含的异常值。证实模型正态性假定最直观的方法是通过观察残差图来完成，残差图的绘制在 SPSS 软件中很容易实现，如果标准化残差检验小于-2 或大于$+2$，就可以将其所对应的观测值识别为异常值。残差分析过程与一元线性回归的残差分析类似，不再赘述。

(5) 自相关与 DW 检验

多元线性回归分析的一个假定是误差项 ε_i 的相互独立性，即任意一次观测的误差项的取值都不应受任何其他观测的误差项取值的影响。但在实际问题中，这一假定有时很难满足，特别是当样本数据是按时间顺序搜集的时候，误差项之间会带有一定程度的相关性。因为样本中的因变量的取值虽然要受到诸自变量的影响，但它也可能会受到自身过去变动趋势的影响，而现在的变动趋势有可能影响将来的因变量的取值。这样就使得残差项无法呈独立的随机分布，而是在误差项之间形成了一种联系效应，称为自相关。用 y_t 表示 y 在 t 期的取值，若 y_t 取值依赖于 y_{t-1}，则误差项存在一阶自相关；若 y_t 取值依赖于 y_{t-2}，则误差项存在二阶自相关，依次类推。

自相关会导致线性回归分析出现严重的偏误，必须识别，这可通过残差图初步判断，一般来讲，如果残差按照时间顺序连续取正值，接着又连续取负值，则表明存在正的自相关；如果残差按照时间顺序交替地变号，则表明存在负的自相关。

更精确地检测自相关的方法是 DW 检验，其原假设为不存在自相关；备择假设为存在自相关。检验统计量为

$$\mathrm{DW}=\frac{\sum_{t=2}^{n}(e_t-e_{t-1})^2}{\sum_{t=1}^{n}e_t^2}$$

DW 检验的基本思想是：如果存在自相关，那么残差的相邻值彼此之间应当比较接近，

分子项就会比较小，进而DW值就会比较小；如果存在负相关，那么残差的相邻值彼此之间相距应当比较远，进而DW值也会比较大。

DW检验统计量的分布与样本中自变量的值有十分复杂的关系，很难导出其准确的概率密度，因此不像t检验或F检验那样，可以确定一个唯一的临界值来检验。但在数学上已经导出DW的取值为［0，4］，而且还可以就各种常用的显著性水平导出检验的临界值的上限d_u和下限d_l。杜宾和沃森编制了一个临界值表，可以从表中查出对应的显著性水平和样本容量下的临界值的上限和下限。若DW$<d_l$，则拒绝原假设，认为存在正自相关；若DW$>4-d_l$，则拒绝原假设，认为存在负自相关；若$d_u<$DW$<4-d_l$，则不能拒绝原假设，认为不存在自相关；若$d_l\leqslant$DW$\leqslant d_u$或$4-d_u\leqslant$DW$\leqslant 4-d_l$，则无法确定是否存在自相关。一般地，当DW值在2附近时，模型不存在一阶自相关。

自相关多数出现在时间序列数据中，在截面数据中也可能会出现这种情况，这时称为空间自相关。一旦显著的自相关被检验出来，就需要重新建立或修改假设的模型，以消除自相关的影响。

（6）多重共线性检验

多元线性回归分析中，需要假定各个解释变量之间不存在线性关系或各个解释变量观测值之间线性无关或解释变量观测值矩阵$\boldsymbol{X}$列满秩。但是，实际数据分析中许多情况下数据不满足这一假定，即线性回归模型中的解释变量之间由于存在精确的相关关系或高度相关关系而使模型估计失真或难以估计准确，这一现象称为变量存在多重共线性。由于经济数据的限制使得模型设计不当，导致设计矩阵中解释变量间存在普遍的相关关系。完全共线性的情况并不多见，一般出现的是一定程度的共线性，即近似共线性。

当出现多重共线性时，会产生如下的不利影响：完全共线性下参数估计量不存在；近似共线性下最小二乘估计量非有效；参数估计量经济含义不合理；变量的显著性检验失去意义，可能将重要的解释变量排除在模型之外；模型的预测功能失效，变大的方差容易使区间预测的“区间”变大，使预测失去意义。

产生多重共线性的原因主要有四个。第一，样本的原因，比如样本中的解释变量个数大于观测次数。第二，变量变化的相同趋向。如时间序列样本：经济繁荣时期，各个基本经济变量（收入、消费、投资、价格）都趋于增长；衰退时期，又同时趋于下降。横截面数据：生产函数中，资本投入与劳动力投入往往出现高度相关情况，大企业二者都大，小企业二者都小。第三，模型中引入滞后变量。例如，消费是当期收入和前期收入的函数，显然两期收入间有较强的线性相关性。第四，经济变量的本质特征。检验多重共线性，一般从下面两个步骤来进行。

第一步，检验多重共线性是否存在。

① 对两个解释变量的模型，采用简单相关系数法。

求出两个变量X_1，X_2的简单相关系数r，若r接近1，则说明两变量存在较强的多重共线性。

② 对多个解释变量的模型，采用综合统计检验法。

若在最小二乘法下，模型的R^2与F值较大，但各参数估计值的t值较小，说明各解释变量对Y的联合线性作用显著，但各解释变量间存在共线性而使得它们对Y的独立作用不能分辨，故t检验不显著。这是一种经验检验。

第二步，判别存在多重共线性的范围，寻找多余变量。

① 判定系数检验法。使模型中每一个解释变量分别以其余解释变量为解释变量进行回归计算，并计算相应的拟合优度，也称为判定系数。如果在某一种形式$X_{ji}=\alpha_1 X_{1i}+$

$\alpha_2 X_{2i}+\cdots+\alpha_l X_{li}$ 中判定系数较大，则说明在该形式中作为被解释变量的 X_j 可以用其他的线性组合代替，即 X_j 与其他 X 之间存在共线性。

② 逐步回归法。在原模型中轮流减去一个解释变量作最小二乘，若结果中的 R^2 与原模型的 R^2 较接近，t 值有明显改进，则该变量为多余变量，有多重共线性。

③ 方差膨胀因子法。设计辅助函数

$$x_i=\alpha_0+\alpha_1 x_1+\cdots+\alpha_{i-1}x_{i-1}+\alpha_{i+1}x_{i+1}+\cdots+\alpha_k x_k+\varepsilon_i$$

作最小二乘回归后得判定系数 R_i^2，定义方差膨胀因子（the Variance Inflation Factor, VIF）为 $\text{VIF}_i=(1-R_i^2)^{-1}$，因子越大，多重共线性越明显。

容易计算，判定系数 $R_i^2=0.9$，VIF＝10；$R_i^2=0.8$，VIF＝5。多数观点认为 VIF＞8 或 10 时，多重共线性显著，且 X_i 为多余变量。如果多个变量的方差膨胀因子都比较大，选最大的方差膨胀因子的变量为多余的。

检验共线性的方法还很多，比如容许度法、条件指数法、方差比例法、特征值法等，这些方法在 SPSS 中都能逐一实现。

解决多重共线性问题的主要方法有逐步回归法、岭回归法、主成分分析法、偏最小二乘回归法、差分法、重新定义方程等，这里不再详细介绍。

6.2.4 多元线性回归模型的预测

对于模型

$$\hat{\boldsymbol{Y}}=\boldsymbol{X}\hat{\boldsymbol{\beta}}$$

如果给定样本以外的解释变量的观测值 $\boldsymbol{X}_0=(1,x_{01},x_{02},\cdots,x_{0p})$，可以得到被解释变量的预测值：

$$\hat{Y}_0=\boldsymbol{X}_0\hat{\boldsymbol{\beta}}$$

但严格地说，这只是被解释变量的预测值的估计值，而不是预测值。为了进行科学预测，还需求出预测值的置信区间。

由参数估计量性质容易证明

$$\hat{\boldsymbol{Y}}_0\sim N(\boldsymbol{X}_0\boldsymbol{\beta},\boldsymbol{\sigma}^2\boldsymbol{X}_0(\boldsymbol{X}'\boldsymbol{X})^{-1}\boldsymbol{X}'_0)$$

取随机干扰项的样本估计量 $\hat{\sigma}^2$，构造 t 统计量：

$$t=\frac{\hat{y}_0-E(y_0)}{\hat{\sigma}\sqrt{\boldsymbol{X}_0(\boldsymbol{X}'\boldsymbol{X})^{-1}\boldsymbol{X}'_0}}\sim t(n-p-1)$$

于是，得到 $1-\alpha$ 的置信水平下 $E(y_0)$ 的置信区间：

$$\left(\hat{y}_0-t_{\alpha/2}(n-p-1)\times\hat{\sigma}\sqrt{\boldsymbol{X}_0(\boldsymbol{X}'\boldsymbol{X})^{-1}\boldsymbol{X}'_0},\ \hat{y}_0+t_{\alpha/2}(n-p-1)\times\hat{\sigma}\sqrt{\boldsymbol{X}_0(\boldsymbol{X}'\boldsymbol{X})^{-1}\boldsymbol{X}'_0}\right)$$

式中，$t_{\alpha/2}(n-p-1)$ 为 $1-\alpha$ 的置信水平下的临界值。

多元线性回归分析在 SPSS 软件下可选择菜单栏中的【Analyze（分析）】→【Regression（回归）】→【Linear（线性）】命令来进行操作。

6.2.5 案例分析

【例 6.2】 我国民航客运量 y（万人）受到 x_1 国民收入（亿元）、x_2 消费额（亿元）、x_3 铁路客运量（万人）、x_4 民航航线里程（万千米）、x_5 来华旅游入境人数（万人）这些因素的影响，根据表 6.7 中的统计数据试建立我国民航客运量的回归模型，分析其变化趋势和主要影响因素。

表 6.7 民航客运量

年份顺序	y	x_1	x_2	x_3	x_4	x_5
第 1 年	231	3010	1888	81491	14.89	180.92
第 2 年	298	3350	2195	86389	16	420.39
第 3 年	343	3688	2531	92204	19.53	570.25
第 4 年	401	3941	2799	95300	21.82	776.71
第 5 年	445	4258	3054	99922	23.27	792.43
第 6 年	391	4736	3358	106004	22.91	947.7
第 7 年	554	5652	3905	110353	26.02	1285.2
第 8 年	744	7020	4879	112110	27.72	1783.3
第 9 年	997	7859	5552	108579	32.43	2282.0
第 10 年	1310	9313	6386	112429	38.91	2690.2
第 11 年	1442	11738	8308	122645	37.38	3169.5
第 12 年	1283	13176	9005	113807	47.19	2450.1
第 13 年	1660	14384	9663	95712	50.68	2746.2
第 14 年	2178	16557	10969	95081	55.91	3335.7
第 15 年	2886	20223	12985	99693	83.66	3311.5
第 16 年	3383	24882	15949	105458	96.08	4152.7

（1）问题分析

我国民航客运量 y（万人）受到 x_1 国民收入（亿元）、x_2 消费额（亿元）、x_3 铁路客运量（万人）、x_4 民航航线里程（万千米）、x_5 来华旅游入境人数（万人）这些因素的影响，可以考虑设民航客运量 y（万人）为回归模型的因变量，解释变量为 x_1 国民收入（亿元）、x_2 消费额（亿元）、x_3 铁路客运量（万人）、x_4 民航航线里程（万千米）、x_5 来华旅游入境人数（万人），则可设回归模型为

$$y=\beta_0+\beta_1 x_1+\beta_2 x_2+\beta_3 x_3+\beta_4 x_4+\beta_5 x_5+\varepsilon$$

式中，β_0，β_1，β_2，β_3，β_4，β_5 为待估参数；ε 是随机误差项。

模型满足多元线性回归模型的 5 个基本假设。

（2）符号说明

y：民航客运量（万人）。　　x_1：国民收入（亿元）。

x_2：消费额（亿元）。　　x_3：铁路客运量（万人）。

x_4：民航航线里程（万公里）。　　x_5：来华旅游入境人数（万人）。

（3）模型建立

设回归模型为　$y=\beta_0+\beta_1 x_1+\beta_2 x_2+\beta_3 x_3+\beta_4 x_4+\beta_5 x_5+\varepsilon$

应用 SPSS 软件求解回归参数，并进行模型检验。打开数据文件，选择菜单栏【Analyze】→【Regression】→【Linear】命令来进行操作。

首先设置参与回归分析的变量，在左侧的候选变量列表框中将 y 变量设置为回归分析的因变量，将其添加至【Dependent】列表框中，设 x_1，x_2，x_3，x_4，x_5 为自变量，将其添加至【Independent（自变量）】列表框中。在【Method】下拉框中选择回归分析的方法，本例选择系统默认方法 enter（自变量全部进入法）。在【Case Lables（案例标签）】框，选择一个变量，它的取值将作为每条记录的标签，该设置起辅助作用，不影响输出结果的变

化，本例不设置。在【WLS Weight（加权最小二乘权重)】框中选入权重变量进行加权最小二乘法的回归分析，主要是在存在异方差时选择此项，本例不设置。

然后进行回归分析结果的描述统计量输出设置与回归分析结果的图形设置。单击“Statistics（统计量）”按钮，在弹出的对话框设置输出统计量，包括回归系数和残差。【Regression Coefficients（回归系数)】框含 3 个复选框，定义回归系数的输出情况。“Estimates（估计）”复选项，选择输出与回归系数相关的统计量，包括回归系数及其标准误差、标准化回归系数、回归系数的显著性检验。“Confidence Intervals（置信区间）”复选项，选择输出非标准化回归系数的 95%的置信区间。“Covariance Matrix（协方差矩阵）”复选项，选择输出非标准化回归系数的协方差矩阵和相关系数矩阵。关于模型拟合效果的选项含 5 个选项。“Model Fit（模型拟合）”复选项，是系统默认选项，表示选择输出模型拟合过程中变量进入、退出的列表以及模型拟合情况，含相关系数、判定系数、修正的判定系数、回归方程的标准误差、回归方程的显著性检验、方差分析表，本例选择此项。“R Squared Change（R^2 变化）”复选项，输出模型拟合过程中 R^2 值、F 值和 P 值的改变情况。“Descriptives（描述性统计）”复选项，表示选择输出均值、标准差等一些变量描述，本例选择此项。“Part and Partial Correlations（部分和偏相关）”复选项，输出自变量之间的相关、部分相关和偏相关系数。本例选择此项。“Collonearity Diagnostics（共线性诊断）”复选项，表示输出共线性诊断的统计量，本例选择此项。【Residuals（残差)】框，表示选择输出残差自相关和异常值统计分析及检验结果，本例选择这一项。单击“Plot（绘图）”按钮，弹出对话框，设置回归分析诊断和预测图。本例选择输出残差的“Historgram（直方图）”和“Normal probability plot（正态概率图）”，并绘制标准化残差图，Y 轴选“*ZRESID（标准化残差）”，X 轴选“DEPENDENT（因变量）”。

最后进行回归分析的表格文件输出设置与其他输出设置。单击“Save（保存）”按钮，弹出对话框，设置回归分析的表格文件。本例选择输出“Predicted Values（预测值）”和“Residuals（残差）”，其中选择“Unstandardized（未标准化）”和“Standardized（标准化）预测值”及“Unstandardized（未标准化）和 Standardized（标准化）残差”。单击“Option（选项）”按钮，弹出对话框，设置回归分析的一些选项。本例按系统默认设置输出。【Method Criteria（方法准则)】框，主要用于逐步回归分析法的设置，此处不设置。“Include constant in equation（方程包含常数项）”复选项，表示决定在模型中是否包含截距项。【Missing Values（缺失值)】框，表示设置对缺失值的处理方式。

最后点击“OK”按钮，完成操作。

(4) 模型结果分析

表 6.8 给出了参与回归分析的 6 个变量的描述统计结果，包括均值、标准偏差和样本数。

表 6.8 描述性统计量

变量	均值	标准偏差	N
y	1159.1250	960.67239	16
x_1	9611.6875	6643.54038	16
x_2	6464.1250	4259.20986	16
x_3	102323.5625	11009.67398	16
x_4	38.4000	23.62018	16
x_5	1930.9250	1244.00533	16

表 6.9 给出了参与回归分析的 6 个变量的相关系数及其显著性检验结果。表的上半部分显示了变量的两两简单相关系数，大部分相关系数较高；下半部分给出了相关系数的显著性

检验数据。其中除了变量 y 与 x_3、x_1 与 x_3、x_2 与 x_3、x_4 与 x_3 相关性较弱之外，其余变量之间相关性都较强。

表 6.9　相关系数

变量		y	x_1	x_2	x_3	x_4	x_5
Pearson 相关性	y	1.000	0.989	0.985	0.227	0.987	0.924
	x_1	0.989	1.000	0.999	0.258	0.984	0.930
	x_2	0.985	0.999	1.000	0.296	0.976	0.945
	x_3	0.227	0.258	0.296	1.000	0.213	0.505
	x_4	0.987	0.984	0.976	0.213	1.000	0.882
	x_5	0.924	0.930	0.945	0.505	0.882	1.000
Sig.（单侧）	y	0.	0.000	0.000	0.199	0.000	0.000
	x_1	0.000	.	0.000	0.167	0.000	0.000
	x_2	0.000	0.000	.	0.132	0.000	0.000
	x_3	0.199	0.167	0.132	.	0.214	0.023
	x_4	0.000	0.000	0.000	0.214	.	0.000
	x_5	0.000	0.000	0.000	0.023	0.000	.

表 6.10 给出了模型汇总，显示了回归方程的拟合情况，模型的复相关系数为 0.998，判定系数为 0.996，调整后的判定系数为 0.994，模型拟合效果较好；DW 值为 2.298，接近于 2，可以认为模型不存在自相关。

表 6.10　模型汇总

模型	R	R^2	调整 R^2	标准估计的误差	DW
1	0.998	0.996	0.994	71.85104	2.298

表 6.11 给出了回归方程的方差分析结果及方程显著性检验结果。回归方程的 F 检验统计量值为 534.298，检验 P 值为 0.000，小于显著性水平 0.05，所以回归方程整体是显著的。

表 6.11　方差分析

模型		平方和	df	均方	F	Sig.
1	回归	13791746.035	5	2758349.207	534.298	0.000
	残差	51625.715	10	5162.572		
	总计	13843371.750	15			

表 6.12 是给出了回归方程的非标准化估计系数、标准化估计系数、系数的统计显著性检验结果以及共线性诊断的方差膨胀因子。从回归系数显著性检验结果看，只有变量 x_4，x_5 的检验 P 值小于显著性水平 0.05，通过了显著性检验，其余变量均未通过检验。但在显著性水平为 0.10 时除了常数项外五个解释变量均通过检验，一般常数项可以保留在回归方程中。但是由方差膨胀因子 VIF 值可以看出变量 x_1，x_2，x_4，x_5 的 VIF 值均大于 10，说明存在显著的共线性。按照前面所讲的方法，选取最大的方差膨胀因子的变量为多余变量，这里依次剔除变量 x_1 和 x_2 后，也就是最终只将变量 x_3，x_4，x_5 纳入回归方程，得最终结果模型汇总表 6.13、方差分析表 6.14、回归系数检验表 6.15。表 6.13 显示了消除多重共线性后回归方程的拟合情况，可见模型的调整后判定系数为 0.993，模型拟合效果较好。DW 值为 1.908，与 2 更接近，此时同样认为模型不存在自相关。由表 6.14 方差分析可知检验 P 值为 0.000，小于显著性水平 0.05，因此回归模型整体是极其显著的。表 6.15 给出了

消除多重共线性后的回归方程的非标准化估计系数、标准化估计系数值、系数的统计显著性检验结果以及共线性诊断的方差膨胀因子。因为估计方程的常数项和各变量系数对应的检验 P 值都小于显著性水平 0.05，因此各变量均具有统计显著性。由方差膨胀因子的 VIF 值可以看出变量的 VIF 值均小于 10，可认为不存在显著的多重共线性。

表 6.12 回归系数

模型		非标准化估计系数		标准化估计系数	t	Sig.	相关性			共线性统计量	
		β	标准误差				零阶	偏	部分	容差	VIF
1	（常量）	407.780	277.844		1.468	0.173					
	x_1	0.286	0.150	1.978	1.905	0.086	0.989	0.516	0.037	0.000	2892.578
	x_2	−0.443	0.215	−1.965	−2.064	0.066	0.985	−0.547	−0.040	0.000	2431.751
	x_3	−0.007	0.003	−0.081	−2.067	0.066	0.227	−0.547	−0.040	0.245	4.078
	x_4	20.253	6.994	0.498	2.896	0.016	0.987	0.675	0.056	0.013	79.285
	x_5	0.419	0.077	0.543	5.479	0.000	0.924	0.866	0.106	0.038	26.315

表 6.13 模型汇总

模型	R	R^2	调整 R^2	标准估计的误差	DW
1	0.997	0.994	0.993	79.78936	1.908

表 6.14 方差分析

模型		平方和	df	均方	F	Sig.
1	回归	13766975.651	3	4588991.884	720.821	0.000
	残差	76396.099	12	6366.342		
	总计	13843371.750	15			

表 6.15 回归系数

模型		非标准化估计系数		标准化估计系数	t	Sig.	相关性			共线性统计量	
		β	标准误差				零阶	偏	部分	容差	VIF
1	（常量）	592.121	257.808		2.297	0.040					
	x_3	−0.010	0.003	−0.119	−3.933	0.002	0.227	−0.750	−0.084	0.504	1.985
	x_4	26.434	2.249	0.650	11.752	0.000	0.987	0.959	0.252	0.150	6.651
	x_5	0.317	0.048	0.411	6.568	0.000	0.924	0.885	0.141	0.117	8.518

图 6.4 给出残差带有正态概率曲线的直方图，残差符合基本假定，模型的设定是有效的，估计结果也是可信的。

图 6.5 是标准化残差的散点图，可以观察到标准化残差分布在−2 与+2 之间，因此，判断残差符合正态分布假定，而且可以判定不存在异常值会对回归估计结果产生影响。

由以上分析结果可得，我国民航客运量的回归模型为

$$y=592.121-0.010x_3+26.434x_4+0.317x_5$$
$$(257.808)\quad(0.003)\quad(2.249)\quad(0.048)$$
$$n=16,\ R^2=0.994,\ F=720.821,\ \mathrm{DW}=1.908$$

根据该回归模型可知，我国民航客运量主要受铁路客运量、民航航线里程以及来华旅游入境人数等因素的影响，而且固定其他因素，铁路客运量每增加 1 万人，民航客运量减少 0.01 万人；民航航线里程每增加 10000km，民航客运量增加 26.434 万人；来华旅游入境人数每增加 1 万人，民航客运量增加 0.317 万人。

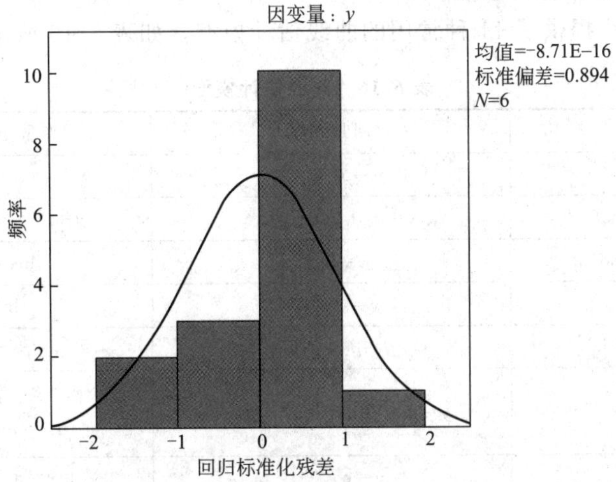

图 6.4　标准化残差直方图

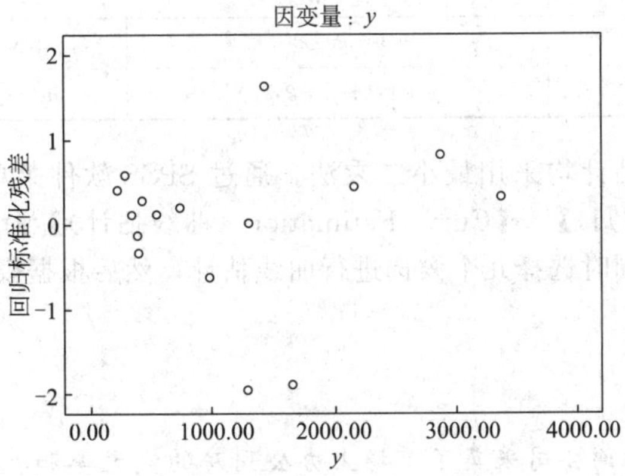

图 6.5　标准化残差散点图

6.3　常用曲线估计与一般非线性曲线回归

前面两节介绍了一元、多元线性回归分析，线性回归模型要求变量之间必须是线性关系，但在实际中，变量之间的关系往往不是简单的线性关系，而呈现为某种曲线或非线性的关系。此时，就要选择相应的曲线去反映实际变量的变动情况。常用曲线估计能够处理通过变量变换化为线性关系的非线性问题，但这些方法有一定的局限性，只能处理一部分非线性问题，而一般非线性曲线估计可以用于估计因变量和自变量之间具有任意关系的模型。本节学习常用曲线估计与一般非线性曲线回归。

6.3.1　常用曲线估计类型及线性化方法

为了决定选择的曲线类型，常用的方法是根据数据资料绘制出散点图，通过图形的变化趋势特征并结合专业知识和经验分析来确定曲线的类型，即变量之间的函数关系。在确定了变量间的函数关系后，需要估计函数关系中的未知参数，并对拟合效果进行显著性检验。虽然这里选择的是曲线方程，在方程形式上是非线性的，但可以采用变量变换的方法将这些曲线方程转化为线性方程来估计参数。

在 SPSS 软件中，提供了 11 种常用的曲线估计模型，如表 6.16 所示。

表 6.16　曲线估计模型

模型名称	回归方程	变量变换后的线性方程
线性方程(Linear)	$y=\beta_0+\beta_1 x$	
二次曲线(Quadratic)	$y=\beta_0+\beta_1 x+\beta_2 x^2$	$y=\beta_0+\beta_1 x+\beta_2 x_1(x_1=x^2)$
复合曲线(Compound)	$y=\beta_0\beta_1^x$	$\ln y=\ln\beta_0+x\ln\beta_1$
增长曲线(Growth)	$y=e^{\beta_0+\beta_1 x}$	$\ln y=\beta_0+\beta_1 x$
对数曲线(Logarithmic)	$y=\beta_0+\beta_1\ln x$	$y=\beta_0+\beta_1 x_1(x_1=\ln x)$
三次曲线(Cubic)	$y=\beta_0+\beta_1 x+\beta_2 x^2+\beta_3 x^3$	$y=\beta_0+\beta_1 x+\beta_2 x_1+\beta_3 x_2$ $(x_1=x^2, x_2=x^3)$
S 曲线(S)	$y=e^{\beta_0+\beta_1/x}$	$\ln y=\beta_0+\beta_1 x_1(x_1=1/x)$
指数曲线(Exponential)	$y=\beta_0 e^{\beta_1 x}$	$\ln y=\ln\beta_0+\beta_1 x$
逆曲线(Inverse)	$y=\beta_0+\beta_1/x$	$y=\beta_0+\beta_1 x_1(x_1=1/x)$
幂函数(Power)	$y=\beta_0 x^{\beta_1}$	$\ln y=\ln\beta_0+\beta_1 x_1(x_1=\ln x)$
逻辑函数(Logistic)	$y=1/(1/\mu+\beta_0\beta_1^x)$	$\ln(1/y-1/\mu)=\ln(\beta_0+x\ln\beta_1)$

以上变换中的参数估计均采用最小二乘法。通过 SPSS 软件菜单栏中的【Analyze（分析)】→【Regression（回归)】→【Curve Estimation（曲线估计)】命令可以实现常用曲线估计。在实际操作中可以同时选择几个候选进行曲线估计，然后根据模型的拟合效果来选择最优的曲线模型。

6.3.2　案例分析

【例 6.3】　某管理咨询公司采集了市场上办公用房的空置率和租金率的数据。对于选取的 13 个销售地区，如表 6.17 所示是这些地区的中心商业区的综合空置率和平均租金率的统计数据，试分析空置率对平均租金率的影响。

表 6.17　空置率和平均租金率

销售地区	空置率/%	平均租金率/(元/平方米)
成都	21.9	16.54
北京	6.0	33.7
武汉	18.1	18.01
大连	14.5	19.41
广州	6.6	31.42
厦门	15.9	18.74
上海	9.2	26.76
天津	19.7	17.72
杭州	20.0	18.2
西安	8.3	25.0
青岛	17.1	16.78
南宁	10.8	24.03
昆明	11.1	22.64

(1) 问题分析

要分析空置率对平均租金率的影响，因此首先绘制它们之间的散点图，观察两变量之间的关系，根据散点的大概形状与走向，选择曲线估计的模型。

(2) 符号说明

kz：空置率。zj：平均租金率。

(3) 模型建立

通过绘制空置率 kz 与平均租金率 zj 的散点图观察数据分布特征。

打开数据文件，选择 SPSS 软件菜单栏中的【Graphs（图形）】→【Legacy Dialogs（旧对话框）】→【Scatter（散点）】命令，选择【Simple Scatter（简单分布）】，点击“Define（定义）”按钮，将空置率 kz 变量添加到 Y 轴，将平均租金率 zj 变量添加到 X 轴，点击“OK”按钮，得到空置率 kz 与平均租金率 zj 的散点图 6.6。

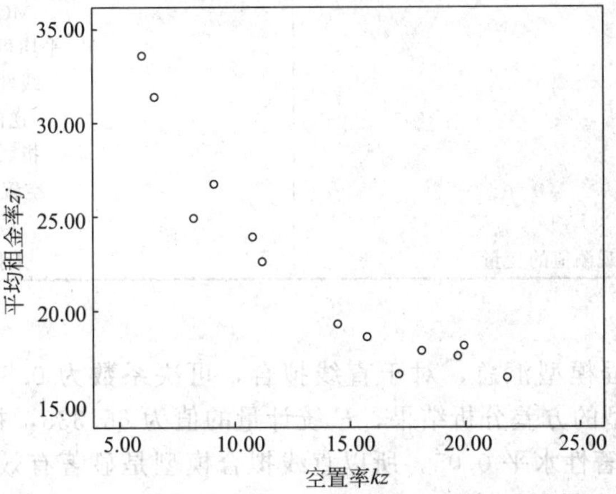

图 6.6 空置率 kz 与平均租金率 zj 的散点图

从图 6.6 可以看到，随着空置率的增加，平均租金率呈显著下降趋势，但是这种下降趋势并不是线性的，而表现为非线性关系，故可以考虑采用曲线估计的方法建立模型。

应用 SPSS 软件由样本数据建立曲线估计模型。

打开数据文件，选择菜单栏中的【Analyze】→【Regression】→【Curve Estimation】对话框，在左侧的候选变量列表框中，将平均租金率 zj 设定为因变量，将其添加至【Dependent (s)（因变量)】列表框中，将空置率 kz 设定为自变量，将其添加至【Variables（变量)】列表框中。注意对于时间序列数据，自变量也可以点击【Time（时间)】，即选择时间作为自变量。【Include constant in equation（方程包含常数项)】复选框表示选择曲线模型的方程中是否包含常数项，系统默认选中此项。【Plot models（绘制模型)】复选框表示选择是否绘制拟合曲线的图形，系统默认选中此项。在【Models（模型)】选项组中除了保留系统默认勾选的【Linear（线性模型)】复选框外，同时勾选【Exponential（指数模型)】和【Inverse（逆模型)】复选框，“Display ANOVA table（输出方差分析表）”用于选择是否输出曲线拟合模型检验的方差分析表，此处选择此项。最后单击“OK”按钮完成操作。这表示要对三种模型进行曲线估计。【Save（保存)】窗口下的选项可根据需要进行选择，简单介绍“Save”按钮的一些内容，作为了解。【Save Variables（保存变量)】复选框组表示定义需要保存的中间统计量，其中“Predicted values（预测值）”用于选择是否保存预测值，“Residuals（残差）”用于选择是否保存残差，“Prediction intervals（预测区间）”用于选择是否保存预测值的置信区间，系统默认置信度为 95%。“Predict Cases（预测观测值）”单选框组用于预测观测值组，且仅当在主窗口“Independent（自变量）”组中选择【Time（时间）】单选框时才能被激活。“Predict from estimation period through last case”表示对估计周期内的所有观测量估计它们的预测值。此周期可以由“Data”→“Select cases”来定义，若不定义则输出全部观测值的预测值。“Predict through”用来预测时间序列中最后的一个观测值之后的 n 个值，n 值可以由下方“Observation”来定义。“The Estimation Period is”即显示当前的估计周期。

（4）模型结果分析

表 6.18 是对曲线估计结果的初步描述，自变量为空置率 kz，因变量为平均租金率 zj，估计方程的类型为线性方程模型、逆曲线模型和指数曲线模型，并且三个模型中均含有常数项。

表 6.18 模型描述

模型名称		MOD_1
因变量	1	平均租金率 zj
方程	1	线性方程
	2	逆曲线
	3	指数曲线
自变量		空置率 kz
常数		包含
其值在图中标记为观测值的变量		未指定

模型 1： 线性模型。

表 6.19 是线性方程模型汇总，对于直线拟合，可决系数为 0.858，模型拟合度一般。表 6.20 是线性方程模型的方差分析结果，F 统计量的值为 66.335，拟合方程显著性检验的 P 值为 0.000，小于显著性水平 0.05，所以直线拟合模型是显著有效的。表 6.21 是线性方程模型的估计系数，自变量空置率 kz 和常数项的显著性检验 P 值均为 0.000，小于显著性水平 0.05，所以自变量和常数项都是统计显著的。并且由估计系数可得直线拟合方程如下：

$$zj = 35.536 - 0.966kz$$

表 6.19 线性方程模型汇总

R	R^2	调整 R^2	估计值的标准差
0.926	0.858	0.845	2.229

表 6.20 线性方程模型方差分析

	平方和	df	均方	F	Sig.
回归	329.568	1	329.568	66.335	0.000
残差	54.651	11	4.968		
总计	384.219	12			

表 6.21 线性方程模型估计系数

	未标准化系数		标准化系数	t	Sig.
	β	标准差	Beta		
空置率 kz	−0.966	0.119	−0.926	−8.145	0.000
（常数）	35.536	1.747		20.339	0.000

模型 2： 逆曲线模型。

表 6.22 是逆曲线模型汇总，可决系数为 0.972，模型拟合度较好。表 6.23 是逆曲线模

型的方差分析结果，F 统计量的值为 378.015，拟合方程显著性检验的 P 值为 0.000，小于显著性水平 0.05，所以逆曲线模型拟合是显著有效的。表 6.24 是逆曲线模型的估计系数，自变量空置率 kz 和常数项的显著性检验 P 值均为 0.000，小于显著性水平 0.05，所以自变量和常数项都是统计显著的。并且由估计系数可得逆曲线估计方程如下：

$$zj = 10.208 - 139.250/kz$$

表 6.22　逆曲线模型汇总

R	R^2	调整 R^2	估计值的标准差
0.986	0.972	0.969	0.994

表 6.23　逆曲线模型方差分析

	平方和	df	均方	F	Sig.
回归	373.355	1	373.355	378.015	0.000
残差	10.864	11	0.988		
总计	384.219	12			

表 6.24　逆曲线模型估计系数

	未标准化估计系数		标准化估计系数	t	Sig.
	β	标准差	Beta		
1 /空置率 kz	139.250	7.162	0.986	19.443	0.000
（常数）	10.208	0.677		15.082	0.000

模型 3： 指数曲线模型。

表 6.25 是指数曲线模型汇总，可决系数为 0.900，模型拟合度较好。表 6.26 是指数曲线模型的方差分析结果，F 统计量的值为 98.487，拟合方程显著性检验的 P 值为 0.000，小于显著性水平 0.05，所以指数曲线模型拟合是显著有效的。表 6.27 是指数曲线模型的估计系数，自变量空置率 kz 和常数项的显著性检验 P 值均为 0.000，小于显著性水平 0.05，所以自变量和常数项都是统计显著的。并且由估计系数可得指数曲线估计方程如下：

$$zj = 38.484e^{-0.042kz}$$

表 6.25　指数曲线模型汇总

R	R^2	调整 R^2	估计值的标准差
0.948	0.900	0.890	0.079

表 6.26　指数曲线模型方差分析

	平方和	df	均方	F	Sig.
回归	0.618	1	0.618	98.487	0.000
残差	0.069	11	0.006		
总计	0.687	12			

表 6.27　指数曲线模型估计系数

	未标准化估计系数		标准化估计系数	t	Sig.
	β	标准差	Beta		
空置率 kz	−0.042	0.004	−0.948	−9.924	0.000
（常数）	38.484	2.390		16.102	0.000

虽然上述三个模型都有显著的统计学意义，但从可决系数的大小可以清晰地看到逆曲线

方程较其他两种曲线方程拟合效果更好，因此选择逆曲线方程 $zj=10.208-139.250/kz$ 来描述空置率和平均租金率的关系。

最后图 6.7 所示是三个模型的拟合曲线图，此图进一步说明逆曲线方程的拟合效果最好。

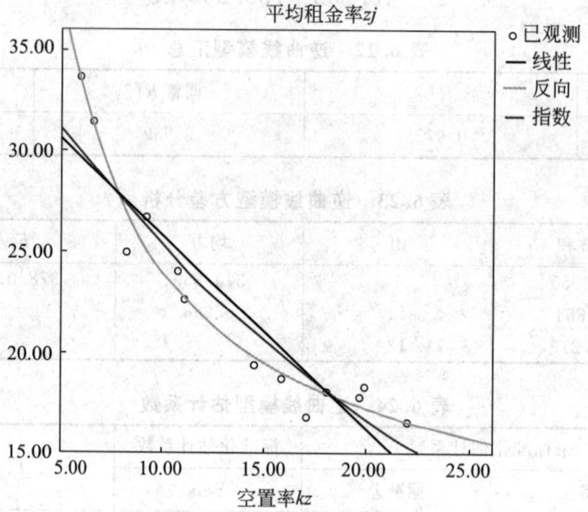

图 6.7　模型拟合曲线图

6.3.3　非线性曲线估计回归的基本原理

对于很多非线性回归模型，由曲线估计的处理方法，同样可以经过简单函数的变换之后化为一元或者多元线性回归模型。但是在一般情况下，非线性模型难以精确的线性化，故需要给予特别的考虑。

一般的非线性曲线估计回归模型可以表示为

$$Y=f(x,\beta)+\varepsilon \tag{6.9}$$

式中，x 是可以观察的独立随机变量；β 是待估计的参数；Y 是独立的观测变量，其平均数依赖于 x 和 β；ε 是随机误差。函数形式 $f(\cdot)$ 是已知的。

非线性曲线估计回归模型的参数估计方法主要有两个。一个是最小二乘法，即求 Y 与集合 $f(x,\beta)$ 的最短距离为

$$\| Y-f(x,\beta) \| \xrightarrow{\beta} \min$$

另一种方法是极大似然法，即假设误差的分布密度函数 $g(x,\beta,\sigma^2)$ 已知，作为似然函数，再求其最大值即

$$L(\beta,\sigma^2)=\prod_{i=1}^{n} g(x,\beta,\sigma^2) \xrightarrow{\beta,\sigma^2} \max$$

注意，$f(x,\beta)$ 也可能为任意形式，甚至在有的情况下没有显式关系式，且回归方程中参数的估计是通过迭代方法获得的。

通过 SPSS 软件菜单栏中的【Analyze（分析）】→【Regression（回归）】→【Nonlinear（非线性）】命令可以实现一般非线性曲线估计回归。

6.3.4　案例分析

【例 6.4】　表 6.28 是三个公司股票在 15 个月期间的股市收盘价，一家投资公司希望建

立一个回归模型，用股票 B 和股票 C 的价格来预测股票 A 的价格，试建立回归模型进行分析。

表 6.28　股票的股市收盘价

股票 A	股票 B	股票 C
41.0	36.0	35.0
39.0	36.0	35.0
38.0	38.0	32.0
45.0	51.0	41.0
41.0	52.0	39.0
43.0	55.0	55.0
47.0	57.0	52.0
49.0	58.0	54.0
41.0	62.0	65.0
35.0	70.0	77.0
36.0	72.0	75.0
39.0	74.0	74.0
33.0	83.0	81.0
28.0	101.0	92.0
31.0	107.0	91.0

(1) 问题分析

要利用股票 B 和股票 C 的价格来预测股票 A 的价格，因此选择股票 B 和股票 C 的收盘价为自变量，股票 A 的收盘价为因变量，建立如下回归方程。

$$y=f(x_1,x_2)+\varepsilon$$

(2) 符号说明

x_1：股票 B 收盘价。　　x_2：股票 C 收盘价。

y：股票 A 收盘价。　　ε：随机误差项。

(3) 模型建立

首先利用散点矩阵图来判断三个变量之间的关系。应用 SPSS 软件打开数据文件，选择菜单栏中的【Graphs（图形）】→【Legacy Dialogs（旧对话框）】→【Scatter（散点）】命令，选择【Matrix Scatter（矩阵散点）】，点击“Define（定义）”按钮，将左侧候选变量列表框中的变量 y、x_1、x_2 添加到【Matrix Varibles（矩阵变量）】框中，点击“OK”，得到三个变量的散点矩阵图 6.8。

散点矩阵分为 9 个子图，它们分别描述了三只股票中两两股票价格之间的变化。可以看到股票 A 的价格 y 和其他两只股票的价格 x_1，x_2 都存在显著的线性关系，这是否表示只需要建立一个二元线性模型即可呢？再观察股票 B 和股票 C 价格之间的散点图可知，股票 B 和股票 C 的价格 x_1，x_2 之间也存在显著的影响关系，说明这两个变量之间可能存在交叉影响。建立如下非线性曲线估计回归模型。

$$y=a+bx_1+cx_2+dx_1x_2+\varepsilon$$

式中，a，b，c，d 为待估计的参数；ε 为随机误差项。

下面要对模型中的待估计参数进行求解并进行模型检验。

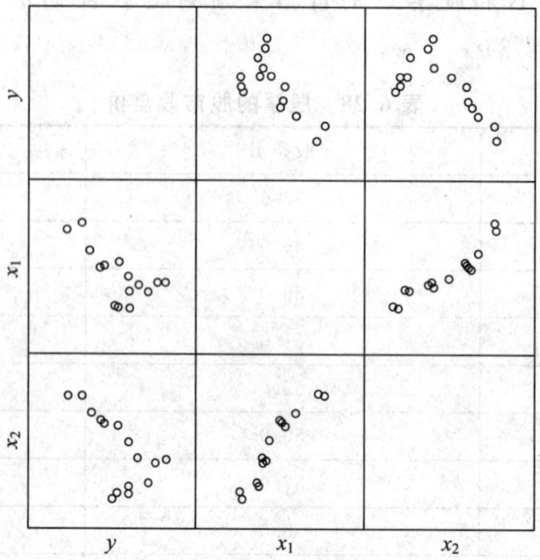

图 6.8　散点矩阵图

选择菜单栏的【Analyze】→【Regression】→【Nonlinear】命令，弹出【Nonlinear Regression（非线性回归）】对话框，其中变量 y 表示股票 A 的价格，设为因变量，变量 x_1 表示股票 B 的价格，变量 x_2 表示股票 C 的价格，变量 x_1、x_2 设为自变量。在左侧的候选变量列表框中将变量 y 添加至【Dependent（因变量）】列表框中。单击“Parameters（参数）”按钮，在弹出的【Nonlinear Regression：Parameters（非线性回归：参数）】对话框中分别输入回归模型中的四个参数 a，b，c，d，并设定它们的初始迭代值都等于1，单击“Continue（继续）”按钮，返回主对话框。在【Models Expression（模型表达式）】文本框中输入需要拟合的非线性方程式，这里的自变量 x_1、x_2 从左侧的候选变量列表框中选择，参数变量 a，b，c，d 从左侧的【Parameters（参数）】列表框中选择。方程模型的运算符号可以用鼠标从“数字符号”显示区中单击输入。单击“Save（保存）”按钮，弹出 Nonlinear Regression：Save（非线性回归：保存）对话框，勾选【Predicted Values（预测值）】和【Residuals（残差）】复选框，表示输出模型的预测值和残差。单击“Continue（继续）”按钮，返回主对话框，单击“OK”按钮，完成操作。

（4）模型结果分析

表 6.29 是回归方程参数估计的迭代过程表，这里只进行了两次迭代就达到了精度要求。观察残差平方和的变化，随着迭代的进行，残差变得越来越小。但这一过程不是无限进行下去的，当进行了两步迭代后，残差以及各参数的估计值均稳定了，模型达到收敛标准。

表 6.29　迭代过程

迭代数	残差平方和	参数			
		a	b	c	d
1.0	3.861E8	1.000	1.000	1.000	1.000
1.1	93.087	12.046	0.879	0.220	−0.010
2.0	93.087	12.046	0.879	0.220	−0.010

表 6.30 所示列出了回归模型中四个参数的迭代估计值、标准误差和 95% 的置信区间。于是得到股票 A 关于股票 B 和股票 C 的预测回归模型，计算公式如下：

$$y=12.046+0.879x_1+0.220x_2-0.010x_1x_2$$

可以看到，股票 B 和股票 C 都与股票 A 的价格变动方向相同，而且股票 B 对股票 A 的影响更大。股票 B 和股票 C 的交互项会影响股票 A 下跌，但这种影响不太明显。

表 6.30 参数估计值

参数	估计	标准误差	95%置信区间	
			下限	上限
a	12.046	9.312	−8.450	32.543
b	0.879	0.262	0.302	1.455
c	0.220	0.144	−0.095	0.536
d	−0.010	0.002	−0.015	−0.005

表 6.31 所示是模型中四个参数估计值的相关系数矩阵。对于较复杂的模型，参数间的相关系数可用来辅助进行模型的改进。

表 6.31 参数估计值的相关系数矩阵

参数	a	b	c	d
a	1.000	−0.881	−0.466	0.966
b	−0.881	1.000	0.019	−0.883
c	−0.466	0.019	1.000	−0.470
d	0.966	−0.883	−0.470	1.000

表 6.32 是非线性曲线估计回归的方差分析表。未更正的总计表示未修正的总误差平方和，其值 SST=23368.000，自由度为 15，它被分解成回归平方和 SSR=23274.913 和残差平方和 SSE=93.087，自由度分别是 4 和 11。已更正的总计是经修正的总误差平方和，其值 CSST=474.933，自由度是 14；表的最后一列是均方。

可决系数为

$$R^2=1-\frac{\text{SSE}}{\text{CSST}}=1-\frac{93.087}{474.933}=0.804$$

这个结果说明了这个非线性曲线估计回归模型的拟合效果总体来看还是不错的。

表 6.32 方差分析

误差来源	平方和	df	均方
回归	23274.913	4	5818.728
残差	93.087	11	8.462
未更正的总计	23368.000	15	
已更正的总计	474.933	14	

(5) 模型预测效果比较

为了检验模型的预测效果，在不考虑股票 B 和股票 C 交互项作用的条件下建立一个二元线性回归模型，并与非线性曲线估计回归模型进行比较。由 6.2 节方法可得到二元线性回归模型为 $y=50.855-0.119x_1-0.071x_2$，并且由模型检验结果可知，二元回归方程整体上是统计显著的，但仅常数项通过了显著性检验，而变量 x_1 和 x_2 均未通过显著性检验，可决系数为 0.472，模型拟合度不高。详细建模步骤不再详述。

最后，绘制由两个模型得到的股票价格预测图。在 SPSS 软件中选择【Graphs（图形）】→【Legacy Dialogs（旧对话框）】→【Line Charts（线图）】命令，选择“Multiple（多线图）”，在【Data in Chart Are（图表中的数据）】框中选择“Values of Individual cases（个案值）”一项，再点击“Define（定义）”按钮，将左侧候选变量列表框中的变量 y、Predicted Values、Unstandardized Predicted Value 添加到【Line Represents（线的表征）】框

中，最后单击“OK”按钮完成操作，得到图 6.9，股票价格预测图。

在图 6.9 中，给出了股票 A 价格原始数据、二元线性回归模型、非线性曲线估计回归模型三者的比较。其中 y 是股票 A 价格原始数据曲线，Predicted Values 是由非线性曲线估计回归模型 $y=12.046+0.879x_1+0.220x_2-0.010x_1x_2$ 所得到的预测曲线，Unstandardized Predicted Value 是由不考虑股票 B 和股票 C 交互项作用所建立的二元线性回归模型 $y=50.855-0.119x_1-0.071x_2$ 所得到的预测曲线。可以明显看到，非线性曲线估计回归模型的预测效果要好于二元线性回归模型的预测效果，说明引入股票 B 和股票 C 的交互项是合理的。

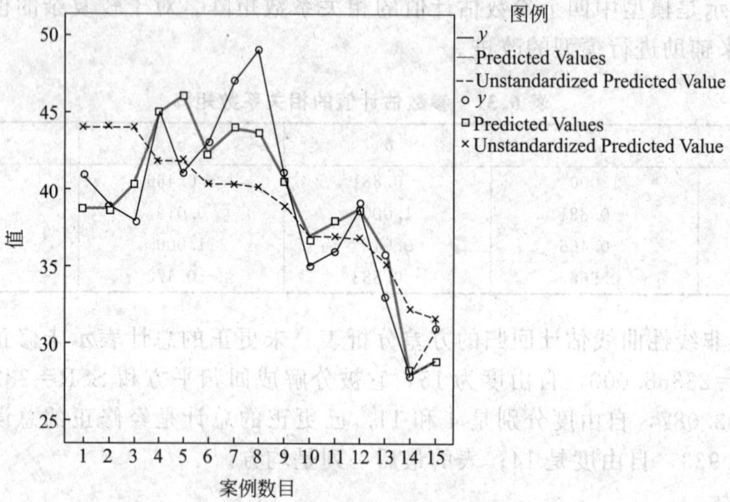

图 6.9　股票价格预测图

6.4　聚类分析

“物以类聚，人以群分”。对事物进行分类，是人们认识事物的出发点，也是人们认识世界的一种重要方法。聚类分析起源于分类学，是应用最广泛的分类技术。它是根据研究对象的特征，对研究对象进行分类的多元分析技术的总称。聚类分析能够把性质相近的个体归为一类，使得同一类中的个体具有高度同质性，不同类之间的个体具有高度异质性。聚类分析广泛应用于模式识别、数据分析、图像处理、市场研究、商业策划、技术开发等方面。本节学习使用较多的聚类分析方法，即系统聚类法和快速聚类法。

6.4.1　聚类分析的原理及分析步骤

聚类分析又称作群分析，它是研究样品或变量指标分类问题的一种多元统计方法。类，通俗地说，就是指相似元素的集合。严格的数学定义是很麻烦的，在不同问题中类的定义是不同的。聚类分析起源于分类学，随着生产技术和科学的发展，人类的认识不断加深，分类越来越细，要求也越来越高，有时光凭经验和专业知识是不能进行确切分类的，往往需要定性和定量分析结合起来去分类，于是数学工具逐渐被引进分类学中，形成了数值分类学。后来随着多元分析的引进，聚类分析又逐渐从数值分类学中分离出来而形成一个相对独立的分支。

聚类分析的基本思想是采用定量统计分析方法，对所研究的样品或变量，找出一些能够度量样品或变量之间亲疏程度的统计量，以这些统计量作为划分类型的依据，把一些相似程度较高的样品或变量聚合为一类，把另外一些彼此之间相似程度较高的样品或变量又聚合为另一类，关系密切的聚合到一个小的分类单位，关系疏远的聚合到一个大的分类单位。因而聚类分析的基本工作有两大项：一是解决相近或相似性的度量问题，即分类的统计量；二是用某种方式作为规则来归类的问题，即聚类方式。聚类分析的主要方式有系统聚类法、快速聚类法、模糊聚类法、有序样品的聚类等，本节主要介绍使用较多的系统聚类法和快速聚类法。聚类分析多用于探索性研究，最终结果是产生研究对象的分类，通过对数据的分类研究还能产生假设。聚类分析也能用于实证，对于通过其他方法确定的数据分类，可以应用聚类分析进行检验。

聚类分析根据分类对象的不同划分为 Q 型聚类分析和 R 型聚类分析。Q 型聚类分析是指对样品进行聚类。用 SPSS 的术语来说就是对 Cases（事件）进行聚类，或是说对观测量进行聚类。它是根据被观测对象的各种特征进行分类的，即根据反映被观测对象的特征的各变量值进行分类。R 型聚类分析是指对变量进行聚类。反映同一事物特点的变量有很多，往往根据研究的问题，选择部分变量对事物的某一方面进行研究。通常先对这些变量进行分类，然后再作进一步的分析。

聚类分析过程主要分为四个步骤，具体如下。

第一步，要根据研究目标确定合适的聚类变量，并进行数据预处理。

不同变量的单位经常不一样，有时不同变量的数值差别达到几个数量级，这时需要对数据进行预处理，进行标准化变换，否则数值较小的变量在描述对象的距离或相似性时其作用会严重削弱，从而影响正常的分类。

第二步，要根据聚类对象选择相应的相似性度量方法，计算样品或变量之间的相似性测度。

通常情况下，样品之间的相似性通过距离来度量，变量之间的相似性通过相似系数来度量。

第三步，选定聚类方法对样品或变量进行聚类。

这一步主要涉及两个问题，一是选定聚类方式，二是确定聚类的类数。不同的聚类方法得到的聚类结果有时是不同的。最常用的聚类方法是系统聚类法和快速聚类法。分类数的确定往往需要考虑实际案例中的分类要求和特点等。

第四步，对聚类结果进行解释分析。

聚类是一个无管理的程序，也没有客观的标准来评价聚类结果。所以得到聚类结果后，应该对结果进行验证和解释，以保证聚类结果是可信的。

6.4.2 相似性度量

在进行聚类之前，首先要对样品或变量的相似性进行分析。这里介绍两种相似性度量——距离和相似系数，前者常用来度量样品之间的相似性，后者常用来度量变量之间的相似性。距离和相似系数有着各种不同的定义，而这些定义与变量的类型有非常密切的关系。通常变量按测量尺度的不同可以分为以下三类。

① 间隔尺度变量：变量用连续的量来表示，如长度、重量、速度、温度等。

② 有序尺度变量：变量度量时不用明确的数量表示，而是用等级来表示，而是用等级来表示，如某产品分为一等品、二等品、三等品等有次序关系。

③ 名义尺度变量：变量用一些类表示，这些类之间既无等级关系也无数量关系，如性别、职业、产品的型号等。

不同类型的变量，在定义距离和相似系数时，其方法有很大差异，研究较多的是间隔尺度变量。另外要弄清Q型聚类还是R型聚类，Q型聚类是要把所有的观测记录进行分类，把性质相近的观测分在同一类中，性质差异较大的观测分在不同的类的过程。R型聚类是要把变量进行分类的过程。

(1) 距离

设有 n 个样品，每个样品测得 p 项指标（变量），原始资料矩阵为

$$\boldsymbol{X}=\begin{bmatrix} x_{11} & x_{12} & \cdots & x_{1p} \\ x_{21} & x_{22} & \cdots & x_{2p} \\ \vdots & \vdots & & \vdots \\ x_{n1} & x_{n2} & \cdots & x_{np} \end{bmatrix}$$

其中 x_{ij}，$i=1, 2, \cdots, n$，$j=1, 2, \cdots, p$ 为第 i 个样品的第 j 个指标的观测数据。第 i 个样品 $\boldsymbol{X}_i$ 为矩阵 $\boldsymbol{X}$ 的第 i 行描述，所以任何两个样品之间的相似性可以通过矩阵 $\boldsymbol{X}$ 中的对应两行的相似程度来刻画，任何两个变量之间的相似性可以通过矩阵 $\boldsymbol{X}$ 中的对应两列的相似程度来刻画。

设将 n 个样品看做 p 维空间中的 n 个点，则两个样品间的相似程度可用 p 维空间中两点间的距离来度量。令 d_{ij} 表示样品 $\boldsymbol{X}_i$ 与 $\boldsymbol{X}_j$ 的距离，则 d_{ij} 一般满足如下三个条件。

① 对一切 i，j，$d_{ij}\geqslant 0$；且 $d_{ij}=0$ 当且仅当 $\boldsymbol{X}_i=\boldsymbol{X}_j$。

② 对一切 i，j，$d_{ij}=d_{ji}$。

③ 对一切 i，j，k，$d_{ij}<d_{ik}+d_{kj}$。

聚类分析中的常用距离有六种：绝对值距离、欧氏距离、切比雪夫距离、明考斯基距离、兰氏距离、马氏距离。

① 绝对值距离：$d_{ij}(1)=\sum_{k=1}^{p}|x_{ik}-x_{jk}|$。

② 欧氏距离：$d_{ij}(2)=\left[\sum_{k=1}^{p}(x_{ik}-x_{jk})^2\right]^{1/2}$。

欧氏距离平方：$d_{ij}^2(2)=\sum_{k=1}^{p}(x_{ik}-x_{jk})^2$。

③ 切比雪夫距离：$d_{ij}(\infty)=\max\limits_{1\leqslant k\leqslant p}|x_{ik}-x_{jk}|$。

④ 明考夫斯基距离（简称明氏距离）：$d_{ij}(q)=\left[\sum_{k=1}^{p}|x_{ik}-x_{jk}|^q\right]^{1/q}$。

⑤ 兰氏距离：$d_{ij}(L)=\sum_{k=1}^{p}\dfrac{|x_{ik}-x_{jk}|}{x_{ik}+x_{jk}}$。

⑥ 马氏距离：$d_{ij}^2(M)=(\boldsymbol{X}_i-\boldsymbol{X}_j)'\sum^{-1}(\boldsymbol{X}_i-\boldsymbol{X}_j)$。

其中，$\boldsymbol{X}_i$，$\boldsymbol{X}_j$ 分别表示样品 $\boldsymbol{X}_i$，$\boldsymbol{X}_j$ 的 p 个指标变量组成的向量，即原始资料矩阵的第 i 行和第 j 行。$\boldsymbol{\Sigma}$表示 p 项指标变量的协方差矩阵。顺便给出样品 $\boldsymbol{X}$ 到总体 $\boldsymbol{G}$ 的马氏距离定义为

$$d_{ij}^2(\boldsymbol{X},\boldsymbol{G})=(\boldsymbol{X}-\boldsymbol{\mu})'\boldsymbol{\Sigma}^{-1}(\boldsymbol{X}-\boldsymbol{\mu})$$

式中，$\boldsymbol{\mu}$ 为总体的均值向量；$\boldsymbol{\Sigma}$为总体协方差阵。

在上述定义的距离中每种距离的适应情况是不一样的，例如，当各变量的测量值相差悬殊时，要用明氏距离是不合理的，常常要先对数据标准化，然后用标准化后的数据计算距离。最常用的标准化处理方法是：$x_{ij}^*=\dfrac{x_{ij}-\overline{x_j}}{S_j}$，其中 $\overline{x_j}=\dfrac{1}{n}\sum_{i=1}^{n}x_{ij}$ 是第 j 个变量的样本

均值，$S_j^2=\frac{1}{n-1}\sum_{i=1}^{n}(x_{ij}-\overline{x_j})^2$ 是第 j 个变量的样本方差。

明氏距离的不足之处主要有两点，一是距离与各指标的量纲有关；二是没有考虑指标之间的相关性。其实，绝对值距离、欧氏距离和切比雪夫距离都是明氏距离的特殊形式，所以同样有上述不足之处。兰氏距离的不足是仅适用于一切观测数据大于零的情况。这个距离有助于克服各指标之间量纲的影响，但没有考虑指标之间的相关性。马氏距离的特点是既排除了各指标变量之间相关性的干扰，而且还不受各指标量纲的影响。

这里要特别注意的是，以上定义的距离是适用于间隔尺度变量的，如果变量是有序尺度或名义尺度时，可以定义其他形式的距离。当 p 个指标都是名义尺度时，例如 $p=5$，有两个样品的取值为 $X_1=(V,Q,S,T,K)'$，$X_2=(V,M,S,F,K)'$，这两个样品的第一个指标都取 V，称为配合的；第二个指标一个取 Q，另一个取 M，称为不配合的。记配合的指标数为 m_1，不配合的指标数为 m_2，若定义它们之间的距离为 $d_{12}=\frac{m_2}{m_1+m_2}$，则这两个样品之间的距离为$\frac{2}{5}$。

(2) 相似系数

在聚类分析中不仅需要将样品分类，也需要将指标分类。在指标之间也可以定义距离，更常用的是相似系数。用 c_{ij} 表示指标 i 和指标 j 之间的相似系数。则要求如下。

① $|c_{ij}|\leqslant 1$，对一切 i，j 成立。

② $|c_{ij}|=1$，当变量 $X_i=aX_j$（a 为常数且不为 0）时。

③ $c_{ij}=c_{ji}$，对一切 i，j 成立。

$|c_{ij}|$越接近于 1，表示指标 i 和指标 j 之间的关系越密切；$|c_{ij}|$越接近于 0，表示指标 i 和指标 j 之间的关系越疏远。通常将$|c_{ij}|$大的变量归为一类，$|c_{ij}|$小的变量归为不同的类。对于间隔尺度，常用的相似系数有夹角余弦和相关系数。

① 夹角余弦。夹角余弦是将第 i 个变量的观测值（x_{1i}，x_{2i}，…，x_{ni}）′和第 j 个变量的观测值（x_{1j}，x_{2j}，…，x_{nj}）′看成是 n 维向量空间的两个向量，则这两个向量的夹角 θ_{ij} 的余弦即为两个变量的相似系数。计算公式如下

$$c_{ij}=\cos\theta_{ij}=\frac{\sum_{k=1}^{n}x_{ki}x_{kj}}{\sqrt{\sum_{k=1}^{n}x_{ki}^2}\sqrt{\sum_{k=1}^{n}x_{kj}^2}},\quad i,j=1,2,\cdots,p$$

当 $\cos\theta_{ij}=1$ 时，说明两个变量完全相似；当 $\cos\theta_{ij}$ 接近 1 时，说明两个变量相似密切；当 $\cos\theta_{ij}=0$ 时，说明两个变量完全不一样；当 $\cos\theta_{ij}$ 接近于 0 时，说明两个变量差别大。

② 相关系数。相关系数是指简单相关系数。第 i 个变量和第 j 个变量之间的相关系数定义为

$$c_{ij}=r_{ij}=\frac{\sum_{k=1}^{n}(x_{ki}-\overline{x_i})(x_{kj}-\overline{x_j})}{\sqrt{\left(\sum_{k=1}^{n}(x_{ki}-\overline{x_i})^2\right)\left(\sum_{k=1}^{n}(x_{kj}-\overline{x_j})^2\right)}},\quad i,j=1,2,\cdots,p$$

其中$\overline{x_i}$和$\overline{x_j}$分别为第 i 个变量与第 j 个变量的均值，$\overline{x_i}=\frac{1}{n}\sum_{k=1}^{n}x_{ki}$，$\overline{x_j}=\frac{1}{n}\sum_{k=1}^{n}x_{kj}$。

实际上相关系数是对数据进行标准化变换处理后的夹角余弦。聚类时，将相对而言比较相似的变量聚合为一类，将不太相似的变量归属于不同的类。然而在实际的聚类过程中，为了进行统一，距离和相似系数可以互相转换，一般取 $d_{ij}^2=1-c_{ij}^2$ 或者 $d_{ij}=1-|c_{ij}|$。

6.4.3 系统聚类法

系统聚类法也称为分层聚类法，是目前实践中使用最多的一种聚类方式。在系统聚类分析中，事先无法确定类别数。

(1) 系统聚类法的基本思想

系统聚类法的基本思想是先将所有样品各自看成一个类，然后规定样品间距离的定义和类与类间的定义，选择性质最相近（如距离最小）的两类合并为一个新类，接着计算新类与其他类的距离，再将距离最近的两类合并，这样每次缩小一类，直至所有的样品合并为一类。整个过程可以用谱系聚类图形描述出来。系统聚类法从聚类的特征来看属于聚合法，它既可以对样品聚类（这时属于Q型聚类），也可以对变量聚类（这时属于R型聚类）。

(2) 常用系统聚类法

根据聚类过程采用什么样的方法定义类与类的距离进行合并，系统聚类法可以进一步细分为以下七种常用方法。

① 最短距离法（Nearest Neighbor）。首先将距离最近的样品归入一类，即合并的前两个样品之间有最小距离和最大相似性的两个。然后计算新类中的样品和单个样品间的距离作为新类和单个样品间的距离，尚未合并的样品间的距离并未改变。在每一步，两类之间的距离是一个类的所有样品与另一个类的所有样品的两两样品之间的最短距离。

② 最长距离法（Furthest Neighbor）。与最短距离法相反，两类之间的距离为它们之间最远样品的距离。与最短距离法相比，有两点不同：一方面是类与类之间的距离定义不同；另一方面是计算新类与其他类的距离所用的公式不同。

③ 重心法（Centroid Clustering）。重心法定义类间距离为两类重心即各样品均值的距离。重心指标对类有很好的代表性，但利用各样本的信息不充分。

④ 中间距离法（Median Clustering）。两类之间的距离既不采用两类间的最短距离，也不采用最远距离，而是采用介于两者间的距离。

⑤ 类间平均连接法（Between-groups Linkage）。合并两类的结果使所有的两两项对之间的平均距离最小，项对的两个成员分别属于不同的类。

⑥ 类内平均连接法（Within-groups Linkage）。合并后的类中的所有项之间的平均距离最小，两类间的距离是合并后的类中所有可能的观测值之间的距离平方。

⑦ 离差平方和法（Ward's Method）。该方法是由Ward提出来的，所以又称为Ward法。该方法的思想来自于方差分析，如果分类正确，同类样品之间的离差平方和应当较小，类与类之间的离差平方和应当较大。具体做法是先将 n 个样品各自看成一类，然后每次将其中的两类合并成一类，每缩小一类，离差平方和就要增大，选择使离差平方和增加得最小的两类合并（如果分类正确，同类样品的离差平方和应该较小），直到所有的样品归为一类。该方法要求样品间距离采用欧氏距离。

(3) 系统聚类法的基本算法步骤

以Q型聚类分析为例说明，选择欧氏距离定义为样品间距离，类间距离采用最短距离法，则系统聚类法的基本算法步骤如下。

① 开始时每个样品自成一类，计算 n 个类两两之间的距离，得到距离矩阵记为：

$$
\boldsymbol{D}_0=\begin{bmatrix}0 & & & & \\ d_{21} & 0 & & & \\ d_{31} & d_{32} & 0 & & \\ \vdots & \vdots & \vdots & \ddots & \\ d_{n1} & d_{n2} & d_{n3} & \cdots & 0\end{bmatrix}
$$

② 在距离矩阵中寻找最小的距离值 d_{ij}，记为 $d_{i_1j_1}$，将第 i_1 类和第 j_1 类合并成第 $n-1$ 类。

③ 计算第 $n-1$ 类和其他各类之间的距离。

④ 将初始距离矩阵 $\boldsymbol{D}_0$ 中的第 i_1 行与第 j_1 行和第 i_1 列与第 j_1 列合并成一个新行和新列，类的个数也减少一个，得到距离矩阵 $\boldsymbol{D}_1$。

⑤ 在矩阵 $\boldsymbol{D}_1$ 中重复第②、③、④步，得到新的距离矩阵 $\boldsymbol{D}_2$，如此不断反复，直到所得的距离矩阵是 2×2 阶的矩阵，即把所有的 n 个样品聚成一类为止。

⑥ 将聚类过程做成谱系聚类图，根据谱系聚类图进行分类。

通过 SPSS 软件菜单栏中的【Analyze（分析）】→【Classify（分类）】→【Hierarchical Cluster（系统聚类）】命令可以进行系统聚类分析。

6.4.4 快速聚类法

系统聚类法在聚类的每一个步骤中都要计算出不同的类之间的“类间距离”，这样便使得相应的计算量会比较大；特别是当样本的容量较大时，不仅计算更加困难，而且需要占据非常大的计算机内存，这给应用带来一定的困难。而采用快速聚类法得到的结果比较简单易懂，对计算机的性能要求不高，并且计算量相较于系统聚类法要少得多，因此应用也比较广泛，特别适合大样本的聚类分析。

(1) 快速聚类法的基本思想

快速聚类法又称为 K 均值聚类法，是由麦克奎恩（MacQueen）于 1967 年提出的，它是一种非谱系聚类法，适用于事先明确分类数目以及样本量很大时的聚类分析。快速聚类法的基本思想是把每个样品聚集到其最近形心（均值）类中。这个过程由下列三步组成：

① 把样品粗略分成 K 个初始类；

② 进行修改，逐个分派样品到其最近均值的类中（通常用标准化数据或非标准化数据计算欧氏距离），重新计算接受新样品的类和失去样品的类的均值；

③ 重复第②步，直到各类无元素进出为止。

若不在一开始就粗略地把样品分到 K 个预先指定的类（第①步），也可以指定 K 个最初形式，即种子点，然后进行第②步。样品的最终聚类结果在某种程度上依赖于最初的划分或种子点的选择。为了检验聚类的稳定性，可用一个新的初始分类重新检验整个聚类算法。如果最终分类的结果与原来一样，则不必再进行计算；否则，须另行考虑聚类算法。

(2) 快速聚类法的基本算法步骤

快速聚类法的分析流程如下。

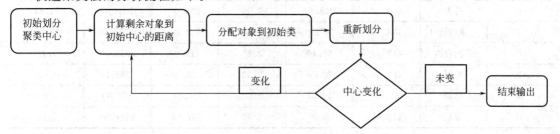

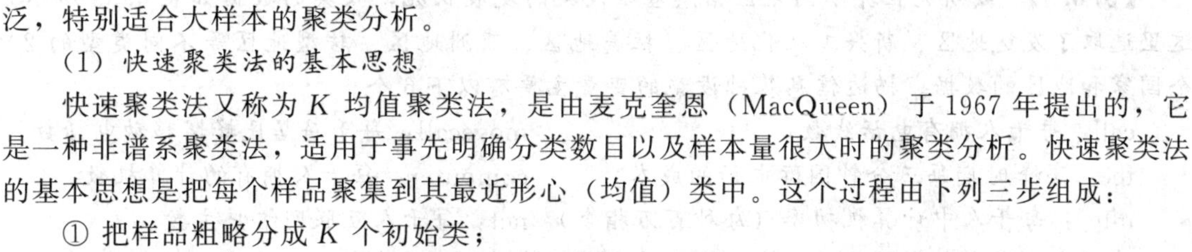

快速聚类法的基本算法步骤如下。

① 将数据进行标准化处理。

一般当变量的量纲不同时，要求对数据进行标准化处理。

② 当分类数目给定为 k 时，确定每一类的初始中心位置，也就是 k 个初始凝聚点。

一个简单的方法是选取前 k 个样品作为凝聚点。

③ 计算各个样品与 k 个凝聚点的距离，根据最近距离准则将所有样品逐个归入 k 个凝聚点所在的类，得到初始分类结果。

④ 重新计算类的中心。

⑤ 所有样品归类后即为一次聚类，形成新的聚类中心。如果满足一定的条件，如聚类次数达到指定的迭代次数或两次计算的最大类中心的变化小于初始类中心之间最小距离的一定比例，则停止聚类，否则转到第③步继续。

快速聚类和与系统聚类法一样，都是以距离的远近亲疏为标准进行聚类的。但是两者又有显著的不同之处：系统聚类法可以设定一定区间范围内的类数，如 2～5，并相应产生一系列的聚类结果，但是快速聚类法只能产生指定类数的聚类结果。具体类数的确定，离不开实践经验的积累，有时也可以借助系统聚类法以一部分样品为对象进行聚类，其结果作为快速聚类法确定类数的参考。

通过 SPSS 软件菜单栏中的【Analyze（分析）】→【Classify（分类）】→【K-Means Cluster（K 均值聚类）】命令可以进行系统聚类分析。

6.4.5 案例分析

【例 6.5】 要研究世界不同地区信息基础设施的发展状况，收集的数据如表 6.33 所示。这里选取了发达地区、新兴工业化地区、拉美地区、亚洲地区、转型地区等不同类型的 20 个国家和地区的数据。描述信息基础设施的变量主要有以下 6 个。

call：每千人拥有电话线数。 movecall：每千房居民蜂窝移动电话数。

fee：高峰时期每三分钟国际电话的成本。 computer：每千人拥有的计算机数。

mips：每千人中计算机功率（每秒百万指令）。net：每千人互联网络户主数。

请对这些国家和地区的信息基础设施的发展状况进行评价分析。

表 6.33 信息基础设施的发展状况

序号	country/region	call	movecall	fee	computer	mips	net
1	美国	631.60	161.90	0.36	403.00	26073.00	35.34
2	日本	498.40	143.20	3.57	176.00	10223.00	6.26
3	德国	557.60	70.60	2.18	199.00	11571.00	9.48
4	瑞典	684.10	281.80	1.40	286.00	16660.00	29.39
5	瑞士	644.00	93.50	1.98	234.00	13621.00	22.68
6	丹麦	620.30	248.60	2.56	296.00	17210.00	21.84
7	新加坡	498.40	147.50	2.50	284.00	13578.00	13.49
8	中国台湾	469.40	56.10	3.68	119.00	6911.00	1.72
9	韩国	434.50	73.00	3.36	99.00	5795.00	1.68
10	巴西	81.90	16.30	3.02	19.00	876.00	0.52
11	智利	138.60	8.20	1.40	31.00	1411.00	1.28

续表

序号	country/region	call	movecall	fee	computer	mips	net
12	墨西哥	92.20	9.80	2.61	31.00	1751.00	0.35
13	俄罗斯	174.90	5.00	5.12	24.00	1101.00	0.48
14	波兰	169.00	6.50	3.68	40.00	1796.00	1.45
15	匈牙利	262.20	49.40	2.66	68.00	3067.00	3.09
16	马来西亚	195.50	88.40	4.19	53.00	2734.00	1.25
17	泰国	78.60	27.80	4.95	22.00	1662.00	0.11
18	印度	13.60	0.30	6.28	2.00	101.00	0.01
19	法国	559.10	42.90	1.27	201.00	11702.00	4.76
20	英国	521.10	122.50	0.98	248.00	14461.00	11.91

（1）问题分析

要分析世界各个国家和地区的信息基础设施的发展状况，案例中选择了“每千人拥有电话线数、每千房居民蜂窝移动电话数、高峰时期每三分钟国际电话的成本、每千人拥有的计算机数、每千人中计算机功率（每秒百万指令）、每千人互联网络户主数”六个指标来反映国家和地区信息基础设施的发展情况。这个问题属于典型的多元分析问题，需要利用多个指标来分析不同国家和地区之间信息基础设施发展的差异，因此可以利用系统聚类法进行评价分析。由于表中数据有数量级差别，所以在分析时需要对数据进行中心标准化，然后再进行Q型系统聚类分析。

（2）符号说明

Y：country/region 国家或地区。

X_1：call 每千人拥有电话线数。

X_2：movecall 每千房居民蜂窝移动电话数。

X_3：fee 高峰时期每三分钟国际电话的成本。

X_4：computer 每千人拥有的计算机数。

X_5：mips 每千人中计算机功率（每秒百万指令）。

X_6：net 每千人互联网络户主数。

（3）模型建立

应用 SPSS 软件，打开数据文件，选择菜单栏中的【Analyze】→【Classify】→【Hierarchical Cluster】命令，弹出【Hierarchical Cluster Analysis（系统聚类分析）】对话框。在左侧的候选变量列表框中将变量 X_1，X_2，X_3，X_4，X_5，X_6 设定为聚类分析变量，将其添加至【Varibles（变量)】列表框中，将变量 Y 设定为指示变量，将其添加至【Lable Cases by（标注个案)】列表框中，增加输出结果的可读性。在【Cluster（聚类)】框中按默认选项选择“Cases（样品）”，表示对样品进行聚类，因为本例是要做 Q 型聚类分析，若是做 R 型聚类分析即对变量进行聚类，则应该选择“Variables（变量）”。在【Display（输出)】框中按默认选项勾选“Statistics（统计量）”和“Plots（图）”这两项，表示输出结果中要显示聚类的统计量和图。

单击“Statistics（统计量）”按钮，弹出【Hierarchical Cluster Analysis：Statistics（系统聚类分析：统计量)】对话框，系统默认选“Agglomeration schedule（合并进程表）”这一项，表示要输出聚类分析的合并进程表，另一个选项是“Proximity matrix（相似性矩阵）”，若勾选此项表示输出各类之间的距离矩阵，以矩阵形式给出各项之间的距离或相似性测量值。产生什么类型的矩阵（相似性矩阵或不相似性矩阵）取决于在【Hierarchical Cluster Analysis：Method（系统聚类分析：方法）】对话框 Measure（度量标准）选项组中的选择。在【Cluster Membership（聚类成员）】选项组中选择聚类数目相关的输出项，其中“None（无）”单选钮表示不显示类成员表，为系统默认选项，这里点选“Single solution（单一方案）”单选钮，并在对应的【Number of clusters（聚类数）】文本框中输入数字“3”，表示输出窗口中显示聚类为 3 类的分析结果。而“Range of solutions（方案范围）”单选钮在下边的【Minimum number of clusters（最小聚类数）】和【Maxmum number of clusters（最大聚类数）】文本框中输入最小聚类数目和最大聚类数目，则分别表示输出样品或变量的分类数从最小值到最大值的各种分类聚类表。输入的两个数值必须是不等于1 的正整数，最大类数值不能大于参与聚类的样品数或变量总数。单击“Continue（继续）”按钮返回主对话框。

单击“Plot（绘制）”按钮，弹出【Hierarchical Cluster Analysis：Plots（系统聚类分析：图）】对话框，在该对话框中可以选择进行聚类分析的统计图形。可选择输出的统计图有两种：一种是树状图，另一种是冰柱图。勾选【Dendrogram（树状图）】复选框，表示输出样品的聚类树形图，即谱系聚类图，其他选项保持系统默认设置，即在 Icicle（冰柱）选项组中按默认选项选择“All clusters（所有聚类）”，表示输出全部聚类结果的冰柱图，可用此图查看聚类的全过程，但如果参与聚类的个体很多会造成图形过大。在【Specified range of clusters（聚类的制定全距）】下面【Start cluster（开始聚类）】、【Stop cluster（停止聚类）】和【By（排序标准）】文本框中可以输入要显示的聚类过程的开始聚类数、终止聚类数及步长，输入的数值必须是正整数。例如输入的数值分别为 3、9、2，生成的冰柱图从第三步开始，显示第三、五、七、九步聚类的结果。“None（无）”表示不输出冰柱图。在【Orientation（方向）】选项组确定冰柱图的显示方向。默认选择“Vertical（纵向）”表示纵向显示冰柱图，而“Horizontal（横向）”表示横向显示冰柱图，此处选择横向显示。单击“Continue（继续）”按钮返回主对话框。利用聚类图可以形象地显示聚类的整个过程，因此，聚类分析一般都要求输出聚类图。

单击“Method（方法）”按钮，弹出【Hierarchical Cluster Analysis：Method（系统聚类分析：方法）】对话框，在【Transform Values（转换值）】选项组的【Standardized（标准）】下拉列表框中选择“Z scores（Z 得分）”标准化方法，表示对数据进行中心标准化，标准化后变量均值为 0，标准差为 1。【Measure（度量标准）】选项组选择距离测度方法。“Interval（区间）”单选钮表示适合于等间隔测度的连续性变量，是最常用的变量类型，在其右侧的下拉列表框中可以选择距离测度方法。“Euclidean distance”表示欧氏距离，“Squared Euclidean distance”表示欧氏距离的平方，为系统默认选项。“Cosine”表示余弦相似性测度；“Pearson correlation”表示皮尔逊相关系数；“Chebychev”表示切比雪夫距离；“Block”表示绝对值距离，也称街区距离；“Minkowski”表示明氏距离；“Customized”表示用户自定义距离。其他选项保持系统默认设置，其中【Cluster Method（聚类方法）】下拉列表框用于选择聚类方法，一共有七种系统聚类法，系统默认选择“Between-groups linkge（类间平均距离法）”，单击“Continue（继续）”按钮返回主对话框。

单击“Save”按钮，弹出【Hierarchical Cluster Analysis：Save（系统聚类分析：保存）】对话框，在该对话框中可以将聚类结果用新变量保存在当前数据文件中。其中“None（无）”表示不建立新变量，“Single solution（单一方案）”表示生成一个新变量，表明每个样品在聚类之后所属的类。在【Number of clusters（聚类数）】文本框中输入指定类数，本例输入“3”。最后单击“OK”按钮完成操作。

（4）模型结果分析

表 6.34 是由 SPSS 软件输出的聚类分析过程表。第一列“阶”列出了聚类过程的步骤号，可以看出本例共进行了 19 个步骤的分析。第二列“群集 1”和第三列“群集 2”表示某一步骤中哪些样本或类参与了合并，显示被合并的两类中的样本号或类号，合并结果取小的序号。第四列“系数”表示两个样本或类间的聚类系数，即表示被合并的两个类别之间的距离大小；第五列和第六列“首次出现阶群集”某步聚类分析中，参与聚类的是样本还是类，0 表示样本，非零数值表示类；第七列“下一阶”表示本步聚类结果在下面聚类的第几步中用到。从结果来看，在第一行中第 10 个样品巴西和第 12 个样品墨西哥首先被合并在一起，合并结果取小的序号，即归为第 10 类，样本之间的聚类系数为 0.107，这个结果将在后面的第四步聚类中用到；第二行表示第二步聚类中第 8 个样品中国台湾和第 9 个样品韩国被合并在一起，合并结果取小的序号 8，即归为第 8 类，聚类系数为 0.164，这个聚类结果将在后面的第十一步聚类中用到，依此类推解释后面的各步结果。

表 6.34　聚类过程

阶	群集组合		系数	首次出现阶群集		下一阶
	群集 1	群集 2		群集 1	群集 2	
1	10	12	0.107	0	0	4
2	8	9	0.164	0	0	11
3	13	17	0.278	0	0	7
4	10	14	0.520	1	0	6
5	3	19	0.675	0	0	14
6	10	15	1.055	4	0	10
7	13	18	1.099	3	0	15
8	7	20	1.249	0	0	12
9	4	6	1.343	0	0	17
10	10	11	1.421	6	0	13
11	2	8	1.809	0	2	16
12	5	7	1.880	0	8	14
13	10	16	2.247	10	0	15
14	3	5	2.359	5	12	16
15	10	13	3.878	13	7	18
16	2	3	4.719	11	14	18
17	1	4	6.407	0	9	19
18	2	10	11.117	16	15	19
19	1	2	25.049	17	18	0

图 6.10 是 Q 型系统聚类的水平冰柱图。横轴为“群集数”，表示分为多少类，因为系统聚类法属于聚合法，所以冰柱图应该从右往左看，纵轴为“案例”，即表示国家或地区，在“案例”所对应的所有行中，如果最近相连的两个样本行中出现阴影相连，则表示这两个样本已合并成一类，否则在该步骤时还属于不同的类。例如最后一列中类的数目为 19，即样本聚合成 19 类，其中样本 10 巴西和样本 12 墨西哥用阴影连在一起，表示两个样本聚成一类，其余样本各成一类。同理，如果聚成三类，则样本 1，4，6 为一类，即美国、瑞典、丹麦为一类；样本 2，8，9，3，19，5，7，20 为一类，即日本、中国台湾、韩国、德国、法国、瑞士、新加坡、英国为一类；样本 10，12，14，15，11，16，13，17，18 为一类，即巴西、墨西哥、波兰、匈牙利、智利、马来西亚、俄罗斯、泰国、印度为一类。这个结果

与表 6.31 是一致的。

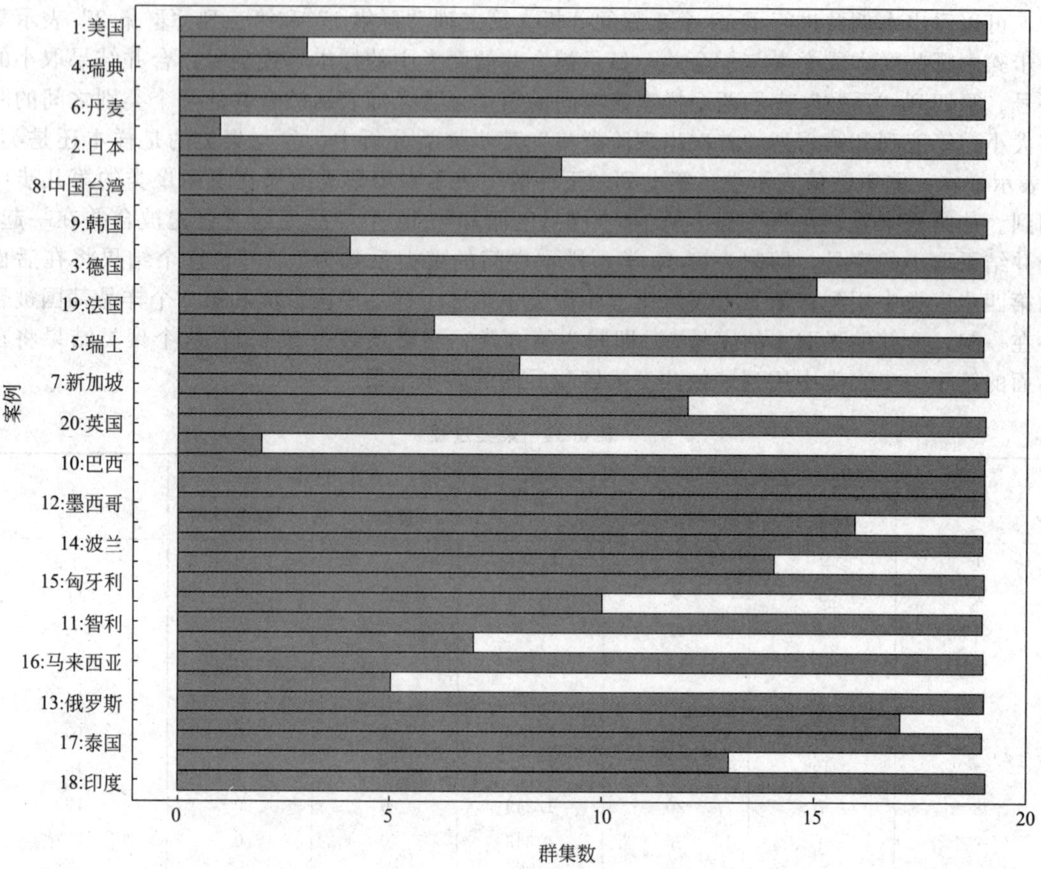

图 6.10　聚类冰柱图

图 6.11 给出了系统聚类分析的树状图，即谱系聚类图。树状图直观地显示了样本逐步合并的过程。从该图中可以看到各个类之间的距离在 25 的坐标内，这里 0～25 的距离是 SPSS 调整之后的距离，可以明显看到每个样品从单独一类逐次合并，一直到全部合并成一大类。但是如何得出最后的分类结果取决于人们选择怎样的分类标准，划分成多少类。若将样本分成 3 类，可以从树状图也可以看出样本 10，12，14，15，11，16，13，17，18 为一类，样本 8，9，2，3，19，7，20，5 为一类，样本 4，6，1 为一类。

表 6.35 给出了样本聚成 3 类时的归属情况，显示了系统聚类法的聚类结果，可以看到聚类结果分为以下三类。

第 1 类：美国、瑞典、丹麦。

第 2 类：日本、德国、瑞士、新加坡、中国台湾、韩国、法国、英国。

第 3 类：巴西、智利、墨西哥、俄罗斯、波兰、匈牙利、马来西亚、泰国、印度。

其中，第 1 类主要是美国等发达地区，它们在信息基础设施方面具有显著的优势；第 2 类是新兴工业化地区，如中国台湾、韩国、新加坡等，它们近几十年发展迅速，努力赶超第 1 类地区，在信息基础设施的发展上已经非常接近第 1 类地区第 3 类为转型地区和亚洲、拉美发展中地区，这些地区经济较不发达，基础设施薄弱，属于信息基础设施比较落后的地区。

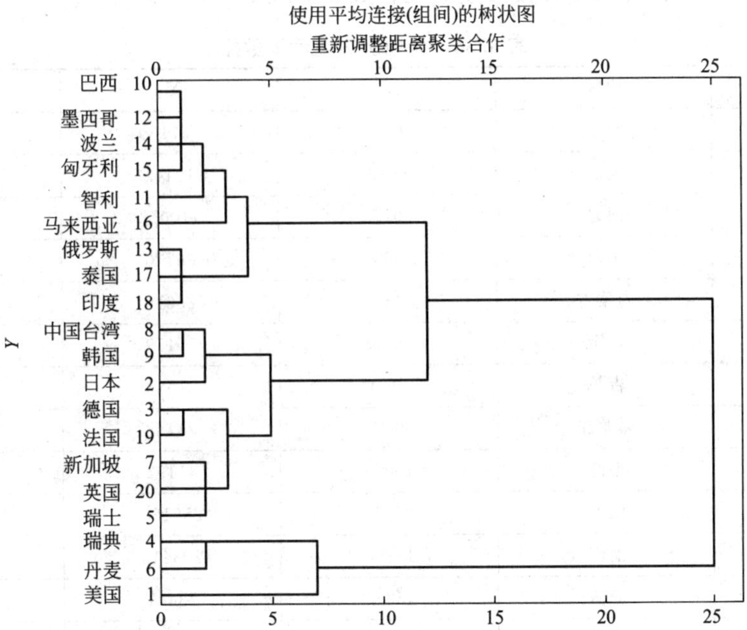

图 6.11　聚类树状图

表 6.35　聚类结果

案例	3 群集
1:美国	1
2:日本	2
3:德国	2
4:瑞典	1
5:瑞士	2
6:丹麦	1
7:新加坡	2
8:中国台湾	2
9:韩国	2
10:巴西	3
11:智利	3
12:墨西哥	3
13:俄罗斯	3
14:波兰	3
15:匈牙利	3
16:马来西亚	3
17:泰国	3
18:印度	3
19:法国	2
20:英国	2

【例 6.6】 为了更深入了解我国环境污染的污染程度状况，此例中利用 2009 年数据对全国除港、澳、台之外的 31 个省、自治区、直辖市进行评价分析。分析选用三个指标：各地区工业废气排放总量 X_1，各地区工业废水排放总量 X_2，各地区二氧化硫排放总量 X_3，

分别用来反映不同省份的环境污染程度状况，数据如表6.36所示。

表6.36 各地区环境污染数据

序号	地区	X_1	X_2	X_3
1	北京	4408	8713	11.9
2	天津	5983	19441	23.7
3	河北	50779	110058	125.3
4	山西	23693	39720	126.8
5	内蒙古	24844	28616	139.9
6	辽宁	25211	75159	105.1
7	吉林	7124	37563	36.3
8	黑龙江	9977	34188	49
9	上海	10059	41192	37.9
10	江苏	27432	256160	107.4
11	浙江	18860	203442	70.1
12	安徽	15273	73441	53.8
13	福建	10497	142747	42
14	江西	8286	67192	56.4
15	山东	35127	182673	159
16	河南	22186	140325	135.5
17	湖北	12523	91324	64.4
18	湖南	10973	96396	81.2
19	广东	22682	188844	107
20	广西	13184	161596	89
21	海南	1353	7031	2.2
22	重庆	12587	65684	74.6
23	四川	13410	105910	11.5
24	贵州	7786	13478	117.5
25	云南	9484	32375	49.9
26	西藏	15	942	0.2
27	陕西	11032	49137	80.4
28	甘肃	6314	16364	50
29	青海	3308	8404	13.6
30	宁夏	4701	21542	31.4
31	新疆	6975	24201	59

(1) 问题分析

要分析我国各地区的环境污染程度，案例中选择了各地区“工业废气排放总量”、“工业废水排放总量”和“二氧化硫排放总量”三个指标来反映不同污染程度的环境状况，同时选择了北京等省市的数据加以研究。这个问题属于典型的多元分析问题，需要利用多个指标来分析各省市之间环境污染程度的差异。因此考虑利用快速聚类分析来研究各省市之间的差异性。

(2) 符号说明

Y：地区。 X_1：工业废气排放总量。

X_2：工业废水排放总量。 X_3：二氧化硫排放总量。

(3) 模型建立

应用 SPSS 软件打开数据文件，选择菜单栏中的【Analyze】→【Classify】→【K-means Cluster】命令，弹出【K-means Cluster Analysis（K 均值聚类分析）】对话框。在左侧的候选变量列表框中将变量 X_1、X_2、X_3 设定为聚类分析变量，将其添加至【Varibles（变量）】列表框中，将变量 Y 设定为指示变量，将其添加至【Lable Cases by（标注个案）】列表框中，增加输出结果的可读性。在【Number of Clusters（聚类数）】文本框中输入数值“3”，表示将样品分为三类。在【Method（方法）】选项组中可以选择聚类方法，选择“Iterate and classify（迭代与分类）”，表示选择初始类中心，在迭代过程中不断更新聚类中心，把观测量分派到与之最近的以类中心为标志的类中去。而“Classify only（仅分类）”表示只使用初始类中心对观测量进行分类，聚类中心始终不变。

单击“Iterate（迭代）”按钮，弹出【K-means Cluster Analysis：Iterate（K 均值聚类分析：迭代）】对话框，在该对话框中可以进一步选择迭代参数。“Maximum Iterations（最大迭代次数）”用于输入 K-means 算法中的迭代次数，系统默认值为 10，选择范围为 1 至 99，当达到迭代次数上限时，即使没有满足收敛判据，迭代也停止。“Convergence Criterion（收敛性标准）”用于指定 K-Means 算法中的收敛标准，输入一个不超过 1 的正数作为判定迭代收敛的标准。系统默认的收敛标准为 0.02，显示为 0，表示两次迭代计算最小的类中心变化距离小于初始类中心距离的 2%时收敛，迭代停止。【Use running means（使用运行平均值）】复选框，勾选该选项表示每个样品一归类，立即重新计算该类的中心；不选此项表示当有多个样品归类后才计算各类的中心，这样可以节省迭代时间。本例采用默认选项，单击“Continue”按钮返回主对话框。

点击“Save（保存）”按钮，弹出【K-means Cluster Analysis：Save（K 均值聚类分析：保存）】对话框，该对话框用于选择保存新变量。其中勾选【Cluster membership（聚类成员）】复选框，表示将在当前数据文件中建立一个名为“qc1 _ 1”新变量，其值表示聚类结果，即各样品被分到哪一类。若勾选【Distance from cluster center（与聚类中心的距离）】复选框，表示在当前数据文件中建立一个名为“qc1 _ 2”的新变量，其值为各样品与所属类中心之间的欧氏距离。本例两个复选框都勾选。点击“Continue”按钮返回主对话框。

单击“Options（选项）”按钮，弹出【K-means Cluster Analysis：Options（K 均值聚类分析：选项）】对话框，用于指定要计算的统计量和带有缺失值的观测值的处理方式。其中在“Statistics（统计量）”选项组选择要输出的统计量，包括 Initial cluster centers（初始聚类中心），ANOVA table（方差分析表），Cluster information for each case（每个观测量的聚类信息），本例三个选项都选。在【Missing values（缺失值）】选项组选择处理缺失值的方法，Exclude cases listwise（按列表排除个案）表示分析变量中带有缺失值的观测量都不参与后继分析，Exclude cases pairwise（按对排除个案）表示成对剔除带有缺失值的观测量。本例中无缺失值，点击“Continue”按钮返回主对话框，最后单击“OK”按钮完成 SPSS 操作，软件自动输出结果。

(4) 模型结果分析

SPSS 软件首先给出了进行快速聚类分析的初始类中心数据，如表 6.37 所示。这里要将样品分为三类，因此有三个中心位置，但这些中心位置可能会在后继的迭代计算中进行调整。

表 6.37 快速聚类分析的初始聚类中心

	聚类		
	1	2	3
X_1	15.00	22186.00	27432.00
X_2	942.00	140325.00	256160.00
X_3	0.20	135.50	107.40

表 6.38 所示是迭代历史记录表，显示了快速聚类分析的迭代过程。第一次迭代的变化值最大，其后随之减少，最后第三次迭代时聚类中心就不再变化了。这说明迭代过程速度很快。

表 6.38 迭代历史记录

迭代	聚类中心内的更改		
	1	2	3
1	29063.875	15957.030	26705.187
2	4706.401	3783.493	22208.692
3	0.000	0.000	0.000

表 6.39 是快速聚类分析的最终结果列表。可以看到样品被分为以下三类。

第一类：北京、天津、山西、内蒙古、辽宁、吉林、黑龙江、上海、安徽、江西、海南、重庆、贵州、云南、西藏、陕西、甘肃、青海、宁夏、新疆。这 20 个地区工业废水、废气及二氧化硫的排放总量相对最低。

第二类：河北、福建、河南、湖北、湖南、广西、四川。这 7 个地区的污染程度在所有地区中位居中等水平。

第三类：江苏、浙江、山东和广东。这 4 个地区的工业废水、废气及二氧化硫排放总量是最高的，因此环境污染也最为严重。

表中最后一列给出了样品和所属类别中心的聚类，此表中的最后两列分别作为新变量保存于当前数据工作文件中。

表 6.39 聚类成员

案例号	Y	聚类	距离
1	北京	1	25118.572
2	天津	1	14329.813
3	河北	2	33599.187
4	山西	1	15229.698
5	内蒙古	1	15617.375
6	辽宁	1	44640.209
7	吉林	1	5166.302
8	黑龙江	1	970.512
9	上海	1	7974.071
10	江苏	3	48400.698
11	浙江	3	8376.070
12	安徽	1	40576.408
13	福建	2	23199.003
14	江西	1	34012.154

续表

案例号	Y	聚类	距离
15	山东	3	26705.675
16	河南	2	19382.046
17	湖北	2	30580.701
18	湖南	2	26088.916
19	广东	3	19228.624
20	广西	2	40830.064
21	海南	1	27554.069
22	重庆	1	32574.165
23	四川	2	16301.299
24	贵州	1	19856.322
25	云南	1	950.415
26	西藏	1	33762.989
27	陕西	1	15956.618
28	甘肃	1	17236.706
29	青海	1	25681.133
30	宁夏	1	12790.668
31	新疆	1	9487.038

表 6.40 所示为最终聚类中心，可以看到最后的中心位置与表 6.37 中的初始中心位置相比发生了较大的变化。

表 6.40　最终聚类中心

	聚类		
	1	2	3
X_1	9920.65	19078.86	26025.25
X_2	33219.15	121193.71	207779.75
X_3	55.98	78.41	110.88

表 6.41 为最终聚类中心间的距离，表示快速聚类分析最终确定的各类中心位置的距离，从结果来看，第一类和第三类之间的距离最大，而第二类和第三类之间的距离最短，这些结果和实际情况是相符合的。

表 6.41　最终聚类中心间的距离

聚类	1	2	3
1		88449.970	175301.923
2	88449.970		86864.233
3	175301.923	86864.233	

表 6.42 所示方差分析表显示了各个指标在不同类的均值比较情况。可以看到，各个指标在不同类之间的差异是非常明显的，这进一步验证了聚类分析结果的有效性。

表 6.42　方差分析

	聚类		误差		F	Sig.
	均方	df	均方	df		
X_1	5.458E8	2	86415059.434	28	6.316	0.005
X_2	6.018E10	2	6.317E8	28	95.270	0.000
X_3	5500.678	2	1679.276	28	3.276	0.053

表 6.43 是聚类数据汇总表，显示了聚类分析最终结果中各个类别的数目。其中第一类的数目最多，为 20；第二类的数目为 7，第三类数目最少，为 4。

表 6.43　每个类中案例数

聚类	1	20.000
	2	7.000
	3	4.000
有效		31.000
缺失		0.000

6.5　判别分析

在生产决策和日常生活中，经常会遇到根据所观测到的样本数据资料对所研究的对象进行分类判别的问题。例如，在市场预测中，根据以往调查所得的各种指标来判断下一季度产品是畅销、平销、还是滞销；在医学上，根据病人的某些症状来判断他的病属于哪种疾病；动植物学家根据动植物的特征对它们进行分类，在天气预报中，根据某些气象资料判断近期的天气变化等，判别分析就是判断所选样品属于哪一种类型的一种多元统计分析方法。判别分析要解决的问题是，在已知历史上用某些方法已把研究对象分成若干组的情况下，来判定新的观测样品应归属的组别。本节学习判别分析法。

6.5.1　判别分析基本理论

判别分析是在已知研究对象分成若干类型（或组别），并已取得各种类型的一批已知样品的观测数据，在此基础上根据某些准则建立判别式，然后对未知类型的样品进行判别分类。判别分析与聚类分析不同，对于聚类分析来说，一批给定样品要划分的类型事先并不知道，正需要通过聚类分析来确定类型。判别分析和聚类分析往往联合起来使用，例如，判别分析是要求先知道各类总体情况才能判断新样品的归类，当总体分类不清楚时，可先用聚类分析对原来的一批样品进行分类，然后再用判别分析建立判别式对新样品进行判别。根据聚类分析的基本思想即为将距离最短的两个样品合并在一起的思想，那么在判别分析中要判别一个样品来自哪一个总体，就可以计算该样品到各个总体的距离，该样品到哪一个总体的距离最近，就将该样品归为那一总体对应的类。于是就产生了距离判别这一判别方法，该方法是最直观、最简单的一种判别方法。

判别分析内容很丰富，方法很多。判别分析按判别的组别数来区分，有两组判别分析和多组判别分析；按区分不同总体所用的数学模型来分，有线性判别分析和非线性判别分析；按判别分析时所处理的变量方法不同，有逐步判别分析和序贯判别分析等。虽然判别分析算法有差异，但它们都有一个一般的过程。通常情况下，首先计算要用到的一些反映样品特征的值，比如均值等；其次，建立判别函数，即 $y=c_1x_1+c_2x_2+\cdots+c_nx_n$ 为判别函数的一般形式，其中 y 是判别指标，x_1，x_2，…，x_n 为反映对象特征的变量，c_1，c_2，…，c_n 为判别系数。建立判别函数就是要确定 c_1，c_2，…，c_n；第三，确定判别准则；第四，检验判别的效果；第五，对待判别样本进行判别归类。

判别分析中最常用到的四种判别法如下。

① 距离判别法　根据数据计算各类的重心，即均值。判别规则是某一次观测，若它与第 i 类的重心距离最接近，就认为它来自第 i 类。需要注意的是，距离判别法适合对自变量

均为连续变量的情况进行分类，对各类的分布没有特定的要求，一般情况下最常用的距离是马氏距离，这是因为马氏距离不仅考虑了观测变量之间的相关性，而且也考虑到了各个观测变量取值的差异程度，消除了各个观测变量不同量纲的影响。

② Fisher 判别法　主要思想是通过将多维数据投影到某个方向上，投影的原则是将总体与总体之间尽可能的分开，然后再选择合适的判别规则，将新的样品进行分类判别。Fisher 判别法依据方差分析的思想构造判别函数。判别函数的确定原则是使得类间的区别最大，类内的离差最小，利用判别函数计算出待判样品的判别指标，然后与判别临界值进行比较，判别它的归属。由于线性函数具有计算简单、使用方便等一些优点，所以在 Fisher 判别中也通常使用都使用线性判别函数。Fisher 判别法的应用较广，对分布、方差都没有什么限制。

③ Bayes 判别法　是为了弥补距离判别法和 Fisher 判别法的不足之处而提出的，第一，距离判别法和 Fisher 判别法与总体各自出现的概率大小无关；第二，这两种判别方法与错判之后所造成的损失无关。在考虑先验概率的前提下，利用 Bayes 公式计算样品来自第 i 类的后验概率，建立判别函数，将待判样品归入后验概率最大的类。Bayes 判别法主要应用于多组判别，并要求总体呈多元正态分布。

④ 逐步判别法　该方法与逐步回归法的思想类似，都是逐步引入变量，每引入一个最重要的变量进入判别式，同时也会考虑较早引入判别式的变量，若其判别能力不显著，应及时从判别式中剔除，直到没有变量需要剔除，也没有变量要引入为止。

判别分析最基本的要求是：分组类型在两组以上；每组案例的规模必须至少在一个以上。解释变量必须是可测量的，才能够计算其均值和方差，使其能合理地应用于统计函数。

判别分析有三个假设条件。假设之一是每一个判别变量（解释变量）不能是其他判别变量的线性组合。因为这是为其他变量线性组合的判别变量不能提供新的信息，更重要的是在这种情况下无法估计判别函数。不仅如此，有时一个判别变量与另外的判别变量高度相关，或与另外的判别变量的线性组合高度相关，虽然能求解，但参数估计的标准误差将很大，以至于参数估计统计上不显著。这就是通常所说的多重共线性。假设之二是各组变量的协方差矩阵相等。判别分析最简单和最常用的形式是采用线性判别函数，它们是判别变量的简单线性组合。在各组协方差矩阵相等的假设条件下，可以使用很简单的公式来计算判别函数和进行显著性检验。假设之三是各判别变量之间具有多元正态分布，即每个变量对于所有其他变量的固定值有正态分布。在这种条件下可以精确计算显著性检验值和分组归属的概率。当违背该假设时，计算的概率将非常不准确。

SPSS 通过判别分析自动建立的判别函数（组）为：

$$\begin{cases} d_{i1}=b_{01}+b_{11}x_{i1}+\cdots+b_{p1}x_{ip} \\ d_{i2}=b_{02}+b_{12}x_{i1}+\cdots+b_{p2}x_{ip} \\ \cdots \\ d_{ik}=b_{0k}+b_{1k}x_{i1}+\cdots+b_{pk}x_{ip} \end{cases}$$

式中：k 为判别函数组中判别函数的个数，k 值为类别数减 1 与判别变量个数的最小值；d_{ik} 为第 k 个判别函数所求得的第 i 个个案的值；p 为判别变量的个数；b_{jk} 为第 k 个判别函数的第 j 个系数；x_{ij} 为第 j 个判别变量在第 i 个个案中的取值。

这些判别函数是各个独立判别变量的线性组合。程序自动选择第一个判别函数，以尽可能多地区别各个类，然后再选择和第一个判别函数独立的第二个判别函数，尽可能多地提供判别能力。程序将按照这种方式，提供剩下的判别函数，判别函数的个数为 k。

通过 SPSS 软件菜单栏中的【Analyze（分析）】→【Classify（分类）】→【Discriminant

(判别)】命令可以进行判别分析。

6.5.2 案例分析

【例 6.7】 某年全国除港、澳、台之外各省、区、市城镇居民月平均收入情况数据如表 6.44，1～11 号省份为第一类，12～22 号省份为第二类，23～28 号省份为第三类，考察以下 9 个指标。

x_1：人均生活收入（元/人）。 x_2：人均全民所有制职工工资（元/人）。

x_3：人均来源于全民标准工资（元/人）。x_4：人均集体所有制工资（元/人）。

x_5：人均集体职工标准工资（元/人）。 x_6：人均各类奖金及超额工资（元/人）。

x_7：人均各种津贴（元/人）。 x_8：职工人均从工作单位得到的其他工资收入（元/人）。

x_9：个体劳动者收入（元/人）。

根据表 6.44 中数据判别广东和西藏属于哪种收入类型。

表 6.44 各省、区、市城镇居民月平均收入

序号	地区	X_1	X_2	X_3
1	北京	4408	8713	11.9
2	天津	5983	19441	23.7
3	河北	50779	110058	125.3
4	山西	23693	39720	126.8
5	内蒙古	24844	28616	139.9
6	辽宁	25211	75159	105.1
7	吉林	7124	37563	36.3
8	黑龙江	9977	34188	49
9	上海	10059	41192	37.9
10	江苏	27432	256160	107.4
11	浙江	18860	203442	70.1
12	安徽	15273	73441	53.8
13	福建	10497	142747	42
14	江西	8286	67192	56.4
15	山东	35127	182673	159
16	河南	22186	140325	135.5
17	湖北	12523	91324	64.4
18	湖南	10973	96396	81.2
19	广东	22682	188844	107
20	广西	13184	161596	89
21	海南	1353	7031	2.2
22	重庆	12587	65684	74.6
23	四川	13410	105910	11.5
24	贵州	7786	13478	117.5

续表

序号	地区	X_1	X_2	X_3
25	云南	9484	32375	49.9
26	西藏	15	942	0.2
27	陕西	11032	49137	80.4
28	甘肃	6314	16364	50
29	青海	3308	8404	13.6
30	宁夏	4701	21542	31.4
31	新疆	6975	24201	59

(1) 问题分析

要分析广东、西藏的城镇居民月平均收入属于哪种类型，已经选取了9个变量指标，即人均生活收入（元/人）、人均全民所有制职工工资（元/人）、人均来源于全民标准工资（元/人）、人均集体所有制工资（元/人）、人均集体职工标准工资（元/人）、人均各类奖金及超额工资（元/人）、人均各种津贴（元/人）、职工人均从工作单位得到的其他工资收入（元/人）、个体劳动者收入（元/人），对全国其他地区的城镇居民与平均收入进行类型划分，已知分为三类，所以可以考虑应用判别分析法进行分析。

(2) 符号说明

Y：类型。

x_1：人均生活收入（元/人）。

x_2：人均全民所有制职工工资（元/人）。

x_3：人均来源于全民标准工资（元/人）。

x_4：人均集体所有制工资（元/人）。

x_5：人均集体职工标准工资（元/人）。

x_6：人均各类奖金及超额工资（元/人）。

x_7：人均各种津贴（元/人）。

x_8：职工人均从工作单位得到的其他工资收入（元/人）。

x_9：个体劳动者收入（元/人）。

(3) 模型建立

应用SPSS软件，打开数据文件，选择菜单栏【Analyze】→【Classify】→【Discriminant】命令，弹出【Discriminant Analysis（判别分析）】对话框。在左侧的候选变量列表框中将变量Y作为分类变量，将其添加至【Grouping Variable（分组变量）】框，此时按钮“Define Range（定义范围）”被激活，表示可以进行编辑设置了，单击该按钮，弹出【Discriminant Analysis：Define Range（判别分析：定义范围）】对话框，提供指定该分类变量的数值范围，在【Minimum（最小值）编辑框】输入最小值1，在【Maximum（最大值）】编辑框输入最小值3，完成设置后，单击“Continue”按钮，返回判别分析主对话框。从左侧的【Independents（自变量）】变量列表框中选入参与判别分析的变量x_1、x_2、x_3、x_4、x_5、x_6、x_7、x_8、x_9。【Independents】列表框下面有两个按钮，它们提供了两种判别分析方法。“Enter independent together（一起输入自变量）”表示选择所有变量参与判别分析，当认为所有自变量都能对观测量特性提供丰富的信息时使用该选择项，为系统默认设置。“Use stepwise method（使用步进式方法）”表示采用逐步判别法作判别分析。点选该按钮，“Method（方法）”按钮被激活，可以进一步选择判别分析方法。本例使用全部变量进行判别分析，所以忽略此项设置，不对“Method”按钮下尚未对话框进行介绍。【Selection Variable（选择变量）】框表示通过选入的变量来指定分析的样品。本例选取全部样本数据进行判别分析，故忽略该设置。

然后进行判别分析的统计输出设置，单击“Statistics（统计量）”按钮，弹出【Discriminant Analysis：Statistics（判别分析：统计量）】对话框，在该对话框中可以选择进行判别分析的基本统计量输出。其中【Descriptives（描述性）】选项组包括三个复选框，勾选【Means（均值）】复选框表示输出各类中各自变量的均值、标准差和各自变量总样本的均值、标准差。勾选【Univariate ANOVAS（单变量方差分析）】复选框表示输出各类中同一自变量均值检验的单因素方差分析结果。勾选【Box's M】复选框表示输出各类协方差矩阵相等的假设检验结果，如果样本足够大，表明差异不显著的P值意味着矩阵差异不明显。【Function Coefficients（函数系数）】选项组表示选择输出判别函数的系数。其中，勾选【Fisher's】复选框表示输出Bayes判别函数的系数。注意这个选项不是要给出Fisher判别函数的系数，这个复选框的名字之所以为Fisher's是因为按判别函数值最大的一组进行归类这种思想是由Fisher提出来的，所以SPSS公司就以Fisher来命名，这里极易混淆，请注意辨别。勾选【Unstandardized（未标准化）】复选框表示输出未标准化的Fisher判别函数系数，即典型判别函数的系数，SPSS默认给出标准化的Fisher判别函数系数。【Matrices（矩阵）】选项组表示选择输出自变量的系数矩阵，包括四个复选框。勾选【Within-Groups Correlation（组内相关）】复选框表示输出组内相关矩阵。勾选【Within-Groups Covariance（组内协方差）】复选框表示输出组内协方差矩阵。勾选【Separate-Groups Covariance（分组协方差）】复选框表示输出各个组的协方差矩阵。勾选【Total Covariance（总协方差）】复选框表示输出总样本的协方差矩阵。设置完成后单击"Continue"按钮，返回判别分析的主对话框。

指定判别分析的有关参数及有关输出结果设置。在【Discriminant Analysis（判别分析）】对话框中单击"Classify（分类）"按钮，弹出【Discriminant Analysis：Classification（判别分析：分类）】对话框，在该对话框中可以设置判别分析的分类参数及结果。【Prior Probabilities（先验概率）】选项组包括两个单选项，选择"All Groups Equal（所有组相等）"表示各类先验概率相等。"Compute From Group Size（根据组大小计算）"单选项表示基于各类样本量占总样本量的比例计算先验概率。【Display（输出）】选项组选择输出分类结果，包括三个复选项。"Casewise results（个案结果）"表示对每个样品输出判别函数值、实际类、预测类、和后验概率。选择此项还可以选择其附属选项"Limit cases to first（将个案限制在前）"复选项，并在后面的框中输入要输出的前 n 个样品的分类结果，观测量大时可以选择此项。"Summary table（摘要表）"复选项表示输出分类的小结表，给出正确分类的样品数、错分样品数和错分率。"Leave-one-out Classification（留一个观测在外时的分类）"复选项表示输出交叉验证的判别分类结果，即所依据的判别函数是由除该样品以外的其他样品导出的，本例三项都选。"Use Covariance Martrix（使用协方差矩阵）"选项组用于选择分类使用的协方差矩阵，包括两个单选项。"With-groups（在组内）"表示使用合并类内协方差矩阵。"Separate-groups（分组）"表示使用各类协方差矩阵。本例选择组内。"Plots（图）"表示选择输出统计图，包括三个复选项。"Combined-groups（合并组）"输出全部类的散点图，根据前两个判别函数作图，如果只有一个判别函数，则输出直方图。"Separate-groups（分组）"每一类输出一个散点图，如果只有一个判别函数，则输出直方图。"Territorial map（区域图）"生成根据判别函数值将观测量分到各类的边界图，每一类占据一个区域，各类均值在各区中用星号标出。如果仅有一个判别函数，则不作此图。【Replace missing values with mean（使用均值替换缺失值）】复选框表示对缺失值的处理，将用该变量的均值代替缺失值。所有设置完成后单击"Continue"按钮返回判别分析主对话框。

直接输出到数据编辑窗口的设置，在原数据文件中创建新变量输出判别分析结果。单击"Save（保存）"按钮，弹出【Discriminant Analysis：Save（判别分析：保存）】对话框，

"Predicted Group Membership（预测组成员）"表示根据判别函数值，按后验概率计算预测的分类结果建立新变量，系统默认变量名为 dis _ 1。"Discriminant Scores（判别得分）"表示建立判别函数值变量，有几个判别函数就有几个判别函数值变量，该值由 Fisher 判别中未标准化的典型判别函数计算得到。"Probabilities of Group Membership（组成员概率）"表示建立新变量，表明每一个样品属于某一类的概率。有多少类就有多少个新变量，通过计算每一个样品在各类的贝叶斯后验概率得到。单击"Continue"按钮返回判别分析主对话框，单击"OK"按钮完成操作，得到输出结果。

（4）模型结果分析

由于应用 SPSS 软件进行判别分析结果较多，故只列出部分结果。表 6.45 是各组均值相等的假设检验结果。分别检验各个变量在各类中的均值是否相等，原假设是各类变量均值相等，备择假设是均值不相等，如果接受原假设，说明利用这些变量进行判别分析没有意义。从该表中可以看出检验 P 值大部分都小于显著性水平 0.05，这说明不同类中各个变量的均值不相等，所以能够用来进行判别分析。

Fisher 判别的输出结果如下。表 6.46 给出了典型判别函数的特征值，从表中结果可知有 2 个特征值，所以有 2 个 Fisher 判别函数。前两个特征值得累积方差贡献率已经达到了 100%，即解释能力已达到了 100%，对应的典型相关系数也高达 0.876。表 6.47 给出了典型判别函数的有效性检验。Wilk's Lambda 统计量的值越小，表明相应的判别函数越显著，由于在实践中 Wilk's Lambda 统计量的分布表不容易找到，所以一般化为卡方统计量。从表中可以看出两个判别函数显著性检验的 P 值都为 0.000，小于 0.05，所以这两个典型判别函数都显著，都能够用来识别样品。

表 6.45　组均值的均等性的检验

	Wilk's Lambda 值	F	df1	df2	Sig.
x_1	0.542	10.546	2	25	0.000
x_2	0.506	12.226	2	25	0.000
x_3	0.583	8.923	2	25	0.001
x_4	0.338	24.429	2	25	0.000
x_5	0.478	13.672	2	25	0.000
x_6	0.497	12.664	2	25	0.000
x_7	0.898	1.425	2	25	0.259
x_8	0.516	11.715	2	25	0.000
x_9	0.972	0.354	2	25	0.705

表 6.46　特征值

函数	特征值	方差贡献率/%	方差累积贡献率/%	典型相关系数
1	5.084	60.7	60.7	0.914
2	3.296	39.3	100.0	0.876

表 6.47　Wilk's Lambda 检验

函数	Wilk's Lambda 值	卡方	df	Sig.
1	0.038	68.530	18	0.000
2	0.233	30.610	8	0.000

表 6.48 给出了两个标准化典型（Fisher）判别函数的系数向量，它们是根据求解特征值对应的特征向量计算出来的。根据该表中的系数向量，可以写出如下两个标准化的典型判别函数：

$$f_1(\boldsymbol{X})=-0.517\boldsymbol{x}_1^*+3.381\boldsymbol{x}_2^*-1.109\boldsymbol{x}_3^*+2.447\boldsymbol{x}_4^*-0.836\boldsymbol{x}_5^*-1.225\boldsymbol{x}_6^*-1.817\boldsymbol{x}_7^*+0.362\boldsymbol{x}_8^*+0.474\boldsymbol{x}_9^*$$

$$f_2(\boldsymbol{X})=0.213\boldsymbol{x}_1^*+1.049\boldsymbol{x}_2^*+0.245\boldsymbol{x}_3^*-3.030\boldsymbol{x}_4^*+3.313\boldsymbol{x}_5^*-0.455\boldsymbol{x}_6^*+0.186\boldsymbol{x}_7^*+1.004\boldsymbol{x}_8^*+0.079\boldsymbol{x}_9^*$$

表 6.49 给出了典型判别的结构矩阵，即合并类内相关阵，是判别变量与标准化的典型判别函数之间的相关关系。变量按函数的相关系数的绝对值大小排序。用“*”标出了变量和判别函数之间的最大相关系数（注意，该值是相关系数的绝对值）。

表 6.50 给出了 2 个未标准化的典型 Fisher 判别函数的系数向量。根据表中的系数向量得到两个未标准化的典型判别函数即 Fisher 线性判别函数：

$$f_1(\boldsymbol{X})=-15.143-0.030\boldsymbol{x}_1+0.379\boldsymbol{x}_2-0.229\boldsymbol{x}_3+0.754\boldsymbol{x}_4-0.329\boldsymbol{x}_5-0.274\boldsymbol{x}_6-0.333\boldsymbol{x}_7+0.163\boldsymbol{x}_8+0.365\boldsymbol{x}_9$$

$$f_2(\boldsymbol{X})=-15.358+0.013\boldsymbol{x}_1+0.117\boldsymbol{x}_2-0.051\boldsymbol{x}_3-0.934\boldsymbol{x}_4+1.302\boldsymbol{x}_5-0.102\boldsymbol{x}_6+0.034\boldsymbol{x}_7+0.45\boldsymbol{x}_8+0.061\boldsymbol{x}_9$$

表 6.48 标准化的典型判别式函数系数

	函数	
	1	2
x_1	−0.517	0.213
x_2	3.381	1.049
x_3	−1.109	0.245
x_4	2.447	−3.030
x_5	−0.836	3.313
x_6	−1.225	−0.455
x_7	−1.817	0.186
x_8	0.362	1.004
x_9	0.474	0.079

表 6.49 结构矩阵

	函数	
	1	2
x_4	0.545*	−0.366
x_6	0.415*	0.204
x_5	0.386*	−0.320
x_8	0.360*	0.291
x_1	0.344*	0.271
x_9	0.075*	−0.004
x_2	0.128	0.521*
x_3	−0.021	0.465*
x_7	−0.029	0.182*

表 6.50 典型判别式函数系数

	函数	
	1	2
x_1	−0.030	0.013
x_2	0.379	0.117
x_3	−0.229	0.051
x_4	0.754	−0.934

续表

	函数	
	1	2
x_5	−0.329	1.302
x_6	−0.274	−0.102
x_7	−0.333	0.034
x_8	0.163	0.450
x_9	0.365	0.061
（常量）	−15.143	−15.358

表 6.51 给出了各类判别函数值的均值。将待判样品中广东的各变量值代入两个未标准化的典型判别函数可得判别函数值分别为：$f_1(\boldsymbol{X}_1)=16.317, f_2(\boldsymbol{X}_1)=-10.170$。分别计算点（16.317，−10.170）到上述三类中心判别函数值点（0.741，2.047），（−2.418，−0.870），（3.074，−2.159）的欧氏距离平方有：$d^2(\boldsymbol{X}_1, \boldsymbol{G}^{(1)})=391.867$，$d^2(\boldsymbol{X}_1, \boldsymbol{G}^{(2)})=437.490$，$d^2(\boldsymbol{X}_1, \boldsymbol{G}^{(3)})=239.553$。根据距离最近原则可以判断广东属于第 3 类。将待判样品中西藏的各变量值代入两个未标准化的典型判别函数可得判别函数值分别为：$f_1(\boldsymbol{X}_2)=0.517$，$f_2(\boldsymbol{X}_2)=17.532$。分别计算点（0.571，17.532）到上述三类中心判别函数值点（0.741，2.047），（−2.418，−0.870），（3.074，−2.159）的欧氏距离平方有：$d^2(\boldsymbol{X}_2, \boldsymbol{G}^{(1)})=239.814$，$d^2(\boldsymbol{X}_2, \boldsymbol{G}^{(2)})=347.568$，$d^2(\boldsymbol{X}_2, \boldsymbol{G}^{(3)})=394.000$。根据距离最近原则可以判断西藏属于第 1 类。

表 6.51 判别函数值的均值

Y	函数	
	1	2
1	0.741	2.047
2	−2.418	−0.870
3	3.075	−2.159

贝叶斯判别的输出结果如下。SPSS 会输出参加贝叶斯判别分析的样品数以及剔除的样品数的摘要表，此处略去该表。表 6.52 给出了各类的贝叶斯判别的先验概率。表 6.53 按照后验概率最大判别规则给出了各个类的贝叶斯判别函数的系数向量。本例中共分为 3 类，所以共给出了 3 个贝叶斯判别函数。根据贝叶斯后验概率最大的判别规则，将各个待判样品分别代入三个类的贝叶斯判别函数中，如果在哪一类的判别函数计算的判别函数值大，则将该待判样品归入这一类中。根据表 6.53，可得各类的贝叶斯判别函数为

$$g_1(\boldsymbol{X})=-320.242+0.095\boldsymbol{x}_1+9.355\boldsymbol{x}_2-3.300\boldsymbol{x}_3-5.452\boldsymbol{x}_4+22.355\boldsymbol{x}_5-9.513\boldsymbol{x}_6-5.259\boldsymbol{x}_7+10.059\boldsymbol{x}_8+8.279\boldsymbol{x}_9$$

$$g_2(\boldsymbol{X})=-228.527-0.154\boldsymbol{x}_1+7.816\boldsymbol{x}_2-2.723\boldsymbol{x}_3-5.111\boldsymbol{x}_4+19.593\boldsymbol{x}_5-8.351\boldsymbol{x}_6-4.306\boldsymbol{x}_7+8.231\boldsymbol{x}_8+6.949\boldsymbol{x}_9$$

$$g_3(\boldsymbol{X})=-295.673-0.029\boldsymbol{x}_1+9.744\boldsymbol{x}_2-4.049\boldsymbol{x}_3-0.237\boldsymbol{x}_4+16.109\boldsymbol{x}_5-9.724\boldsymbol{x}_6-6.179\boldsymbol{x}_7+8.543\boldsymbol{x}_8+8.876\boldsymbol{x}_9$$

将待判样品广东的各变量值代入上述各类对应的贝叶斯判别函数，得贝叶斯判别函数值分别为 $g_1(\boldsymbol{X}_1)=315.356$，$g_2(\boldsymbol{X}_1)=292.539$，$g_3(\boldsymbol{X}_1)=390.908$。将待判样品西藏的各变量值代入上述各类对应的贝叶斯判别函数，有贝叶斯判别函数值分别为 $g_1(\boldsymbol{X}_2)=645.837$，$g_2(\boldsymbol{X}_2)=591.965$，$g_3(\boldsymbol{X}_2)=568.127$。根据贝叶斯判别准则，可判断广东属于第 3 类，西藏属于第 1 类。这一结果和 Fisher 判别的结果一致。

表 6.52 各类的先验概率

Y	先验	用于分析的案例	
		未加权的	已加权的
1	0.333	11	11.000
2	0.333	11	11.000
3	0.333	6	6.000
合计	1.000	28	28.000

表 6.53 贝叶斯判别函数的系数

	Y		
	1	2	3
x_1	0.095	0.154	−0.029
x_2	9.355	7.816	9.744
x_3	−3.300	−2.723	−4.049
x_4	−5.452	−5.111	0.237
x_5	22.355	19.593	16.109
x_6	−9.513	−8.351	−9.724
x_7	−5.259	−4.306	−6.179
x_8	10.059	8.231	8.543
x_9	8.279	6.949	8.876
（常量）	−320.242	−228.527	−295.673

SPSS 给出了分类统计的输出结果和统计评价。输出结果表示样品判别分类统计结果，根据前面设置输出 28 个样品的分类情况。包括每个样品的实际类别、最大可能所属的预测类等结果，此表由于版面原因略去。分类结果的统计评价如表 6.54，该表给出了全部样品建立判别函数的正确分类的样品数，错误分类的样品数和错误分类率；交叉验证法建立的判别函数的正确分类的样品数，错误分类的样品数和错误分类率。用全部样品建立的判别函数的分类结果表明，回判给原来三类地区的错判率为 0%，交叉验证法建立的判别函数的分类结果表明，判给第 1 类地区的错判率为 27.3%，第 2 类地区的错判率为 0%，第 3 类地区的错判率为 33.3%。总的来说，交叉验证的判别的正确率为 23/28=82.14%。

表 6.54 贝叶斯判别统计评价

		Y	预测组成员			合计
			1	2	3	
初始	计数	1	11	0	0	11
		2	0	11	0	11
		3	0	0	6	6
		未分组的案例	1	0	1	2
	%	1	100.0	0.0	0.0	100.0
		2	0.0	100.0	0.0	100.0
		3	0.0	0.0	100.0	100.0
		未分组的案例	50.0	0.0	50.0	100.0
交叉验证	计数	1	8	2	1	11
		2	0	11	0	11
		3	2	0	4	6
	%	1	72.7	18.2	9.1	100.0
		2	0.0	100.0	0.0	100.0
		3	33.3	0.0	66.7	100.0

SPSS 给出了判别分析图形的输出结果。图 6.12～图 6.14 分别是三类地区的判别函数值的散点图。横坐标表示第一典型判别函数值，纵坐标表示第二典型判别函数值。图 6.15 给出了三类地区的典型判别函数值总的散点图。从图中看出，三类地区在图中有各自的分布领域，说明建立的判别函数的判别精度较好。

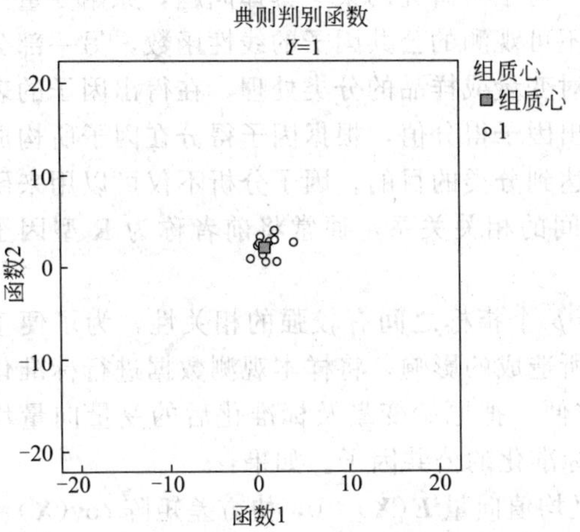

图 6.12 第一类地区判别函数值的散点图

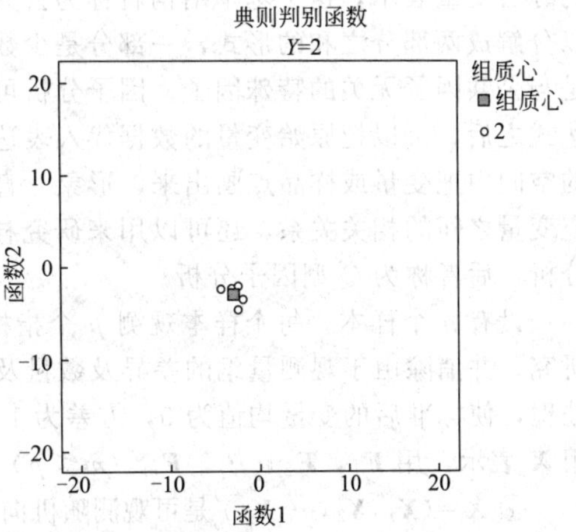

图 6.13 第二类地区判别函数值的散点图

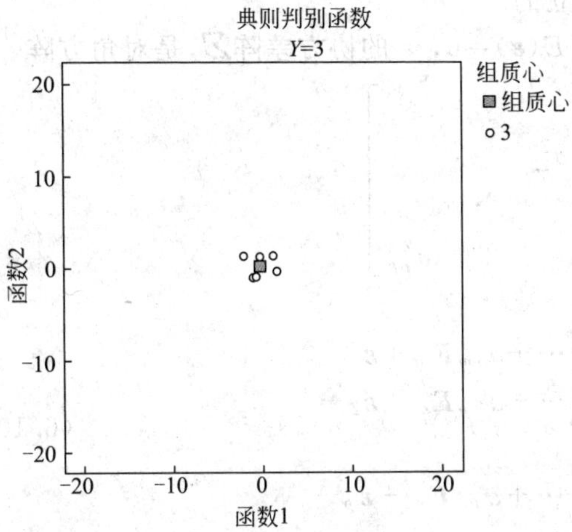

图 6.14 第三类地区判别函数值的散点图

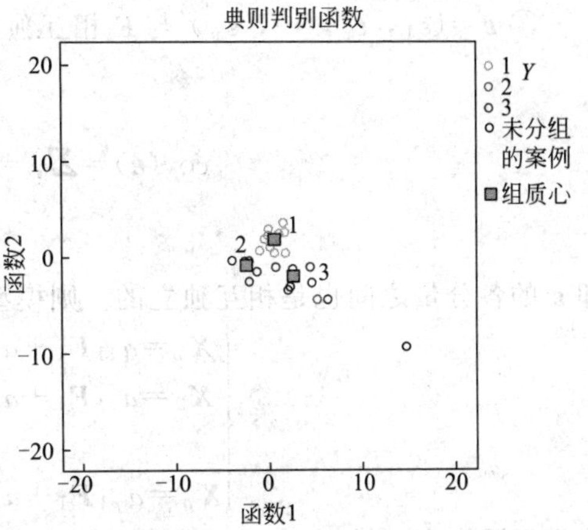

图 6.15 三类地区判别函数值总的散点图

6.6 因子分析

在实际问题中，研究多指标问题是经常遇到的，然而在多数情况下，不同指标之间是有一定相关性的，实际观测到的数据包含的信息有一部分可能是重复的。为解决这些问题，最简单和最直接的解决方案就是减少变量数目，但这必然会导致信息丢失或不完整等问题。因子分析就是利用降维的思想，在尽可能不损失信息或者少损失信息的情况下，将多个变量减少为少数几个潜在因子的方法，这几个因子可以高度概括大量数据中的信息，这样既减少了变量个数，又同样能再现变量之间的内在联系。本节学习因子分析。

6.6.1 因子分析模型

因子分析的基本思想是根据相关性大小把原始变量分组，使得同组内的变量之间相关性较高，而不同组的变量间的相关性则较低。每组变量代表一个基本结构，并用一个不可观测的综合变量表示，这个基本结构就称为公共因子。对于所研究的某一具体问题，原始变量可以分解成两部分之和的形式，一部分是少数几个不可观测的公共因子的线性函数，另一部分是与公共因子无关的特殊因子。因子分析可用于对变量或样品的分类处理，在得出因子的表达式之后，可以把原始变量的数据代入表达式得出因子得分值，根据因子得分在因子所构成的空间中把变量或样品点画出来，形象、直观地达到分类的目的。因子分析不仅可以用来研究变量之间的相关关系，还可以用来研究样品之间的相关关系，通常将前者称为 R 型因子分析，后者称为 Q 型因子分析。

设有 n 个样本，每个样本观测 p 个指标，这 p 个指标之间有较强的相关性，为了便于研究，并消除由于观测量纲的差异及数量及不同所造成的影响，将样本观测数据进行标准化处理，使标准后的变量均值为 0，方差为 1。为方便，把原始变量及标准化后的变量向量均用 $\boldsymbol{X}$ 表示，用 $\boldsymbol{F}_1$，$\boldsymbol{F}_2$，…，$\boldsymbol{F}_m$（$m<p$）表示标准化的公共因子。如果：

① $\boldsymbol{X}=(\boldsymbol{X}_1,\boldsymbol{X}_2,\cdots,\boldsymbol{X}_p)'$是可观测随机向量，且均值向量 $\boldsymbol{E}(\boldsymbol{X})=0$，协方差矩阵 $\mathrm{cov}(\boldsymbol{X})=\boldsymbol{\Sigma}$，且协方差矩阵$\boldsymbol{\Sigma}$与相关阵 $\boldsymbol{R}$ 相等。

② $\boldsymbol{F}=(\boldsymbol{F}_1，\boldsymbol{F}_2，\cdots，\boldsymbol{F}_m)'$（$m<p$）是不可观测的变量，其均值向量 $E(\boldsymbol{F})=0$，协方差矩阵 $\mathrm{cov}(\boldsymbol{F})=\boldsymbol{I}$，即向量 $\boldsymbol{F}$ 的各分量是相互独立的。

③ $\boldsymbol{\varepsilon}=(\varepsilon_1，\varepsilon_2，\cdots，\varepsilon_p)'$与 $\boldsymbol{F}$ 相互独立，且 $E(\boldsymbol{\varepsilon})=0$，$\varepsilon$ 的协方差阵$\boldsymbol{\Sigma}_\varepsilon$是对角方阵

$$\mathrm{cov}(\boldsymbol{\varepsilon})=\boldsymbol{\Sigma}_\varepsilon=\begin{bmatrix}\sigma_{11}^2 & & & 0\\ & \sigma_{22}^2 & & \\ & & \ddots & \\ 0 & & & \sigma_{pp}^2\end{bmatrix}$$

即 $\boldsymbol{\varepsilon}$ 的各分量之间也是相互独立的。则模型

$$\begin{cases}\boldsymbol{X}_1=a_{11}\boldsymbol{F}_1+a_{12}\boldsymbol{F}_2+\cdots+a_{1m}\boldsymbol{F}_m+\boldsymbol{\varepsilon}_1\\ \boldsymbol{X}_2=a_{21}\boldsymbol{F}_1+a_{22}\boldsymbol{F}_2+\cdots+a_{2m}\boldsymbol{F}_m+\boldsymbol{\varepsilon}_2\\ \qquad\vdots\\ \boldsymbol{X}_p=a_{p1}\boldsymbol{F}_1+a_{p2}\boldsymbol{F}_2+\cdots+a_{pm}\boldsymbol{F}_m+\boldsymbol{\varepsilon}_p\end{cases}\tag{6.10}$$

称为因子模型，模型(6.10) 的矩阵形式为：

$$\boldsymbol{X}=\boldsymbol{A}\boldsymbol{F}+\boldsymbol{\varepsilon}\tag{6.11}$$

其中

$$\boldsymbol{A}=\begin{bmatrix}a_{11} & a_{12} & \cdots & a_{1m}\\ a_{21} & a_{22} & \cdots & a_{2m}\\ \vdots & \vdots & & \vdots\\ a_{p1} & a_{p2} & \cdots & a_{pm}\end{bmatrix}$$

由模型(6.10) 及其假设前提知，公共因子 $\boldsymbol{F}_1$，$\boldsymbol{F}_2$，…，$\boldsymbol{F}_m$ 相互独立且不可测，是在原始变量的表达式中出现的因子。公共因子的含义，必须结合实际问题的具体意义确定。$\boldsymbol{\varepsilon}_1$，$\boldsymbol{\varepsilon}_2$，…，$\boldsymbol{\varepsilon}_p$ 叫做特殊因子，是向量 $\boldsymbol{X}$ 的分量 $\boldsymbol{X}_i$（$i=1，2，\cdots，p$）所特有的因子。各特殊因子之间以及特殊因子与所有公共因子之间也都是相互独立的。矩阵 $\boldsymbol{A}$ 称为因子载荷矩阵，$\boldsymbol{A}$ 中的元素 a_{ij} 称为因子载荷，a_{ij} 的绝对值越大（$|a_{ij}|\leqslant 1$），表示 $\boldsymbol{X}_i$ 与 $\boldsymbol{F}_j$ 的相依程度越大，或称公共因子 $\boldsymbol{F}_j$ 对 $\boldsymbol{X}_i$ 的载荷量越大。进行因子分析的目的之一，就是要求出

各个因子载荷的值。

由模型(6.10)

$$\operatorname{cov}(\boldsymbol{X}_i,\ \boldsymbol{F}_j)=\operatorname{cov}(\sum_{j=1}^{m}a_{ij}\boldsymbol{F}_j+\boldsymbol{\varepsilon}_i,\ \boldsymbol{F}_j)=\operatorname{cov}(\sum_{j=1}^{m}a_{ij}\boldsymbol{F}_j,\ \boldsymbol{F}_j)+\operatorname{cov}(\boldsymbol{\varepsilon}_i,\ \boldsymbol{F}_j)=a_{ij}$$

因为变量是经过中心标准化的，$\boldsymbol{X}_i$ 与 $\boldsymbol{F}_j$（$i=1,2,\cdots,p$；$j=1,2,\cdots,m$）都是均值为 0 方差为 1 的变量，所以因子载荷 a_{ij} 的统计意义既是 $\boldsymbol{X}_i$ 与 $\boldsymbol{F}_j$ 的协方差，同时也是 $\boldsymbol{X}_i$ 与 $\boldsymbol{F}_j$ 的相关系数。

称 $a_{i1}^2+a_{i2}^2+\cdots+a_{im}^2$ 为变量 $\boldsymbol{X}_i$ 的共同度，记为 h_i^2（$i=1,2,\cdots,p$），由因子分析的模型假设前提，易得

$$\operatorname{var}(\boldsymbol{X}_i)=1=h_i^2+\operatorname{var}(\boldsymbol{\varepsilon}_i)$$

记 $\operatorname{var}(\boldsymbol{\varepsilon}_i)=\sigma_i^2$，则

$$\operatorname{var}(\boldsymbol{X}_i)=1=h_i^2+\sigma_i^2$$

上式表明共同度 h_i^2 与剩余方差 σ_i^2 有互补关系，h_i^2 越大表明 $\boldsymbol{X}_i$ 对公共因子的依赖程度越大，公共因子能解释 $\boldsymbol{X}_i$ 方差的比例越大，因子分析的效果也就越好。

记 $g_j^2=a_{1j}^2+a_{2j}^2+\cdots+a_{pj}^2$（$j=1,2,\cdots,m$），则 g_j^2 表示的是公共因子 $\boldsymbol{F}_j$ 对于 $\boldsymbol{X}$ 的每一分量 $\boldsymbol{X}_i$（$i=1,2,\cdots,p$）所提供的方差的总和，称为公共因子 $\boldsymbol{F}_j$ 对原始变量向量 $\boldsymbol{X}$ 的方差贡献率，它是衡量公共因子相对重要性的指标。g_j^2 越大，则表明公共因子 $\boldsymbol{F}_j$ 对 $\boldsymbol{X}$ 的贡献越大，或者说对 $\boldsymbol{X}$ 的影响和作用就越大。如果将因子载荷矩阵 $\boldsymbol{A}$ 的所有 g_j^2（$j=1,2,\cdots,m$）都计算出来，并按其大小顺序，就可以依次提炼出最有影响的公共因子。

6.6.2 因子载荷的求解、因子旋转、因子得分

因子分析可以分为确定因子载荷、因子旋转及计算因子得分三个步骤。首要的步骤是确定因子载荷矩阵，有很多方法可以完成这项工作，如主成分法、主轴因子法、最小二乘法、极大似然法、α 因子提取法等。这里主要介绍主成分法求解因子载荷，确定公共因子。

主成分法寻找公共因子的方法如下：假定从相关阵出发求解主成分，设有 p 个变量，则可以找出 p 个主成分。将所得的 p 个主成分按由大到小的顺序排列，记为 $\boldsymbol{Y}_1$，$\boldsymbol{Y}_2$，…，$\boldsymbol{Y}_p$，则主成分与原始变量之间存在如下关系式：

$$\begin{cases}\boldsymbol{Y}_1=\gamma_{11}\boldsymbol{X}_1+\gamma_{12}\boldsymbol{X}_2+\cdots+\gamma_{1p}\boldsymbol{X}_p\\ \boldsymbol{Y}_2=\gamma_{21}\boldsymbol{X}_1+\gamma_{22}\boldsymbol{X}_2+\cdots+\gamma_{2p}\boldsymbol{X}_p\\ \quad\vdots\\ \boldsymbol{Y}_p=\gamma_{p1}\boldsymbol{X}_1+\gamma_{p2}\boldsymbol{X}_2+\cdots+\gamma_{pp}\boldsymbol{X}_p\end{cases}\tag{6.12}$$

在式(6.12) 中，γ_{ij} 为随机变量 $\boldsymbol{X}$ 的相关矩阵的特征值所对应的特征向量的分量，因为特征向量之间彼此正交，从 $\boldsymbol{X}$ 到 $\boldsymbol{Y}$ 的转换关系是可逆的，很容易得出由 $\boldsymbol{Y}$ 到 $\boldsymbol{X}$ 的转换关系为：

$$\begin{cases}\boldsymbol{X}_1=\gamma_{11}\boldsymbol{Y}_1+\gamma_{21}\boldsymbol{Y}_2+\cdots+\gamma_{p1}\boldsymbol{Y}_p\\ \boldsymbol{X}_2=\gamma_{12}\boldsymbol{Y}_1+\gamma_{22}\boldsymbol{Y}_2+\cdots+\gamma_{p2}\boldsymbol{Y}_p\\ \quad\vdots\\ \boldsymbol{X}_p=\gamma_{1p}\boldsymbol{Y}_1+\gamma_{2p}\boldsymbol{Y}_2+\cdots+\gamma_{pp}\boldsymbol{Y}_p\end{cases}\tag{6.13}$$

对上面每一等式只保留前 m 个主成分而把后面的部分用 $\boldsymbol{\varepsilon}_i$ 代替，则式(6.13) 转化为：

$$\begin{cases} \boldsymbol{X}_1=\gamma_{11}\boldsymbol{Y}_1+\gamma_{21}\boldsymbol{Y}_2+\cdots+\gamma_{m1}\boldsymbol{Y}_m+\boldsymbol{\varepsilon}_1 \\ \boldsymbol{X}_2=\gamma_{12}\boldsymbol{Y}_1+\gamma_{22}\boldsymbol{Y}_2+\cdots+\gamma_{m2}\boldsymbol{Y}_m+\boldsymbol{\varepsilon}_2 \\ \vdots \\ \boldsymbol{X}_p=\gamma_{1p}\boldsymbol{Y}_1+\gamma_{2p}\boldsymbol{Y}_2+\cdots+\gamma_{mp}\boldsymbol{Y}_m+\boldsymbol{\varepsilon}_p \end{cases} \tag{6.14}$$

式(6.14) 在形式上已经与因子模型(6.10) 相一致，且 $\boldsymbol{Y}_i$ ($i=1, 2, \cdots, m$) 之间相互独立，且 $\boldsymbol{Y}_i$ 与 $\boldsymbol{\varepsilon}_i$ 之间相互独立，为了把 $\boldsymbol{Y}_i$ 转化成合适的公因子，需要把主成分 $\boldsymbol{Y}_i$ 变为方差为 1 的变量。为完成此变换，必须将 $\boldsymbol{Y}_i$ 除以其标准差，由主成分的知识知其标准差即为特征根的平方根 $\sqrt{\lambda_i}$，于是，令 $\boldsymbol{F}_i=\boldsymbol{Y}_i/\sqrt{\lambda_i}$，$a_{ij}=\sqrt{\lambda_j}\gamma_{ji}$，则式(6.14) 变为

$$\begin{cases} \boldsymbol{X}_1=a_{11}\boldsymbol{F}_1+a_{12}\boldsymbol{F}_2+\cdots+a_{1m}\boldsymbol{F}_m+\boldsymbol{\varepsilon}_1 \\ \boldsymbol{X}_2=a_{21}\boldsymbol{F}_1+a_{22}\boldsymbol{F}_2+\cdots+a_{2m}\boldsymbol{F}_m+\boldsymbol{\varepsilon}_2 \\ \vdots \\ \boldsymbol{X}_p=a_{p1}\boldsymbol{F}_1+a_{p2}\boldsymbol{F}_2+\cdots+a_{pm}\boldsymbol{F}_m+\boldsymbol{\varepsilon}_p \end{cases}$$

这样就得到了因子载荷矩阵 $\boldsymbol{A}$ 和一组初始公因子（未旋转）。

一般设 $\lambda_1\geqslant\lambda_2\geqslant\cdots\geqslant\lambda_p$ 为样本相关阵 $\boldsymbol{R}$ 的特征根，γ_1，γ_2，…，γ_p 为对应的标准正交化特征向量。设 $m<p$，则因子载荷矩阵 $\boldsymbol{A}$ 的一个解为 $\hat{\boldsymbol{A}}=(\sqrt{\lambda_1}\gamma_1, \sqrt{\lambda_2}\gamma_2, \cdots, \sqrt{\lambda_m}\gamma_m)$，共同度的估计为 $\hat{h}_i^2=\hat{a}_{i1}^2+\hat{a}_{i2}^2+\cdots+\hat{a}_{im}^2$。

如何确定公因子的数目 m 没有一个统一的标准，但一般进行因子分析时，要考虑数据的特征来确定。当选取的公因子的信息量的和达到总信息量的一个合适比例为止，通常按照方差累积贡献率达到 85%以上来确定公因子个数。SPSS 软件默认按特征值大于 1 来确定公因子的个数，还可以通过碎石图来观察图像特征确定公因子个数。但这些准则不能生搬硬套，应该具体问题具体分析，要使所选取的公因子能够合理地描述原始变量相关阵的结构，同时要有利于因子模型的解释。

不管用何种方法确定初始因子载荷矩阵，它们都不是唯一的。建立因子分析模型的目的不仅在于找到公共因子，更重要的是要找到每一个公因子的意义，以便于对实际问题进行分析。因子分析的第二步骤是进行因子旋转。初始公因子解各主因子的典型代表变量不是很突出，容易使因子的意义含糊不清，不便于对实际问题进行分析，可以考虑对初始公因子进行线性组合，即进行因子旋转，使公共因子更具有可解释性。因子旋转使得因子载荷矩阵中的因子载荷的平方值向 0 和 1 两个方向分化，因子旋转的方法主要有正交旋转和斜交旋转方法。采用正交旋转得到的因子是不相关的，而斜交旋转得到的因子是相关的。

当因子模型建立之后，往往需要反过来考察每一个样品的性质及样品之间相互关系。比如当关于企业经济效益的因子模型建立之后，希望知道每一个企业经济效益的优劣，或者把诸企业划分归类，如哪些企业经济效益较好，哪些企业经济效益一般，哪些企业经济效益较差等。这就需要进行因子分析的第三步骤的分析，即因子得分。因子得分就是公共因子在每一个样品上的得分。这需要给出公因子用原始变量表示的线性表达式，求因子得分最常用的方法是汤姆森法，即用回归的思想求出线性组合系数的估计值，建立如下以公共因子为因变量，原始变量为自变量的回归方程：

$$\boldsymbol{F}_j=\beta_{j1}\boldsymbol{X}_1+\beta_{j2}\boldsymbol{X}_2+\cdots+\beta_{jp}\boldsymbol{X}_p, j=1,2,\cdots,m$$

此处因为原始变量与公共因子变量均为标准化变量，因此回归模型中不存在常数项。在最小二乘意义下，可以得到 $\boldsymbol{F}$ 的估计值：

$$\hat{\boldsymbol{F}}=\boldsymbol{A}'\boldsymbol{R}^{-1}\boldsymbol{X}$$

式中，$\boldsymbol{A}$ 为因子载荷矩阵；$\boldsymbol{R}$ 为原始变量的相关阵；$\boldsymbol{X}$ 为原始变量向量。

这样，在得到一组样本值后，就可以代入上面的关系式求出公因子的估计得分，从而用少数公共因子去描述原始变量的数据结构，用公共因子得分去描述原始变量的取值。在估计出公因子得分后，可以利用因子得分进行进一步的分析。

如果经计算得出各个公共因子的汤姆森因子得分表达式为

$$\hat{\boldsymbol{F}}_j=\hat{\beta}_{j1}\boldsymbol{X}_1+\hat{\beta}_{j2}\boldsymbol{X}_2+\cdots+\hat{\beta}_{jp}\boldsymbol{X}_p,j=1,2,\cdots,m$$

则可以根据各个公共因子对标准化观测变量的方差贡献大小为权重，进行加权计算，得到综合因子得分为

$$\boldsymbol{F}_{综}=\frac{\sum_{i=1}^{m}\lambda_i\hat{F}_i}{\sum_{i=1}^{m}\lambda_i}$$

综合得分可以将 m 个公因子得分转化为一个综合的因子得分，从而使得对样品的分析从 m 维空间变为一维空间，大大降低了分析问题的难度。

通过 SPSS 软件菜单栏中的【Analyze（分析)】→【Data Reduction（数据降维)】→【Factor（因子)】命令可以进行因子分析。

6.6.3 案例分析

【例 6.8】 表 6.55 所示是某市居民在食品、衣着、医疗保健等 8 个方面的消费数据，这些指标之间存在着不同强弱的相关性。根据表中数据分析居民消费结构的特点。

表 6.55 某市居民消费结构

年份	2000	2001	2002	2003	2004	2005	2006	2007
食品	40.1	42.0	43.1	37.8	40.1	37.7	36.3	38.7
衣着	5.0	7.3	5.6	6.8	7.1	5.9	7.2	7.0
家庭设备用品及服务	9.6	13.8	7.9	8.4	7.5	6.0	5.1	5.0
医疗保健	3.7	4.9	5.4	6.7	6.9	7.5	7.6	8.2
交通和通信	5.2	5.1	7.1	7.2	8.7	8.5	11.2	12.4
文教娱乐及服务	11.2	13.1	12.0	13.7	15.4	16.2	16.9	17.3
居住	17.2	7.4	12.3	11.0	9.8	14.1	12.6	12.9
杂项商品与服务	2.8	2.2	3.4	3.1	3.7	2.5	2.4	3.2

(1) 问题分析

研究居民消费结构的 8 个变量指标之间存在着一定程度的相关性，如果单独分析这些指标，无法分析居民消费结构的特点。因此可以考虑采用因子分析，将这 8 个指标综合为少数几个公因子，通过这些公因子来反映居民消费结构的变动情况。

(2) 符号说明

$\boldsymbol{X}_1$：食品。 $\boldsymbol{X}_2$：衣着。

$\boldsymbol{X}_3$：家庭设备用品及服务。 $\boldsymbol{X}_4$：医疗保健。

$\boldsymbol{X}_5$：交通和通信。 $\boldsymbol{X}_6$：文教娱乐及服务。

$\boldsymbol{X}_7$：居住。 $\boldsymbol{X}_8$：杂项商品与服务。

(3) 模型建立

应用 SPSS 软件，打开数据文件，选择菜单栏【Analyze】→【Data Reduction】→【Factor】

命令，弹出【Factor Analysis（因子分析）】对话框。在左侧的候选变量列表框中将变量 $\boldsymbol{X}_1$、$\boldsymbol{X}_2$、$\boldsymbol{X}_3$、$\boldsymbol{X}_4$、$\boldsymbol{X}_5$、$\boldsymbol{X}_6$、$\boldsymbol{X}_7$、$\boldsymbol{X}_8$ 设定为因子分析变量，将其添加至【Variable（变量)】列表框中，单击“Descriptives（描述）”按钮，在弹出的对话框中【Statistics（统计量)】下勾选【Univariate descriptives（单变量描述性)】复选框，表示输出描述性统计的结果。在【Correlation Matrix（相关矩阵)】下勾选“Coefficients（系数）”选项、“KMO and Bartlett's test of sphericity（KMO 和巴特莱特球形检验）”选项，表示输出相关系数矩阵和 KMO 和巴特莱特球形检验结果，判断是否适合做因子分析，若 KMO 检验值小于 0.5，则不能做因子分析，若 KMO 值大于 0.5，可以做因子分析，然后单击“Continue”按钮返回主对话框。在【Factor Analysis（因子分析)】对话框中，单击“Extraction（提取）”按钮，在弹出的对话框中勾选【Scree plot（碎石图)】复选框，其他选项保持系统默认设置，单击“Continue”按钮返回主对话框。单击“Rotation（旋转）”按钮，在弹出的对话框中勾选【Varimax（最大方差法)】复选框，表示进行方差最大正交旋转，其他选项保持系统默认设置，单击“Continue”按钮返回主对话框，单击“Score（得分）”按钮，在弹出的对话框中【Save as variables（保存为变量)】复选框，表示采用回归法计算因子得分并保持在原数据文件中，勾选【Display factor score coefficient matrix（显示因子得分系数矩阵)】复选框，表示输出因子得分系数矩阵，其他选项按系统默认设置，单击“Continue”按钮，返回主对话框。单击“Options（选项）”按钮，在弹出的对话框中勾选【Coefficient Display Format（系数显示格式)】选项组中的【Sorted by size（按大小排序)】复选框，表示将载荷系数按其大小排列构成矩阵，单击“Continue”按钮返回主对话框，单击“OK”按钮完成操作。

（4）模型结果分析

表 6.56 给出了描述性统计量结果，包括参与因子分析的样本观测数据各个变量的均值、标准差和参与计算的样品数。

表 6.56 描述统计量

变量	均值	标准差	N
$\boldsymbol{X}_1$	39.4750	2.29705	8
$\boldsymbol{X}_2$	6.4875	0.86592	8
$\boldsymbol{X}_3$	7.9125	2.87772	8
$\boldsymbol{X}_4$	6.3625	1.54729	8
$\boldsymbol{X}_5$	8.1750	2.61302	8
$\boldsymbol{X}_6$	14.4750	2.30016	8
$\boldsymbol{X}_7$	12.1625	2.91545	8
$\boldsymbol{X}_8$	2.9125	0.52491	8

表 6.57 给出了原始观测变量的相关系数矩阵，除了变量 $\boldsymbol{X}_8$ 杂项商品与服务与其余变量的相关性较弱之外，其余变量之间大部分相关系数绝对值大于 0.3，说明变量之间存在一定的相关性，可以初步判断这组数据适合做因子分析。由于表中样本数据较少，使得样本相关矩阵不是正定的，因此无法进行 KMO 检验，一般要求样本个数应该多于变量指标个数。

表 6.57 相关矩阵

变量	$\boldsymbol{X}_1$	$\boldsymbol{X}_2$	$\boldsymbol{X}_3$	$\boldsymbol{X}_4$	$\boldsymbol{X}_5$	$\boldsymbol{X}_6$	$\boldsymbol{X}_7$	$\boldsymbol{X}_8$
$\boldsymbol{X}_1$	1.000	−0.277	0.635	−0.661	−0.595	−0.691	−0.284	0.262
$\boldsymbol{X}_2$	−0.277	1.000	−0.011	0.556	0.444	0.605	−0.778	−0.088
$\boldsymbol{X}_3$	0.635	−0.011	1.000	−0.775	−0.859	−0.706	−0.446	−0.306

续表

变量	X_1	X_2	X_3	X_4	X_5	X_6	X_7	X_8
X_4	−0.661	0.556	−0.775	1.000	0.893	0.943	−0.131	0.138
X_5	−0.595	0.444	−0.859	0.893	1.000	0.896	0.084	0.184
X_6	−0.691	0.605	−0.706	0.943	0.896	1.000	−0.108	−0.049
X_7	−0.284	−0.778	−0.446	−0.131	0.084	−0.108	1.000	0.000
X_8	0.262	−0.088	−0.306	0.138	0.184	−0.049	0.000	1.000

表 6.58 给出了因子分析的共同度，显示了所有变量的共同度数据，即公因子提取前、提取后的公因子方差。第二列是因子分析初始解下的变量共同度，它表明对原有的 8 个变量采用主成分法提取所有 8 个特征根，那么原有变量的所有方差都可被解释，变量的共同度均为 1（原始变量中心标准化后的方差为 1)。事实上，因子个数小于原有变量的个数才是因子分析的目的，所以不可能提取全部特征根。第三列列出了按照特征根大于 1 提取公因子时的共同度。变量的绝大部分信息（全部大于 83%）可被公因子解释，这些变量信息丢失较少，因此公因子提取的总体效果比较理想。

表 6.58　因子分析共同度

变量	初始	提取
X_1	1.000	0.842
X_2	1.000	0.960
X_3	1.000	0.976
X_4	1.000	0.954
X_5	1.000	0.925
X_6	1.000	0.953
X_7	1.000	0.978
X_8	1.000	0.947

表 6.59 所示给出了因子分析的总方差解释，是相关系数矩阵的特征值、方差贡献率及累积方差贡献率的计算结果。第一列是因子编号，后面每三列组成一组，各组中数据项的含义依次是特征根、方差贡献率和累积方差贡献率。第一组数据项描述了初始因子解的情况。第一个因子的特征根值为 4.316，解释了原有 8 个变量总方差的 53.947%，前三个因子的累积方差贡献率为 94.196%，并且只有它们的取值大于 1，说明前三个公因子基本包含了全部变量的主要信息，因此选择前三个因子为公因子即可。后面两组数据项解释情况类似，第二组数据项和第三组数据项列出了因子提取后和因子旋转后的因子方差解释情况。

表 6.59　因子分析的总方差解释

成分	初始特征值			提取平方和载入			旋转平方和载入		
	合计	方差/%	累积/%	合计	方差/%	累积/%	合计	方差/%	累积/%
1	4.316	53.947	53.947	4.316	53.947	53.947	4.261	53.265	53.265
2	1.989	24.869	78.816	1.989	24.869	78.816	2.030	25.379	78.645
3	1.230	15.380	94.196	1.230	15.380	94.196	1.244	15.551	94.196
4	0.275	3.435	97.631						
5	0.122	1.524	99.155						
6	0.052	0.648	99.804						
7	0.016	0.196	100.000						
8	−1.713E−16	−2.141E−15	100.000						

图 6.16 所示是因子分析的碎石图。横坐标为成分数（因子数目），纵坐标为特征值。可

以看到第一个因子的特征值很高，对解释原始变量的贡献最大，第三个以后的因子特征值都较小，取值小于1，说明它们对解释原始变量的贡献都很小，称为被忽略的“高山脚下的碎石”，因此提取前三个因子是合适的。

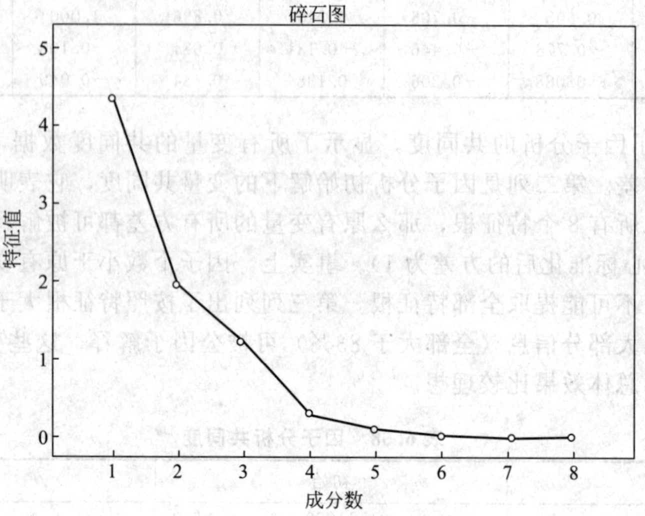

图 6.16　因子分析碎石图

表 6.60 所示为旋转前的因子载荷矩阵，它是因子分析的核心内容。通过因子载荷系数大小可以分析不同公因子所反映的主要指标的区别。从结果看，大部分因子解释性较好，但是仍有少部分指标解释能力较差，如“食品”指标在三个公因子的载荷系数区别不大，因此采用因子旋转的方法使得因子载荷系数向 0 和 1 两极分化，使大的载荷更大，小的载荷更小，这样结果更具可解释性。

表 6.60　旋转前的因子载荷矩阵

变量	成分		
	1	2	3
X_4	0.967	0.102	0.093
X_6	0.962	0.144	−0.085
X_5	0.948	−0.082	0.140
X_3	−0.833	0.503	−0.173
X_1	−0.761	0.202	0.471
X_7	0.008	−0.970	−0.190
X_2	0.527	0.826	−0.005
X_8	0.081	−0.183	0.952

表 6.61 所示为因子经过方差最大正交旋转后的因子载荷矩阵，可以看到第一公因子在交通和通信、医疗保健、文教娱乐及服务、家庭设备用品及服务、食品这五个指标上具有较大的载荷系数，第二公因子在“居住”和“衣着”这两个指标上载荷系数较大，而第三公因子在“杂项商品与服务”上的载荷系数最大。此时各个因子的含义更加突出。

第一公因子综合反映了交通和通信、医疗保健、文教娱乐及服务、家庭设备用品及服务、食品这几个方面的变动情况，可以将其命名为第一基本生活消费因子，即享受性消费因子。载荷系数绝对值的大小表明自 2000 年以来，该市居民消费结构中变化最大的依次为交通和通信、医疗保健、文教娱乐及服务、家庭设备用品及服务、食品，载荷系数分别为

0.946、0.938、0.931、−0.859 和−0.793. 其中第一公因子在交通和通信、医疗保健、文教娱乐及服务上的载荷系数为正值，在家庭设备用品及服务和食品上的载荷系数为负值，说明在 2000～2007 年期间，居民在交通和通信、医疗保健、文教娱乐及服务上的消费是递增的，而在家庭设备用品及服务和食品上的消费是递减的，这与实际是相符的。

第二公因子在居住、衣着上的载荷系数较大，分别为−0.974 和 0.889，代表了这两个方面的变动趋势，可以将其命名为第二基本生活消费因子，即发展性消费因子。第二公因子在衣着上的系数是正的，而在居住上的系数是负的，说明居民在衣着上的消费是递增的，在居住上的消费是递减的，这与实际情况是相符的。首先随着收入的增加，人们对衣着的要求更是一日千里，从颜色到款式，到个性，再到品牌，发展的空间是非常大的；其次，由于生活水平的提高和住房制度的改革，购买商品住宅和优惠购房或者租房的家庭越来越多，但是由于房改不够彻底，高房价对很多市民来说仍然无法承担，因此居住的消费支出就表现出下降的趋势。

第三公因子在杂项商品与服务上的消费变动较大，因此可以将第三公因子命名为第三基本生活消费因子，即其他类型消费因子。杂项商品与服务内容包括个人用品、理发美容用品等项目，表明市民生活内容日益丰富多彩。

有因子旋转后的因子载荷矩阵可得因子分析模型为

$$\begin{cases} \boldsymbol{X}_1=-0.793\boldsymbol{F}_1+0.144\boldsymbol{F}_2+0.438\boldsymbol{F}_3 \\ \boldsymbol{X}_2=0.396\boldsymbol{F}_1+0.889\boldsymbol{F}_2-0.114\boldsymbol{F}_3 \\ \boldsymbol{X}_3=-0.895\boldsymbol{F}_1+0.343\boldsymbol{F}_2-0.241\boldsymbol{F}_3 \\ \boldsymbol{X}_4=0.938\boldsymbol{F}_1+0.260\boldsymbol{F}_2-0.081\boldsymbol{F}_3 \\ \boldsymbol{X}_5=0.946\boldsymbol{F}_1+0.083\boldsymbol{F}_2+0.152\boldsymbol{F}_3 \\ \boldsymbol{X}_6=0.931\boldsymbol{F}_1+0.277\boldsymbol{F}_2-0.101\boldsymbol{F}_3 \\ \boldsymbol{X}_7=0.159\boldsymbol{F}_1-0.974\boldsymbol{F}_2-0.058\boldsymbol{F}_3 \\ \boldsymbol{X}_8=0.086\boldsymbol{F}_1-0.041\boldsymbol{F}_2+0.968\boldsymbol{F}_3 \end{cases}$$

表 6.61　因子旋转后的因子载荷矩阵

变量	成分		
	1	2	3
$\boldsymbol{X}_5$	0.946	0.083	0.152
$\boldsymbol{X}_4$	0.938	0.260	0.081
$\boldsymbol{X}_6$	0.931	0.277	−0.101
$\boldsymbol{X}_3$	−0.895	0.343	−0.241
$\boldsymbol{X}_1$	−0.793	0.144	0.438
$\boldsymbol{X}_7$	0.159	−0.974	−0.058
$\boldsymbol{X}_2$	0.396	0.889	−0.114
$\boldsymbol{X}_8$	0.086	−0.041	0.968

表 6.62 为因子正交旋转矩阵。初始因子载荷矩阵乘以这个正交变换矩阵便可以得到旋转后的因子载荷矩阵。表 6.63 所示为因子旋转后采用回归法估计的因子得分系数矩阵。根据该矩阵中的系数数据可以写出以下因子得分函数。

第一公因子得分

$$\boldsymbol{F}_1=-0.198\boldsymbol{X}_1+0.058\boldsymbol{X}_2-0.226\boldsymbol{X}_3+0.212\boldsymbol{X}_4+0.221\boldsymbol{X}_5+0.211\boldsymbol{X}_6+0.079\boldsymbol{X}_7+0.015\boldsymbol{X}_8$$

第二公因子得分

$$\boldsymbol{F}_2=0.123\boldsymbol{X}_1+0.425\boldsymbol{X}_2+0.200\boldsymbol{X}_3+0.094\boldsymbol{X}_4+0.008\boldsymbol{X}_5+0.096\boldsymbol{X}_6-0.498\boldsymbol{X}_7+0.015\boldsymbol{X}_8$$

第三公因子得分

$$F_3 = 0.365X_1 - 0.059X_2 - 0.174X_3 + 0.069X_4 + 0.119X_5 - 0.077X_6 - 0.088X_7 + 0.779X_8$$

原数据文件增加了三个名为 FAC1 _ 1、FAC2 _ 1、FAC3 _ 1 的变量，它们表示了三个不同因子在不同年份的得分值。

表 6.62　正交旋转矩阵

成分	1	2	3
1	0.988	0.153	0.002
2	−0.151	0.979	−0.134
3	−0.023	0.132	0.991

表 6.63　因子得分系数矩阵

	成分		
	1	2	3
X_1	−0.198	0.123	0.365
X_2	0.058	0.425	−0.059
X_3	−0.226	0.200	−0.174
X_4	0.212	0.094	0.069
X_5	0.221	0.008	0.119
X_6	0.211	0.096	−0.077
X_7	0.079	−0.498	−0.088
X_8	0.015	0.015	0.779

为了进一步解释因子的变动情况，绘制了图 6.17 所示的因子变动趋势图。从图中可以看出，在 2000～2007 年期间，第一公因子除了在开始阶段有些下降外，此后每年都在逐步回升，并于 2006 年达到最高点。这主要是由于前几年国企改革和中国经济的“软着陆”，下岗职工大量增加，因此这阶段时间人们在享受性消费上的支出是减少的，而在其他基本生活

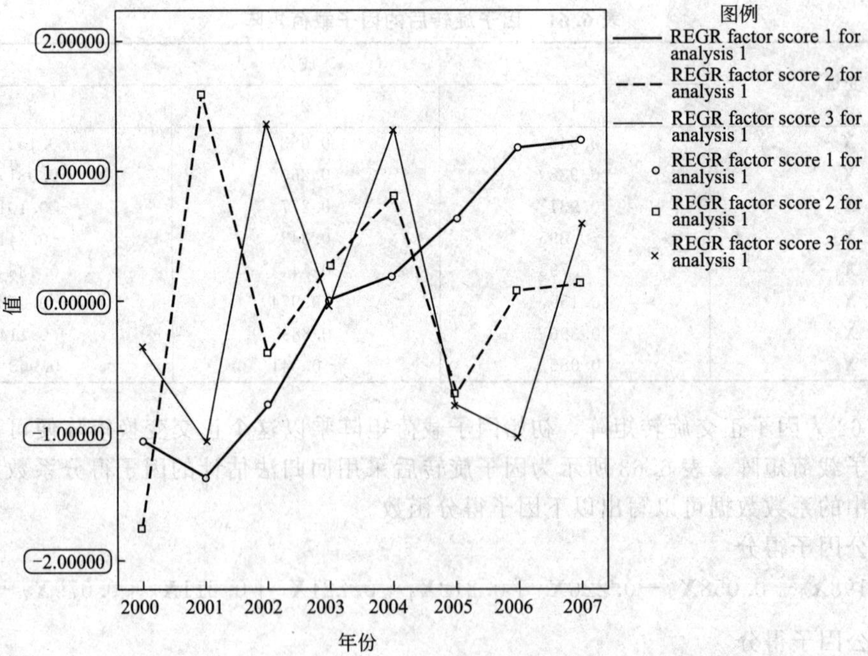

图 6.17　因子变动趋势图

消费上的支出增加。而随着经济的发展和收入的增加，享受性消费逐步增加，其他生活消费由于享受性消费的突然增加而减少后也会逐渐增加。第二公因子得分的起伏波动主要是由居民住房比重有升有降的变动引起的，根本原因还是和国家执行住房改革的力度密切相关，但由于住房改革政策的推行相对于其他政策而言较为缓慢，所以居民对住房消费存在一定的不确定性，这就造成了住房比重在总消费中的升降变化。第三公因子一直波动不已，这说明居民在杂项上的消费仍有较大的发展空间。

习 题 6

1. 试建立数学模型分析某年度我国内地各省、自治区、直辖市可支配收入和消费性支出之间的关系，数据如表 6.64 所示。

表 6.64 我国内地可支配收入和消费性支出

地区	可支配收入	消费性支出	地区	可支配收入	消费性支出
北京	11577.48	8922.72	湖北	5855.98	4804.79
天津	8958.7	6987.22	湖南	6780.56	5546.22
河北	5984.82	4479.75	广东	10415.19	8099.63
山西	5931.05	4123.01	广西	6665.73	5224.73
内蒙古	5535.89	4195.62	海南	5838.84	4367.85
辽宁	5797.01	4654.42	重庆	6721.09	5873.69
吉林	5340.46	4337.22	四川	6360.47	5176.17
黑龙江	5425.87	4192.36	贵州	5451.91	4273.9
上海	12883.46	9336.1	云南	6797.71	5252.6
江苏	7375.1	5532.74	西藏	7869.16	5994.39
浙江	10464.67	7592.39	陕西	5483.73	4637.74
安徽	5668.8	4517.65	甘肃	5382.91	4420.31
福建	8313.08	6015.11	青海	5853.72	4698.59
江西	5506.02	3894.51	宁夏	5544.17	4595.4
山东	7101.08	5252.41	新疆	6395.04	4931.4
河南	5267.42	4110.17			

2. 某学校对 32 名学生进行素质考核，内容有五项指标，分别为学生的心理素质、生理健康、文体能力、实践能力、满意度。数据如表 6.65 所示，以满意度为因变量建立一个多元线性回归模型进行分析。

表 6.65 某学校素质考核指标

编号	心理素质	生理健康	文体能力	实践能力	满意度
1	50	55	89	1.1	43
2	62	35	73	1.75	45
3	52	49	82	2.88	55
4	48	44	70	3.01	42

续表

编号	心理素质	生理健康	文体能力	实践能力	满意度
5	39	56	84	1.43	32
6	55	34	77	2.34	56
7	35	58	88	1.98	49
8	63	30	76	3.1	51
9	51	52	83	2.87	59
10	37	43	85	1.54	30
11	60	38	81	2.07	50
12	53	55	89	1.4	52
13	38	48	72	3.8	44
14	47	52	69	2.35	43
15	55	48	80	1.8	52
16	65	39	72	3.65	53
17	52	50	87	2.33	39
18	50	54	89	1.4	33
19	46	37	68	2.95	35
20	43	42	77	2.76	40
21	61	59	78	1.01	48
22	38	33	66	1.9	41
23	45	41	70	2.5	36
24	59	60	88	2.94	53
25	48	39	69	1.7	51
26	37	54	83	2.3	42
27	35	46	83	2.69	36
28	55	57	76	1.5	57
29	36	40	85	1.62	31
30	44	52	90	2.74	50
31	53	42	78	2.67	44
32	60	53	80	1.93	33

3. 根据 1990～2002 年全国年人均消费性支出和教育支出的数据，数据如表 6.66 所示，对居民家庭教育支出和消费性支出之间的关系进行研究，分析人均消费性支出和教育支出之间的关系。

表 6.66　年人均消费性支出和教育支出

年份	年人均消费性支出	教育支出
1990	1627.64	38.24
1991	1854.22	47.91
1992	2203.60	57.56

续表

年份	年人均消费性支出	教育支出
1993	3138.56	71.00
1994	4442.09	153.98
1995	5565.68	194.62
1996	6544.73	307.95
1997	7188.71	419.19
1998	7911.94	542.78
1999	7493.31	556.93
2000	7997.37	656.28
2001	9463.07	1091.85
2002	9396.45	1062.13

4. 研究南美斑潜蝇幼虫在不同温度条件下的发育速率，得到试验数据如表 6.67 所示。已知发育速率与温度的关系为

$$V(t)=\frac{k}{1+e^{(a-bt)}}$$

确定 a，b，k 的值，拟合发育速率模型。

表 6.67　南美斑潜蝇幼虫发育速率

温度/℃	17.5	20	22.5	25	27.5	30	35
发育速率	0.0638	0.0826	0.1100	0.1327	0.1667	0.1859	0.1572

5. 表 6.68 给出了 12 月 1 日和 12 月 2 日两天内每一小时海浪潮的高度值（以 m 为单位），根据表中数据预测 12 月 5 日下午 1：00 的海浪高度值。

表 6.68　海浪高度　　单位：m

时间	12 月 1 日	12 月 2 日	时间	12 月 1 日	12 月 2 日	时间	12 月 1 日	12 月 2 日
0:00	2.4	3.1	8:00	0.2	−0.9	16:00	−2.4	−2.4
1:00	1.2	2.0	9:00	2.1	−1.1	17:00	−3.0	−3.0
2:00	−0.1	0.6	10:00	3.4	2.9	18:00	−3.1	−3.1
3:00	−1.5	0.6	11:00	3.6	3.9	19:00	−2.3	−3.0
4:00	−2.5	−2.2	12:00	2.9	3.6	20:00	−0.7	−1.7
5:00	−3.0	−3.6	13:00	1.6	2.5	21:00	1.3	0.2
6:00	−2.7	−3.2	14:00	0.2	1.0	22:00	2.9	2.2
7:00	−1.6	−2.5	15:00	−1.2	−1.5	23:00	3.6	3.5

6. 在某大型化工厂的厂区及邻近地区挑选 8 个有代表性的大气取样点，每日四次同时抽取大气样品，测定其中含有的六种气体的浓度，前后共测量四天，即各个取样点实测 16 次。计算各取样点每种气体的平均浓度，得到数据如表 6.69 所示。试对这些大气污染区域进行分类。

表 6.69 化工厂周围大气取样数据

取样点	氯	硫化氢	二氧化碳	碳 4	环氧氯丙烷	环乙烷
1	0.056	0.084	0.031	0.038	0.0081	0.0220
2	0.049	0.055	0.100	0.110	0.0220	0.0073
3	0.038	0.130	0.079	0.170	0.0580	0.0430
4	0.034	0.095	0.058	0.160	0.2000	0.0290
5	0.084	0.066	0.029	0.320	0.0120	0.0410
6	0.064	0.072	0.100	0.210	0.0280	1.3800
7	0.048	0.089	0.062	0.260	0.0380	0.0360
8	0.069	0.087	0.027	0.050	0.0890	0.0210

7. 如表 6.70 所示，给出 10 名学生四门课程的考试成绩，包括数学、物理、语文、政治。依据各科成绩进行 R 型聚类，分析哪些课程是属于一类的？

表 6.70 四门课程考试成绩

学生	数学	物理	语文	政治
1	99	98	78	80
2	88	89	89	90
3	79	80	98	97
4	89	78	81	82
5	75	78	95	96
6	60	65	85	88
7	79	87	50	51
8	75	76	88	89
9	60	56	89	90
10	100	100	85	84

8. 表 6.71 所示数据共有 4 个观测指标，x_1，x_2，x_3，x_4 分别是花萼长、花萼宽、花瓣长和花瓣宽，样本容量为 30，共分为 3 类，分别是刚毛鸢尾花、变色鸢尾花和弗吉尼亚鸢尾花，每类分别抽取了 10 个样品。

另有 3 个待判样品，其指标值分别为（51，35，14，3），（58，28，51，24），（58，26，40，12）。

（1）使用 SPSS 软件，建立 Fisher 判别函数，提出相应的判别准则，对 3 个待判样品进行判别归类。用预测分类结果表和交叉验证表检查该判别函数的错判率。

（2）使用 SPSS 软件，建立贝叶斯判别函数，提出相应的判别准则，并对 3 个待判样品进行判别归类。

表 6.71 鸢尾花观测数据

编号(No.)	花萼长(x_1)	花萼宽(x_2)	花瓣长(x_3)	花瓣宽(x_4)	原始类(group)
1	50	33	14	2	1
2	46	36	10	2	1
3	48	31	16	2	1

续表

编号(No.)	花萼长(x_1)	花萼宽(x_2)	花瓣长(x_3)	花瓣宽(x_4)	原始类(group)
4	49	36	14	1	1
5	44	32	13	2	1
6	51	38	16	2	1
7	50	30	16	2	1
8	51	38	19	4	1
9	49	30	14	2	1
10	50	36	14	2	1
11	57	28	45	13	2
12	63	33	47	16	2
13	70	32	47	14	2
14	58	26	40	12	2
15	50	23	33	10	2
16	58	27	41	10	2
17	60	29	45	15	2
18	62	22	45	15	2
19	61	30	46	14	2
20	56	25	39	11	2
21	67	31	56	24	3
22	89	31	51	23	3
23	65	30	52	20	3
24	58	27	51	19	3
25	49	25	45	17	3
26	63	25	50	19	3
27	63	27	49	18	3
28	64	28	56	21	3
29	58	37	51	19	3
30	64	28	56	22	3

9. 已知某小学 10 名学生 6 个项目的智力测量得分，数据如表 6.72 所示。应用 SPSS 软件进行因子分析并完成下列问题。

(1) 根据特征根累积贡献率大于 90%的原则确定应提取的因子个数。

(2) 根据 x_1，x_2，…，x_6 变量进行因子分析，计算未旋转的初始因子载荷矩阵，写出前三个未旋转的初始因子模型。

(3) 用最大正交方差旋转法，对初始因子模型进行旋转，对旋转的因子载荷进行解释和命名，写出前三个经过旋转的因子模型。

(4) 计算旋转后的因子得分系数矩阵，并根据因子得分系数矩阵写出 $\boldsymbol{F}_1$，$\boldsymbol{F}_2$，$\boldsymbol{F}_3$ 的因子得分表达式和综合因子得分 $\boldsymbol{F}_{综}$ 的表达式，计算因子得分 $\boldsymbol{F}_1$，$\boldsymbol{F}_2$，$\boldsymbol{F}_3$ 和 $\boldsymbol{F}_{综}$，根据综合因子得分 $\boldsymbol{F}_{综}$ 计算 10 位学生的智力得分，并同简单加总的智力总分进行对比分析。

表 6.72　10 学生 6 个项目的智力测量数据

序号	常识 x_1	算术 x_2	理解 x_3	填图 x_4	积木 x_5	译码 x_6	智力总分
1	14	13	28	14	22	39	130
2	10	14	15	14	34	35	122
3	11	12	19	13	24	39	118
4	7	7	7	9	20	23	73
5	13	12	24	12	26	38	125
6	19	14	22	16	23	37	131
7	20	16	26	21	38	69	190
8	9	10	14	9	31	46	119
9	9	8	15	13	14	46	105
10	9	9	12	10	23	46	109

第7章 现代优化方法

7.1 遗传算法简介

遗传算法（Genetic Algorithm）是模拟达尔文生物进化论的自然选择和遗传学机理的生物进化过程的计算模型，是一种通过模拟自然进化过程搜索最优解的方法（图 7.1）。它最初由美国密歇根大学 J. Holland 教授于 1975 年首先提出来的，并出版了颇有影响的专著《Adaptation in Natural and Artificial Systems》，GA 这个名称才逐渐为人所知，J. Holland 教授所提出的 GA 通常为简单遗传算法（SGA）。遗传算法广泛应用在生物信息学、系统发生学、计算科学、工程学、经济学、化学、制造、数学、物理、药物测量学和其他领域之中。

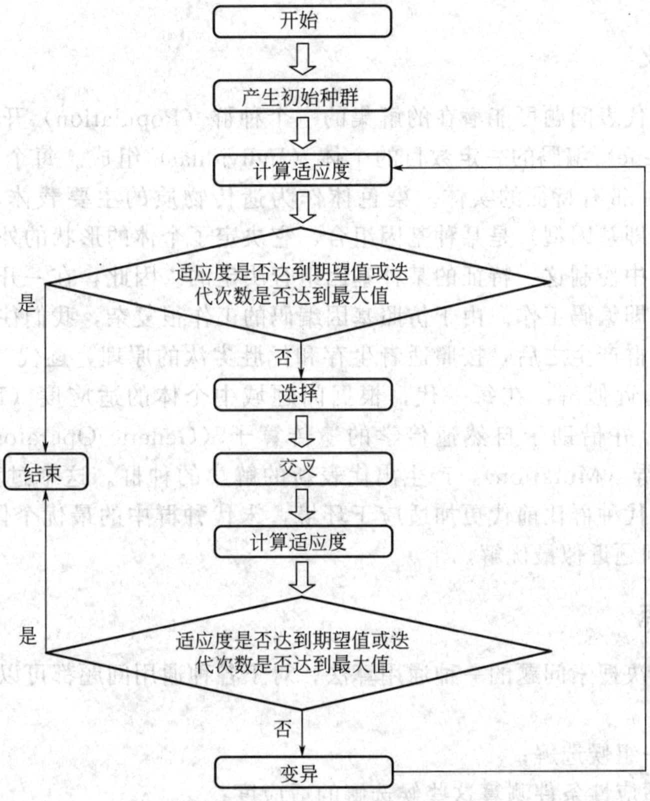

图 7.1　遗传算法流程图

7.1.1 基本概念

遗传算法（Genetic Algorithm）是一类借鉴生物界的进化规律（适者生存、优胜劣汰遗传机制）演化而来的随机化搜索方法。其主要特点包括：直接对结构对象进行操作，不存在求导和函数连续性的限定；具有内在的隐并行性和更好的全局寻优能力；采用概率化的寻优方法，能自动获取和指导优化的搜索空间，自适应地调整搜索方向，不需要确定的规则。遗传算法的这些性质，已被人们广泛地应用于组合优化、机器学习、信号处理、自适应控制和人工生命等领域。它是现代有关智能计算中的关键技术。

遗传算法的基本运算过程如下。

① 初始化　设置进化代数计数器 $t=0$，设置最大进化代数 T，随机生成 M 个个体作为初始群体 $P(0)$。

② 个体评价　计算群体 $P(t)$ 中各个个体的适应度。

③ 选择运算　将选择算子作用于群体。选择的目的是把优化的个体直接遗传到下一代或通过配对交叉产生新的个体再遗传到下一代。选择操作是建立在群体中个体的适应度评估基础上的。

④ 交叉运算　将交叉算子作用于群体。所谓交叉是指把两个父代个体的部分结构加以替换重组而生成新个体的操作。遗传算法中起核心作用的就是交叉算子。

⑤ 变异运算　将变异算子作用于群体。即是对群体中的个体串的某些基因座上的基因值作变动。群体 $P(t)$ 经过选择、交叉、变异运算之后得到下一代群体 $P(t_1)$。

⑥ 终止条件判断　若 $t=T$，则以进化过程中所得到的具有最大适应度个体作为最优解输出，终止计算。

7.1.2 算法定义

遗传算法是从代表问题可能潜在的解集的一个种群（Population）开始的，而一个种群则由经过基因（Gene）编码的一定数目的个体（Individual）组成。每个个体实际上是染色体（Chromosome）带有特征的实体。染色体作为遗传物质的主要载体，即多个基因的集合，其内部表现（即基因型）是某种基因组合，它决定了个体的形状的外部表现，如黑头发的特征是由染色体中控制这一特征的某种基因组合决定的。因此，在一开始需要实现从表现型到基因型的映射即编码工作。由于仿照基因编码的工作很复杂，我们往往进行简化，如二进制编码，初代种群产生之后，按照适者生存和优胜劣汰的原理，逐代（Generation）演化产生出越来越好的近似解，在每一代，根据问题域中个体的适应度（Fitness）大小选择（Selection）个体，并借助于自然遗传学的遗传算子（Genetic Operators）进行组合交叉（Crossover）和变异（Mutation），产生出代表新的解集的种群。这个过程将导致种群像自然进化一样的后生代种群比前代更加适应于环境，末代种群中的最优个体经过解码（Decoding），可以作为问题近似最优解。

7.1.3 算法特点

遗传算法是解决搜索问题的一种通用算法，对于各种通用问题都可以使用。搜索算法的共同特征为：

① 首先组成一组候选解；

② 依据某些适应性条件测算这些候选解的适应度；

③ 根据适应度保留某些候选解，放弃其他候选解；

④ 对保留的候选解进行某些操作，生成新的候选解。

在遗传算法中，上述几个特征以一种特殊的方式组合在一起：基于染色体群的并行搜索，带有猜测性质的选择操作、交换操作和突变操作。这种特殊的组合方式将遗传算法与其他搜索算法区别开来。

遗传算法还具有以下几方面的特点。

① 遗传算法从问题解的串集开始搜索，而不是从单个解开始，这是遗传算法与传统优化算法的极大区别。传统优化算法是从单个初始值迭代求最优解的，容易误入局部最优解。遗传算法从串集开始搜索，覆盖面大，利于全局择优。

② 遗传算法同时处理群体中的多个个体，即对搜索空间中的多个解进行评估，减少了陷入局部最优解的风险，同时算法本身易于实现并行化。

③ 遗传算法基本上不用搜索空间的知识或其他辅助信息，而仅用适应度函数值来评估个体，在此基础上进行遗传操作。适应度函数不仅不受连续可微的约束，而且其定义域可以任意设定。这一特点使得遗传算法的应用范围大大扩展。

④ 遗传算法不是采用确定性规则，而是采用概率的变迁规则来指导其搜索方向。

⑤ 具有自组织、自适应和自学习性。遗传算法利用进化过程获得的信息自行组织搜索时，适应度大的个体具有较高的生存概率，并获得更适应环境的基因结构。

7.1.4 术语说明

由于遗传算法是由进化论和遗传学机理而产生的搜索算法，所以在这个算法中会用到很多生物遗传学知识，下面是我们将会用到的一些术语说明。

染色体（Chromosome）：染色体又可以叫做基因型个体（Individuals），一定数量的个体组成了群体（Population），群体中个体的数量叫做群体大小。

基因（Gene）：基因是串中的元素，基因用于表示个体的特征。例如有一个串 $S=1011$，则其中的1，0，1，1这4个元素分别称为基因。它们的值称为等位基因（Alleles）。

基因地点（Locus）：基因地点在算法中表示一个基因在串中的位置称为基因位置（Gene Position），有时也简称基因位。基因位置由串的左向右计算，例如在串 $S=1101$ 中，0的基因位置是3。

特征值（Feature）：在用串表示整数时，基因的特征值与二进制数的权一致。例如在串 $S=1011$ 中，基因位置3中的1，它的基因特征值为2；基因位置1中的1，它的基因特征值为8。

适应度（Fitness）：各个个体对环境的适应程度叫做适应度（Fitness）。为了体现染色体的适应能力，引入了对问题中的每一个染色体都能进行度量的函数，称为适应度函数。这个函数是计算个体在群体中被使用的概率。

7.1.5 发展现状介绍

进入20世纪90年代，遗传算法迎来了兴盛发展时期，无论是理论研究还是应用研究都成了十分热门的课题。尤其是遗传算法的应用研究显得格外活跃，不但它的应用领域扩大，而且利用遗传算法进行优化和规则学习的能力也显著提高，同时产业应用方面的研究也在摸索之中。此外一些新的理论和方法在应用研究中亦得到了迅速的发展，这些无疑均给遗传算法增添了新的活力。遗传算法的应用研究已从初期的组合优化求解扩展到了许多更新、更工程化的应用方面。

随着应用领域的扩展，遗传算法的研究出现了几个引人注目的新动向。一是基于遗传算法的机器学习，这一新的研究课题把遗传算法从历来离散的搜索空间的优化搜索算法扩展到具有独特的规则生成功能的崭新的机器学习算法。这一新的学习机制对于解决人工智能中知识获取和知识优化精炼的瓶颈难题带来了希望。二是遗传算法正日益和神经网络、模糊推理以及混沌理论等其他智能计算方法相互渗透和结合，这对开拓21世纪中新的智能计算技术将具有重要的意义。三是并行处理的遗传算法的研究十分活跃。这一研究不仅对遗传算法本身的发展，而且对于新一代智能计算机体系结构的研究都是十分重要的。四是遗传算法和另一个称为人工生命的崭新研究领域正不断渗透。所谓人工生命即是用计算机模拟自然界丰富多彩的生命现象，其中生物的自适应、进化和免疫等现象是人工生命的重要研究对象，而遗传算法在这方面将会发挥一定的作用。五是遗传算法和进化规划（Evolution Programming，EP）以及进化策略（Evolution Strategy，ES）等进化计算理论日益结合。EP和ES几乎是和遗传算法同时独立发展起来的，同遗传算法一样，它们也是模拟自然界生物进化机制的智能计算方法，即同遗传算法具有相同之处，也有各自的特点。目前，这三者之间的比较研究和彼此结合的探讨正形成热点。

1991年D. Whitey在他的论文中提出了基于领域交叉的交叉算子（Adjacency based crossover)。这个算子是特别针对用序号表示基因的个体的交叉，Whitey将其应用到了TSP问题中，通过实验对其进行了验证。

D. H. Ackley等提出了随机迭代遗传爬山法（Stochastic Iterated Genetic Hill-climbing，SIGH)，该方法采用了一种复杂的概率选举机制，此机制中由 m 个“投票者”来共同决定新个体的值（m 表示群体的大小)。实验结果表明，SIGH与单点交叉、均匀交叉的神经遗传算法相比，所测试的六个函数中有四个表现出更好的性能，而且总体来讲，SIGH比现存的许多算法在求解速度方面更有竞争力。

H. Bersini和G. Seront将遗传算法与单一方法（Simplex Method）结合起来，形成了一种叫单一操作的多亲交叉算子（Simplex Crossover)。该算子在根据两个母体以及一个额外的个体产生新个体，事实上其交叉结果与对三个个体用选举交叉产生的结果一致。同时，文献还将三者交叉算子与点交叉、均匀交叉做了比较。结果表明，三者交叉算子比其余两个有更好的性能。

国内也有不少的专家和学者对遗传算法的交叉算子进行改进。2002年，戴晓明等应用多种群遗传并行进化的思想，对不同种群基于不同的遗传策略，如变异概率，不同的变异算子等来搜索变量空间，并利用种群间迁移算子来进行遗传信息交流，以解决经典遗传算法的收敛到局部最优值问题。

2004年，赵宏立等针对简单遗传算法在较大规模组合优化问题上搜索效率不高的现象，提出了一种用基因块编码的并行遗传算法（Building-block Coded Parallel GA，BCPGA)。该方法以粗粒度并行遗传算法为基本框架，在染色体群体中识别出可能的基因块，然后用基因块作为新的基因单位对染色体重新编码，产生长度较短的染色体，在用重新编码的染色体群体作为下一轮以相同方式演化的初始群体。

2005年，江雷等针对并行遗传算法求解TSP问题，探讨了使用弹性策略来维持群体的多样性，使得算法跨过局部收敛的障碍，向全局最优解方向进化。

7.1.6 一般算法

遗传算法是基于生物学的，理解或编程都不太难。下面是遗传算法的一般算法。

建初始状态：初始种群是从解中随机选择出来的，将这些解比喻为染色体或基因，该种群被称为第一代，这和符号人工智能系统的情况不一样，在那里问题的初始状态已经给定了。

评估适应度：对每一个解（染色体）指定一个适应度的值，根据问题求解的实际接近程度来指定（以便逼近求解问题的答案）。不要把这些“解”与问题的“答案”混为一谈，可以把它理解成为要得到答案，系统可能需要利用的那些特性。

繁殖（包括子代突变）：带有较高适应度值的那些染色体更可能产生后代（后代产生后也将发生突变）。后代是父母的产物，它们由来自父母的基因结合而成，这个过程被称为“杂交”。

下一代：如果新的一代包含一个解，能产生一个充分接近或等于期望答案的输出，那么问题就已经解决了。如果情况并非如此，新的一代将重复其父母所进行的繁衍过程，一代一代演化下去，直到达到期望的解为止。

并行计算：非常容易将遗传算法用到并行计算和群集环境中。一种方法是直接把每个节点当成一个并行的种群看待。然后有机体根据不同的繁殖方法从一个节点迁移到另一个节点。另一种方法是“农场主/劳工”体系结构，指定一个节点为“农场主”节点，负责选择有机体和分派适应度的值，另外的节点作为“劳工”节点，负责重新组合、变异和适应度函数的评估。

7.1.7 运算过程

遗传操作是模拟生物基因遗传的做法。在遗传算法中，通过编码组成初始群体后，遗传操作的任务就是对群体的个体按照它们对环境适应度（适应度评估）施加一定的操作，从而实现优胜劣汰的进化过程。从优化搜索的角度而言，遗传操作可使问题的解，一代又一代地优化，并逼近最优解。

遗传操作包括以下三个基本遗传算子（Genetic Operator）：选择（Selection）；交叉（Crossover）；变异（Mutation）。这三个遗传算子有如下特点：

个体遗传算子的操作都是在随机扰动情况下进行的，因此，群体中个体向最优解迁移的规则是随机的。需要强调的是，这种随机化操作和传统的随机搜索方法是有区别的。遗传操作进行的是高效有向的搜索，而不是如一般随机搜索方法所进行的无向搜索。

遗传操作的效果和上述三个遗传算子所取的操作概率、编码方法、群体大小、初始群体以及适应度函数的设定密切相关。

（1）选择

从群体中选择优胜的个体，淘汰劣质个体的操作叫选择。选择算子有时又称为再生算子（Reproduction Operator）。选择的目的是把优化的个体（或解）直接遗传到下一代或通过配对交叉产生新的个体再遗传到下一代。选择操作是建立在群体中个体的适应度评估基础上的，目前常用的选择算子有以下几种：适应度比例方法、随机遍历抽样法、轮盘赌选择法。其中轮盘赌选择法（Roulette Wheel Selection）是最简单也是最常用的选择方法。在该方法中，各个个体的选择概率和其适应度值成比例。

显然，概率反映了个体 i 的适应度在整个群体的个体适应度总和中所占的比例。个体适应度越大，其被选择的概率就越高，反之亦然。计算出群体中各个个体的选择概率后，为了选择交配个体，需要进行多轮选择。每一轮产生一个［0，1］之间均匀随机数，将该随机数作为选择指针来确定被选个体。个体被选后，可随机地组成交配对，以供后面的交叉操作。

（2）交叉

在自然界生物进化过程中起核心作用的是生物遗传基因的重组（加上变异）。同样，遗传算法中起核心作用的是遗传操作的交叉算子。所谓交叉是指把两个父代个体的部分结构加以替换重组而生成新个体的操作。通过交叉，遗传算法的搜索能力得以飞跃提高。

交叉算子根据交叉率将种群中的两个个体随机地交换某些基因，能够产生新的基因组合，期望将有益基因组合在一起。根据编码表示方法的不同，可以有以下的算法。

① 实值重组（Real Valued Recombination）：

a. 离散重组（Discrete Recombination）；

b. 中间重组（Intermediate Recombination）；

c. 线性重组（Iinear Recombination）；

d. 扩展线性重组（Bxtended Linear Recombination）。

② 二进制交叉（Binary Valued Crossover）：

a. 单点交叉（Single-point Crossover）；

b. 多点交叉（Multiple-point Crossover）；

c. 均匀交叉（Uniform Crossover）；

d. 洗牌交叉（Shuffle Crossover）；

e. 缩小代理交叉（Crossover With Reduced Surrogate）。

最常用的交叉算子为单点交叉（Single-point Crossover）。具体操作是：在个体串中随机设定一个交叉点，实行交叉时，该点前或后的两个个体的部分结构进行互换，并生成两个新个体。下面给出了单点交叉的一个例子。

个体 A：1 0 0 1 ↑1 1 1 → 1 0 0 1 0 0 0 新个体。

个体 B：0 0 1 1 ↑0 0 0 → 0 0 1 1 1 1 1 新个体。

(3) 变异

变异算子的基本内容是对群体中的个体串的某些基因座上的基因值作变动。依据个体编码表示方法的不同，可以有以下的算法。

① 实值变异；

② 二进制变异。

一般来说，变异算子操作的基本步骤如下。

① 对群中所有个体以事先设定的变异概率判断是否进行变异。

② 对进行变异的个体随机选择变异位进行变异。

遗传算法引入变异的目的有两个。一是使遗传算法具有局部的随机搜索能力。当遗传算法通过交叉算子已接近最优解邻域时，利用变异算子的这种局部随机搜索能力可以加速向最优解收敛。显然，此种情况下的变异概率应取较小值，否则接近最优解的积木块会因变异而遭到破坏。二是使遗传算法可维持群体多样性，以防止出现未成熟收敛现象。此时收敛概率应取较大值。

遗传算法中，交叉算子因其全局搜索能力而作为主要算子，变异算子因其局部搜索能力而作为辅助算子。遗传算法通过交叉和变异这对相互配合又相互竞争的操作而使其具备兼顾全局和局部的均衡搜索能力。所谓相互配合，是指当群体在进化中陷于搜索空间中某个超平面而仅靠交叉不能摆脱时，通过变异操作可有助于这种摆脱。所谓相互竞争，是指当通过交叉已形成所期望的积木块时，变异操作有可能破坏这些积木块。如何有效地配合使用交叉和变异操作，是目前遗传算法的一个重要研究内容。

基本变异算子是指对群体中的个体码串随机挑选一个或多个基因座并对这些基因座的基因值作变动（以变异概率 P 作变动）。

变异率的选取一般受种群大小、染色体长度等因素的影响，通常选取很小的值，一般取 0.001～0.1。

7.1.8 终止条件

当最优个体的适应度达到给定的阈值，或者最优个体的适应度和群体适应度不再上升时，或者迭代次数达到预设的代数时，算法终止。预设的代数一般设置为100～500代。

7.1.9 应用领域

由于遗传算法的整体搜索策略和优化搜索方法在计算时不依赖于梯度信息或其他辅助知识，而只需要影响搜索方向的目标函数和相应的适应度函数，所以遗传算法提供了一种求解复杂系统问题的通用框架，它不依赖于问题的具体领域，对问题的种类有很强的鲁棒性，所以广泛应用于许多科学，下面我们将介绍遗传算法的一些主要应用领域。

(1) 函数优化

函数优化是遗传算法的经典应用领域，也是遗传算法进行性能评价的常用算例，许多人构造出了各种各样复杂形式的测试函数：连续函数和离散函数、凸函数和凹函数、低维函数和高维函数、单峰函数和多峰函数等。对于一些非线性、多模型、多目标的函数优化问题，用其他优化方法较难求解，而遗传算法可以方便地得到较好的结果。

(2) 组合优化

随着问题规模的增大，组合优化问题的搜索空间也急剧增大，有时在目前的计算上用枚举法很难求出最优解。对这类复杂的问题，人们已经意识到应把主要精力放在寻求满意解上，而遗传算法是寻求这种满意解的最佳工具之一。实践证明，遗传算法对于组合优化中的NP问题非常有效。例如遗传算法已经在求解旅行商问题、背包问题、装箱问题、图形划分问题等方面得到成功的应用。

此外，GA也在生产调度问题、自动控制、机器人学、图像处理、人工生命、遗传编码和机器学习等方面获得了广泛的运用。

7.1.10 基本框架

(1) 编码

遗传算法不能直接处理问题空间的参数，必须把它们转换成遗传空间的由基因按一定结构组成的染色体或个体。这一转换操作就被称为编码，也可以称为（问题的）表示（Representation）。

评估编码策略常采用以下3个规范。

① 完备性（Completeness）：问题空间中的所有点（候选解）都能作为GA空间中的点（染色体）表现。

② 健全性（Soundness）：GA空间中的染色体能对应所有问题空间中的候选解。

③ 非冗余性（Nonredundancy）：染色体和候选解一一对应。

目前的几种常用的编码技术有二进制编码、浮点数编码、字符编码、变成编码等。

而二进制编码是目前遗传算法中最常用的编码方法。即是由二进制字符集{0，1}产生通常的0，1字符串来表示问题空间的候选解。它具有以下特点：

① 简单易行；

② 符合最小字符集编码原则；

③ 便于用模式定理进行分析，因为模式定理就是以0，1字符基础的。

(2) 适应度函数

进化论中的适应度，是表示某一个体对环境的适应能力，也表示该个体繁殖后代的能力。遗传算法的适应度函数也叫评价函数，是用来判断群体中的个体的优劣程度的指标，它是根据所求问题的目标函数来进行评估的。

遗传算法在搜索进化过程中一般不需要其他外部信息，仅用评估函数来评估个体或解的优劣，并作为以后遗传操作的依据。由于遗传算法中，适应度函数要比较排序并在此基础上计算选择概率，所以适应度函数的值要取正值。由此可见，在不少场合，将目标函数映射成求最大值形式且函数值非负的适应度函数是必要的。

适应度函数的设计主要满足以下条件：

① 单值、连续、非负、最大化；

② 合理、一致性；

③ 计算量小；

④ 通用性强。

在具体应用中，适应度函数的设计要结合求解问题本身的要求而定。适应度函数设计直接影响到遗传算法的性能。

(3) *初始群体的选取*

遗传算法中初始群体中的个体是随机产生的。一般来讲，初始群体的设定可采取如下的策略。

① 根据问题固有知识，设法把握最优解所占空间在整个问题空间中的分布范围，然后，在此分布范围内设定初始群体。

② 先随机生成一定数目的个体，然后从中挑出最好的个体加到初始群体中。这种过程不断迭代，直到初始群体中个体数达到了预先确定的规模。

7.1.11 实例研究

运用基于 Matlab 的遗传算法工具箱非常方便，遗传算法工具箱里包括了我们需要的各种函数库。目前，基于 Matlab 的遗传算法工具箱也很多，比较流行的有英国谢菲尔德大学开发的遗传算法工具箱 GATBX、GAOT 以及 Math Works 公司推出的 GADS。实际上，GADS 就是大家所看到的 Matlab 中自带的工具箱。我在网上看到有问为什么遗传算法函数不能调用的问题，其实，主要就是因为用的工具箱不同。因为，有些人用的是 GATBX 带有的函数，但 Matlab 自带的遗传算法工具箱是 GADS，GADS 当然没有 GATBX 里的函数，因此运行程序时会报错，当你用 Matlab 来编写遗传算法代码时，要根据你所安装的工具箱来编写代码。

以 GATBX 为例，运用 GATBX 时，要将 GATBX 解压到 Matlab 下的 toolbox 文件夹里，同时，set path 将 GATBX 文件夹加入到路径当中。

最后，编写 Matlab 运行遗传算法的代码。这块内容主要包括两方面工作。

① 将模型用程序写出来（.M 文件）。即目标函数，若目标函数非负，即可直接将目标函数作为适应度函数。

② 设置遗传算法的运行参数。这些参数包括：种群规模、变量个数、区域描述器、交叉概率、变异概率以及遗传运算的终止进化代数等。

【例 7.1】 在 $-5\leqslant x_i\leqslant 5$，$i=1,2$ 区间内，求解

$f(x_1,x_2)=-20\times e^{-0.2\sqrt{0.5(x_1^2+x_2^2)}}-e^{0.5(\cos 2\pi x_1+\cos 2\pi x_2)}+22.71282$ 的最小值。

【解】 种群大小 10，最大代数 1000，变异率 0.1，交叉率 0.3。

程序清单

%源函数的 Matlab 代码

```
function [eval]=f(sol)
numv=size(sol,2);
x=sol(1:numv);
eval=-20 * exp(-0.2 * sqrt(sum(x.^2)/numv)))-exp(sum(cos(2 * pi * x))/numv)
+22.71282;
```

%适应度函数的 matlab 代码

```
function [sol,eval]=fitness(sol,options)
numv=size(sol,2)-1;
x=sol(1:numv);
eval=f(x);
eval=-eval;
```

%遗传算法的 matlab 代码

```
bounds=ones(2,1) * [-5 5];
[p,endPop,bestSols,trace]=ga(bounds,'fitness')
```

注：前两个文件存储为 m 文件并放在工作目录下，运行结果为

```
p=
0.0000 -0.0000 0.0055
```

可以直接绘出 f(x) 的图形来大概看看 f(x) 的最值是多少，也可是使用优化函数来验证。

matlab 命令行执行命令：

```
fplot('x 10 * sin(5 * x)7 * cos(4 * x)',[0,9])
```

evalops 是传递给适应度函数的参数，opts 是二进制编码的精度，termops 是选择 maxGenTerm 结束函数时传递个 maxGenTerm 的参数，即遗传代数。xoverops 是传递给交叉函数的参数。mutops 是传递给变异函数的参数。

【例 7.2】 求 $f(x)=x+10\sin 5x+7\cos 4x$ 的最大值，其中 $0\leqslant x\leqslant 9$。

【解】 选择二进制编码，种群中的个体数目为 10，二进制编码长度为 20，交叉概率为 0.95，变异概率为 0.08 。

程序清单如下：

```
%编写目标函数
function[sol,eval]=fitness(sol,options)
x=sol(1);
eval=x 10 * sin(5 * x)7 * cos(4 * x);
%把上述函数存储为 fitness.m 文件并放在工作目录下
initPop=initializega(10,[0 9],'fitness');%生成初始种群,大小为 10
[x endPop,bPop,trace]=ga([0 9],'fitness',[],initPop,[1e-6 1 1],'maxGenTerm',
25,'normGeomSelect',...
[0.08],['arithXover'],[2],'nonUnifMutation',[2 25 3])%25 次遗传迭代
```

运算结果为：

```
x=
7.8562 24.8553(当 x 为 7.8562 时,f(x)取最大值 24.8553)
```

注意：遗传算法一般用来取得近似最优解，而不是最优解。

7.2 粒子群算法

自然界生物有时候是以群体形式存在的。人工生命研究的主流之一是探索这些自然生物是如何以群体的形式生存，并在计算机里面重构这种模型。很多科学家很早以前就对鸟群和鱼群的生物行为进行计算机模拟，其中较为著名的有 Reynolds、Hepper、Kennedy 和 Grenander 对鸟群的模拟。Reynolds 通过 CG 动画仿真了鸟群的复杂群体行为，他是综合三条简单的准则来构建这种行为：

① 远离最近的邻居；

② 向目标靠近；

③ 向群体的中心靠近。

其基本思想是受多位科学家早期对许多鸟类的群体行为进行建模与仿真研究结果的启发，他们的模型及仿真算法主要利用了生物学家 Hepper 的模型。在 Hepper 的仿真中，鸟在一块栖息地附近聚群，这块栖息地吸引着鸟，直到它们都落在这块地上。Hepper 模型中的鸟是知道栖息地的位置的，但在实际情况中，鸟类在刚开始是不知道食物的所在地的。所以 Kennedy 等认为鸟之间存在着相互交换信息，于是他们在仿真中增加了一些内容：每个个体能够通过一定规则估计自身位置的适应值；每个个体能够记住自己当前所找到的最好位置，称为“局部最优 pbest”；此外还记住群体中所有鸟中找到的最好位置，称为“全局最优 gbest”。这两个最优变量使得鸟在某种程度上朝这些方向靠近。他们综合这一切内容，提出了实际鸟群的简化模型，即我们所说的粒子群算法。

粒子群算法是一个非常简单的算法，且能够有效地优化各种函数。从某种程度上说，此算法介于遗传算法和进化规划之间。此算法非常依赖于随机的过程，这也是和进化规划的相似之处。此算法中朝全局最优和局部最优靠近的调整非常类似于遗传算法中的交叉算子。此算法还使用了适应值的概念，这是所有进化计算方法所共有的特征。

7.2.1 基本粒子群算法

在粒子群算法中，每个个体称为一个“粒子”，其实每个粒子代表一个潜在的解。例如，在一个 D 维的目标搜索空间中，每个粒子看成是空间内的一个点。设群体由 m 个粒子构成。m 也被称为群体建模，过大的 m 会影响算法的运算速度和收敛性。

设 $\boldsymbol{z}_i=(z_{i1},z_{i2},\cdots,z_{iD})$为第 i 个粒子（$i=1, 2, \cdots, m$）的 D 维位置矢量，根据事先设定适应值函数（与要解决的问题有关）计算 $\boldsymbol{z}_i$ 当前的适应值，即可衡量粒子位置的优劣。$\boldsymbol{v}_i=(v_{i1}, v_{i2}, \cdots, v_{iD})$ 为粒子 i 的飞行速度，即粒子移动的距离；$\boldsymbol{p}_i=(p_{i1}, p_{i2}, \cdots, p_{iD})$ 为粒子迄今为止搜索到的最优位置；$\boldsymbol{p}_g=(p_{g1}, p_{g2}, \cdots, p_{gD})$ 为整个粒子群迄今为止搜索到的最优位置。

在每次迭代中，粒子根据以下式子更新速度和位置：

$$v_{id}^{k+1}=v_{id}^{k}+c_1r_1(p_{id}-z_{id}^{k})+c_2r_2(p_{gd}-z_{id}^{k}) \tag{7.1}$$

$$z_{id}^{k+1}=z_{id}^{k}+v_{id}^{k+1} \tag{7.2}$$

其中，$i=1, 2, \cdots, m$；$d=1, 2, \cdots, D$；k 是迭代次数；r_1 和 r_2 为 $[0, 1]$ 之间的随机数，这两个参数是用来保持群体的多样性；c_1 和 c_2 为学习因子，也称加速因子，其使粒子具有自我总结和向群体中优秀个体学习的能力，从而向自己的历史最优点以及群体内历史最优点靠近。这两个参数对粒子群算法的收敛起的作用不是很大，但如果适当调整这两个参数，可以减少局部最小值的困扰，当然也会使收敛速度变快。由于粒子群算法中没有实际的机制来控制粒子速度，所以有必要对速度的最大值进行限制。当速度超过这个阈值时，设其为 v_{max}，这个参数被证明是非常重要的，因为值太大会导致粒子跳过最好解，但太小的话又会导致对搜索空间的不充分搜索。此外速度 v_i 最小取值为 v_{min}，位置 Z_i 的取值范围为 $z_{min} \sim z_{max}$。

式(7.1)的第二项是“认知”部分（Cognition Part），代表了粒子对自身的学习。而公式的第三项是“社会”部分（Social Part），代表着粒子间的协作。式(7.1)正是粒子根据它上一次迭代的速度、它当前位置和自身最好经验与群体最好经验之间的距离来更新速度。然后粒子根据式(7.5)飞向新的位置。

从此可得到粒子群算法是主要遵循了五个基本原则，定义内容如下。

① 邻近原则（Proximity）：粒子群必须能够执行简单的空间和时间计算。

② 品质原则（Quality）：粒子群必须能够对周围环境的品质因素有所反应（变量 pbest 和 gbest）隐含着这一原则。

③ 多样性反应原则（Diverse Response）：粒子群不应该在过于狭窄的范围内活动。

④ 定性原则（Stability）：粒子群不应该在每次环境改变的时候都改变自身的行为。

⑤ 适应性原则（Adaptability）：在能够接受的计算量下，粒子群需能够在适当的时候改变它们的行为。

7.2.2 带惯性权重的粒子群算法

为了改善基本粒子群算法的收敛性能，Shi 和 Eberhart 在 1998 年 IEEE 国际进化计算学术会议上发表的题为“A modified particle swarm optimizer”的论文中引入了惯性权重，逐渐地大家都默认这个改进粒子群算法为标准的粒子群算法。

在基本粒子群算法的速度公式上可见右边项包括了三部分：第一部分是粒子之前是速度；第二部分和第三部分是粒子对速度的调整。如果没有后面两部分，粒子将会保持相同的速度朝一个方向飞行，直到到达边界，这样粒子很大可能会找不到优解，排除优解在粒子飞行的轨迹上，但这种情况是很少的。此外，如果没有第一部分，粒子的飞行速度将仅由它们当前位置和历史最好位置决定，则速度自身是无记忆的。假定刚开始粒子 i 处于较优位置，那么粒子的飞行速度将会是 0，即它会保持静止状态，直到其他粒子找到比粒子 i 所处位置还要好的优解，从而替代了全局最优。此时，每个粒子将会飞向它自身最好位置和群体全局最好位置的权重中心。所以可以想象到如果没有第一部分，粒子群算法的搜索空间将会随着进化而收缩。此时只有当全局最优在初始搜索区间时，粒子群算法才可能找到解。所以最后解非常依赖于初始群体。当没有第一部分时，此算法更像是局部最优算法。

对于不同的问题，局部最优能力和全局最优能力的权衡也不一样。考虑到这个问题。并结合以上的分析，Shi 和 Eberhart 添加了一个惯性权重到速度更新公式，即

$$v_{id}^{k+1} = wv_{id}^{k} + c_1 r_1 (p_{id} - z_{id}^{k}) + c_2 r_2 (p_{gd} - z_{id}^{k}) \tag{7.3}$$

位置更新公式与粒子群算法的位置更新公式相同。惯性权重 w 起着权衡局部最优能力和全局最优能力的作用。图 7.2 表明粒子如何调整它的位置。

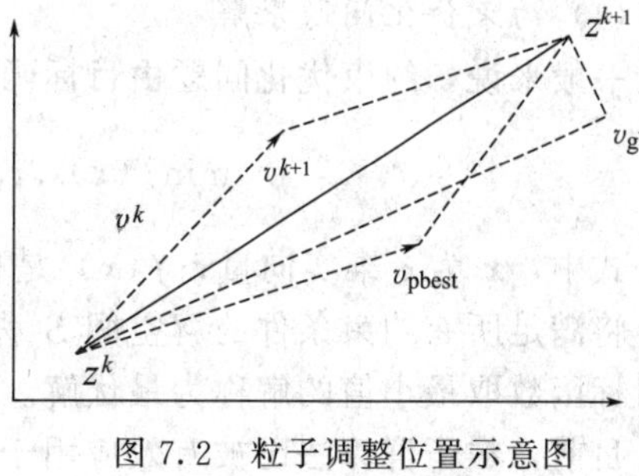

图 7.2 粒子调整位置示意图

图中，z^k 为当前的搜索点；z^{k+1}为调整后的搜索点；v^k 为当前的速度；v^{k+1}为调整后的速度；v_{pbest}为基于 pbest 的速度；v_{gbest}为基于 gbset 的速度。

为了观察这个惯性权重对粒子群算法性能的影响，Shi 和 Eberhart 把此算法应用到 Schaffer's $f6$ 函数中，因为这个函数是比较著名的评价优化算法的基准函数。他们改变惯性权重的大小，通过这个函数是比较著名的评价优化算法的基准函数。他们改变惯性权重的大小，通过大量的实验得到一些结论。当惯性权重较小时（<0.8），如果粒子群算法能够找到全局最优的话，那么它所经历的搜索时间是很短的，即所有的粒子趋向于快速汇集在一起。如果优解是在最初搜索空间内，粒子群算法将会很容易找到全局最优，否则它会找不到最优。当惯性权重较大时（>1.2），粒子群算法更像全局搜索方法，且它总是搜索新的区域。当然，这时的粒子群算法会需要更多的迭代来达到全局最优，且更可能找不到全局最优。当惯性权重适中时，粒子群算法将会有更大的机会找到全局最优，但迭代次数也会比第一种情况要多。

根据这些分析，他们不是把惯性权重设为定值，而是设为一个随时间线性减少的函数，惯性权重的函数形式通常为

$$w=w_{\max}-\frac{w_{\max}-w_{\min}}{\text{iter}_{\max}}\cdot k \tag{7.4}$$

式中，$w_{\max}$为初始权重；$w_{\min}$为最终权重；$\text{iter}_{\max}$为最大迭代次数；k 为当前迭代次数。

这个函数使得粒子群算法在刚开始的时候倾向于开掘，然后逐渐转向于开拓，从而在局部区域调整解。这些改进使得粒子群算法的性能得到很大提高。

7.2.3 带收缩因子的粒子群算法

研究表明使用收缩因子可以保证粒子群算法收敛。收缩因子 x 是关于参数c_1和 c_2的函数，一个简单带收缩因子的粒子群算法定义为：

$$v_{id}^{k+1}=x\left[v_{id}^{k}+c_1r_1(p_{id}-z_{id})+c_2r_2(p_{gd}-z_{id}^{k})\right] \tag{7.5}$$

$$x=\frac{2}{\left|2-l-\sqrt{l^2-4l}\right|},l=c_1+c_2,l>4 \tag{7.6}$$

在此方法中设 e 为 4.1，$c_1=c_2=2.05$，代入式(7.6) 中求得收缩因子 x 为 0.729。再将 $x=0.729$ 代入式(7.5) 中，即首项的前次速率乘 0.729。

7.2.4 改进的粒子群算法

基本粒子群算法存在着很多缺陷，如对环境的变化不敏感，常常会受 pbest 和 gbest 的影响而陷入非最优区域，算法经常发生早熟收敛等现象，所以很多学者在基本粒子群的基础上，提出了很多类型的改进算法。根据其自身的特点，这些改进算法大致可以分为离散粒子群优化算法、小生境粒子群优化算法、混合粒子群优化算法等类型。

（1）约束优化问题求解

一般来说，约束优化问题由目标函数和约束条件两部分构成，表示为

$$\min f(\boldsymbol{x})\ s.t.\begin{cases}g_j(\boldsymbol{x})\leqslant 0,j=1,2,\cdots,J\\h_k(\boldsymbol{x})=0,k=1,2,\cdots,K\end{cases} \tag{7.7}$$

式中，$\boldsymbol{x}$ 为 n 维实向量；$f(\boldsymbol{x})$ 是目标函数；$g(\boldsymbol{x})$、$h(\boldsymbol{x})$ 为约束条件。

将满足所有约束条件的解空间 S 称为可行域，可行域中的解称为可行解；将可行域中使目标函数取最小值的解称为最优解。对于最大化问题，可转化为最小化问题进行求解。

目前，粒子群算法已被有效应用于约束优化问题求解。例如，可对约束优化问题引入半

可行域的概念，提出竞争选择的新规则，并改进基于竞争选择和惩罚函数的进化算法适应度函数，然后结合粒子群算法本身的特点，设计选择算子对半可行域进行操作，从而得到一个利用粒子群算法求解约束优化问题的新的进化算法。粒子群算法还应用于非线性约束优化问题的求解，提出相应的求解非线性约束优化问题的新算法，并通过数值实验验证算法的全局寻优能力。对于约束优化问题，可以先采用惩罚函数法将约束优化问题化为无约束优化问题，或者将约束优化问题转化为最小最大问题，然后对无约束优化问题或最小最大问题，采用粒子群算法进行进化求解。

(2) 离散粒子群优化算法

为了将粒子群算法离散化，算法由当前的状态变量决定粒子将被判定为 1 或 0 的概率，即有

$$P[x_i^{k+1}=1]=f(x_i^k, v_i^k, x_{\text{pbest}}^k, x_{\text{gbest}}^k) \tag{7.8}$$

离散化函数 $f(\cdot)$ 需要在离散二进制空间内使粒子趋向于判决选择为 0 或者 1，即由粒子速度决定一个范围在 [0，1] 之间的概率选择参数 s：若 s 接近于 1，则粒子将更可能被选择为 1；而若 s 接近于 0，则粒子更可能被选择为 0。其表达式如式(7.9)所示：

$$s=\text{Sigmoid}(v_i^k)=\frac{1}{1+e^{(-v_i^k)}} \tag{7.9}$$

当取得 $v_{\max}=6$ 时，阈值 s 的取值范围为 [0.0025，0.9975]。修改后的离散粒子群优化算法与基本粒子群优化算法流程相类似，但粒子速度和位置的更新公式修改为

$$\begin{aligned} v_i^{k+1}&=wv_{i,d}^k+c_1r_1(x_{\text{pbest}}^k-x_i^k)+c_2r_2(x_{\text{gbest}}^k-x_i^k)\\ v_i^{k+1}&=\begin{cases}1, \rho<\text{Sigmoid}(v_i^{k+1})\\ 0, 其他\end{cases}\end{aligned} \tag{7.10}$$

其中，ρ 是 [0，1] 之间的随机数，算法中其他参数都和基本粒子群优化算法内的参数相同。

二进制离散粒子群优化算法采用五个基准测试函数进行搜索运算。算法在每个测试函数上运算 20 次，取最优一次的算法进化曲线作为算法结果参考。离散粒子群优化算法群体规模 $N=20$，粒子最大速度 $v_{\max}=6$，取每次迭代中函数的输出值为算法适应值，则函数进化曲线如图 7.3 所示。

由以上的实验结果可以看出，离散的粒子群优化算法在解决离散问题的时候，其运算结果已相当接近全局最优值。但其仍存在着局部收敛和有着较多冗余计算的缺陷，影响了算法的运算效果。

(3) 混合粒子群优化算法

用进化计算中的选择机制来改善粒子群优化算法。通常在解决复杂非线性函数时，基于群体的优化算法在快速寻找最优值方面有一定的优势。基于群体的优化算法可定义如下：

$$p'=m(f(p)) \tag{7.11}$$

式中，p 是搜索空间中的一组位置，称为群体；f 是适应值函数，其返回一组值，从而表明群体中每个成员的优化效果；m 是群体修改函数，其返回一组新的群体。从父代中直接得到的信息，或者搜索动态过程中隐含的信息，都能够给予子代一定的指导。粒子群算法正是如上式方程形式的基于群体的优化算法。其修改函数是基于昆虫的群体行为，每个个体包含在搜索空间中的当前位置、当前速度、自身搜索到的最好位置。它们通过基本粒子群操

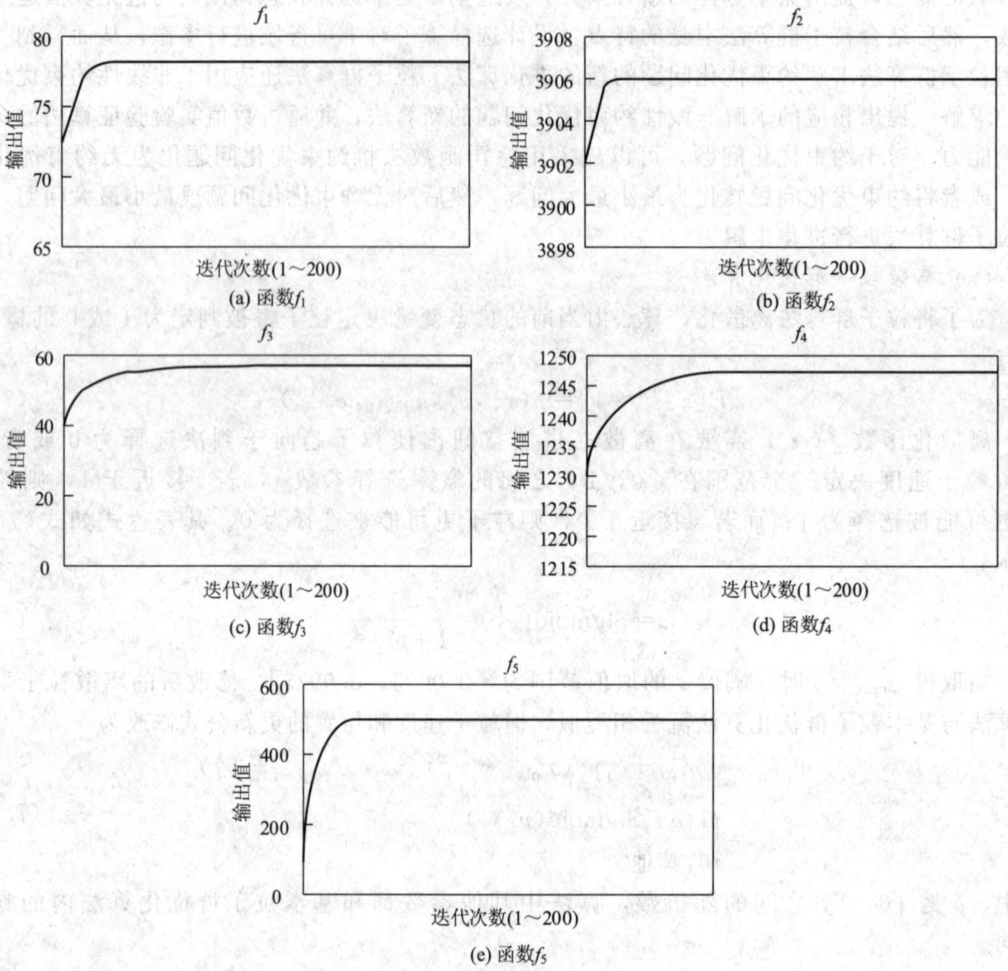

图 7.3　基准测试函数的适应值收敛曲线

作（速度更新公式和位置更新公式）而得到新的群体。

进化算法是另一种形式的基于群体的搜索方法，定义如下：

$$p'=\mu(s(f(p)))\tag{7.12}$$

式中，μ 是突变函数，其随机改变群体中的部分个体；s 是选择函数，用其他群体成员的复制体（称为父代）代替表现差的粒子。这个选择机制使得搜索能够倾向于之前所走过的具有相对优势的位置。选择对群体起着集中的作用，分布有限的资源使得搜索倾向于具有最大效益的已知区域。

Angeline 提出了混合群体（Hybird Swarm），其结合了类似于传统进化计算算法中的选择机制。混合群体和粒子群在各方面都很相似，除了它结合了进化计算中的锦标选择算子(Tournament Selection Method)。锦标选择算子可描述如下。

① 每个个体基于当前未知的适应值与其他个个体的适应值进行比较，如果当前个体的适应值优于某个个体的适应值，则每次授予该个体一分。对每个个体重复这个过程。

② 根据前一步计算所得的分数对种群中的个体进行从大到小的排列。

③ 各级种群中顶部的一半个体，并对它们进行复制，取代种群底部的一半个体，在此过程中最佳个体的适应度并未改变。

此选择过程在粒子修改群体前执行。通过增加这个选择过程，在每一代中，一半的个体将会被移动到当前位置具有相对优势的位置上。移动后的个体将仍然保持它们的个体最优位置。可见混合群体和粒子群体的区别是很小的，区别仅仅在于带选择机制的混合群体比粒子群具有更多的开发能力，即在已具有的信息的基础上继续搜索的能力。

7.2.5 粒子群算法的应用

(1) 电力系统领域

电力系统优化问题种类多样，根据目标函数类型大概可分为线性、非线性、整型、混合整型。传统的优化算法处理特定问题需要特定的公式，但是 PSO 可通过微小的修正来适应不同类型的优化问题，这一特性使得 PSO 成为大量优化问题的通用优化器。PSO 在电力系统上的应用和在其他领域的应用大致相同，都是通过建立一个迭代公式，不同的是参数的设置。PSO 有效地提高了结果的精确度和计算时间。PSO 在电力系统方面的应用主要如下：配电网扩展规划、检修计划、机组组合、负荷经济分配、最优潮流计算与无功优化控制、谐波分析与电容器配置、配电网状态估计、参数辨识、优化设计。随着粒子群优化理论研究的深入，它还将在电力市场竞价交易、投标策略以及电力市场仿真等领域发挥巨大的应用潜力。

(2) 机器人控制领域

机器人控制与协调，由于在许多领域，人类无法进行探测，因此，无人交通工具或者移动机器人被用于特定领域的目标跟踪，这也是未来的一个重大应用研究领域。用于无人交通工具的各种不同的控制方法有着不同的算法，例如遗传算法、进化算法、神经网络等。粒子群算法是一种新型的优化方法，可用于此类机器人群搜索。粒子群算法的性能依赖于各种被称为品质因素的参数，这些参数是由二级粒子群算法来决定的。通过实验证明，粒子群算法的搜索性能对于单一和多重目标得到了改进。

机器人足球作为多智能体系统研究的典型问题之一，必然要解决多个智能体间的协调与合作的问题，即多个机器人如何“默契地”配合从而有效地实现进攻、防守、拦截等具体行为。机器人足球比赛中，决策子系统是整个足球机器人系统智能处理的中心枢纽，其核心任务是根据已知赛场上的数据信息，为赛场上的每个本方的足球机器人选择合适的动作，产生不同层次的运动规划，进而赢得比赛的胜利。

(3) 交通运输领域——车辆路径问题

在物流配送供应领域中，一个常见问题是：已知有一批客户，各客户点的位置坐标和货物需求已知，供应商具有若干可供派送的车辆，运载能力给定，每辆车都从起点出发，完成若干客户点的运送任务后再回到起点。现要求以最少的车辆数、最小的车辆总行程来完成货物的派送任务。

该问题由 Dantzig 首先提出，著名的旅行商问题（TSP）是它的一个特例。TSP 是 NP 难题，车辆路径问题（VRP）后来也被证明属于 NP 难题行列。经过 30 多年的研究，VRP 目前仍是一个困难的组合优化问题。理论上，仅能保证一些相对小规模的 VRP 可求得最优解。一般意义上的 VRP 可描述如下：在约束条件下，设计从一个或多个起点出发，到多个不同位置的城市或客户点的最优送货巡回路径。

即设计一个总耗费最小的路线集，满足以下条件：

① 每个城市或客户只被一辆车访问一次；

② 所有车辆从起点出发再回到起点；

③ 某些约束被满足。

最通常的约束包括容量限制、时间窗限制等。所谓容量限制，即任何一辆车在行驶路径上所提出的货物总量不能超出车辆的装载能力。这里假设所有车辆都相同且容量相等。时间窗限制，是在 VRP 问题上加了客户要求访问的时间窗口。现实生活中许多问题都可以归结为时间窗限制问题来处理（如邮政投递、火车及公共汽车的调度等），其处理成功与否将直接影响到企业的服务质量，所以对它的研究越来越受到人们的重视。

（4）工业生产优化领域—— 机械领域

粒子群算法可用于原料混合优化。在这项工作中，“原料混合”是指成分的混合以培育自然隐匿的微生物品种的产生或者生产某种有趣的东西。传统的工业优化方法：统计设计或试验设计，其效率远比粒子群算法低。并且粒子群算法具有鲁棒性，一个被污染的成分不会产生差的最终解。在原料混合优化的其他应用中粒子群算法也是有价值的。

烧结是将铁矿粉合铁精矿经高温处理变成块状炉料——烧结矿的过程。因为，经过破碎筛分和选矿处理后的粒度细、脉石含量少的铁精矿和粉矿，不能直接进入高炉炼铁，必须进行造块处理，成为有一定粒度的块状炉料后方可送往高炉冶炼。

钢次级直线感应电动机由于结构简单、成本低和所驱动的机械装置的配合性强，故而得到了广泛的应用。但钢次级直线感应电动机最大的缺点是效率和功率因数低。因此，很大程度上也影响了直线电机的推广。直线感应电动机的优化设计是一个混合性的优化问题：其数学模型复杂，函数形态差，某些参数又有离散要求。传统解决方法有 Hook-Jeeves 法，又称步长加速法或模式搜索法，它是由轴向探索移动和模式移动组成，但成功解较低。由于粒子群算法在求解非线性优化问题上的优势，有文献提出了基于改进粒子群算法的电机优化设计方法，对双边非磁性次级直线感应电机进行了优化。其程序主要包括初始点确定程序模块，电磁校核程序模块和 PSO 寻优程序模块。在满足约束条件下，功率因数、同步效率较原始方案都有明显提高。

此外，粒子群算法还被应用于冶金自动化领域，如对粗轧宽展控制模型进行优化等。采用粒子群算法对粗轧宽展控制模型进行优化，解决了传统方法难以解决的问题。结果表明，优化后的模型效果明显优于原来的模型，体现了粒子群算法在冶金自动化领域的优越性。研究粒子群算法，使其在更多领域得到实际应用，具有广泛的意义。

（5）电磁学领域

在求解非线性磁介质磁场的计算问题上，数值方法显得尤其吸引人，因为此问题包含的磁介质情况异常复杂。针对此类问题，有研究者给出了一种自动的粒子群算法，通过能量最小化来进行包含非线性磁介质设备的磁场计算，并针对不同的设备构造实现了该方法，同时进行了仿真实验。结果发现，无论从定性还是定量的角度，使用所提方法得到的计算结果都与使用有限元方法得到的计算结果很好地吻合。

粒子群算法还用于电磁场中的多层平面屏蔽罩优化。这里需要引入类似静电磁场的描述方法，在距给定源一定距离的条件下，得到能达到最小电磁屏蔽性能的多层屏蔽罩的最佳厚度。对于各层的数目和类型设计可采用粒子群算法，考虑多是屏蔽罩选用的原材料，然后研究在 10kHz 频率的周期三角波源情况下的屏蔽罩最佳结构。

粒子群算法还可用于远声场旁瓣槽相控阵列综合问题（使用只有振幅、只有相角和复杂锥度三种），结果表明在某些优化问题中粒子群算法表现出比遗传算法更好的性能。通过微波成像方法可用来重构二维绝缘散射体。粒子群算法可用来确定被检测散射体的绝缘外形。为了初步评估所提方法的有效性，有论文在无噪声和有噪声的条件下分别进行实脸，所得结果确定了该方法在重构准确性和鲁棒性方面的能力。

7.3 蒙特卡罗算法

蒙特卡罗方法（Monte Carlo Method），也称统计模拟方法，是20世纪40年代中期由于科学技术的发展和电子计算机的发明，而被提出的一种以概率统计理论为指导的一类非常重要的数值计算方法，是指使用随机数（或更常见的伪随机数）来解决很多计算问题的方法。20世纪40年代，J. 冯·诺依曼等人在美国洛斯阿拉莫斯国家实验室为核武器计划工作时，发明了蒙特卡罗方法。而蒙特卡罗方法正是以概率为基础的方法，与它对应的是确定性算法。蒙特卡罗方法在金融工程学、宏观经济学、计算物理学（如粒子输运计算、量子热力学计算、空气动力学计算）等领域应用广泛。

7.3.1 基本概述

蒙特卡罗方法又称统计模拟法、随机抽样技术，是一种随机模拟方法，以概率和统计理论方法为基础的一种计算方法，是使用随机数（或更常见的伪随机数）来解决很多计算问题的方法。将所求解的问题同一定的概率模型相联系，用电子计算机实现统计模拟或抽样，以获得问题的近似解。为象征性地表明这一方法的概率统计特征，故借用赌城蒙特卡罗命名。

蒙特卡罗方法由20世纪40年代美国在第二次世界大战中研制原子弹的“曼哈顿计划”计划的成员S. M. 乌拉姆和J. 冯·诺伊曼首先提出。数学家冯·诺伊曼用驰名世界的赌城——摩纳哥的蒙特卡罗（MenteCarlo）——来命名这种方法，使其具有了一层神秘色彩。在这之前，蒙特卡罗方法就已经存在。1777年，法国数学家布丰（Georges Louis Leclerede Buffon，1707～1788）提出用投针实验的方法求圆周率π。这被认为是蒙特卡罗方法的起源。

7.3.2 基本思想

当所求解问题是某种随机事件出现的概率，或者是某个随机变量的期望值时，通过某种“实验”的方法，以这种事件出现的频率估计这一随机事件的概率，或者得到这个随机变量的某些数字特征，并将其作为问题的解。

（1）工作过程

蒙特卡罗方法的解题过程可以归结为三个主要步骤：构造或描述概率过程；实现从已知概率分布抽样；建立各种估计量。

蒙特卡罗方法解题过程有以下三个主要步骤。

① 构造或描述概率过程。对于本身就具有随机性质的问题，如粒子输运问题，主要是正确描述和模拟这个概率过程，对于本来不是随机性质的确定性问题，比如计算定积分，就必须事先构造一个人为的概率过程，它的某些参量正好是所要求问题的解。即要将不具有随机性质的问题转化为随机性质的问题。

② 实现从已知概率分布抽样。构造了概率模型以后，由于各种概率模型都可以看作是由各种各样的概率分布构成的，因此产生已知概率分布的随机变量（或随机向量），就成为实现蒙特卡罗方法模拟实验的基本手段，这也是蒙特卡罗方法被称为随机抽样的原因。最简单、最基本、最重要的一个概率分布是（0，1）上的均匀分布（或称矩形分布）。随机数就是具有这种均匀分布的随机变量。随机数序列就是具有这种分布的总体的一个简单子样，也就是一个具有这种分布的相互独立的随机变数序列。产生随机数的问题，就是从这个分布的抽样问题。在计算机上，可以用物理方法产生随机数，但价格昂贵，不能重复，使用不便。

另一种方法是用数学递推公式产生。这样产生的序列，与真正的随机数序列不同，所以称为伪随机数或伪随机数序列。不过，经过多种统计检验表明，它与真正的随机数或随机数序列具有相近的性质，因此可把它作为真正的随机数来使用。由已知分布随机抽样有各种方法，与从（0，1）上均匀分布抽样不同，这些方法都是借助于随机序列来实现的，也就是说，都是以产生随机数为前提的。由此可见，随机数是我们实现蒙特卡罗模拟的基本工具。

③ 建立各种估计量。一般说来，构造了概率模型并能从中抽样后，即实现模拟实验后，我们就要确定一个随机变量，作为所要求的问题的解，我们称它为无偏估计。建立各种估计量，相当于对模拟实验的结果进行考察和登记，从中得到问题的解。

（2）数学应用

通常蒙特卡罗方法通过构造符合一定规则的随机数来解决数学上的各种问题。对于那些由于计算过于复杂而难以得到解析解或者根本没有解析解的问题，蒙特卡罗方法是一种可有效求出数值解的方法。一般蒙特卡罗方法在数学中最常见的应用就是蒙特卡罗积分。

7.3.3 应用领域

蒙特卡罗方法在金融工程学、宏观经济学、生物医学、计算物理学（如粒子输运计算、量子热力学计算、空气动力学计算、核工程）等领域应用广泛。

7.3.4 工作过程

在解决实际问题的时候应用蒙特卡罗方法主要有两部分工作。

① 用蒙特卡罗方法模拟某一过程时，需要产生某一概率分布的随机变量。

② 用统计方法把模型的数字特征估计出来，从而得到实际问题的数值解。

7.3.5 模拟计算

使用蒙特卡罗方法进行分子模拟计算是按照以下步骤进行的。

① 使用随机数发生器产生一个随机的分子构型。

② 对此分子构型的其中粒子坐标作无规则的改变，产生一个新的分子构型。

③ 计算新的分子构型的能量。

④ 比较新的分子构型于改变前的分子构型的能量变化，判断是否接受该构型。若新的分子构型能量低于原分子构型的能量，则接受新的构型，使用这个构型重复再进行下一次迭代。若新的分子构型能量高于原分子构型的能量，则计算玻尔兹曼因子，并产生一个随机数。若这个随机数大于所计算出的玻尔兹曼因子，则放弃这个构型，重新计算。若这个随机数小于所计算出的玻尔兹曼因子，则接受这个构型，使用这个构型重复再进行下一次迭代。

⑤ 如此进行迭代计算，直至最后搜索出低于所给能量条件的分子构型结束。

7.3.6 发展运用

从理论上来说，蒙特卡罗方法需要大量的实验。实验次数越多，所得到的结果才越精确。

从表中数据可以看到，一直到公元20世纪初期，尽管实验次数数以千计，利用蒙特卡罗方法所得到的圆周率 π 值，还是达不到公元5世纪我国数学家祖冲之的推算精度。这可能是传统蒙特卡罗方法长期得不到推广的主要原因。

计算机技术的发展，使得蒙特卡罗方法在近年得到快速的普及。现代的蒙特卡罗方法，已经不必亲自动手做实验，而是借助计算机的高速运转能力，使得原本费时费力的实验过程，变成了快速和轻而易举的事情。它不但用于解决许多复杂的科学方面的问题，也被项目管理人员经常使用。

借助计算机技术，蒙特卡罗方法实现了两大优点：

一是简单，省却了繁复的数学推导和演算过程，使得一般人也能够理解和掌握；二是快速。简单和快速，是蒙特卡罗方法在现代项目管理中获得应用的技术基础。

蒙特卡罗方法有很强的适应性，问题的几何形状的复杂性对它的影响不大。该方法的收敛性是指概率意义下的收敛，因此问题维数的增加不会影响它的收敛速度，而且存储单元也很省，这些是用该方法处理大型复杂问题时的优势。因此，随着电子计算机的发展和科学技术问题的日趋复杂，蒙特卡罗方法的应用也越来越广泛。它不仅较好地解决了多重积分计算、微分方程求解、积分方程求解、特征值计算和非线性方程组求解等高难度和复杂的数学计算问题，而且在统计物理、核物理、真空技术、系统科学、信息科学、公用事业、地质、医学，可靠性及计算机科学等广泛的领域都得到成功应用。

7.3.7 一般步骤

项目管理中蒙特卡罗模拟方法的一般步骤是：

① 对每一项活动，输入最小、最大和最可能估计数据，并为其选择一种合适的先验分布模型；

② 计算机根据上述输入，利用给定的某种规则，快速实施充分大量的随机抽样；

③ 对随机抽样的数据进行必要的数学计算，求出结果；

④ 对求出的结果进行统计学处理，求出最小值、最大值以及数学期望值和单位标准偏差；

⑤ 根据求出的统计学处理数据，让计算机自动生成概率分布曲线和累积概率曲线（通常是基于正态分布的概率累积S曲线）；

⑥ 依据累积概率曲线进行项目风险分析。

非权重蒙特卡罗积分，也称确定性抽样，是指对被积函数变量区间进行随机均匀抽样，然后对被抽样点的函数值求平均，从而可以得到函数积分的近似值。此种方法的正确性是基于概率论的中心极限定理。当抽样点数为 m 时，使用此种方法所得近似解的统计误差恒为 $\frac{1}{\sqrt{m}}$，不随积分维数的改变而改变。因此当积分维度较高时，蒙特卡罗方法相对于其他数值解法更优。

7.3.8 实例研究

【例 7.3】 如图 7.4 所示，计算图中阴影部分的面积，方程分别为 $\frac{x^2}{9}+\frac{y^2}{36}=1$，$\frac{x^2}{36}+y^2=1$，$(x-2)^2+(y+1)^2=9$。

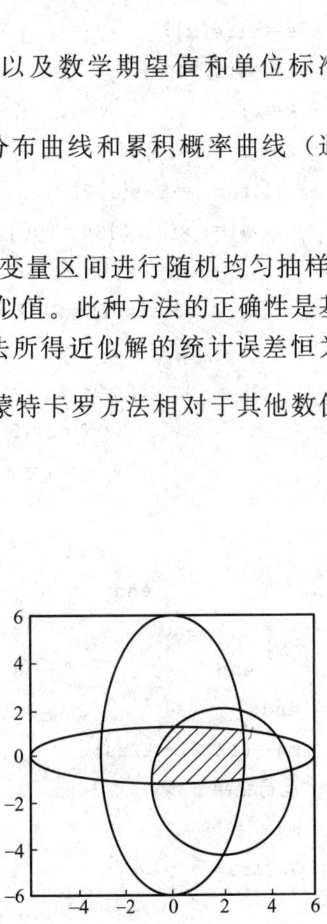

图 7.4 例 7.3 题图

【解】 一个古人要求一个图形的面积。他把图形画在一块方形布上，然后找来一袋豆子，然后将所有豆子洒在布上，落在图形内豆子的重量比上那块布上所有豆子的重量再乘以布的面积就是他所要求的图形的面积。因此有以下两种编程思路。

方法一：将整个坐标轴看成一个边长为 12 的正方形，然后均匀地将这个正方形分成 N（N 的大小取决于划分的步长）个点，然后找出 N 个点中有多少个点是属于阴影部分中。假设这个值为 k，则阴影部分的面积为$\frac{k}{N}\times 12^2$。

方法二：将整个坐标轴看成一个边长为 12 的正方形，然后在（－6，6）中随机出 N（N 越大越好，至少超过 1000）个点，然后找出这 N 个点中有多少个点在阴影区域内。假设这个值为 k，则阴影部分的面积为$\frac{k}{N}\times 12^2$。然后重复这个过程 100 次，求出 100 次面积计算结果的均值，这个均值为阴影部分面积。

对比分析：以上两个方法都是利用蒙特卡罗方法计算阴影部分面积，只是在处理的细节有一点区别。方法一是把豆子均匀分布在布上；方法二则是随机把豆子仍在布上。就计算结果的精度而言，前者取决点的分割是否够密，即 N 是否够大；后者不仅仅通过 N 来控制精度，因为随机的因素会造成单次计算结果偏大和偏小，所以进行反复多次计算，最后以均值来衡量阴影部分面积。

程序清单如下。

方法一：

```
clear
x=-6:0.01:6;
y=x;
s=size(x);
zs=s(1,2)^2;
k=0;
for i=1:s(1,2)
    for j=1:s(1,2)
    a1=(x(i)^2)/9+(y(j)^2)/36;
        a2=(x(i)^2)/36+y(j)^2;
        a3=(x(i)-2)^2+(y(j)+1)^2;
          if a1< 1
              if a2< 1
                  if a3< 9
                      k=k+1;
                  end
              end
          end
    end
end
mj=(12^2) * k/zs;
运行结果:
mj=
7.2150
```

方法二：

```
clear
N=10000;
n=100;
for j=1:n
    k=0;
    for i=1:N
        a=12 * rand(1,2)-6;
        x(i)=a(1,1);
        y(i)=a(1,2);
        a1=(x(i)^2)/9+(y(i)^2)/36;
        a2=(x(i)^2)/36+y(i)^2;
        a3=(x(i)-2)^2+(y(i)+1)^2;
        if a1< 1
            if a2< 1
                if a3< 9
                k=k+1;
                end
            end
        end
    end
    m(j)=(12^2) * k/N;
end
mj=mean(m);
运行结果:
mj=
7.2500
```

7.4 神经网络

神经网络即人工神经网络。人工神经网络（Artificial Neural Networks，ANNs）是一种模仿动物神经网络行为特征，进行分布式并行信息处理的算法数学模型。这种网络依靠系统的复杂程度，通过调整内部大量节点之间相互连接的关系，从而达到处理信息的目的，并具有自学习和自适应的能力。

7.4.1 基本介绍

人工神经网络是一种应用类似于大脑神经突触连接的结构进行信息处理的数学模型。在工程与学术界也常直接简称为神经网络或类神经网络。神经网络是一种运算模型，由大量的节点（或称神经元）相互连接构成。每个节点代表一种特定的输出函数，称为激励函数(Activation Function)。每两个节点间的连接都代表一个对于通过该连接信号的加权值，称之为权重，这相当于人工神经网络的记忆。网络的输出则依网络的连接方式，权重值和激励函数的不同而不同。而网络自身通常都是对自然界某种算法或者函数的逼近，也可能是对一种逻辑策略的表达。

它的构筑理念是受到生物（人或其他动物）神经网络功能的运作启发而产生的。人工神经网络通常是通过一个基于数学统计学类型的学习方法（Learning Method）得以优化，所以人工神经网络也是数学统计学方法的一种实际应用，通过统计学的标准数学方法我们能够得到大量的可以用函数来表达的局部结构空间，另一方面在人工智能学的人工感知领域，我们通过数学统计学的应用可以来解决人工感知方面的决定问题（也就是说通过统计学的方法，人工神经网络能够类似人一样具有简单的决定能力和简单的判断能力）。这种方法比起正式的逻辑学推理演算更具有优势。

7.4.2 基本特征

人工神经网络是由大量处理单元互联组成的非线性、自适应信息处理系统。它是在现代神经科学研究成果的基础上提出的，试图通过模拟大脑神经网络处理、记忆信息的方式进行信息处理。人工神经网络具有四个基本特征。

① 非线性　非线性关系是自然界的普遍特性。大脑的智慧就是一种非线性现象。人工神经元处于激活或抑制两种不同的状态，这种行为在数学上表现为一种非线性关系。具有阈值的神经元构成的网络具有更好的性能，可以提高容错率和存储容量。

② 非局限性　一个神经网络通常由多个神经元广泛连接而成。一个系统的整体行为不仅取决于单个神经元的特征，而且可能主要由单元之间的相互作用、相互连接所决定。通过单元之间的大量连接模拟大脑的非局限性。联想记忆是非局限性的典型例子。

③ 非常定性　人工神经网络具有自适应、自组织、自学习能力。神经网络不但处理的信息可以有各种变化，而且在处理信息的同时，非线性动力系统本身也在不断变化。经常采用迭代过程描写动力系统的演化过程。

④ 非凸性　一个系统的演化方向，在一定条件下将取决于某个特定的状态函数。例如能量函数，它的极值对应于系统比较稳定的状态。非凸性是指这种函数有多个极值，故系统具有多个较稳定的平衡态，这将导致系统演化的多样性。

人工神经网络中，神经元处理单元可表示不同的对象，例如特征、字母、概念，或者一些有意义的抽象模式。网络中处理单元的类型分为输入单元、输出单元和隐单元三类。输入单元接受外部世界的信号与数据；输出单元实现系统处理结果的输出；隐单元是处在输入和输出单元之间，不能由系统外部观察的单元。神经元间的连接权值反映了单元间的连接强度，信息的表示和处理体现在网络处理单元的连接关系中。人工神经网络是一种非程序化、适应性、大脑风格的信息处理，其本质是通过网络的变换和动力学行为得到一种并行分布式的信息处理功能，并在不同程度和层次上模仿人脑神经系统的信息处理功能。它是涉及神经科学、思维科学、人工智能、计算机科学等多个领域的交叉学科。

人工神经网络是并行分布式系统，采用了与传统人工智能和信息处理技术完全不同的机理，克服了传统的基于逻辑符号的人工智能在处理直觉、非结构化信息方面的缺陷，具有自适应、自组织和实时学习的特点。

7.4.3 特点和优越性

人工神经网络的特点和优越性，主要表现在三个方面。

第一，具有自学习功能。例如实现图像识别时，只把许多不同的图像样板和对应的识别结果输入人工神经网络，网络就会通过自学习功能，慢慢学会识别类似的图像。自学习功能对于预测有特别重要的意义。预期未来的人工神经网络计算机将为人类提供经济预测、市场预测、效益预测，其应用前途是很远大的。

第二，具有联想存储功能。用人工神经网络的反馈网络就可以实现这种联想。

第三，具有高速寻找优化解的能力。寻找一个复杂问题的优化解，往往需要很大的计算量，利用一个针对某问题而设计的反馈型人工神经网络，发挥计算机的高速运算能力，可能很快找到优化解。

7.4.4 发展历史

1943 年，心理学家 W. S. McCulloch 和数理逻辑学家 W. Pitts 建立了神经网络和数学模型，称为 MP 模型。他们通过 MP 模型提出了神经元的形式化数学描述和网络结构方法，证明了单个神经元能执行逻辑功能，从而开创了人工神经网络研究的时代。1949 年，心理学家提出了突触联系强度可变的设想。

20 世纪 60 年代，人工神经网络得到了进一步发展，更完善的神经网络模型被提出，其中包括感知器和自适应线性元件等。M. Minsky 等仔细分析了以感知器为代表的神经网络系统的功能及局限后，于 1969 年出版了《Perceptron》一书，指出感知器不能解决高阶问题。他们的论点极大地影响了神经网络的研究，加之当时串行计算机和人工智能所取得的成就，掩盖了发展新型计算机和人工智能新途径的必要性和迫切性，使人工神经网络的研究处于低潮。在此期间，一些人工神经网络的研究者仍然致力于这一研究，提出了适应谐振理论（ART 网）、自组织映射、认知机网络，同时进行了神经网络数学理论的研究。以上研究为神经网络的研究和发展奠定了基础。

1982 年，美国加州工学院物理学家 J. J. Hopfield 提出了 Hopfield 神经网格模型，引入了“计算能量”概念，给出了网络稳定性判断。

1984 年，他又提出了连续时间 Hopfield 神经网络模型，为神经计算机的研究做了开拓性的工作，开创了神经网络用于联想记忆和优化计算的新途径，有力地推动了神经网络的研究，1985 年，又有学者提出了玻尔兹曼模型，在学习中采用统计热力学模拟退火技术，保证整个系统趋于全局稳定点。

1986 年进行认知微观结构研究，提出了并行分布处理的理论。人工神经网络的研究受到了各个发达国家的重视，美国国会通过决议将1990年1月5日开始的十年定为“脑的十年”，国际研究组织号召其成员国将“脑的十年”变为全球行为。在日本的“真实世界计算（RWC）”项目中，人工智能的研究成了一个重要的组成部分。

7.4.5 基本结构

一种常见的多层结构的前馈网络（Multilayer Feedforward Network）由以下三部分组成。

（1）输入层（Input layer）

众多神经元（Neuron）接受大量非线形输入信息。输入的信息称为输入向量。

（2）输出层（Output layer）

信息在神经元链接中传输、分析、权衡，形成输出结果。输出的信息称为输出向量。

（3）隐藏层（Hidden layer）

简称“隐层”，是输入层和输出层之间众多神经元和链接组成的各个层面。隐层可以有多层，习惯上会用一层。隐层的节点（神经元）数目不定，但数目越多神经网络的非线性越显著，从而神经网络的强健性（Robustness）（控制系统在一定结构、大小等的参数摄动下，维持某些性能的特性）更显著。习惯上会选输入节点1.2～1.5倍的节点。

神经网络的类型已经演变出很多种，这种分层的结构也并不是对所有的神经网络都适用。

7.4.6 应用实例——BP神经网络模型

7.4.6.1 概述

近年来全球性的神经网络研究热潮的再度兴起，不仅仅是因为神经科学本身取得了巨大的进展。更主要的原因在于发展新型计算机和人工智能新途径的迫切需要。迄今为止在需要人工智能解决的许多问题中，人脑远比计算机聪明得多，要开创具有智能的新一代计算机，就必须了解人脑，研究人脑神经网络系统信息处理的机制。另一方面，基于神经科学研究成果基础上发展出来的人工神经网络模型，反映了人脑功能的若干基本特性，开拓了神经网络用于计算机的新途径。它对传统的计算机结构和人工智能是一个有力的挑战，引起了各方面专家的极大关注。

目前，已发展了几十种神经网络，例如Hopficld模型，Feldmann等的连接型网络模型，Hinton等的玻尔兹曼机模型，以及Rumelhart等的多层感知机模型和Kohonen的自组织网络模型等。在这众多神经网络模型中，应用最广泛的是多层感知机神经网络。多层感知机神经网络的研究始于20世纪50年代，但一直进展不大。直到1985年，Rumelhart等人提出了误差反向传递学习算法（即BP算法），实现了Minsky的多层网络设想，如图7.5所示。

BP算法不仅有输入层节点、输出层节点，还可有一个或多个隐层节点。对于输入信号，要先向前传播到隐层节点，经作用函数后，再把隐节点的输出信号传播到输出节点，最后给出输出结果。节点的作用的激励函数通常选取S型函数，如

$$f(x)=\frac{1}{1+e^{-x/Q}}$$

式中，Q为调整激励函数形式的Sigmoid参数。该算法的学习过程由正向传播和反向传播组成。

在正向传播过程中，输入信息从输入层经隐层逐层处理，并传向输出层。每一层神经元的状态只影响下一层神经元的状态。如果输出层得不到期望的输出，则转入反向传播，将误

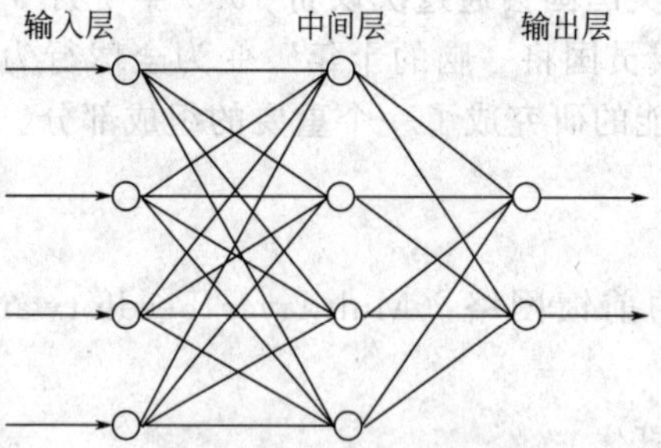

图 7.5 BP 神经网络模型

差信号沿原来的连接通道返回，通过修改各层神经元的权值，使得误差信号最小。

设含有 n 个节点的任意网络，各节点之特性为 Sigmoid 型。为简便起见，指定网络只有一个输出 y，任一节点 i 的输出为 O_i，并设有 N 个样本 $(x_k, y_k)(k=1, 2, 3, \cdots, N)$，对某一输入 x_k，网络输出为 y_k 节点 i 的输出为 O_{ik}，节点 j 的输入为 $net_{jk}=\sum_i W_{ij}O_{ik}$，并将误差函数定义为 $E=\frac{1}{2}\sum_{k=1}^{N}(y_k-\hat{y}_k)^2$。

其中 $\hat{y}_k$ 为网络实际输出，定义

$$E_k=\frac{1}{2}(y_k-\hat{y}_k)^2, \delta_{jk}=\frac{\partial E_k}{\partial net_{jk}}，且\ O_{jk}=f(net_{jk})，$$

于是
$$\frac{\partial E_k}{\partial W_{ij}}=\frac{\partial E_k}{\partial nt_{jk}}\frac{\partial net_{jk}}{\partial W_{ij}}=\frac{\partial E_k}{\partial net_{jk}}O_{ik}=\delta_{jk}O_{ik}$$

当 j 为输出节点时
$$O_{jk}=\hat{y}_k$$

$$\delta_{jk}=\frac{\partial E_k}{\partial \hat{y}_k}\frac{\partial \hat{y}_k}{\partial net_{jk}}=-(y_k-\hat{y}_k)f'(net_{jk}) \tag{7.13}$$

若 j 不是输出节点，则有

$$\delta_{jk}=\frac{\partial E_k}{\partial net_{jk}}=\frac{\partial E_k}{\partial O_{jk}}\frac{\partial O_{jk}}{\partial net_{jk}}=\frac{\partial E_k}{\partial O_{jk}}f'(net_{jk})$$

$$\frac{\partial E_k}{\partial O_{jk}}=\sum_m\frac{\partial E_k}{\partial net_{mk}}\frac{\partial net_{mk}}{\partial O_{jk}}=\sum_m\frac{\partial E_k}{\partial net_{mk}}\frac{\partial}{\partial O_{jk}}\sum_i W_{mi}O_{ik}$$

$$=\sum_m\frac{\partial E_k}{\partial net_{mk}}\sum_i W_{ml}=\sum_m\delta_{mk}W_{mj}$$

$$\delta_{jk}=f'(net_{jk})\sum_m\delta_{mk}W_{mj}$$

因此
$$\frac{\partial E_k}{\partial W_{ij}}=\delta_{mk}O_{ik} \tag{7.14}$$

如果有 M 层，而第 M 层仅含输出节点，第一层为输入节点，则 BP 算法的步骤如下。

第一步，选取初始权值 W_0。

第二步，重复下述过程直至收敛，对于 $k=1\sim N$。

① 计算 O_{ik}，net_{ik}，$\hat{y}_k$ 的值（正向过程）。

② 对各层从 M 到 2 反向计算（反向过程）。

对同一节点 $j\in M$，由式(7.13) 和式(7.14) 计算 δ_{jk}。

第三步，修正权值，$W_{ij}=W_{ij}-\mu\frac{\partial E}{\partial W_{ij}}$，$\mu>0$，其中 $\frac{\partial E}{\partial W_{ij}}=\sum_k^N\frac{\partial E_k}{\partial W_{ij}}$。

从上述BP算法可以看出，BP模型把一组样本的I/O问题变为一个非线性优化问题，它使用的是优化中最普通的梯度下降法。如果把神经网络的看成输入到输出的映射，则这个映射是一个高度非线性映射。

设计一个神经网络专家系统重点在于模型的构成和学习算法的选择。一般来说，结构是根据所研究领域及要解决的问题确定的。通过对所研究问题的大量历史资料数据的分析及目前的神经网络理论发展水平，建立合适的模型，并针对所选的模型采用相应的学习算法，在网络学习过程中，不断地调整网络参数，直到输出结果满足要求。

7.4.6.2 BP神经网络的非线性系统建模

(1) 案例背景

在工程应用中经常会遇到一些复杂的非线性系统，这些系统状态方程复杂，难以用数学方法准确建模。在这种情况下，可以建立BP神经网络表达这些非线性系统。该方法把未知系统看成是一个黑箱，首先用系统输入输出数据训练BP神经网络，使网络能够表达该未知函数，然后就可以用训练好的BP神经网络预测系统输出。

本章拟合的非线性函数为 $y=x_1^2+x_2^2$。

该函数的图形如图7.6所示。

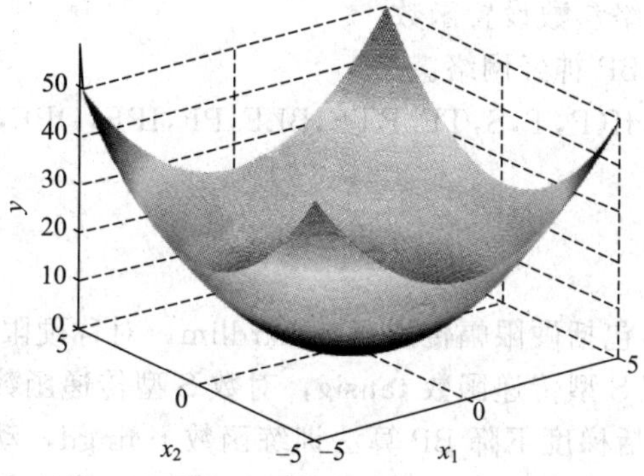

图7.6 非线性函数图形

(2) 模型建立

基于BP神经网络的非线性函数拟合算法流程可以分为BP神经网络构建、BP神经网络训练和BP神经网络预测三步，如图7.7所示。

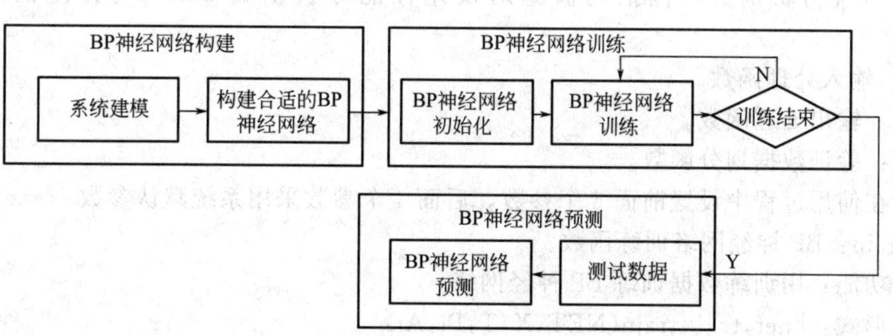

图7.7 算法流程

BP神经网络构建根据拟合非线性函数特点确定BP神经网络结构，由于该非线性函数有两个输入参数，一个输出参数，所以BP神经网络结构为2—5—1，即输入层有2个节点，隐层有5个节点，输出层有1个节点。

BP神经网络训练用非线性函数输入输出数据训练神经网络，使训练后的网络能够预测非线性函数输出。从非线性函数中随机得到2000组输入输出数据，从中随机选择1900组作为训练数据，用于网络训练，100组作为测试数据，用于测试网络的拟合性能。

神经网络预测用训练好的网络预测函数输出，并对预测结果进行分析。

(3) Matlab实现

根据BP神经网络理论，用Matlab软件编程实现基于BP神经网络的非线性拟合算法。

① BP神经网络工具箱函数。Matlab软件中包含Matlab神经网络工具箱。它是以人工神经网络理论为基础，用Matlab语言构造出了该理论所涉及的公式运算、矩阵操作和方程求解等大部分子程序以用于神经网络的设计和训练。用户只需根据自己的需要调用相关的子程序，即可以完成包括网络结构设计、权值初始化、网络训练及结果输出等在内的一系列工作，免除编写复杂庞大程序的困扰。目前，Matlab神经网络工具箱包括的网络有感知器、线性网络、BP神经网络、径向基网络、自组织网络和回归网络等。BP神经网络主要用到newff，sim和train3个神经网络函数，各函数解释如下。

a. newff：BP神经网络参数设置函数。

函数功能：构建一个BP神经网络。

函数形式：net= newff(P,T,S,TF,BTF,BLF,PF,IPF,OPF,DDF)

P：输入数据矩阵。

T：输出数据矩阵。

S：隐含层节点数。

TF：节点传递函数，包括硬限幅传递函数hardlim，对称硬限幅传递函数hardlims，线性传递函数purelin，正切S型传递函数tansig，对数S型传递函数logsig。

BTF：训练函数，包括梯度下降BP算法训练函数traingd，动量反传的梯度下降BP算法，训练函数traingdm，动态自适应学习率的梯度下降BP算法训练函数traingda，动量反传和动态自适应学习率的梯度下降BP算法训练函数traingdx，Levenberg _ Marquardt的BP算法训练函数trainlm。

BLF：网络学习函数，包括BP学习规则learngd，带动量项的BP学习规则learngdm。

PF：性能分析函数，包括均值绝对误差性能分析函数mae，均方差性能分析函数mse。

IPF：输入处理函数。

OPF：输出处理函数。

DDF：验证数据划分函数。

一般在使用过程中设置前面6个参数，后面4个参数采用系统默认参数。

b. train：BP神经网络训练函数。

函数功能：用训练数据训练BP神经网络。

函数形式：[net,tr]=train(NET,X,T,Pi,Ai)

NET：待训练网络。

X：输入数据矩阵。

T：输出数据矩阵。

Pi：初始化输入层条件。

Ai：初始化输出层条件。

net：训练好的网络。

tr：训练过程记录。

一般在使用过程中设置前面 3 个参数，后面 2 个参数采用系统默认参数。

c. sim：BP 神经网络预测函数。

函数功能：用训练好的 BP 神经网络预测函数输出。

函数形式：y＝sim(net,x)

net：训练好的网络。

x：输入数据。

y：网络预测数据。

② 数据选择和归一化。根据非线性函数方程随机得到该函数的 2000 组输入输出数据，将数据存储在 data. mat 文件中，input 是函数输入数据，output 是函数输出数据。从输入输出数据中随机选取 1900 组数据作为网络训练数据，100 组数据作为网络测试数据，并对训练数据进行归一化处理。

```
%清空环境变量
clc
clear
%下载输入输出数据
loaddatainputoutput
%随机选择 1900 组训练数据和 100 组预测数据
k=rand(1,2000);
[m,n]=sort(k);
input_train=input(n(1:1900),:);
output_train=output(n(1:1900),:);
input_test=input(n(1901:2000),:);
output_test=output(n(1901:2000),:);
%训练数据归一化
[inputn,inputps]=mapminmax(input_train);
[outputn,outputps]=mapminmax(output_train);
```

③ BP 神经网络训练。用训练数据训练 BP 神经网络，使网络对非线性函数输出具有预测能力。

```
%BP 神经网络构建
net=newff(inputn,outputn,5);
%网络参数配置(迭代次数,学习率,目标)
net.trainParam.epochs=100;
net.trainParam.lr=0.1;
net.trainParam.goal=0.00004;
%BP 神经网络训练
net=train(net,inputn,outputn);
```

④ BP 神经网络预测。用训练好的 BP 神经网络预测非线性函数输出，并通过 BP 神经网络预测输出和期望输出分析 BP 神经网络的拟合能力。

```
%预测数据归一化
inputn_test=mapminmax(apply,input_test,inputps);
%BP神经网络预测输出
an=sim(net,inputn_test);
%输出结果反归一化
BPoutput=mapminmax(reverse,an,outputps);
%网络预测结果图形
figure(1)
plot(BPoutput,:og)
holdon
plot(output_test,-*);
legend(预测输出,期望输出)
title(BP网络预测输出,fontsize,12)
ylabel(函数输出,fontsize,12)
xlabel(样本,fontsize,12)
%网络预测误差图形
figure(2)
plot(error,-*)
title(BP网络预测误差,fontsize,12)
ylabel(误差,fontsize,12)
xlabel(样本,fontsize,12)
```

⑤ 结果分析。用训练好的 BP 神经网络预测函数输出，预测结果如图 7.8 所示。BP 神经网络预测输出和期望输出的误差如图 7.9 所示。

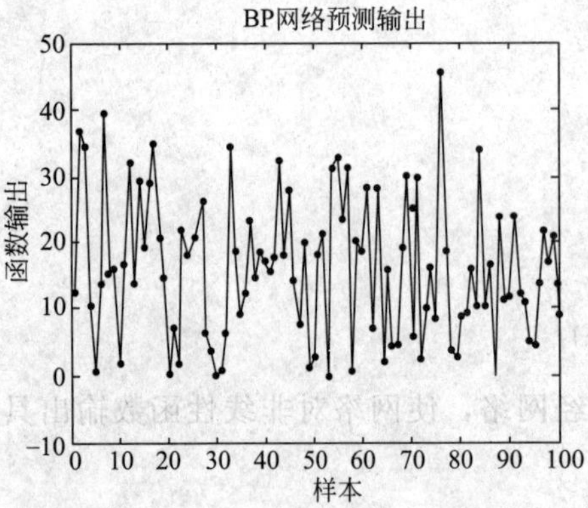

图 7.8 BP 神经网络预测

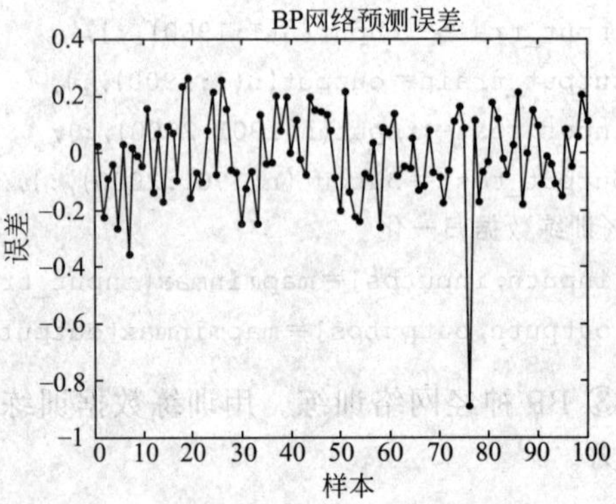

图 7.9 BP 神经网络预测误差

从图 7.8 和图 7.9 可以看出，虽然 BP 神经网络具有较高的拟合能力，但是网络预测结果仍有一定误差，某些样本点的预测误差较大。后面案例中将讨论 BP 神经网络优化算法，以得到更好的预测结果。

7.4.6.3 应用实例

原始数据整理：本例令影响棉铃虫发生程度的因素指标集序列由麦田 1 代幼虫量、6 月降水天数、5 月积温、6 月积温、5 月相对湿度、5 月降水天数和 6 月相对湿度等 7 个生态和生物因子构成，2 代发生程度按照全国植保站颁发的标准分级，并规定发生程度重、偏重、中、偏轻和轻分别赋值为 0.9、0.7、0.5、0.3 和 0.1。在建立 BP 神经网络模型时，取 1982～1991 年的数据作为学习、训练样本，1992 和 1993 年为试报样本。在数据分析前将数据定义成数据块（图 7.10）。

	A	B	C	D	E	F	G	H	I
1	年份	麦田1代幼量量	6月降水天数	5月积温	6月积温	5月相对湿度	5月降水天数	6月相对湿度	发生程度
2	1982	71.3	6	650	737	48	3	59	0.7
3	1983	79.4	7	648	784	68	7	52	0.9
4	1984	58	6	619	760	63	4	63	0.5
5	1985	43.3	10	604	746	67	12	63	0.3
6	1986	36.7	7	649	777	56	4	57	0.9
7	1987	18.9	9	631	739	59	9	63	0.1
8	1988	111	6	596	765	67	6	62	0.9
9	1989	90	9	643	753	54	6	57	0.5
10	1990	105	8	607	743	62	8	64	0.7
11	1991	92.3	10	610	738	58	9	63	0.9
12	1992	2608	8	615	770	63	9	62	0.9
13	1993	1356	7	625	779	65	8	57	0.9
14									

第1页 第2页 第3页 2水平饱和设计表

图 7.10　BP 神经网络数据编辑定义示意图

进入 BP 神经网络训练时，系统会显示如图 7.10 所示界面。这时我们可按网络的结构确定网络的参数，这里输入层节点数为 7，隐层 1 层，最小训练速率取 0.1，动态参数 0.7，Sigmoid 参数为 0.9，允许误差 0.00001，最大迭代次数 1000。并对输入节点的数值进行标准化转换。

点击“确定”按钮后，设置隐层的神经元个数（这里取 5），运行 1000 次后，样本误差等于 0.0001427。输出各个神经元（节点）的权值如下。

第 1 隐层各个节点的权重矩阵

1.632710	2.449820	3.089710	0.212710	5.392370
1.627420	2.600110	1.987550	5.240410	3.146180
1.743830	2.056300	5.238480	0.550590	0.380470
1.630830	3.163400	2.513480	3.658300	0.965040
1.629290	1.091600	0.677230	0.744880	2.091490
1.545600	1.652540	0.896670	1.161810	2.270320
1.611040	4.564460	1.945230	0.709980	2.607020

输出层各个节点的权重矩阵

−1.488610

−4.286470

−5.201220

5.492000

4.719190

学习样本的拟合值和实际观察值，以及根据 BP 神经网络对 1992 年、1993 年 2 代棉铃虫发生程度进行预测的结果与实际值的比较列于表 7.1。结果表明，应用 BP 神经网络进行 2 代棉铃虫发生程度预测，不仅历史资料的拟合率高，而且 2 年的试报结果与实际完全符合。

表 7.1 神经元网络训练结果及试报结果

年份	1982	1983	1984	1985	1986	1987
训练输出值	0.6997	0.8952	0.5004	0.3000	0.8900	0.1014
实际值	0.7000	0.9000	0.5000	0.3000	0.9000	0.1000
年份	1988	1989	1990	1991	1992	1993
训练输出值	0.8862	0.5011	0.7026	0.8733	0.8955*	0.8985*
实际值	0.9000	0.5000	0.7000	0.9000	0.9000	0.9000

*1992～1993 年为试报结果。

7.4.7 分析方法

研究神经网络的非线性动力学性质，主要采用动力学系统理论、非线性规划理论和统计理论，来分析神经网络的演化过程和吸引子的性质，探索神经网络的协同行为和集体计算功能，了解神经信息处理机制。为了探讨神经网络在整体性和模糊性方面处理信息的可能，混沌理论的概念和方法将会发挥作用。

混沌是一个相当难以精确定义的数学概念。一般而言，“混沌”是指由确定性方程描述的动力学系统中表现出的非确定性行为，或称之为确定的随机性。“确定性”是因为它由内在的原因而不是外来的噪声或干扰所产生，而“随机性”是指其不规则的、不能预测的行为，只可能用统计的方法描述。混沌动力学系统的主要特征是其状态对初始条件的灵敏依赖性，混沌反映其内在的随机性。混沌理论是指描述具有混沌行为的非线性动力学系统的基本理论、概念、方法，它把动力学系统的复杂行为理解为其自身与其在同外界进行物质、能量和信息交换过程中内在的有结构的行为，而不是外来的和偶然的行为，混沌状态是一种定态。混沌动力学系统的定态包括静止、平稳量、周期性、准同期性和混沌解。混沌轨线是整体上稳定与局部不稳定相结合的结果，称之为奇异吸引子。

一个奇异吸引子有如下一些特征：

① 奇异吸引子是一个吸引子，但它既不是不动点，也不是周期解；

② 奇异吸引子是不可分割的，即不能分为两个以及两个以上的吸引子；

③ 它对初始值十分敏感，不同的初始值会导致极不相同的行为。

7.5 模拟退火算法

模拟退火算法来源于固体退火原理：将固体加温至充分高，再让其徐徐冷却，加温时，固体内部粒子随温升变为无序状，内能增大，而徐徐冷却时粒子渐趋有序，在每个温度都达到平衡态，最后在常温时达到基态，内能减为最小。

模拟退火算法（Simulated Annealing，SA）最早的思想是由 N. Metropolis 等人于 1953 年提出。1983 年，S. Kirkpatrick 等成功地将退火思想引入到组合优化领域。它是基于蒙特卡罗方法迭代求解策略的一种随机寻优算法，其出发点是基于物理中固体物质的退火过程与一般组合优化问题之间的相似性。模拟退火算法从某一较高初温出发，伴随温度参数的不断下降，结合概率突跳特性在解空间中随机寻找目标函数的全局最优解，即在局部最优解能概率性地跳出并最终趋于全局最优。模拟退火算法是一种通用的优化算法，理论上算法具有概率的全局优化性能，目前已在工程中得到了广泛应用，诸如 VLSI、生产调度、控制工程、机器学习、神经网络、信号处理等领域。

7.5.1 算法的发展过程和应用及发展前景

模拟退火算法（SA）最早见于 IBM 托马斯·J. 沃森研究中心的 S. Kirkpatrick 等人的文章。他们在对组合优化进行研究后，根据迭代改进的思想提出了“模拟退火算法”。

在模拟退火算法的发展进程中，Metropolis 等人对固体在恒温度下达到热平衡过程的模拟也给他们以启迪：应该把 Metropolis 准则引入到优化过程中来。

在国内，模拟退火算法应用最早是管梅古教授于 1962 年提出的 CPP 问题并且给出了一个解决办法。在 1990 年姚新教授通过参数对 SA 的收敛性、初始温度的选取、冷藏调度表以及模拟退火算法终止条件的分析，合理阐述了模拟退火算法的一些优缺点。

在当代，模拟退火算法有了进一步广泛的发展，应用也逐步涵盖了各种领域，并且由一些学者逐渐改进模拟退火算法。例如：2006 年由蒋龙聪教授借鉴遗传算法中的非均匀变异思想，用非均匀变异策略对当前模型扰动产生新的模型，对传统的模拟退火算法提出了改进。通过多峰值函数数值优化测试结果表明，该算法在高温的时候能够进行大范围的搜索，随着温度的降低，逐渐缩小搜索范围，大大加快了收敛速度，证实了该改进算法的有效性和高效性。还有一系列的模拟退火算法应用在公交排班优化的研究、变压器的状态监测研究等。

(1) 模拟退火算法在 VLSI 设计中的应用

利用 SA 算法进行 VLSI 的最优设计，是目前 SA 算法最成功的应用实例之一。用 SA 算法几乎可以很好地完成所有关于优化的 VLSI 设计工作，如全局布线、布板、布局和逻辑最小化等等。实践证明，SA 算法在解决这些问题时给出了很好的结果，优于传统算法所得到的结果。

(2) 模拟退火算法在神经网计算机中的应用

SA 算法由于具有跳出局部最优陷阱的能力，因此被 D. H. Ackley 等人用作 Boltzmann 机的学习算法，从而使 Boltzmann 机克服了 Hopfield 神经网模型的缺点（即经常收敛到局部最优值）。在 Boltzmann 机中，即使系统落入了局部最优的陷阱，经过一段时间后，它还能再跳出来，使系统最终将往全局最优值的方向收敛。

(3) 模拟退火算法在图像处理中的应用

SA 算法可用来进行图像恢复等工作，即把一幅被污染的图像重新恢复成清晰的原图，滤掉其中被畸变的部分。S. Geman 等人的实验结果表明，SA 算法不但可以很好地完成图像恢复工作，而且它还具有很大的并行性。因此它在图像处理方面的应用前景是广阔的。

(4) 模拟退火算法的其他应用

除了上述应用外，SA 算法还用于求解其他各种组合优化问题，如 TSP 和 Knapsack 问题等。大量的模拟实验表明，SA 算法在求解这些问题时能产生令人满意的近似最优解，而且所用的时间也不长。

研究及实际应用得出，模拟退火算法有以下特性。

① 高效性　与局部援所算法相比，模拟退火算法可望在较短时间里求得更优近似解。模拟退火算法允许任意选取初始解和随机数序列，又能得出较优近似解，因此应用算法求解优化问题的前期工作量大大减少。

② 健壮性（Robust）　在可能影响模拟退火算法实验性能的诸多因素中，问题规模 n 的影响最为显著：n 的增大导致搜索范围的绝对增大，会使 CPU 运行时间增加；而对于解空间而言，搜索范围又因 n 的增大而相对减小，将引起解质量的下降，但 SAA 的解和 CPU 时间均随 n 增大而趋于稳定，且不受初始解和随机数序列的影响。SAA 不会因问题的不同

而蜕变。

③ 通用性和灵活性　模拟退火算法能应用于多种优化问题，为一个问题编制的程序可以有效地用于其他问题。SAA 的解质与 CPU 时间呈反向关系，针对不同的实例以及不同的解质要求，适当调整冷却进度表的参数值可使算法执行获得最佳的"解质—时间"关系。

由以上模拟退火算法的特性可以看出模拟退火算法随着时代的发展广泛应用于各种领域，在科学分类上几乎毫无盲点应用于自然科学工程技术、人文与社会科学等各个分支。对于模拟退火算法主要还是其对生活、工程之类的应用。

所以模拟退火算法在当代学者的研究下有很广泛的发展前景，可以更好地利用它更高精度地解决实际问题。

7.5.2　模拟退火模型

① 算法的提出　模拟退火算法最早的思想由 Metropolis 等于 1953 年提出；1983 年 Kirk Patrick 等将其应用于组合优化。

② 算法的目的　解决 NP 复杂性问题；避免优化过程陷入局部极小；克服初值依赖性。

③ 物理退火过程　退火是指将固体加热到足够高的温度，使分子呈随机排列状态。然后逐步降温使之冷却，最后分子以低能状态排列，固体达到某种稳定状态。

④ 加温过程　增强粒子的热运动，消除系统原先可能存在的非均匀状态。

⑤ 等温过程　对于与环境换热而温度不变的封闭系统，系统状态的自发变化总是朝自由能减少的方向进行，当自由能达到最小时，系统达到平衡态。

⑥ 冷却过程　使粒子热运动减弱并渐趋有序，系统能量逐渐下降，从而得到低能的晶体结构。

⑦ 数学表述　退火是一种物理过程，一种金属物件热至一定的温度后，它的所有分子在状态空间 D 中自由运动。随着温度的下降，这些分子逐渐停留在不同的状态。在温度最低时，分子重新以一定的结构排列，由统计力学的研究表明，在温度 T，分子停留在状态 r 满足玻尔兹曼（Boltzmann）概率分布

$$P_r\{\overline{E}=E(r)\}=\frac{1}{Z(T)}e^{\left[-\frac{E(r)}{k_B T}\right]} \tag{7.15}$$

式中，$E(r)$ 为状态 r 的能量；$k_B>0$ 为玻尔兹曼常数；$\overline{E}$ 为分子能量的一个随机变量；$Z(T)$ 为概率分布的标准化因子

$$Z(T)\sum_{s\in D}e^{\left\{-\frac{E(s)}{k_B T}\right\}}$$

先研究由式(7.15)确定的函数随 T 变化的趋势。选定两个能量 $E_1<E_2$，在同一个温度 T，有

$$P_r(\overline{E}=E_1)-P_r(\overline{E}=E_2)=\frac{1}{Z(T)}e^{\left(-\frac{E_1}{k_B T}\right)}\left[1-e^{\left(-\frac{E_2-E_1}{k_B T}\right)}\right]$$

因为

$$e^{\left(-\frac{E_2-E_1}{k_B T}\right)}<1,\forall T>0 \tag{7.16}$$

所以

$$P_r(\overline{E}=E_1)-P_r(\overline{E}=E_2)>0,\forall T>0$$

在同个温度，式(7.16)表示分子停留在能量小状态的概率比停留在能量大状态的概率要大。当温度相当高时，式(7.15)的概率分布使得每个状态的概率基本相同，接近平均值 $1/|D|$，$|D|$ 为状态空间 D 中状态的个数。结合式(7.16)，具有最低能量状态的玻尔兹曼

概率接近并超出平均值 $1/|D|$。由

$$\frac{\partial P_r\{\overline{E}=E(r)\}}{\partial T}=\frac{\mathrm{e}^{\left\{-\frac{E(r)}{k_BT}\right\}}}{Z(T)k_BT^2}\left[E(r)-\frac{\sum\limits_{s\in D}E(s)\mathrm{e}^{\left\{-\frac{E(s)}{k_BT}\right\}}}{Z(T)}\right] \tag{7.17}$$

当 $r_{\min}$ 是 D 中具有最低能量的状态时，得

$$\frac{\partial P_r\{\overline{E}=E(r_{\min})\}}{\partial T}<0$$

所以，$P_r\{\overline{E}=E(r_{\min})\}$ 关于温度 T 是单调下降的。又有

$$P_r\{\overline{E}=E(r_{\min})\}=\frac{1}{Z(T)}\mathrm{e}^{\left\{-\frac{E(r_{\min})}{k_BT}\right\}}=\frac{1}{|D_0|+R}$$

其中，D_0 是具有最低能量的状态集合。

$$R=\sum_{s\in D_0E(s)>E(r_{\min})}\mathrm{e}^{\left\{-\frac{E(s)-E(r_{\min})}{k_BT}\right\}}\rightarrow 0,T\rightarrow 0 \tag{7.18}$$

因此得到，当 T 趋向于 0 时，

$$P_r\{\overline{E}=E(r_{\min})\}\rightarrow\frac{1}{|D_0|},T\rightarrow 0$$

当温度趋向 0 时，式(7.15) 决定的概率渐近 $1/|D_0|$。由此可以得到，在温度趋向 0 时，分子停留在最低能量状态的概率趋向 1。综合上面的讨论，分子在能量最低状态的概率变化趋势由图 7.11(a) 表示。

对于非能量最小的状态，由式(7.16) 和分子在能量最小状态的概率是单调减小的事实，在温度较高时，分子在这些状态的概率在 $1/|D|$ 附近，依赖于状态的不同，可能超过 $1/|D|$；由式(7.17) 和式(7.18) 可知存在一个温度 t，使式(7.15) 决定的概率在 $(0, t)$ 是单调升的；再由式(7.18) 可知，当温度趋于 0 时，式(7.15) 定义的概率趋于 0 概率变化曲线见图 7.11(b)。

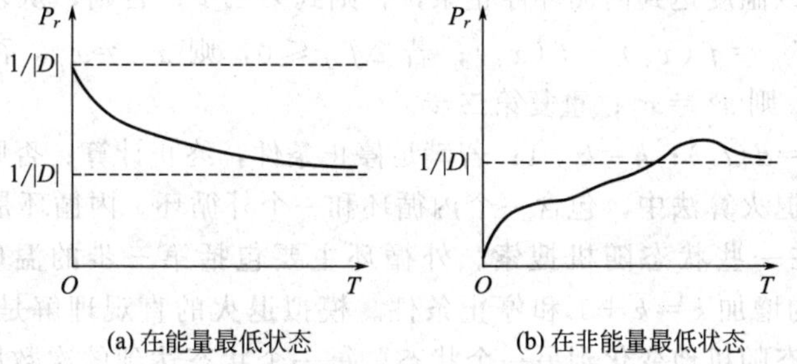

图 7.11　玻尔兹曼函数曲线

从上面的讨论得到，在温度很低时（T 趋于 0），能量越低的状态的概率值越高。在极限状况，只有能量最低的点概率不为零。可以从下面的例子了解式(7.15) 的变化规律。

7.5.3　案例分析

简化概率分布式(7.15) 为

$$p(x)=\frac{1}{q(t)}\mathrm{e}^{\left(-\frac{x}{t}\right)}$$

其中，$q(t)$ 为标准化因子。设共有 4 个能量点 $x=1, 2, 3, 4$，在此 $q(t)=$

$\sum_{x=1}^{4} e^{\left(-\frac{x}{t}\right)}$。观察 $t=20$，5，0.5 这 3 个温度点概率分布变化。

从表 7.2 可以看到，当温度较高时（$t=20$），四点的概率分布相差比较小，也可以看成概率是均匀分布，但能量最低状态 $x=1$ 的概率 0.269 超出平均值 0.25。这相当于分子的随机游动，当温度下降后（$t=5$），状态 $x=4$ 的发生概率变得比较小了，也就是说，它的活跃度下降。当 $t=0.5$ 时，$x=1$ 的概率达 0.865 而其他三个状态的概率都很小，合起来为 0.135。在表 7.2 中也可以看出，非能量最低状态 $x=2$ 的概率在 3 个温度点（0.5，5，20）有一个上升和下降的过程，在 $t=20$ 和 5 时的概率都超过平均概率 0.25。

表 7.2　$t=20$，5，0.5 3 个温度点的概率分布

	$X=1$	$X=2$	$X=3$	$X=4$
$t=20$	0.269	0.256	0.243	0.232
$t=5$	0.329	0,269	0.221	0.181
$t=0.5$	0.865	0,117	0.016	0.002

由以上的类比及式(7.15)，组合优化的最优解可以类比为退火过程中能量的最低状态，也就是温度达到最低点时，式(7.15) 概率分布中具有最大概率的状态。于是组合优化问题 $z=\min\{f(x)\lg(x)\geqslant 0,\in D\}$ 的求解过程类比为退火过程，其中 D 是有限离散定义域。

在这一章中，除特别强调外，我们都假设算法用以解决如下组合优化问题：

$$\min f(x)$$
$$\text{s.t.}\, g(x)\geqslant 0, x\in D$$

式中，$f(x)$ 为目标函数；$g(x)$ 为约束方程；D 为定义域。

简单的模拟退火算法如下。

第一步：任选一个初始解 x_0；$x_i=x_0$；$k=0$；$t_0=t_{\max}$（初始温度）。

第二步：若在该温度达到内循环停止条件，则到第三步；否则，从领域 $N(x_i)$ 中随机选一 x_j，计算 $\Delta f_{ij}=f(x_j)-f(x_i)$；若 $\Delta f_{ij}\leqslant 0$，则 $x_j=x_i$，否则若 $e^{(-\Delta f_{ij}/t_k)}>$ random(0，1) 时，则 $x_j=x_i$；重复第二步。

第三步：$t_{k+1}=d(t_k)$；$k=k+1$；若满足停止条件，终止计算；否则，回到第二步。

在上述的模拟退火算法中，包含一个内循环和一个外循环。内循环是第二步，它表示在同一温度 t_k 时，在一些状态随机搜索。外循环主要包括第三步的温度下降变化 $t_{k+1}=d(t_k)$，迭代步数的增加 $k=k+1$ 和停止条件。模拟退火的直观理解是：在一个给定的温度，搜索从一个状态随机地变化到另一个状态。每一个状态达到的次数服从一个概率分布。当温度很低时，由式(7.18) 的讨论，以概率 1 停留在最优解。

7.5.4　模拟退火算法及过程

(1) Metropolis 准则（1953）——*以概率接受新状态*

固体在恒定温度下达到热平衡的过程可以用方法（计算机随机模拟方法、随机抽样）加以模拟，虽然该方法简单，但必须大量采样才能得到比较精确的结果，计算量很大。

若在温度 T，当前状态 $i\rightarrow$ 新状态 j 若 $E_j<E_i$，则接受 j 为当前状态；否则，若概率 $p=e^{\{-(E_j-E_i)/k_BT\}}$ 大于 [0，1) 区间的随机数，则仍接受状态 j 为当前状态；若不成立则保留状态 i 为当前状态。

$$p=e^{\{-(E_j-E_i)/k_BT\}}$$

在高温下，可接受与当前状态能量差较大的新状态；在低温下，只接受与当前状态差较小的新状态。

(2) 马尔可夫链

定义：令 Ω 为所有状态结构的解空间，i_0，i_1，…，i_{n-2}，i，$j \in \Omega$，$X(k)$ 为 k 时刻状态变量的取值。

随机序列 $\{X(k)\}$ 称为马尔可夫链，若 $\forall n \in \mathbf{Z}^+$，满足

$$P_r\{X(n)=j \mid X(0)=i_0, X(1)=i_1, \cdots, X(n-2)=i_{n-2}, X(n-1)=i\}=Pr\{X(n)=j \mid X(n-1)=i\}$$

一步转移概率：$p_{i,j}^{(n-1)}=Pr\{X(n)=j \mid X(n-1)=i\}$

n 步转移概率：$p_{i,j}^{(n)}=Pr\{X(n)=j \mid X(n-1)=i\}$

若解空间有限，称马尔可夫链为有限马尔可夫链；若 $\forall n \in \mathbf{Z}^+, p_{i,j}^{(n-1)}=p_{i,j}^{(n)}$，称马尔可夫链为时齐的。

(3) 关键参数和操作的设计

从基本流程看决定因素：模拟退火算法包括三函数两准则，即状态产生函数、状态接受函数、内循环终止准则和外循环终止准则，这些环节的设计将决定 SA 算法的优化性能。此外，初温的选择对 SA 算法性能也有很大的影响。

(4) 状态空间与状态产生函数（领域函数）

搜索空间也称为状态空间，它由经过编码的可行解的集合所组成。

状态产生函数（邻域函数）应尽可能地保证产生的候选解遍布全部解空间。通常由两部分组成，即产生候选解的方式和候选解产生的概率分布。

候选解一般采用按照某一概率密度函数对空间解进行随机采样来获得。

概率分布可以是均匀分布、正态分布、指数分布等。

(5) 状态转移概率（接受概率）p

状态转移概率是指从一个状态 x_{old}（一个可行解）向另一个状态 x_{new}（另一个可行解）的转移概率；

通俗的理解是接受一个新解为当前解的概率；它与当前的温度参数 T 有关，随温度下降而减小。

一般采用 Metropolis 准则：

$$p=\begin{cases}1, & if \rightarrow E(x_{\text{new}})<E(x_{\text{old}}) \\ \mathrm{e}^{\left\{-\frac{E(x_{\text{new}})-E(x_{\text{old}})}{T}\right\}}, & if \rightarrow E(x_{\text{new}}) \geqslant E(x_{\text{old}})\end{cases}$$

(6) 状态接受函数

① 在固定温度下，接受目标函数下降的候选解的概率大于使目标函数上升的候选解概率；

② 随温度的下降，接受使目标函数上升的解的概率要逐渐减小；

③ 当温度趋于零时，只接受目标函数下降的解。

方法：具体形式对算法影响不大，应用中普遍采用

$$\min[1, \mathrm{e}^{(-\Delta C/t)}]$$

(7) 初温收敛性分析

通过理论分析可以得到初温的解析式，但解决实际问题时难以得到精确的参数；初温充分大。实验表明，初温越大，获得高质量解的概率越大，但花费计算时间越多。

具体方法：

① 均匀抽样一组状态，以各状态目标的方差为初温；

② 随机产生一组状态，确定两两状态间的最大目标值差 $|\Delta_{max}|$，根据差值，利用一定的函数确定初温，例如 $t_0=-\Delta_{max}/p_r$，其中 p_r 为初始接受概率；

③ 利用经验公式给出。

(8) 温度更新函数

算法的常见温度下降函数

$$t_{k+1}=\alpha t_k, k\geqslant 0, 0<\alpha<1$$

α 接近 1 温度下降越慢，且其大小可以不断变化；

$$t_k=\frac{K-k}{K}t_0$$

式中，t_0 为起始温度；K 为算法温度下降的总次数。

(9) 冷却进度表 $T(t)$

冷却进度表是指从某一高温状态向低温状态冷却时的降温管理表。

假设时刻 t 的温度用来表示，则经典模拟退火算法的降温方式为：

$$T(t)=\frac{T_0}{\lg(1+t)}$$

而快速模拟退火算法降温方式为：

$$T(t)=\frac{T_0}{(1+t)}$$

这两种方式都能够使得模拟退火算法收敛于全局最小点。

(10) 内循环终止准则

或称 Metropolis 抽样稳定稳定准则，用于各温度下产生候选解的数目。

非时齐模拟退火算法每个温度下只产生一个少量候选解。时齐算法也称为 Metropolis 抽样稳定法则，算法如下。

① 检验目标函数的均值是否稳定；

② 连续若干步的目标值变化较小；

③ 按一定的步数抽样。

(11) 外循环终止准则（算法终止准则）

常用方法如下。

① 设置终止温度的阈值。

② 设置外循环迭代次数。

③ 算法搜索到的最优值连续若干步保持不变。

④ 接受概率控制法：在给定温度，除局部最优解外，它状态的接收概率都小于某给定值时，停止运算。

(12) 算法优缺点

优点：质量高；初值鲁棒性强；简单、通用、易实现。

缺点：由于要求较高的初始温度、较慢的降温速率、较低的终止温度以及各温度下足够多次的抽样，因此优化过程较长。

(13) 改进内容

改进的可行方案包括：

① 设计合适的状态产生函数；

② 设计高效的退火过程；

③ 避免状态的迂回搜索；

④ 采用并行搜索结构。

原则：① 避免陷入局部极小，改进对温度的控制方式；

② 选择合适的初始状态；

③ 设计合适的算法终止准则。

(14) 改进的方式

① 增加升温或重升温过程，避免陷入局部极小。

② 增加记忆功能（记忆“Best so far”状态）。

③ 增加补充搜索过程（以最优结果为初始解）。

④ 对每一当前状态，采用多次搜索策略，以概率接受区域内的最优状态。

⑤ 结合其他搜索机制算法；上述各方法的综合。

(15) 改进的思路

① 记录“Best so far”状态，并及时更新。

② 设置双阈值，使得在尽量保持最优性的前提下减少计算量，即在各温度下当前状态连续 m_1 步保持不变则认为 Metropolis 抽样稳定，若连续 m_2 次退温过程中所得最优解不变则认为算法收敛。

(16) 改进的退火过程

① 给定初温 t_0，随机产生初始状态 s，令初始最优解 $s^*=s$，当前状态为 $s(0)=s$，$i=p=0$。

② 令 $t=t_i$，以 t，s^* 和 $s(i)$ 调用改进的抽样过程，返回其所得最优解 $s^{*\prime}$ 和当前状态 $s'(k)$，令当前状态 $s(i)=s'(k)$。

③ 判断 $c(s^*)<c(s^{*\prime})$ 成立否？若成立，则令 $p=p+1$；否则，令 $s^*=s^{*\prime}$，$p=0$。

④ 退温 $t_{i+1}=\text{update}(t_i)$，令 $i=i+1$。

⑤ 判断 $p>m_2$ 成立否？若成立，则转第⑥步；否则，返回第②步。

⑥ 以 s^* 最优解作为最终解输出，停止算法。

(17) 改进的抽样过程

① 令 $k=0$ 时的初始当前状态为 $s'(0)=s(i)$，$q=0$。

② 由状态 s 通过状态产生函数产生新状态 s'，计算增量 $\Delta C'=C(s')-C(s)$。

③ 若 $\Delta C'<0$，则接受 s' 作为当前解，并判断 $C(s*')>C(s')$ 成立否？若成立，则令 $s^{*\prime}=s'$，$q=0$。否则，令 $q=q+1$。若 $\Delta C'>0$，则以概率 $e^{(-\Delta C'/t)}$ 接受 s' 作为下一当前状态。

④ 令 $k=k+1$，判断 $q>m_1$ 成立否？若成立，则转第⑤步；否则，返回第②步。

⑤ 将当前最优解 $s^{*\prime}$ 和当前状态 $s'(k)$ 返回改进退火过程。

习　题　7

1. 利用遗传算法计算以下函数的最小值：

$$f(x)=\frac{\sin(10\pi x)}{x},x\in[1,2]$$

2. 利用遗传算法计算以下函数的最大值：

$$f(x,y)=x\cos(2\pi y)+y\sin(2\pi x),x\in[-2,2],y\in[-2,2]$$

3. 利用蒙特卡罗算法，求连续投掷两枚骰子，点数之和大于 6 且第一次投掷出的点数大于第二次投掷出的点数的概率。

4. 神经网络的功能特点是由什么决定的？人工神经网络从哪几个关键方面试图去模拟人的智能？人工神经元模型是如何体现生物神经元的结构和信息处理机制的？

5. 设有四个工件需要在一台机床上加工，$P_1=8$，$P_2=18$，$P_3=5$，$P_4=15$ 分别是这四个单道工序工件在机床上的加工时间。问：应如何在这个机床上安排各工件加工的顺序，使工件加工的总流水时间最小？

6. 旅行商问题可简述如下：找一条经过 n 个城市的巡回（每个城市过且只过一次），极小化总的路程。其中，d_{ij} 为城市 i 与 j 间的距离。试按模拟退火算法设计一个求解该问题的算法，并画出算法框图。

7. 工作指派问题可简述如下：n 个工作可以由 n 个工人分别完成。工人 i 完成工作 j 的时间为 d_{ij}。问：如何安排可使总的工作时间达到极小？试按模拟退火算法设计一个求解该问题的算法，并画出程序框图。

参考文献

[1] 姜启源，谢金星，叶俊. 数学模型. 北京：高等教育出版社，2011.

[2] 唐焕文，贺明峰. 数学模型引论. 北京：高等教育出版社，1991.

[3] 杨启帆. 数学建模. 北京：高等教育出版社，2005.

[4] 徐全智，杨晋浩. 数学建模. 第2版. 北京：高等教育出版社，2008.

[5] 郑家茂编. 数学建模基础. 南京：东南大学出版社，1997.

[6] 朱道元编. 数学建模精品案例. 南京：东南大学出版社，1999.

[7] 冯杰，黄力伟，王勤，尹成义. 数学建模原理及案例. 北京：科学出版社，2007.

[8] 沈继红，施红玉等编. 数学建模. 哈尔滨：哈尔滨工业大学出版社，1996.

[9] 朱道元等编. 数学建模案例精选. 北京，科学出版社，2003.

[10] [新] 米尔斯切特. 数学建模方法与分析. 刘来福，杨淳，黄海洋译. 北京：机械工业出版社，2005.

[11] 李洪杰等. 龙泉市肾综合征出血热发病趋势的预测. 浙江预防医学，1997 (2)：44-46.

[12] 黄云清，舒适，陈艳萍等. 数值计算方法. 北京：科学出版社，2007.

[13] 袁亚湘，孙文瑜. 最优化理论与方法. 北京：科学出版社，2003.

[14] 白峰杉，蔡大用. 高等数值分析. 北京：清华大学出版社，1998.

[15] 李庆扬，王能超，杨大义. 数值分析. 北京：清华大学出版社，2001.

[16] 宋岱才，黄玮，潘斌等. 数值计算方法. 北京：化学工业出版社，2013.

[17] 诸梅芳，屈兴华，邓乃惠等. 计算方法. 北京：化学工业出版社，1988.

[18] 叶其孝. 大学生数学建模竞赛辅导教材. 长沙：湖南教育出版社，1993.

[19] Christopher，R. Malone，Gian Pauletto，James，I. Zoellick. Distribution of Dopamine in the Brain. The Journal of Under graduate Mathematics，and its Applications (Special Issue：The 1991 Mathematical Contest in Modeling)，1991，12 (3)：211-223.

[20] 孙晓东，荆秦，梁俊. 脑中药物分布的数学模型. 数学的实践与认识，1991，4 (1)：63-69.

[21] 中国科学院数理统计组. 常用数理统计方法. 北京：科学出版社，1978.

[22] 谢金星，薛毅. 优化建模与 LINDO/LINGO 软件. 北京：清华大学出版社，2005.

[23] 汪晓银，邹庭荣. 数学软件与数学实验. 北京：科学出版社，2008.

[24] 于晶贤，宋岱才，赵晓颖，李金秋. 交巡警服务平台的合理调度研究. 科学技术与工程，2012，(1)：126-128.

[25] 于晶贤，李金秋，田秋菊. 交巡警服务平台管辖范围的合理分配研究. 科学技术与工程，2011，(34)：8557-8560.

[26] 王海英，黄强，李传涛，褚宝增. 图论算法及其 MATLAB 实现. 北京：北京航空航天大学出版社，2010.

[27] 王力宾，顾光同. 多元统计分析：模型、案例及 SPSS 应用. 北京：经济科学出版社，2010.

[28] 谢龙汉，尚涛. SPSS 统计分析与数据挖掘. 北京：电子工业出版社，2012.

[29] 王璐，王沁. SPSS 统计分析基础、应用与实战精粹. 北京：化学工业出版社，2012.

[30] 冯国生. SPSS 统计分析与应用. 北京：机械工业出版社，2012.

[31] 张颖. 统计软件应用案例以 SPSS 为例. 北京：知识产权出版社，2013.

[32] 李子奈，潘文卿. 计量经济学. 第3版. 北京：高等教育出版社，2010.

[33] 何晓群. 多元统计分析. 北京：中国人民大学出版社，2012.

[34] 余建英，何旭宏. 数据统计分析与 SPSS 应用. 北京：人民邮电出版社，2003.

[35] 雷英杰，张善文. MATLAB 遗传算法工具箱及应用. 第2版. 西安：西安电子科技大学出版社，2014.

[36] Richard E. Neapolitan 著. 算法基础. 第5版. 贾洪峰译. 北京：人民邮电出版社，2016.

[37] 陈国良，王煦法，庄镇泉. 遗传算法及其应用. 北京：人民邮电出版社，2001.

[38] 周明，孙树栋. 遗传算法原理及应用. 北京：国防工业出版社，1999.

[39] 王凌. 智能优化算法及其应用. 北京：清华大学出版社，2001.

[40] 康崇禄. 蒙特卡罗方法理论和应用. 北京：科学出版社，2015.

[41] 方道元，韦明俊. 数学建模：方法导引与案例分析. 杭州：浙江大学出版社，2011.

[42] 司守奎，孙兆亮. 数学建模算法与应用. 第2版. 北京：国防工业出版社，2015.

[43] 史峰，王辉等. MATLAB 智能算法 30 个案例分析. 北京：北京航空航天大学出版社，2011.

[44] 李颖娟，汪定伟. 准时化生产计划的半无限规划模型与模拟退火方法. 控制与决策，1998，13 (5)：603-607.

[45] 邢文训，谢金星. 现代优化计算方法. 第2版. 北京：清华大学出版社，2005.

[46] Kirkpatrick S, Gelatt Jr C D, Vecchi M P. Optimization by simulated annealing. Science, 1983, 220: 671-680.
[47] 余晓红. BP 神经网络的 MATLAB 变成实现与讨论. 浙江交通职业技术学院学报, 2007 (04).
[48] 肖少强, 石文俊, 胡上序. 神经网络的学习问题研究. 计算机工程与应用, 2000 (01).
[49] 朱秀华. BP 神经网络在网页自动分类中的应用. 现代情报, 2009 (05).
[50] 林雅梅, 郑文波. BP 学习算法的局限性与对策. 1996 年中国智能自动化学术会议论文集 (上册). 1996.
[51] 文敦伟. 面对多智能体和神经网络的智能控制研究. 保定: 华北电力大学, 2007.